U0190231

电子封装技术丛书
编　委　会

电子封装技术丛书

微电子封装技术

MICROELECTRONICS PACKAGING TECHNOLOGY

修 订 版

中国电子学会生产技术学分会丛书编委会 组编

中国科学技术大学出版社

内 容 简 介

本书比较全面、系统、深入地论述了在晶体管和集成电路(IC)发展的不同历史时期出现的典型微电子封装技术，着重论述了当前应用广泛的先进IC封装技术——QFP、BGA、CSP、FCB、MCM和3D封装技术，并指出了微电子封装技术今后的发展趋势。

全书共分8章，内容包括：绪论；芯片互连技术；插装元器件的封装技术；表面安装元器件的封装技术；BGA和CSP的封装技术；多芯片组件(MCM)；微电子封装的基板材料、介质材料、金属材料及基板制作技术；未来封装技术展望。书后还附有微电子封装技术所涉及的有关缩略语的中英文对照等，以便读者查阅。

本书涉及的知识面广，又颇具实用性，适合于从事微电子封装研发、生产的科技人员及从事SMT的业界人士阅读，也是高校相关专业师生的一本有价值的参考书。

图书在版编目(CIP)数据

微电子封装技术/中国电子学会生产技术学分会丛书编委会组编. —2版. —合肥：中国科学技术大学出版社，2011.7(2017.7重印)
(电子封装技术丛书)
ISBN 978-7-312-01425-3

Ⅰ.微…　Ⅱ.中…　Ⅲ.微电子技术—封装技术　Ⅳ.TN405.94

中国版本图书馆CIP数据核字(2011)第027015号

中国科学技术大学出版社出版发行
安徽省合肥市金寨路96号，230026
http://press.ustc.edu.cn
https://zgkxjsdxcbs.tmall.com
安徽省瑞隆印务有限公司印刷
全国新华书店经销

开本：787×1092/16　印张：20.5　字数：525千
2003年4月第1版　2011年7月第2版　2017年7月第5次印刷
定价：95.00元

序

当前,全球已迎来了信息时代,电子信息技术极大地改变了人们的生活方式和工作方式,并成为体现一个国家国力强弱的重要标志之一。半导体集成电路技术是电子信息技术的基石。目前,半导体集成电路封装测试与设计和制造一起并称为半导体产业的三大支柱。

1947年晶体管发明的同时,也开创了微电子封装的历史。封装在满足器件的电、热、光、机械性能的基础上解决了芯片与外电路的互连问题,对电子系统的小型化、可靠性和性价比的提高起到了关键作用。

现代电子信息技术飞速发展,对电子产品的小型化、便携化、多功能、高可靠和低成本等提出了越来越高的要求。目前,微电子封装已逐渐摆脱作为微电子制造后工序的从属地位而相对独立,针对各种电子产品的特殊要求,发展出了多种多样的封装技术,如QFP、BGA、CSP、FCB、MCM和3D封装技术等。微电子封装测试技术与IC设计和IC制造等技术并列,既相对独立,又相互依存、相互促进,共同推动信息化社会的发展。

近几年来,我国微电子封装产业发展较快,对微电子封装技术方面的书籍也产生了迫切的需求。为此,中国电子学会生产技术学分会电子封装技术丛书编委会决定编著《微电子封装技术》一书,作为电子封装技术系列丛书之三正式出版。该书着重论述了目前较先进的主流封装技术和封装形式,对未来微电子封装工艺技术的发展趋势作了展望,同时还简要介绍了与微电子封装技术密切相关的电子设计、电子材料、测试技术和可靠性等内容。本书对微电子封装及相关行业的科研、生产、应用工作者都会有较高的使用价值,对高等院校相关专业的师生也具有一定的参考价值。

微电子封装技术正值发展时期,新理论、新技术、新工艺和新产品不断出现。我相信本书的出版发行对微电子封装行业的发展会起到积极的推动作用,特向所有关心我国微电子封装技术发展的领导和工程技术人员致以衷心的感谢。

最后容我说明一下，在本书的编著、出版过程中，长期从事微电子封装技术研究工作的况延香、朱颂春两位高级工程师和高尚通教授做了大量艰苦、细致的工作。对于他们个人的付出，我表示由衷的感谢和钦佩。

毕克允

2002.10

前　言

现代电子信息技术飞速发展，极大地推动着电子产品向多功能、高性能、高可靠、小型化、便携化及大众化普及所要求的低成本等方向发展，而满足这些要求的基础与核心乃是IC，特别是LSI和VLSI。但是，IC芯片要经过合适的封装，才能达到所要求的电、热、光、机械等性能，满足使用要求；同时，封装也对芯片起到保护作用，使其可以长期可靠地工作。对中、小规模IC芯片，因I/O引脚不多，可采用TO、DIP或SOP封装形式；对有数十个至数百个I/O引脚的LSI芯片，就要采用PLCC、QFP或PGA的封装形式；而对I/O引脚数高达数百个乃至数千个的VLSI芯片，或虽然I/O引脚数较少（如数十个至数百个），但对封装效率（芯片面积/封装面积）要求较高的LSI和VLSI芯片，就要采用更为先进的封装结构，如BGA、CSP、FCB、MCM或3D封装等。

在电子封装技术中，微电子封装更是举足轻重，所以IC封装在国际上早已成为独立的封装测试产业，并与IC设计和IC制造共同构成IC产业的三大支柱。而IC封装又在各种电子装备的轻、薄、短、小化及便携化等方面起到关键作用。所以，在一定意义上说，正是IC封装，特别是先进IC封装技术的发展，推动着电子装备不断升级换代，推动着电子信息技术高速发展。

我国的IC产业经过多年的发展，已有了长足的进步，其中IC封装测试产业正在崛起，但与我国对IC的巨大需求相比仍相差甚远，目前国内只能满足需求量的15%，封装能力也严重不足，且70%以上的封装产品为DIP、SOP和QFP的中、低档封装产品，BGA和CSP刚开始起步。在这种形势下，国家出台了一系列鼓励IC产业发展的政策，使我国的IC产业正跨越式发展。此时，国外各大电子公司和我国台湾的电子公司也纷纷到我国大陆投资建厂，发展IC产业。

伴随着我国IC产业的发展，特别是IC封装产业的发展，封装业界人士迫切需求封装方面的书籍。为了满足业界这一需求，1997年四川省电子学会SMT专业委员会苏曼波秘书长与况延香、朱颂春两位同志商定编写《现代微电子封装技术》一书。该书目录经原信息产业部电子科学研究院副院长毕克允教授和中国电子学会常务理事、原生产技术学分会主任委员郭桂庭教授审定后，开始着手编写，并于1999年作为内部资料在业界问世。2000年，毕克允教授根据IC封装产业发展的形势，提出组织编写一部能反映IC最新封装技术进展的专业书籍，拟纳入电子封装技术丛书系列正式出版,以便更有效地进行电子封装知识的普及,况延香、朱颂春两位高级工程师随即着手撰写。全书最终目录结构由编委会主任委员毕克允教授于2002年6月6日在合肥主持编委会会议,经充分讨论后最后确定。本书较全面、系统、深入地论述了不同时期具有代表性的微电子封装技术,重点论述了先进IC封装技术,如BGA、CSP、FCB、MCM和3D封装等,并展望了未来微电子封装技术的发展趋势。本书的特点在于对国际上先进IC封装技术介绍的及时性,对IC封装行业研发、生产和应用市场的针对性以及对未来微电子封装技术发展趋势展望的前瞻性。

本书由中国电子科技集团公司第43研究所况延香高级工程师撰写第1、2、3、4、8章,朱颂春高级工程师撰写第5、6、7章,中国电子科技集团公司第13研究所副总工程师高尚通教授对第1、3、5、8章作了部分补充和认真修改,三人共同对全书进行了统编。编委会主任委员毕克允教授全面组织和领导了编写与出版工作;中国电子科技集团公司武祥处长对本书的编写和出版进行了协调工作;清华大学贾松良教授和信息产业部电子第4研究所陈裕□教授对第2、5章,中国电子科技集团公司第58研究所丁荣峥高级工程师对第6章,复旦大学叶明新副教授和中国电子科技集团公司第55研究所林叶教授对第7章,宜兴电子器件总厂汤纪南高级工程师和中国电子科技集团公司第13研究所郑宏宇高级工程师对第3、4章,武汉钧菱公司董义成总经理对第1章,都进行了认真细致的审阅与修改;《电子与封装》杂志主编蔡菊荣高级工程师提供了《部分微电子封装词汇(含缩略语)》,并对本书提出了许多宝贵意见。此外,其他编委会委员也对本书提出了很多宝贵意见和建议。

本书共分8章,分别是第1章“绪论”,第2章“芯片互连技术”,第3章“插装元器件的封装技术”,第4章“表面安装元器件的封装技术”,第5章“BGA和CSP的封装技术”,第6章“多芯片组件(MCM)”,第7章“微电子封装的基板材料、介质材料、金属材料及基板制作技术”,第8章“未来封装技术展望”。

本书是在各有关上级领导的热情关怀下,在众多专家和同仁的大力帮助下完成的,值此本书出版之际,特表示诚挚的谢意。

最后,还要感谢中国科学技术大学出版社的同志为本书出版所做的大量工作,特别是该出版社的李攀峰编辑,以严谨的作风、认真细致的工作态度和良好的合作精神,圆满完成编辑工作,才使本书得以高质量出版。

本书在微电子封装的专业深度及相关理论的阐述上或有欠缺;另外,由于编者水平所限,虽吸收了编委和专家们的许多意见或建议,书中仍难免有不足甚至差错,敬请业界人士及广大读者不吝赐教。

电子封装技术丛书编委会

目　录

第1章　绪　论

1.1　概　述

1.1.1　微电子封装技术的演变

自1947年美国电报电话公司(AT&T)贝尔实验室的三位科学家巴丁、布赖顿和肖克莱发明第一只晶体管起,就同时开创了微电子封装的历史。为便于晶体管在电路中使用和焊接,要有外壳外接引脚;为了固定小小的半导体芯片,要有支撑它的外壳底座;为了防护芯片不受大气环境污染,也为了使其坚固耐用,就必须有把芯片密封起来的外壳等。20世纪50年代以三根引线的TO(Transistor Outline,简称TO,又称为晶体管外壳)型金属-玻璃封装外壳为主,后来又发展为各类陶瓷、塑料封装外壳。随着晶体管的日益广泛应用,晶体管取代了电子管的地位,其工艺技术也日臻完善。随着电子系统的小型化、高速化、高可靠性的要求提高(例如电子计算机),必然要求电子元器件小型化、集成化。这时的科学家一方面不断地将晶体管越做越小,电路间的连线也相应缩短;另一方面,电子设备系统众多的接点严重影响整机的可靠性,使科学家想到将大量的无源元件和布线同时形成的方法,做成所谓的二维电路,这就是后来形成的薄膜或厚膜集成电路,再装上有源器件晶体管,就形成了混合集成电路(Hybrid Integrated Circuit,简称HIC)。与此同时,科学家想到,何不把组成电路的元器件和布线像晶体管那样也做到一块硅(Si)片上来,实现电路的微型化呢?这就是单片集成电路(Monolithic Integrated Circuit,简称MIC)的思想。

于是,晶体管经过10年的发展后,在1958年科学家研制成功第一块集成电路(IC)。这样集成多个晶体管的硅IC的输入/输出(I/O)引脚也相应增加了,这就大大推动了多引脚封装外壳的发展,不过,仍以TO型的金属-玻璃封装外壳为主。由于IC的集成度越来越高,20世纪60年代中期,IC由集成$2^1\sim2^6$个元器件的小规模IC(Small Scale Integration,简称SSI)迅速发展成集成$2^6\sim2^{11}$个元器件的中等规模IC(Medium Scale Integration,简称MSI),相应的I/O引脚也由数个增加至数十个,因此,要求封装引脚越来越多,原来的TO型封装外壳已难以适应。于是,20世纪60年代就开发出了双列直插式引脚封装(Double In-line Package,简称DIP)。这种封装结构很好地解决了陶瓷与金属引脚的结合问题,热性能和电性能俱佳。DIP一出现就赢得了IC厂家的青睐,很快获得了推广应用,I/O 引脚数为 4~64 的 DIP 均开发出系列产品,成为 20 世纪 70 年代中小规模 IC 电子封装的系列主导产品。后来又相继开发出塑封 DIP,既大大降低了成本,又便于工业化生产,在大量民品中迅速广泛使用,至今仍然沿用。

20 世纪 70 年代是 IC 飞速发展的时期,一块硅片已可集成 2^{11} ~ 2^{16} 个元器件,称为大规模 IC(Large Scale Integration,简称 LSI)。这时的 LSI 与前面其他类型的 IC 相比,已使集成度由量变发生了质变。不单纯是元器件集成的数量大大增加(10^7 ~ 10^8 MOS/cm^2),而且集成的对象也发生了根本变化,它可以是一个具有复杂功能的部件(如电子计算器),也可以是一台电子整机(如单片电子计算机)。一方面集成度迅速增加,另一方面芯片尺寸在不断扩大。

随着 20 世纪 80 年代出现的电子组装技术的一场革命——表面安装技术(SMT)的迅猛发展,与此相适应的各类表面安装元器件(Surface Mount Component/Device,简称 SMC/SMD)电子封装也如雨后春笋般出现,诸如无引脚陶瓷片式载体(Leadless Ceramic Chip Carrier,简称 LCCC)、塑料有引脚片式载体(Plastic Leaded Chip Carrier,简称 PLCC)和四边引脚扁平封装(Quad Flat Package,简称 QFP)等,并于 80 年代初达到标准化,形成批量生产。由于改性环氧树脂材料的性能不断提高,使封装密度高、引脚节距小、成本低、适于大规模生产、并适合用于 SMT 的塑料四边引脚扁平封装(Plastic Quad Flat Package,简称 PQFP)迅速成为 20 世纪 80 年代电子封装的主导产品,I/O 引脚也高达 208~240 个。同时,用于 SMT 的中、小规模 IC 的封装以及 I/O 数不多的 LSI 芯片封装采用了由荷兰菲利浦公司 20 世纪 70 年代研制开发出的小外形封装(Small Outline Package,简称 SOP),这种封装其实就是适用于 SMT 的 DIP 变形。

20 世纪 80 年代至 90 年代,随着 IC 的特征尺寸不断减小以及集成度不断提高,芯片尺寸也不断增大,IC 发展到了超大规模 IC(Very Large Scale Integration,简称 VLSI)阶段,可集成 2^{16} ~ 2^{21} 个元器件,其 I/O 引脚数也达到数百个,甚至超过 1 000 个。原来四边引脚的 QFP 及其他类型的电子封装,尽管引脚节距一再缩小(例如,QFP 已达到 0.3 mm 的工艺技术极限),也不能满足封装 VLSI 的要求。于是,电子封装引脚由周边型发展成面阵型,如针栅阵列(Pin Grid Array,简称 PGA)封装。然而,用 PGA 封装低 I/O 引脚数的 LSI 尚有优势,而用它封装高 I/O 引脚数的 VLSI 时就无能为力了。一是体积大,又太重;二是制作工艺复杂,而且成本高;三是不能使用 SMT 进行表面安装,难以实现工业化规模生产。综合了 QFP 和 PGA 的优点后,于 90 年代初终于研制开发出新一代微电子封装——焊球阵列(Ball Grid Array,简称 BGA)封装。至此,多年来一直大大滞后于芯片发展的微电子封装,由于 BGA 的开发成功而终于能够适应芯片发展的步伐。然而,历来存在的芯片小而封装大的矛盾至 BGA 也并没有真正解决。例如,20 世纪 70 年代流行的 DIP 封装,以 40 个 I/O 引脚的 CPU 芯片为例,封装面积与芯片面积之比为(15.24×50):(3×3)=85:1;80 年代的 QFP 封装尺寸固然大大减小,但封装面积与芯片面积之比仍然很大。例如,以 0.5 mm 节距、有 208 个 I/O 引脚的 QFP 为例,要封装 10 mm 见方的 LSI 芯片,需要的封装尺寸为 28 mm 见方,这样,封装面积与芯片面积之比仍为(28×28):(10×10)=7.8:1,即封装面积仍然比芯片面积大 7 倍左右。

令人高兴的是,美国和日本继开发出 BGA 之后,又开发出芯片尺寸封装(Chip Size Package,简称 CSP)。CSP 的封装面积与芯片面积之比小于 1.2:1,这样,CSP 解决了长期存在的芯片小而封装大的根本矛盾,足以再次引发一场微电子封装技术的革命。

然而,随着电子技术的进步和信息技术的飞速发展,电子系统的功能不断增强,布线和安装密度越来越高,加上向高速、高频方向发展,应用范围也更加宽广,等等,都对所安装的 IC 的可靠性提出了更高的要求,同时,要求电子产品既经济又坚固耐用。为了充分发挥芯片自身的功能和性能,就不需要将每个IC芯片都封装好了再组装到一起,而是将多个未加封装的通用IC芯片和专用IC(Application Specific Integrated Circuit,简称ASIC)芯片先按电子系统的功能安装在多层布线基板上,再将所有芯片互连后整体封装起来,这就是所谓的多芯片组件(Multi Chip Module,简称MCM)。它使电子封装技术达到了新的阶段。

以上微电子封装都是限于 xy 平面的二维(Two-Dimensional,简称2D)电子封装,在2D封装技术的基础上又发展成为三维(Three-Dimensional,简称3D)封装技术,它使电子产品的密度更高、功能更强、性能更好、可靠性更高,而相对成本却更低。

未来的微电子封装将向系统级封装(System On a Package,简称SOP;或System In a Package,简称SIP)发展,典型的封装是单级集成模块(Single Level Integrated Module,简称SLIM),即将各类元器件、布线、介质以及各种通用IC芯片和专用IC芯片甚至射频和光电器件都集成于一个电子封装系统内。这就是21世纪初的微电子封装结构。

以上就是自晶体管发明以来,各个不同时期所对应的各类不同的微电子封装。从以上所述中可以看出,一代芯片必有与之相适应的一代微电子封装。20世纪50~60年代是TO型封装的时代,70年代是DIP的时代,80年代是QFP的时代,而90年代则是BGA和MCM的时代。

图1-1和表1-1分别示出了微电子封装的演变与进展。

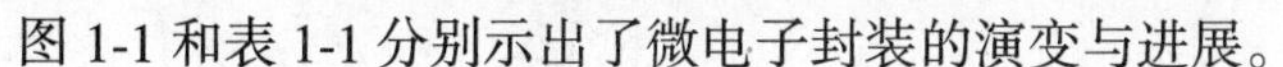

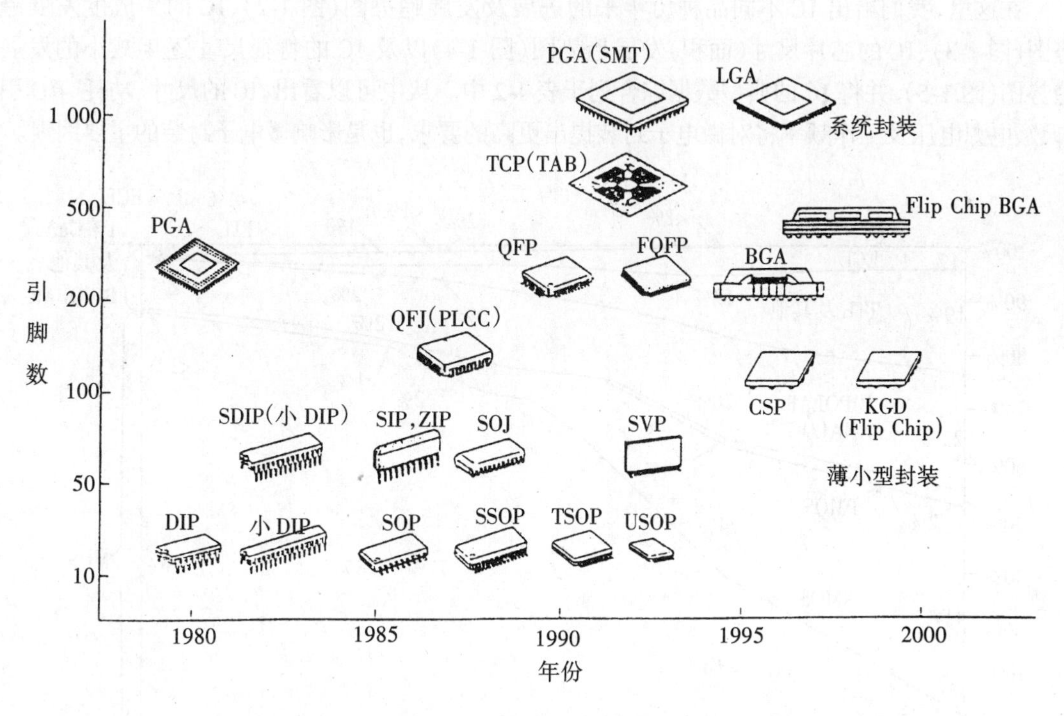

图1-1　微电子封装的演变

1.1.2　微电子封装技术

从上一小节看到,自从出现了晶体管,就开创了微电子封装的历史。在这一小节中,我们

表 1-1 微电子封装的进展

	20 世纪 70 年代	20 世纪 80 年代	20 世纪 90 年代	2000 年	2005 年
芯片连接	WB(引线键合)	WB	WB	FCB(倒装焊)	低成本、高 I/O FCB
装配方式	PIH	SMT	BGA-SMT	BGA-SMT	DCA-SMT
无源元件	分立	分立	分立	分立与组合	集成
基板	有机	有机	有机	DCA 到板	SLIM
封装层次	3	3	3	3~1	1
元件类型数	5~10	5~10	5~10	5~10	1
硅效率(芯片与基板的面积比)	2%	7%	10%	25%	>75%

资料来源:《微电子封装手册》(第二版),电子工业出版社,42 页,表 1-5。

将追踪各个时期各种芯片的发展,对所对应的微电子封装进行系统、深入的论述,同时也对先进的微电子封装技术给予更多的关注。微电子封装一向是跟踪有源器件芯片的发展而发展的,而先进微电子封装则是追随集成电路芯片的发展而发展的。因此,论述微电子封装的发展,要首先展示 IC 的发展。

1. IC 工艺技术及其发展趋势

在这里,我们给出 IC 不同品种历年来的进展及发展趋势图(图 1-2)、IC 的集成度发展趋势图(图 1-3)、IC 的芯片尺寸(面积)发展趋势图(图 1-4)以及 IC 的特征尺寸逐年减小的发展趋势图(图 1-5),并将 IC 的典型数据综合列于表 1-2 中。从中可以看出,IC 的尺寸、功耗、I/O 引脚数、电源电压及工作频率将对微电子封装提出更高的要求,也是影响微电子封装的主要因素。

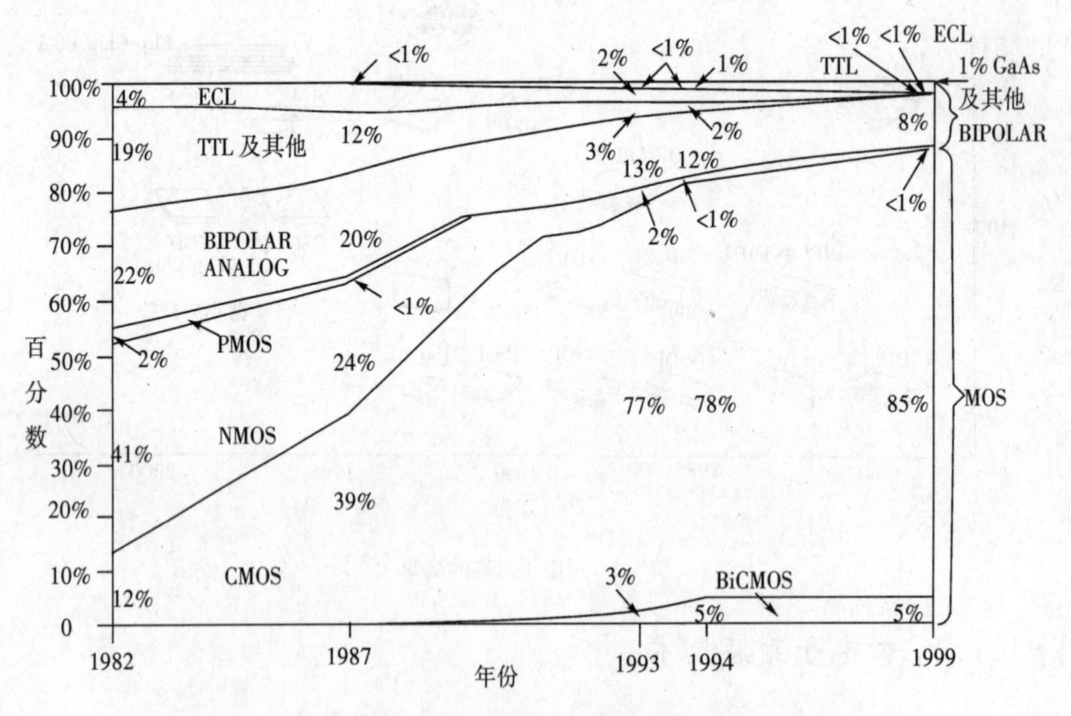

图 1-2 IC 各品种及工艺技术发展趋势

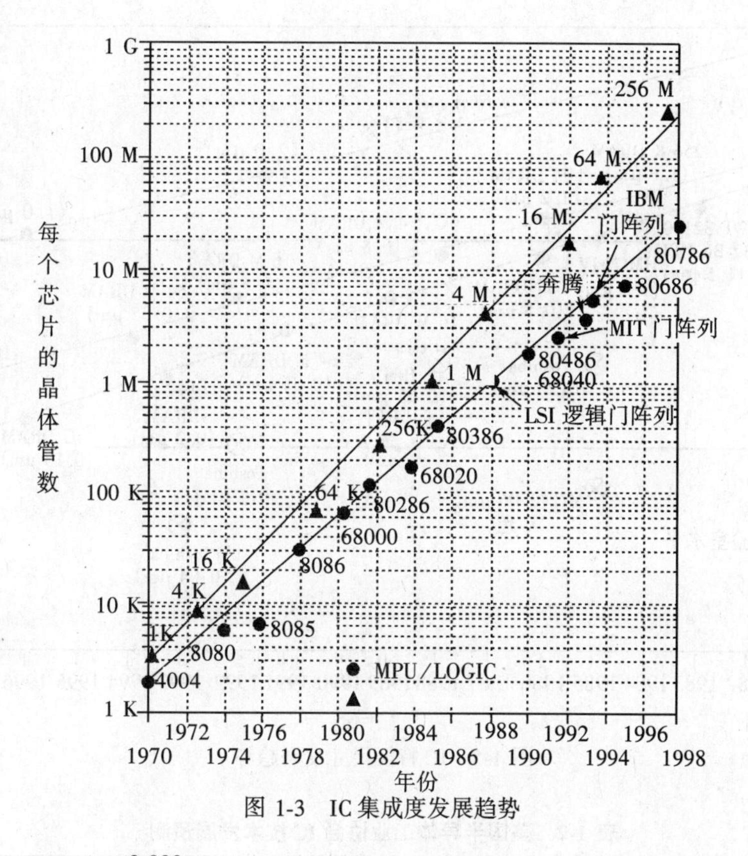

图 1-3 IC 集成度发展趋势

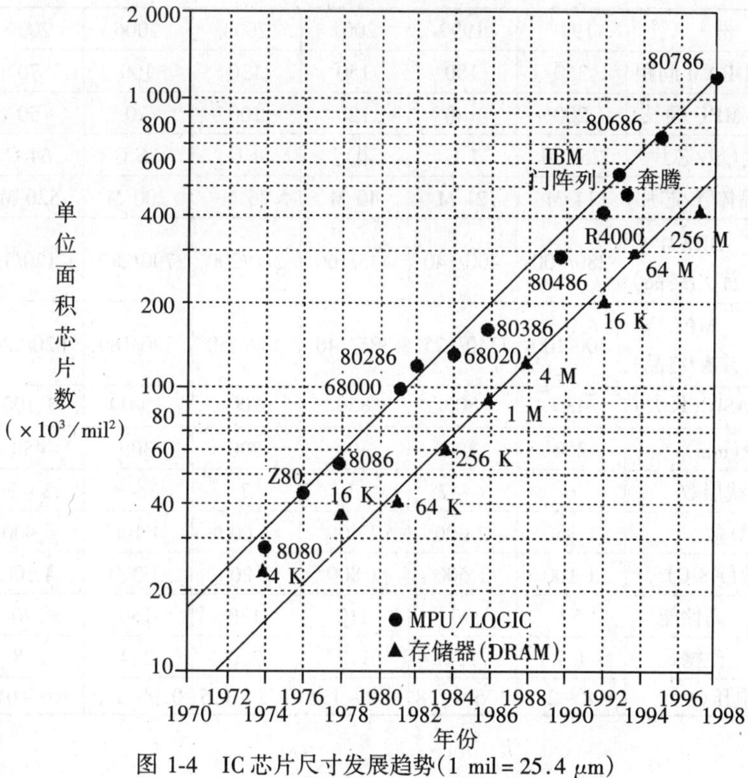

图 1-4 IC 芯片尺寸发展趋势(1 mil = 25.4 μm)

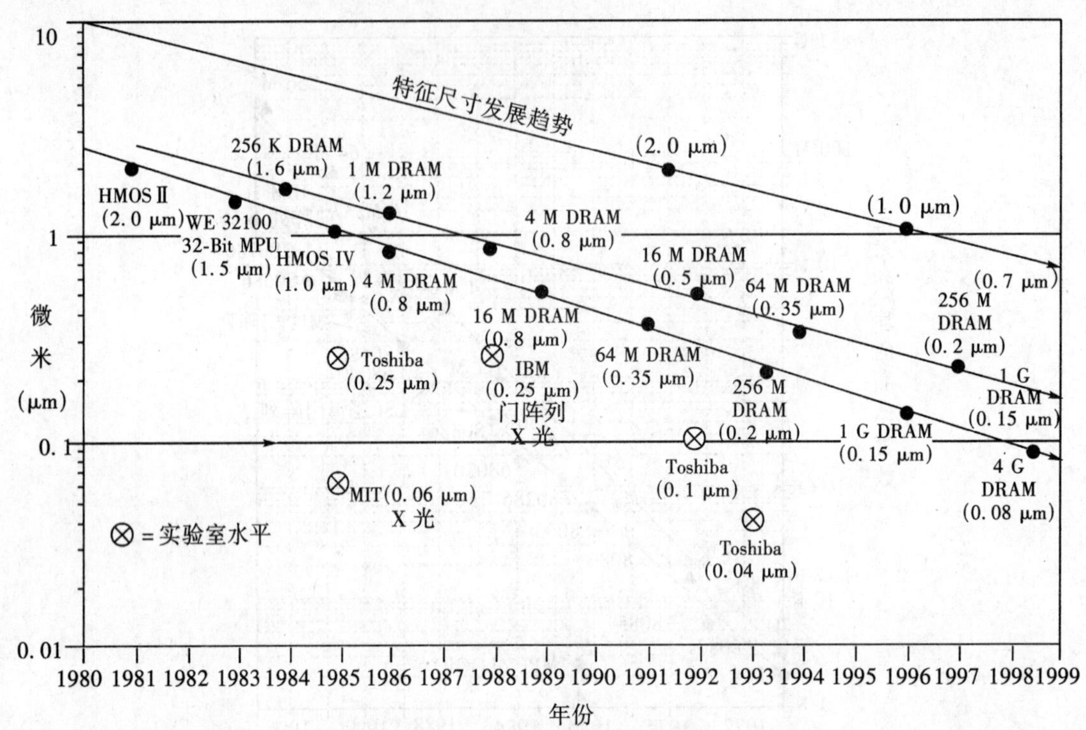

图 1-5 IC 特征尺寸发展趋势

表 1-2 美国半导体工业协会 IC 技术发展预测

年份		1997	1999	2001	2003	2006	2009	2012
特征尺寸(nm)	DRAM 间距	250	180	150	130	100	70	50
	MPU 栅长	200	140	120	100	70	50	35
DRAM 集成度(位/芯片)		256 M	1 G	未定	4 G	16 G	64 G	256 G
MPU 集成度(晶体管/芯片)		11 M	21 M	40 M	76 M	200 M	520 M	1.4 B
芯片尺寸(mm^2)	DRAM(首次/终品)	280/100	400/140	445/160	560/200	790/280	1 120/390	1 580/550
	MPU(首次/终品)	300/100	340/125	385/140	430/150	520/180	620/220	750/260
	ASIC(最大)	480	800	850	900	1 000	1 100	1 300
圆片直径(mm)		200	300	300	300	300	450	450
芯片上布线层数		6	6~7	7	7	7~8	8~9	9
芯片 I/O 数		1 450	2 000	2 400	3 000	4 100	5 400	7 300
封装 I/O 数(ASIC)		1 100	1 500	1 800	2 200	3 000	4 100	5 500
功率(W)	高性能	70	90	110	130	160	170	175
	便携式	1.2	1.4	1.7	2.0	2.4	2.8	3.2
最低供电电压(V)		1.8~2.5	1.5~1.8	1.2~1.5	1.2~1.5	0.9~1.2	0.6~0.9	0.5~0.6

续表 1-2

年　份		1997	1999	2001	2003	2006	2009	2012
芯片频率(MHz)	芯片内	300	500	600	700	900	1 200	1 500
	芯片外	250	480	785	885	1 035	1 285	1 540
封装成本(美分/引脚)		1.40～2.80	1.25～2.50	1.15～2.30	1.05～2.05	0.90～1.75	0.75～1.50	0.65～1.30

资料来源：SIA(美国半导体工业协会)编《美国国家半导体发展路线》,1997 年。

2. 三级微电子封装

从由硅圆片制作出各类芯片开始,微电子封装可以分为三个层次,即用封装外壳将芯片封装成单芯片组件(Single Chip Module,简称 SCM)和多芯片组件(MCM)的一级封装,将一级封装和其他元器件一同组装到印刷电路板(PWB)(或其他基板)上的二级封装,以及再将二级封装插装到母板(Mother-Board)上的三级封装。由硅圆片开始的三级封装如图 1-6 所示。

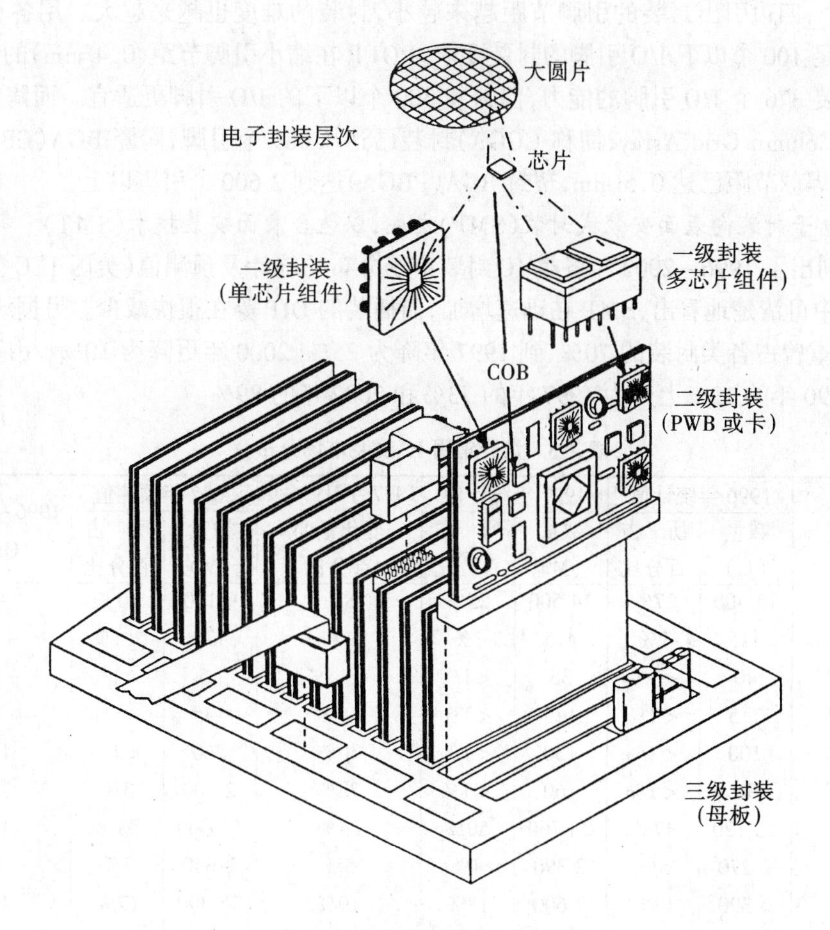

图 1-6　微电子封装的三个级别

在这里,硅圆片和芯片虽然不作为一个封装层次,但却是微电子封装的出发点和核心。在 IC 芯片与各级封装之间,必须通过互连技术将 IC 芯片焊区与各级封装的焊区连接起来才可形成功能,也有的将这种芯片互连级称为芯片的零级封装。因此,芯片互连级在整个电子封装中占有举足轻重的地位,并贯穿于封装的全过程。为此,需要专门加以论述。

这样,本书所论述的内容将主要涉及与半导体芯片,特别是通用集成电路芯片和专用集成电路芯片相关的各种微电子封装技术领域。

3. 微电子封装技术的发展特点

由前面的图表可以看出 IC 各方面的突出进展,其中使微电子封装技术面临严峻挑战的是芯片面积更大,功能更强,结构更复杂,工作频率更高,特别是 I/O 引脚数年年惊人地增加。再就是市场的竞争,要求各类封装的电子产品质优价廉。这些都对微电子封装技术提出了更高的要求,也使微电子封装技术呈现出先进封装层出不穷、日新月异、百花盛开、争奇斗艳的良好局面。概括起来,微电子封装技术的发展有如下一些特点:

(1) 微电子封装向高密度和高 I/O 引脚数发展,引脚由四边引出向面阵排列发展

目前,LSI 和 VLSI 的集成度越来越高,其单位体积内的信息量随之提高,I/O 引脚数也已超过 1 000 个,四边引出封装的引脚节距越来越小,封装的难度也越来越大。用各种 DIP 和 SOP 只能满足 100 个以下 I/O 引脚的封装要求,PQFP 在缩小引脚节距(0.4 mm)的情况下虽然能达到封装 376 个 I/O 引脚的能力,但封装 300 个以下的 I/O 引脚更适宜。而陶瓷焊柱阵列(Ceramic Column Grid Array,简称 CCGA)封装已达 1 089 个引脚,陶瓷 BGA(CBGA)已达 625 个引脚,焊球节距已达 0.5 mm,塑封 BGA(PBGA)达到 2 600 个引脚以上。

(2) 微电子封装向表面安装式封装(SMP)发展,以适合表面安装技术(SMT)

表 1-3 列出了 1996~2002 年各类 IC 封装市场分布的统计及预测值(美国 IEC 公司 1998 年公布),从中可清楚地看出,SMP 在迅速增加,而插装的 DIP 等在很快减少。另据统计,1990 年 DIP 的比重曾占各类封装的 70%,到 1997 年降为 25%,2000 年更降为 10%;相应地,SMP 的比重从 1990 年的 12%上升为 1997 年的 73%和 2002 年的 89%。

表 1-3 世界常用 IC 封装市场分布

封装类型	1996 年统计值		1997 年统计值		1997 年/1996 年	2002 年预测值		1996~2002 年
	数量(M)	所占百分比	数量(M)	所占百分比	变化量的百分比	数量(M)	所占百分比	CAGR
PDIP	13 400	27%	14 500	25%	8%	9 100	10%	-6%
CDIP	445	1%	415	1%	-7%	170	<1%	-15%
其他 DIP	40	<1%	35	<1%	-13%	15	<1%	-15%
陶瓷 PGA	115	<1%	125	<1%	9%	145	<1%	4%
塑封 PGA	100	<1%	130	<1%	30%	260	<1%	17%
BGA/CSP	90	<1%	160	<1%	78%	2 600	3%	75%
SOP*	23 120	47%	28 760	50%	24%	51 300	58%	14%
PLCC	2 270	5%	2 390	4%	5%	2 630	3%	2%
PQFP	6 390	13%	7 600	13%	19%	15 300	17%	16%
其他**	2 830	6%	3 160	6%	12%	6 700	8%	15%
总计	48 800	100%	57 275	100%	17%	88 220	100%	10%

注:* 包括 UTSOP、QSOP、TSOP 和 SOJ。

** 包括 TAB-Board、COB、Flatpack、Metal Cans、LCCC 和 LDCC 等。

资料来源:《北京表面安装技术》1999 年第 1 期。

(3) 从陶瓷封装向塑料封装发展

统计资料表明,以 PDIP、SOP 和 PQFP 为代表的塑料封装始终占市场生产总量的 93% ~ 95%,而陶瓷封装则从 1990 年的 5.6%降到 1994 年的 2%左右。至 2000 年,塑料封装和陶瓷封装分别占市场生产总量的 90%和 1%,它们所占份额减小是由于其他各类封装份额增加的缘故。

(4) 从注重发展 IC 芯片向先发展后道封装再发展芯片转移

由于后道封装对芯片的制约,以及芯片制造投资大、发展慢,而后道封装却投资小、见效快,所以各国都纷纷建立独立的后道封装厂,这已被美国、韩国和东南亚以及我国的台湾、香港地区所采用。前几年,封装曾向东南亚和南亚转移,近几年都看好中国,大有纷纷抢占中国电子封装市场的趋势。现已有二十多家外商在中国内地独资建厂,投入资金已超过 30 亿美元。

4. 微电子封装的发展趋势

根据 IC 的发展趋势,再结合电子整机和系统的高性能化、多功能化、小型化、便携式、高可靠性以及低成本等要求,可以推断微电子封装的发展趋势。归结起来,有以下几个方面:

(1) 微电子封装具有的 I/O 引脚数将更多。

(2) 微电子封装应具有更高的电性能和热性能。

(3) 微电子封装将更轻、更薄、更小。

(4) 微电子封装将更便于安装、使用和返修。

(5) 微电子封装的可靠性会更高。

(6) 微电子封装的性能价格比会更高,而成本却更低,达到物美价廉。

1.1.3 微电子封装技术的重要性

一块 IC 制造出来了,就包含了所设计的一定功能,只要使用中能有效地发挥其功能,并具有一定的可靠性,芯片要不要进行“封装”本来是无关紧要的,因为封装并不能添加任何价值,相反,不适宜的封装反倒会使其功能下降。事实上,系统开发者很早就试图摆脱封装,而将 IC 直接安装到电路基板上。这种想法已由 1960 年 IBM 公司开发的凸点倒装芯片和 AT&T 公司开发的梁式引线所强化,并接着由 Delco Electronics Lucent 公司成功地将芯片倒装焊到陶瓷基板上而得以实现。但要普遍使用这种不封装的 IC,由于种种原因,至今仍未能实现。这是因为使用经封装的 IC 有诸多好处,如可对脆弱、敏感的 IC 芯片加以保护,易于进行测试,易于传送,易于返修,引脚便于实行标准化进而适于装配,还可改善 IC 的热失配,等等,所以,对各类 IC 芯片仍要进行封装。

随着微电子技术的发展,芯片特征尺寸不断缩小(现已降到 0.25 ~ 0.13 μm 或更小),在一块硅芯片上已能集成六七千万或更多个门电路,促使集成电路的功能更高、更强,再加上整机和系统的小型化、高性能、高密度、高可靠性要求,市场上的性能价格比竞争,以及 IC 品种和应用的不断扩展,这些都促使微电子封装的设计和制造技术不断向前发展,各类新的封装结构也层出不穷。反过来,微电子封装技术的提高,又促进了 IC 和电子器件的发展。而且,随着电子系统的小型化和高性能化,电子封装对系统的影响已变得和芯片一样重要。例如,具有同样功能的电子系统,既可以用单芯片封装进行组装,也可以改用 MCM 这一先进的封装技术。后者不但封装密度高,电性能更好,而且与等效的单芯片封装相比,体积可减小 80%~90%,芯片到芯片的延迟减小 75%。由此可见,电子封装对电子整机系统有巨大的影响。所以,微电子封装不但直接影响着 IC 本身的电性能、热性能、光性能和机械性能,影响其可靠性和成本,还在很大程度上决定着电子整机系统的小型化、可靠性和成本。而且,随着越来越多的新型 IC 采用高 I/O 引脚数封装,封装成本在器件总成本中所占比重也越来越高,并有继续发展的趋势。现在,国际上已将电子封装作为一个单独的重要产业来发展了,并已与 IC 设计、IC 制造和 IC 测试并列,构成 IC 产业的四大支柱。它们既相互独立,又密不可分,不仅影响着电子信息产业乃至国民经济的发展,而且与每个家庭的现代化也息息相关。有关统计资料表明,50 年前,每个家庭只有约 5 只有源器件,今天已拥有 10 亿只以上晶体管了。所以说,电子封装与国计民生的关系将会越来越紧密,其重要地位是不言而喻的。目前,微电子封装技术已涉及到各类材料、电子、热学、力学、化学、可靠性等多种学科,是越来越受到重视、并与 IC 芯片同步发展的高新技术产业。

1.1.4 我国微电子封装技术的现状及对策

1. 我国微电子封装技术的现状

我国的微电子封装技术经过“七五”、“八五”、“九五”科技攻关,针对军品和民品应用而研制开发出一批新型的微电子封装结构,如 LCCC、PLCC、PGA、QFP、BGA、引线框架和低 I/O 引脚数的 SOP,芯片互连有 TAB 和 FCB 等。其中,16~132 只引脚的 LCCC、44~257 只引脚的 PGA 和 8~32 只引脚的 SOP 已基本形成系列,44~160 只引脚的 QFP 也有了一些品种,68~160 只引脚的引线框架也已开发出来。所有这些,都使我们在科研和生产实践中锻炼、培养、成长了一支已具备独立设计、开发和吸收国外新的电子封装技术能力的科研、生产队伍,也建立了一批塑封骨干厂和几个陶瓷、金属外壳厂,人们对微电子封装的认识也有了一定提高。最近几年,合资封装企业异军突起,蓬勃发展起来。

但从整体上来说,我国的微电子封装行业还是相当弱小和落后的。与国际上相比,我国仍沿用着陈旧的设备、老的工艺技术、落后的管理模式和手工作坊式的生产方式,再加上封装行业布点分散,封装规模又小,投资又十分短缺,这就使整个微电子封装行业的发展十分缓慢。人们长期以来一直重视前道的 IC 芯片,投资研制、开发和生产,而轻视、忽视、舍不得花钱投资后道微电子封装的传统观念仍然根深蒂固;就如同一种优质的产品不注意对它的包装一样,使其不能很好地发挥出产品良好的功能。

当前我国对 IC 的需求与我国的生产能力相差很大,据电子行业权威部门统计,2001 年我国对 IC 的需求为 244 亿块,而国内的 IC 产量才 63.6 亿块。就是这些 IC 芯片,国内也不能全部封装,一部分还要拿到国外或我国台湾、香港地区封装。可见,我国微电子封装产业与需求之间很不协调。

由于对微电子封装认识的落后,微电子封装业长期处于芯片生产的附属位置,而没有将它放到独立发展的应有地位。所以至今,我国的微电子封装仍是以 PDIP 和 TO 型(晶体管和发光管)为主,也有为数不多的 PQFP、SOP 生产线,对 IC 芯片的封装也多以引进生产 SOP 和 PQFP 为主。至于当前国际上正在飞速发展着的 BGA、CSP、倒装片(Flip-Chip,简称 FC)等各类先进的微电子封装技术,几乎还是一片空白。

2. 发展微电子封装技术应采取的对策

针对国际上微电子封装技术的迅猛发展和我国十分落后的现状,建议采取以下对策:

(1) 进一步提高认识、转变观念,将微电子封装业作为独立的高新技术产业来加大投入、积极发展

与前道IC芯片需要大量投资(数亿乃至数十亿美元)、大量的高精尖设备仪器、大规模的超净厂房和各种超净气体及化学试剂等相比,后道电子封装是相对劳动密集型的行业,可吸纳更多的人员劳动就业,而且资金投入少(数千万美元)却见效快,技术难度远比制作IC芯片低,只要组织一定技术力量攻关,关键技术容易突破。我国劳动力资源雄厚,仅此一项就使封装的电子产品在国际上具有很强的竞争力。只要建立起一定数量和一定规模的微电子封装产业,无论立足国内与国际、当前与长远都是十分有利的。

(2) 组织起来,统筹规划,分工协作,共同发展才有出路

我国已有的一些微电子封装厂规模小、设备陈旧、技术落后,管理又跟不上,各自都为眼前的"饭碗"而奔波,无力考虑大量投入资金,作长远发展的打算。越是这样,越走不出困境。而联合起来,组织起来,统筹规划,调动资金干几件大事,再分工协作完成,这样就能见效快,渐入佳境,走上良性循环的道路。

(3) 面向国际市场竞争,立足满足国内的需求

要高起点,避免低水平的重复引进,要上几个高水平的项目,如BGA、CSP等,参与国际竞争。对国内的需求,不应再引进国际上即将"退役"的DIP,而应大力发展或引进用量大、引脚数在64~100之间的SOP型和PQFP型等封装,而且应以窄节距、薄型结构为主,避免形成低水平产品结构武装起来的微电子封装工业体系,以利于微电子封装技术的不断转型和更新。

(4) 利用我国已加入WTO条件,积极开展国际合作,主动迎接国际上先进的电子封装厂家前来合资办厂

一些先进的微电子封装,如BGA和CSP等,在美、日、韩和东南亚诸国及我国台湾、香港地区都竞相投资建厂,大力发展。但他们都看到劳动力成本的因素对产品成本的构成举足轻重,显然,大陆的劳动力成本更低,因而纷纷看好中国内地的大市场,有的已独资建厂,而希望合资建厂的也不乏先例。这既是挑战,又是解决我们资金技术缺乏问题而获得良好发展的大好时机。有志者必将捷足先登,生产出国际上最先进的电子封装产品参与国际竞争,从而也能带动我国微电子封装行业的发展与提高。

1.2　微电子封装技术的分级

前面图1-6展示的即是分为三级封装的分级图,下面分别加以论述。

1.2.1 芯片互连级(零级封装)

1. 芯片粘接

如果只需将 IC 芯片固定安装在基板上,一般有以下几种方法:

(1) Au-Si 合金共熔法

芯片背面要淀积 Au 层,所固定的基板上也要有金属化层(一般为 Au 或 Pd-Ag)。因为在约 370 ℃时 Au 和 Si 有共熔点,根据 Au-Si 相图(图 1-7),该温度下 Au 和 Si 的比例为 69∶31。利用等式:

$$\frac{\text{Au 重量}}{\text{Si 重量}}=\frac{\text{Au 体积}\times\text{Au 密度}}{\text{Si 体积}\times\text{Si 密度}}$$

$$=\frac{\text{Au 厚度}\times\text{Au 密度}}{\text{Si 熔解深度}\times\text{Si 密度}}$$

又

$$\frac{\text{Au 重量}}{\text{Si 重量}}=\frac{\text{一定温度下 Au 熔解的百分数}\times\text{Au 的原子量}}{\text{一定温度下 Si 熔解的百分数}\times\text{Si 的原子量}}$$

就可得出

$$\text{Si 熔解深度}=\frac{\text{一定温度下 Si 熔解的百分数}\times\text{Si 的原子量}}{\text{一定温度下 Au 熔解的百分数}\times\text{Au 的原子量}}\times\frac{\text{Au 厚度}\times\text{Au 密度}}{\text{Si 密度}}$$

这样,在芯片烧结时,根据烧结温度就能知道一定厚度的 Au 大约能够使 Si 熔解多深(厚)。

Au-Si 合金共熔法既可在多个 IC 芯片装好后在 H_2(或 N_2)保护下的烧结炉内烧结,也可用超声熔焊法逐个芯片超声熔焊。

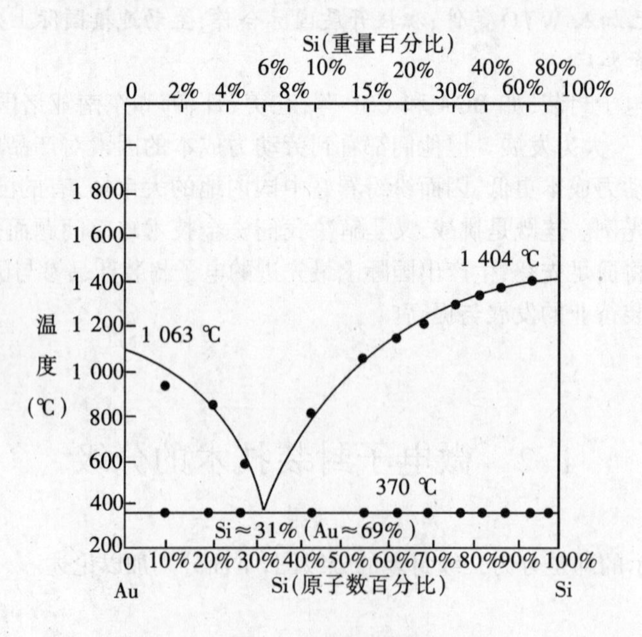

图 1-7 Au-Si 相图

(2) Pb-Sn 合金片焊接法

这时芯片背面用 Au 层或 Ni 层均可,基板导体除 Au、Pd-Ag 外,也可以是 Cu;也应在保护气氛炉中烧结,烧结温度视 Pb-Sn 合金片的成分而定。这是使 Pb-Sn 合金片熔化后各金属间的焊接。

(3) 导电胶粘接法

导电胶是大家熟悉的含银而具有良好导热、导电性能的环氧树脂。这种方法不要求芯片背面和基板具有金属化层,芯片粘接后,采用导电胶固化要求的温度和时间进行固化。可在洁净的烘箱中完成固化,操作起来简便易行。

(4) 有机树脂基粘接法

以上方法均适合于晶体管或小尺寸的 IC。对于各种大尺寸的 IC,只要求芯片与基板粘接牢固即可。有机树脂基的配方应当是低应力的,对于粘接有敏感性的 IC 芯片(如各类存储器),有机树脂基及填料还必须去除 α 粒子,以免粘接后的 IC 芯片在工作时误动作。

这里需要特别注意的是,各类有机粘接剂都是高分子材料,均需经过硫化或固化,达到高分子间的交联。在此过程中,往往要产生一些低分子挥发物,要令其挥发掉。产生的挥发物随温度的高低和时间的长短而有所不同。为使其反应充分,又不让挥发物大量聚集,产生气泡,或因挥发物急剧逸出,形成许多固化后的通道,造成粘接面积大大减小,粘接力大为减低,以致给产品的可靠性带来巨大危害,因此,各类有机粘接剂应按照室温、中低温、高温、恒温、自然降温的合适温度梯度和时间顺序进行固化。这样均匀地固化,还可减小固化应力。

此外,高分子化合物都有随时间自动降解的作用,温度越低,自动降解越弱。因此,各类粘接剂一般都有储存使用的有效期。

以上介绍的这几种芯片粘接法所用的材料,均有经过考核达到一定可靠性要求的商品出售。随着微电子封装技术复杂程度的增加,对其可靠性的要求也更高,各种性能更好、更新的粘接剂材料会不断地研制开发出来。

2. 芯片互连技术

芯片互连技术主要有引线键合(Wire Bonding,简称 WB)、载带自动焊(Tape Automated Bonding,简称 TAB)和倒装焊(Flip Chip Bonding,简称 FCB)三种。早期还有梁式引线结构焊接,因其工艺十分复杂,成本又高,不适于批量生产,已逐渐废弃。下面仅介绍 WB、TAB 和 FCB 三种芯片互连技术。另外,还有埋置芯片互连技术——后布线技术,我们将在第 2 章中作简要介绍。

(1) WB

WB 是一种传统的、最常用的、也是最成熟的芯片互连技术,至今各类芯片的焊接仍以 WB 为主。它又可分为热压焊、超声焊和热压超声焊(又称金丝球焊)三种方式。可以根据不同的情况,采用不同种类和规格的 WB。通常所用的焊丝材料是经过退火的细 Au 丝和掺少量 Si 的 Al 丝,Au 丝适于在芯片的铝焊区和基板的 Au 布线上热压焊或热压超声焊,而 Al 丝则更适合在芯片的铝焊区和基板的 Al、Au 布线上超声焊,二者也适于焊接 Pd-Ag 布线。

WB 焊接灵活方便,焊点强度高,通常能满足 70 μm 以上芯片焊区尺寸和节距的焊接需要。

(2) TAB

TAB 是 1971 年由 GE 公司开发出的 LSI 薄型芯片互连技术,但一直发展缓慢。直到

1987年以后,随着电子整机的高密度、超小型、超薄型化,I/O引脚数大大增加,芯片尺寸和焊区越来越小,采用WB更加困难时,TAB互连方式才又兴旺起来。TAB在日本发展最快,使用也最多,美国、欧洲次之。

TAB是连接芯片焊区和基板焊区的"桥梁",它包括芯片焊区凸点形成、载带引线制作、载带引线与芯片凸点焊接(称为内引线焊接)、载带—芯片互连焊后的基板粘接和最后的载带引线与基板焊区的外引线焊接几个部分。TAB有单层带、双层带、三层带和双金属带几种。由于TAB的综合性能比WB优越,特别是具有双层或三层载带的TAB不仅能实现自动焊接,而且对芯片可预先筛选、测试,使所有安装的TAB芯片全是好的,这对提高组装成品率、提高可靠性和降低成本均有好处。因此,TAB在一部分高I/O引脚数的LSI、VLSI及超薄型电子产品中代替了WB。

(3) FCB

FCB是芯片面朝下、将芯片焊区与基板焊区直接互连的技术。一般是先将芯片的焊区形成一定高度的金属凸点(Au、Cu、Ni、Pb-Sn等金属或合金)后再倒装焊到基板焊区上,也可在基板焊区位置上形成凸点。因为互连焊接的"引脚"长度即是凸点的高度,所以互连线最短,芯片的安装面积也比用其他方法的安装面积小。不论芯片凸点多少,都可一次倒装焊接完成,所以安装工艺简单易行,省工省时,特别适于高I/O引脚数的LSI和VLSI芯片的互连,适合需要多芯片安装的高速电路应用。

FCB是最有发展前途的一种芯片互连技术,它比WB和TAB的综合性能都高,是正在迅速发展、广泛应用的高新技术。

综上所述,WB、TAB和FCB在微电子封装中占有十分重要的位置,在后面的章节中还要详细加以论述。这三种芯片互连技术的现状及发展趋势如图1-8所示。

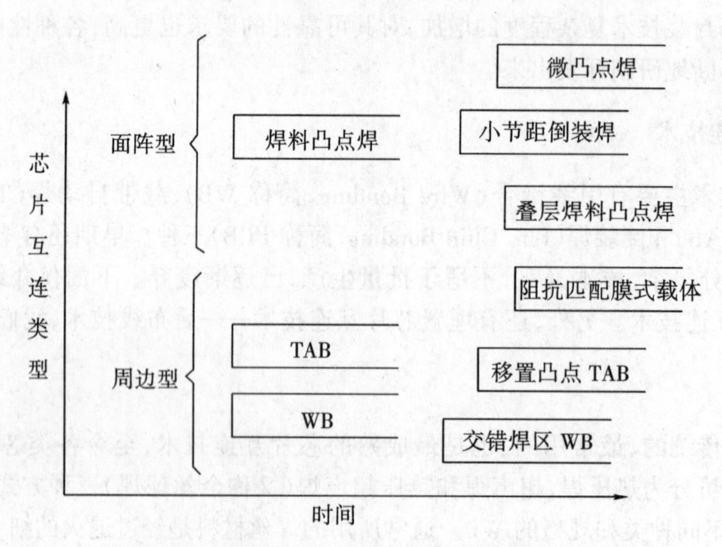

图1-8 各种芯片互连技术的现状及发展趋势

1.2.2 一级微电子封装技术

这一级封装是将一个或多个IC芯片用适宜的材料(金属、陶瓷、塑料或它们的组合)封装起来,同时,在芯片的焊区与封装的外引脚间用如上三种芯片互连方法连接起来,使之成为有实用功能的电子元器件或组件。由图1-6可以看出,一级封装包括封装外壳制作在内的单芯片组件(SCM)和多芯片组件(MCM)两大类,在各个不同的发展时期都有相应的封装形式(参见图1-1)。例如,在20世纪70年代末至80年代初的插装技术发展时期,有典型的双列直插封装(DIP)和针栅阵列(PGA)封装;在80年代中期的表面安装技术(SMT)发展时期,开发出了表面安装式封装(SMP)的陶瓷无引脚片式载体(LCCC)、塑料有引脚片式载体(PLCC)、小外形封装SOP(SOJ);在80年代末SMT的成熟期,又开发出成为主流封装的四边引脚扁平封装(QFP)。随着SMT技术的进步,安装密度不断提高,各种电子封装也进一步向小型化、薄型化、窄节距方向发展,从而又相继出现SSOP(更窄节距小外形封装)、TSOP(薄型小外形封装)、USOP(超小外形封装)、TPQFP(薄型PQFP)等,连PGA也适应SMT的需要,发展成短引脚型结构。

20世纪90年代初,随着IC的I/O引脚数不断增加,有的高达数千只引脚,这时QFP的引脚节距即使已达到0.4 mm甚至0.3 mm的安装极限,也难以满足高I/O引脚数的要求了。一种新型微电子封装——焊球阵列(BGA)封装在美国研制开发成功,有的专家称BGA是LSI、VLSI芯片微电子封装的“救星”。BGA一出现就引起世界微电子封装界的广泛重视,竞相研制开发,出现了多种类型的BGA,其中有塑封BGA(PBGA)、倒装芯片BGA(FCBGA)、载带BGA(TBGA)、带散热器BGA(EBGA)和陶瓷BGA(CBGA)等。在此期间,日本在继续发展QFP的同时,在BGA的基础上也研制开发出称为芯片尺寸封装的CSP,它是不大于芯片尺寸20%的微电子封装。BGA和CSP的出现,解决了具有数千个I/O引脚VLSI芯片的电子封装的后顾之忧,所以随后几年来BGA和CSP的发展简直是爆炸性的,仅1995年全世界生产BGA和CSP的厂家就有数十家。

CSP的出现,还解决了单芯片在组装多芯片组件(MCM)时优质芯片(Known-Good Die,简称KGD)的测试问题,这对一直缓慢发展着的MCM起了巨大的推动作用,使MCM的安装成品率得以保证,又可使用SMT进行安装,成本也可以大为降低。用CSP和BGA可以封装MCM,即MCMBGA封装,使之成为更大规模的系统级封装(System In a Package)。

图1-9就是这一级微电子封装的分类,也是本书所要论述的主要内容。

如今,由于微电子产品的高性能、多功能、小型化、便携式和低成本等要求的推动,微电子封装技术的发展已呈现出百花争艳的局面,各种新的先进的封装会日新月异,层出不穷,成为微电子领域活跃的一族。图1-10是各种器件和电子封装的发展趋势。

1.2.3 二级微电子封装技术

这一级封装实际上是组装,是将上一级各种微电子封装产品、各种类型的元器件及板上芯片(Chip On Board,简称COB)一同安装到PWB或其他基板上。除有特别要求外,这一级一般不再单独加以封装。若这一级已是完整的功能部件或整机(如电子计算器、通信机等),为便于使用并保护封装件,最终也要将其安装在统一的壳体中。

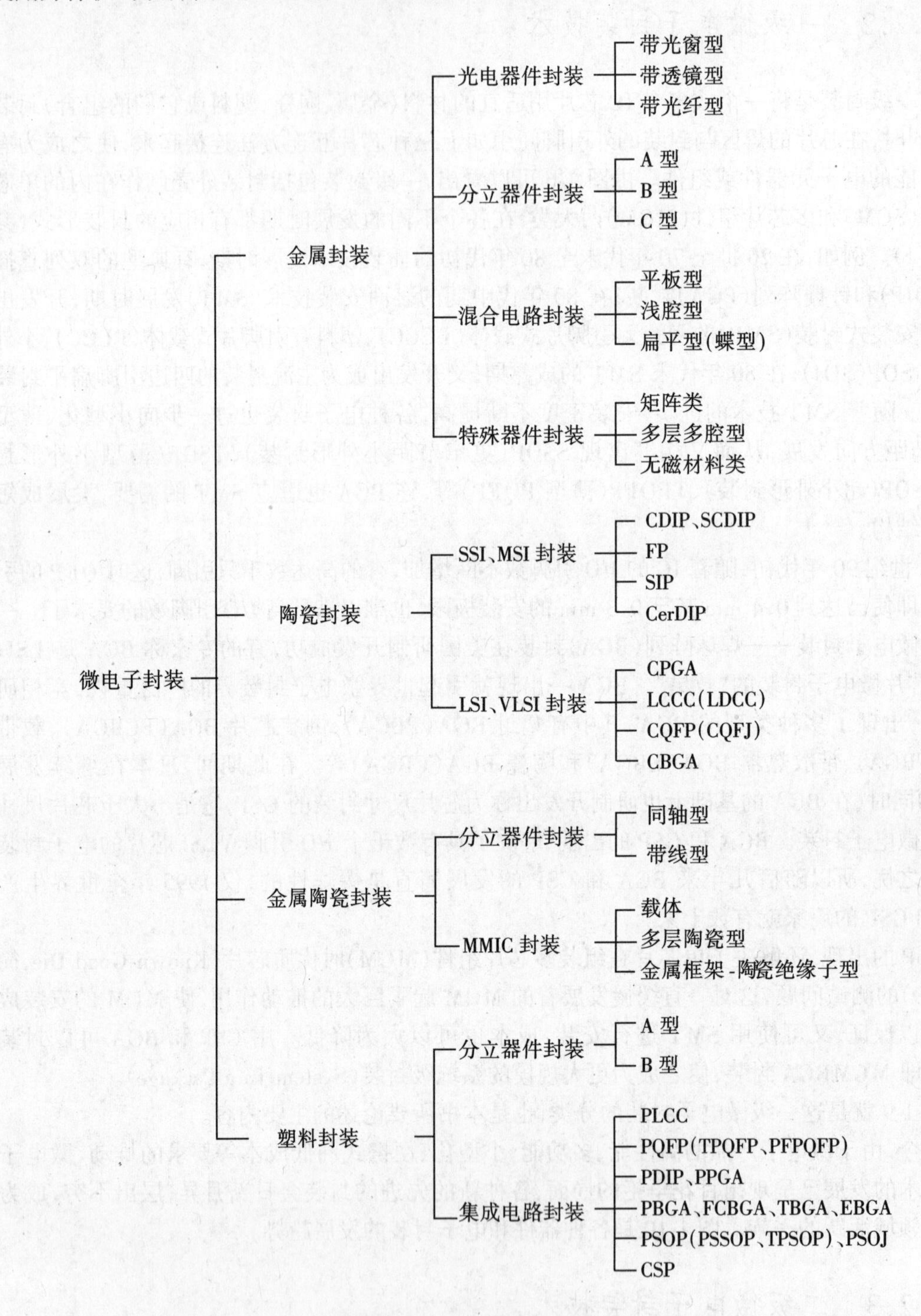

图 1-9 一级微电子封装的分类

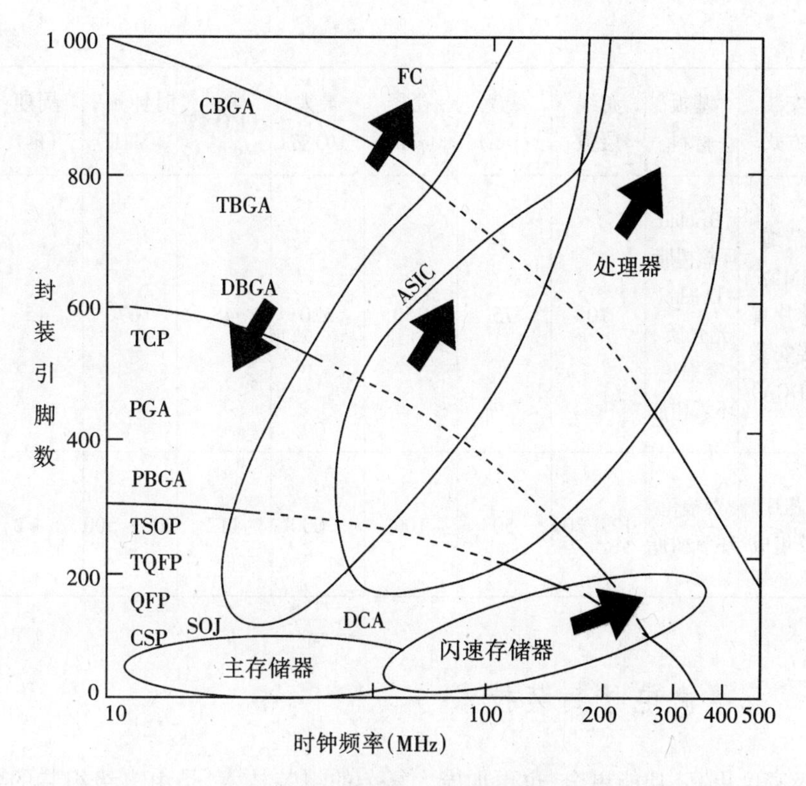

图 1-10　器件和电子封装的发展趋势

这一级组装技术包括通孔安装技术(THT)、表面安装技术(SMT)和芯片直接安装(Direct Chip Attach,简称 DCA)技术三部分。通常,在 PWB 上组装时,这三种组装方式同时存在;而在有些基板上组装时,用 SMT 和 DCA 组装方式更加适合。

这一级组装的 PWB 或其他基板均是多层布线基板,使之成为电子系统(或整机)的插板、插卡或母板。

二级微电子封装技术的发展如表 1-4 所示。

表 1-4　二级微电子封装技术的发展

时　期	安装方式	基板材料	布线层数	线宽(μm)	孔径(μm)	最大I/O数	密度(I/O数/cm^2)	时钟频率(MHz)	周期(ns)	元器件及其连接
20世纪80年代初期	THT	FR-4环氧树脂	6	150	450	361	4	8~15	120~75	THT、波峰焊
20世纪80年代末期	THT、SMT混装	FR-4环氧树脂	8	125	300	/	24	/	/	THT、单面SMD(PQFP)、双面叠层SOJ

续表 1-4

时　期	安装方式	基板材料	布线层数	线宽（μm）	孔径（μm）	最大 I/O 数	密度（I/O 数/cm^2）	时钟频率（MHz）	周期（ns）	元器件及其连接
20 世纪 90 年代初期	精细 SMT、芯片直接安装（DCA）	Driclad 环氧树脂、Driclad 光介质、泰福伦环氧树脂	10	75	250	520	48	67	15	双面 SMD（PQFP）、TQFP、TSOP、双面叠层 SOJ、DCA
20 世纪 90 年代中末期	裸芯片焊及集成	泰福伦环氧树脂	12 ~ 20	50	100	1 000	112	200 ~ 500	5 ~ 2	高温裸芯片焊接、BGA、CSP

1.2.4　三级微电子封装技术

这是一级密度更高、功能更全、也更加庞大复杂的组装技术，是由二级组装的各个插板或插卡再共同插装在一个更大的母板上构成的，这实际上是一种立体组装技术。

1.2.5　三维(3D)封装技术

以上所述的各种微电子封装技术均是在 xy 平面内实现的二维(2D)封装。由于电子整机和系统在航空、航天、计算机等领域对小型化、轻型化、薄型化等高密度组装要求的不断提高，在 MCM 的基础上，对于有限的面积，电子组装必然在二维组装的基础上向 z 方向发展，这就是所谓的三维(3D)封装技术，这是今后相当长时间内实现系统组装的有效手段。

实现 3D 封装主要有三种方法。一种是埋置型，即将元器件埋置在基板多层布线内或埋置、制作在基板内部。电阻和电容一般可随多层布线用厚、薄膜法埋置于多层基板中，而 IC 芯片一般要紧贴基板。还可以在基板上先开槽，将 IC 芯片嵌入，用环氧树脂固定后与基板平面平齐，然后实施多层布线，最上层再安装 IC 芯片，从而实现 3D 封装。第二种方法是有源基板型，这是用硅圆片 IC(WSI)作基板时，先将 WSI 用一般半导体 IC 制作方法作一次元器件集成化，这就成了有源基板。然后再实施多层布线，顶层仍安装各种其他 IC 芯片或其他元器件，实现 3D 封装。这一方法是人们最终追求并力求实现的一种 3D 封装技术。第三种方法是叠层法，即将两个或多个裸芯片或封装芯片在垂直芯片方向上互连成为简单的 3D 封装。更多的是将各个已单面或双面组装的 MCM 叠装在一起，再进行上下多层互连，就可实现 3D 封装。其上下均可加热沉，这种 3D 结构又称为 3D-MCM。由于 3D 的组装密度高，功耗大，基板多为导热性好的高导热基板，如硅、氮化铝和金刚石薄膜等。还可以把多个硅圆片层叠在一起，形成 3D 封装。

1.3 微电子封装的功能

微电子封装通常有五种功能,即电源分配、信号分配、散热通道、机械支撑和环境保护。

1. 电源分配

微电子封装首先要能接通电源,使芯片与电路流通电流。其次,微电子封装的不同部位所需的电源有所不同,要能将不同部位的电源分配恰当,以减少电源的不必要损耗,这在多层布线基板上尤为重要。同时,还要考虑接地线的分配问题。

2. 信号分配

为使电信号延迟尽可能减小,在布线时应尽可能使信号线与芯片的互连路径及通过封装的 I/O 引出的路径达到最短。对于高频信号,还应考虑信号间的串扰,以进行合理的信号分配布线和接地线分配。

3. 散热通道

各种微电子封装都要考虑器件、部件长期工作时如何将聚集的热量散出的问题。不同的封装结构和材料具有不同的散热效果,对于功耗大的微电子封装,还应考虑附加热沉或使用强制风冷、水冷方式,以保证系统在使用温度要求的范围内能正常工作。

4. 机械支撑

微电子封装可为芯片和其他部件提供牢固可靠的机械支撑,并能适应各种工作环境和条件的变化。

5. 环境保护

半导体器件和电路的许多参数,如击穿电压、反向电流、电流放大系数、噪声等,以及器件的稳定性、可靠性都直接与半导体表面的状态密切相关。半导体器件和电路制造过程中的许多工艺措施也是针对半导体表面问题的。半导体芯片制造出来后,在没有将其封装之前,始终都处于周围环境的威胁之中。在使用中,有的环境条件极为恶劣,必须将芯片严加密封和包封。所以,微电子封装对芯片的环境保护作用显得尤为重要。

1.4 微电子封装技术发展的驱动力

任何电子器件都由芯片和封装两个基本部分组成,二者是相互依存、相互促进、共同发展的。可以说,有一代电子整机,便有一代 IC 和与此相适应的一代微电子封装。因此,微电子封装技术的发展是与电子整机和 IC 的发展密切相关的。同时,由于电子产品之间的激烈竞争,也使电子产品的性能价格比不断提高,出现了多种高性能、高质量的新型微电子封装。下面对微电子封装发展的驱动力加以论述。

1. IC发展对微电子封装的推动

众所周知,反映IC的发展水平,通常都是以IC的集成度及相应的特征尺寸为依据的。集成度决定着IC的规模,而特征尺寸则标志着工艺水平的高低。自20世纪70年代以来,IC的特征尺寸几乎每4年缩小一半。RAM、DRAM和MPU的集成度每年分别递增50%和35%,每3年就推出新一代DRAM。但集成度增长的速度快,特征尺寸缩小得慢,这样,又使IC在集成度提高的同时,单个芯片的面积也不断增大,大约每年增大13%。同时,随着IC集成度的提高和功能的不断增加,IC的I/O数也随之提高,相应的微电子封装的I/O引脚数也随之增加。例如,一个集成50万个门阵列的IC芯片,就需要一个700个I/O引脚的微电子封装。这样高的I/O引脚数,要把IC芯片封装并引出来,若沿用大引脚节距且双边引出的微电子封装(如2.54 mm DIP),显然壳体大而重,安装面积不允许。从事微电子封装的专家必然要改进封装结构,如将双边引出改为四边引出,这就是后来的LCCC、PLCC和QFP,其I/O引脚节距也缩小到0.4 mm,甚至0.3 mm。随着IC的集成度和I/O数进一步增加,再继续缩小节距,这种QFP在工艺上已难以实施,或者组装焊接的成品率很低(如0.3 mm的QFP组装焊接失效率竟高达6‰)。于是,封装的引脚由四边引出发展成为面阵引出,这样,与QFP同样的尺寸,节距即使为1 mm,也能满足封装具有更多I/O数的IC的要求,这就是正在高速发展着的先进的BGA封装。

有关IC的集成度、特征尺寸、芯片尺寸以及I/O的发展趋势,参见前面的图1-3、图1-4、图1-5和表1-2。

2. 电子整机发展对微电子封装的驱动

电子整机的高性能、多功能、小型化和便携化、低成本、高可靠性等要求,促使微电子封装由插装型向表面安装型发展,并继续向薄型、超薄型、窄节距发展,进一步由窄节距的四边引出向面阵排列的I/O引脚发展。其封装结构由DIP、PGA向SOP(TSOP)、LCCC、PLCC、QFP(PQFP、TPQFP)、BGA、CSP、MCM、裸芯片DCA等发展。相应的安装基板也由单层板向多层板发展。表1-5反映出IC的封装、安装技术及其发展趋势。

表1-5 与IC封装有关技术的发展趋势

年份		1985年	1990年	1995年	2000年
安装形式		单面SMT、THT和SMT混装	双面SMT	双面SMT、裸芯片DCA	3D
IC	封装形式	SOP、QFP	TAB、FC	BGA、MCM-L、MCM-C	BGA、CSP、MCM-D
	I/O数	50~100	300~500	1 000~5 000	/
MPU工作频率(MHz)		25	50	100	200
有机基板		单面PWB、双面PWB	多层PWB	6~8层PWB	埋置C、R、IC模块
陶瓷基板		陶瓷(Al_2O_3)、Pd-Ag导体	陶瓷(Al_2O_3)、Cu导体	SiC、AlN	埋置C、R、IC模块

3. 市场发展对微电子封装的驱动

微电子工业由于其固有的高投入,一向被认为是“吞金业”。而它的高技术含量和日新月异的进步,每4~5年芯片产量就翻一番,使其又有丰厚的利润回报,因此,微电子工业又成为“产金业”。在半导体市场销售额几乎每4年翻一番的同时,销售额的年增长率也大致每4年有一次大的涨落。而且,微电子技术固有的快速更新和向其他领域的渗透,使其又存在着激烈的竞争。微电子技术的应用扩展到各个领域,深入到每个家庭和个人,使微电子封装业呈现蓬勃发展的局面,微电子封装业再不是以往前道芯片的附属,而纷纷单独成立众多的封装厂家,并直接服务于用户,成为强大的封装产业。这样,封装产业和市场共同推动着封装技术不断向前发展。

由于电子产品更新换代快,市场变化大,新的微电子封装产品要尽快投放市场,不但要交货及时,还要质量好、品种多、花样新、价格低、服务好等,归结起来就是性能价格比要高。近二十年来,电子封装业从DIP到SOP、QFP,再到BGA、MCM是微电子封装发展的必然之路。而塑料封装的低成本、广泛的适应性以及适于大规模自动化生产,再加上低应力、低杂质含量、高粘附强度模塑料的应用等,使其比金属、陶瓷封装具有更高的性能价格比。所以,塑料封装占整个微电子封装的比例高达90%以上就不足为奇了。

1.5　微电子封装技术与当代电子信息技术

当今,全球正迎来电子信息技术时代,这一时代的重要特征之一是以电子计算机为核心,以各类飞速发展的LSI和VLSI为物质基础。电子信息技术由此推动、变革着整个人类社会,极大地改变着人们的生活方式与工作方式,并成为一个国家国力强弱的重要标志之一。人们正充分享受着现代电子信息技术带来的种种便利,真正达到互联网络全球通、漫游世界在掌中的美好境界。

据专家分析,21世纪可望跃为主流产业的依次为信息、通信、医疗保健、半导体和消费类电子,而满足这些产业要求的基础与核心仍然是IC。21世纪还将是知识经济的时代,而IC技术是最具知识经济特征的技术,因为这些领域越来越要求电子产品具有高性能、多功能、高可靠性,以及小型化、薄型化、便携化,还要求电子产品满足大众化所需要的低成本等。

由于IC产业的飞速发展,现在制造出各种LSI和VLSI并非难事。然而,由于它们的I/O少则数十、数百,多则高达数千个,因此,如何应用合适的封装结构将IC的设计功能发挥出来却成了难题。美、日等发达国家经过十多年的研制开发,终于完成了可替代DIP的QFP封装结构,并使之成为SMT的主流封装形式。然而,尽管这类封装的引脚节距一再缩小,直到0.3 mm的工艺极限,也难以封装出具有数百上千个引脚的VLSI芯片。而面阵引脚的BGA封装结构成为IC封装的“救星”,CSP与裸芯片的面积相当或仅仅大一点点,使长期困扰人们的IC芯片小而封装大的矛盾终于得以解决。这样,各类电子产品和电子整机才能达到轻、薄、短、小、便携化,甚至卡片化,而产品的高性能、多功能、高可靠性等才能够充分发挥,这就极大地促进了电子信息技术的飞速发展。可以说,正是IC的飞速发展和各种先进微电子封装的良好结合,才促成了当今全球电子信息技术时代的早日到来。

第2章 芯片互连技术

2.1 概 述

在微电子封装中,半导体器件的失效约有 1/4 ~ 1/3 是由芯片互连引起的,故芯片互连对器件长期使用的可靠性影响很大。在传统的 WB 中,互连引起的失效主要表现为引线过长,与裸芯片易搭接短路,烧毁芯片;压焊过重,引线过分变形,损伤引线,容易造成压焊处断裂;压焊过轻,或芯片焊区表面太脏,导致虚焊,压焊点易于脱落;压焊点压偏,或因此键合强度大为减小,或造成压焊点间距过小而易于短路;此外,压点处留丝过长,引线过紧、过松等,均易引起器件过早失效。在 TAB 和 FCB 中也存在 WB 中的部分失效问题,同时也有它们自身的特殊问题,如由于芯片凸点的高度一致性差,群焊(多点一次焊接)时凸点形变不一致,从而造成各焊点的键合强度有高有低;由于凸点过低,使集中于焊点周围的热应力过大,而易造成钝化层开裂;面阵凸点 FCB 时,由于与基板不匹配,芯片的焊点应力由中心向周边逐次升高,轻者可引起封装基板变形,重者可导致远离芯片中心的凸点焊接处开裂失效等。

此外,WB、TAB 和 FCB,无论是与芯片焊区的金属(一般为 Al、Au)互连(俗称内引线焊接)还是与封装外壳引线及各类基板的金属化层互连(俗称外引线焊接),都存在着生成金属间化合物的问题。如 Au—Al 金属化系统,焊接处可能形成的金属间化合物就有 Au_2Al、AuAl、$AuAl_2$、Au_4Al、Au_5Al 等多种,这些金属间化合物的晶格常数、膨胀系数及形成过程中体积的变化都是不同的,而且多是脆性的,导电率都较低。因此,器件在长期使用或遇高温后,在 Au—Al 压焊处就出现压焊强度降低以及接触电阻变大等情况,最终可导致器件在此开路或器件的电性能退化。这些金属间化合物具有多种颜色,看上去呈紫色,故称“紫斑”;而 Au_2Al 呈白色,则称“白斑”,其危害性更大。

Au—Al 压焊还存在所谓“柯肯德尔(Kirkendall)效应”,即在接触面上造成空洞。其原因是在高温下,Au 向 Al 中迅速扩散,形成 Au_2Al(“白斑”)所致,同样易引起器件的失效。

还可以列举出一些 WB、TAB 和 FCB 的失效模式,这就是互连引起半导体器件失效率高达 1/4 ~ 1/3 的原因所在,同时也说明了芯片互连的重要性。

一方面,TAB 和 FCB 的失效率低于 WB 的失效率;另一方面,还由于它们有优于 WB 的电性能、热性能、机械性能和其他方面的特点,因而迅速发展起来。在许多应用中,特别是高 I/O 数的 LSI、VLSI 芯片的互连应用中,TAB 和 FCB 正部分或将全部取代 WB。表 2-1 是对 WB、

TAB和FCB性能的综合比较。

表 2-1　WB、TAB和FCB综合性能比较

	WB	TAB	FCB
可焊区域	芯片周围	芯片周围	整个芯片
引线电阻(mΩ)	100	20	<3
引线电容(pF)	25	10	<1
引线电感(nH)	3	2	0.2
焊点强度(N/点)	0.05~0.1	0.3~0.5	0.3~0.5
焊接点数	2	2	1
工艺对器件的损伤	较大	小	小
焊区检查	可能	可能	难(可用X光)
最小焊区直径(μm)	70	50	5
最小焊区节距(μm)	130	80	10
最多引线数(10 mm见方)	300	500	1 600
芯片安装密度	低	中	高
综合可靠性	一般	很好	非常好

需要特别指出的是,WB、TAB和FCB不单主要作为芯片—基板间的电气互连形式,而且还作为一种微电子封装形式,常称为零级"封装"。从微电子封装今后的发展来看,将从有封装向少封装、无封装方向发展。而无封装就是通常的裸芯片,若将这种无封装的裸芯片用WB、TAB和FCB的芯片互连方式直接安装到基板上,即称为板上芯片(COB)和板上TAB或板上FCB,这些统称为直接芯片安装(DCA)技术,它将在今后的微电子封装中发挥更重要的作用。

由于人们已对WB有普遍的深入了解,本章只作简要的介绍;而对国际上正在开发、应用、发展的TAB和FCB将详细论述。最后,还简要介绍埋置芯片互连技术,即后布线技术。

2.2　引线键合(WB)技术

WB是将半导体芯片焊区与微电子封装的I/O引线或基板上的金属布线焊区用金属细丝连接起来的工艺技术。焊区金属一般为Al或Au,金属丝多是数十微米至数百微米直径的Au丝、Al丝和Si—Al丝。焊接方式主要有热压焊、超声键合(压)焊和金丝球焊三种。

2.2.1　WB的分类与特点

1. 热压焊

热压焊是利用加热和加压力,使金属丝与Al或Au的金属焊区压焊在一起。其原理是通过加热和加压力,使焊区金属(如Al)发生塑性形变,同时破坏压焊界面上的氧化层,使压焊的金属丝与焊区金属接触面的原子间达到原子的引力范围,从而使原子间产生吸引力,达到"键合"的目的。此外,两金属界面不平整,加热加压时,可使上、下的金属相互镶嵌。

热压焊的焊头一般有楔形、针形和锥形几种。焊接压力一般为0.5~1.5 N/点。压焊时,芯片与焊头均要加热,焊头加热到150 ℃左右,而芯片通常加热到200 ℃以上,容易使焊丝和焊区形成氧化层。同时,由于芯片加热温度高,压焊时间一长,容易损害芯片,也容易在高温(>200 ℃)下形成异质金属(Au—Al)间化合物——"紫斑"和"白斑",使压焊点接触电阻增大,影响器件的可靠性和使用寿命。

由于这种焊头焊接时使金属丝因变形过大而受损,焊点键合拉力小(<0.05 N/点),故这类热压焊使用得已越来越少。

2. 超声焊

超声焊又称超声键合,它是利用超声波发生器产生的能量,通过磁致伸缩换能器,在超高频磁场感应下,迅速伸缩而产生弹性振动,经变幅杆传给劈刀,使劈刀相应振动;同时,在劈刀上施加一定的压力。于是,劈刀就在这两种力的共同作用下,带动Al丝在被焊焊区的金属化层(如Al膜)表面迅速摩擦,使Al丝和Al膜表面产生塑性形变。这种形变也破坏了Al层界面的氧化层,使两个纯净的金属面紧密接触,达到原子间的"键合",从而形成牢固的焊接。

超声键合与热压焊相比,由于能充分去除焊接界面的金属氧化层,可提高焊接质量,焊接强度高于热压焊(直径为40 μm的Al丝的焊接强度可达0.1 N/点以上)。超声焊不需加热,可在常温下进行,因此对芯片性能无损害。可根据不同的需要随时调节超声键合能量,改变键合条件,来焊接粗细不等的Al丝或宽的Al带,而热压焊较难实现这一点。Al—Al超声键合不产生任何化合物,这对器件的可靠性和长期使用寿命都是十分有利的。

3. 金丝球焊

球焊在引线键合中是最具代表性的焊接技术。这是由于它操作方便、灵活,而且焊点牢固(直径为25 μm的Au丝的焊接强度一般为0.07~0.09 N/点),压点面积大(为Au丝直径的2.5~3倍),又无方向性,故可实现微机控制下的高速自动化焊接(焊接速度可高达14点/秒以上)。而且,现代的金丝球焊机往往还带有超声功能,从而又具有超声焊的优点,有的也叫做热(压)(超)声焊。因此,这种球焊广泛地用于各类IC和中、小功率晶体管的焊接。

球焊时,衬底(承片台)仍需加热,压焊时加超声,因此其加热温度远比普通的热压焊低(一般加热到100 ℃即可)。所加压力一般为0.5 N/点,与热压焊相同。由于是Au—Al接触热声焊,尽管加热温度低,仍有Au—Al中间化合物生成。因此,球焊只适于使用温度较低、功率较小的IC和中、小功率晶体管的焊接。

2.2.2 引线键合的主要材料

不同的焊接方法,所选用的引线键合材料也不同。如热压焊、金丝球焊主要选用Au丝,超声焊主要用Al丝和Si—Al丝,还有少量的Cu—Al丝和Cu—Si—Al丝等。这些金属材料都具有下述理想要求的大部分优良特性,如能与半导体材料形成低电阻的欧姆接触;Au的化学性能稳定,Au—Au和Al—Al同种金属间不会形成有害的金属间化合物;与半导体材料的结合力强;电导率高,导电能力强;可塑性好,易于焊接,并能保持一定的形状等。

需要注意的是,为减小金属丝的硬度,改善其延展性,并净化表面,用作键合的金属丝一般要经过退火处理，对所压焊的底层金属（如镀 Ni 外壳、镀 Au 外引线等）也应作相应的退火处理。Au 丝可在高纯 N_2 或真空中退火，而 Al 丝需在有还原作用的 H_2 中进行退火，也可在真空中退火。退火温度为 400～500 ℃，恒温 15～20 分钟，然后自然冷却。

图 2-1 和图 2-2 分别给出 Au 丝的熔断电流与 Au 丝的直径关系曲线和 Al 丝的熔断电流与 Al 丝的直径关系曲线，表 2-2 和表 2-3 则分别列出了 Au 丝的特性和 Al 丝的特性。

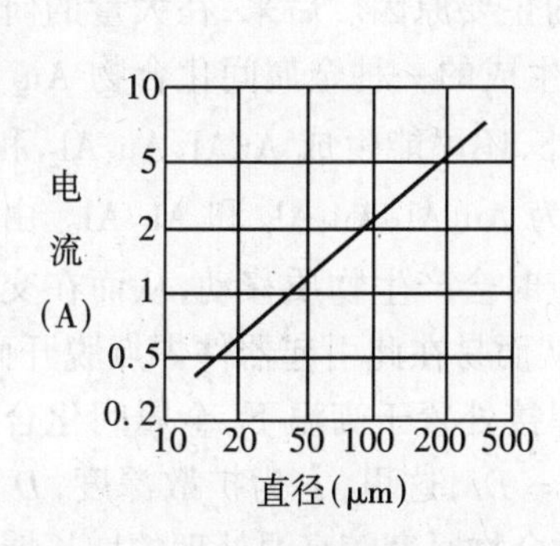

图 2-1　Au 丝的熔断电流与 Au 丝直径的关系

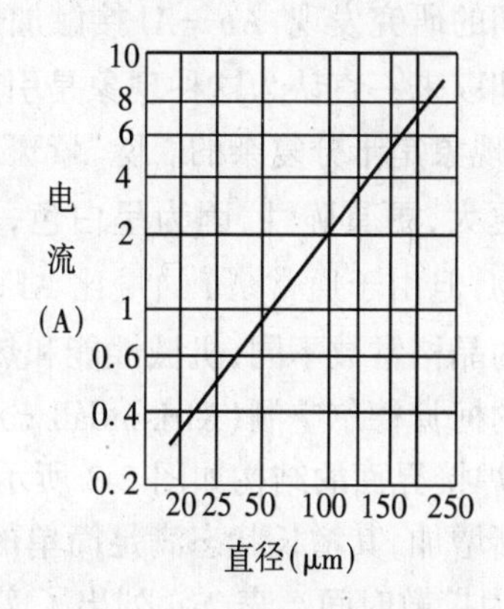

图 2-2　Al 丝的熔断电流与 Al 丝直径的关系

表 2-2　Au 丝的特性

直径(μm)	重量(mg/m)	平均最小伸展率		破坏强度(N)	阻值(Ω/m)
		未退火	退火后		
127	244	5%	15%	1.6	1.84
76	88	5%	15%	1.05	5.32
50	39	5%	15%	0.26	11.96
25	9.78	5%	6%	0.06	47.6
12.5	2.49	3%	4%	0.015	192
5	0.39	/	2%	0.0024	776

表 2-3　Al 丝的特性

直径(μm)	平均最小伸展率		破坏强度(N)		阻值(Ω/m)
	未退火	退火后	未退火	退火后	
127	1.5%	15%	4.0	2.0	2.23
76	1.5%	15%	1.4	0.7	6.12
50	1.3%	12%	0.65	0.32	13.9
25	1.2%	4%	0.15	0.08	55.7
12.5	1%	3%	0.04	0.02	223
25(1%Si)	1%	3%	0.18	0.028	/

从两个表中可以看出，Au 丝和 Al 丝经退火处理后，都大大提高了延展性和柔韧性，易于无损伤焊接。因 Al 的熔点低，Au 的熔点高，退火时，只要掌握好使 Al 的退火温度尽量低一些（如 400 ℃左右），Au 的退火温度稍高一些（如 500 ℃左右），就能获得较佳的退火效果。

2.2.3 Au—Al 焊接的问题及其对策

Al 至今仍是 IC 布线和焊区难以替代的金属材料，而焊接材料除 Al 丝超声焊外，更多的仍是 Au 丝球焊，这是由 Au 的优良性能和可自动化操作所决定的，所以 Au—Al 接触仍不可避免。

早期的研究发现，Au—Al 接触加热到 300 ℃会生成紫色的金属间化合物 $AuAl_2$，俗称“紫斑”，长期以来一直认为这种现象是引起器件焊接失效的主要原因。后来，在大量的研究中发现，这一现象是十分复杂的。除“紫斑”外，Au—Al 界面生成的一种金属间化合物 Au_2Al 的接触电阻更大，更具脆性，因为呈白色，俗称“白斑”。此外，还可能生成 AuAl、Au_5Al_2 和 Au_4Al 等化合物，但由于通常 Au 的量比 Al 多，故观察到的多为 Au_4Al、Au_5Al_2 和 Au_2Al。由于这些化合物的晶格常数不同，机械性能和热性能也不同，反应时会产生物质移动，从而在交界层形成可见的柯肯德尔空洞（Kirkendall void），或产生裂缝，从而易在此引起器件焊点脱开而失效。Au—Al 焊接界面的结构如图 2-3 所示。若将 Au—Al 焊接处置于高温下，金属间化合物的厚度将逐渐增加，其增长状态满足简单的扩散关系，即 $x^2 = Dt$，这里，x 为扩散深度，D 为扩散系数，t 为扩散时间。表 2-4 列出了实测的 Au—Al 间化合物厚度随高温处理的增长情况。

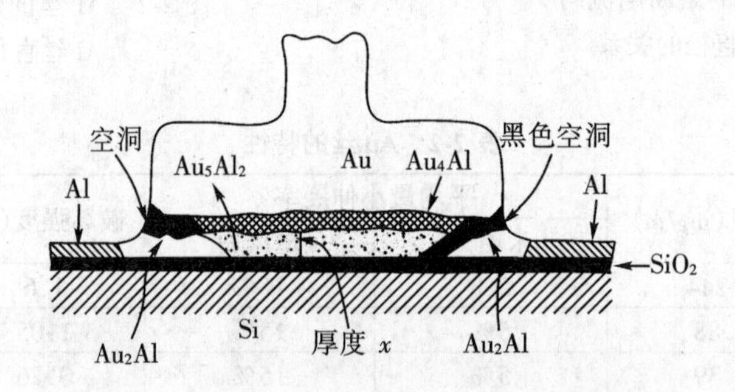

图 2-3　Au—Al 焊接界面金属间化合物结构

表 2-4　Au—Al 接触金属间化合物厚度随高温处理的增长

温度(℃)	加热时间(min)	厚度(μm)
300	2	35
300	4	44
300	8	50
300	10	60
250	2	14
250	4	17
250	8	21
250	10	23
200	6	8.9
200	8	9.9
200	10	10.9

由以上分析可以看出，要减小 Au—Al 间金属间化合物的不断生长，应尽可能避免在高温下长时间压焊，器件的使用温度也应尽可能低一些。

2.3 载带自动焊(TAB)技术

2.3.1 TAB技术发展简况

TAB技术早在1965年就由美国通用电气(GE)公司研究发明出来,当时称为“微型封装”(mini Mod)。1971年,法国Bull SA公司将它称为“载带自动焊”,以后这一叫法就一直延续下来。这是一种有别于且优于WB、用于薄型LSI芯片封装的新型芯片互连技术。直到20世纪80年代中期,TAB技术一直发展缓慢。随着多功能、高性能LSI和VLSI的飞速发展,I/O数迅速增加,电子整机的高密度组装及小型化、薄型化的要求日益提高,到1987年,TAB技术又重新受到电子封装界的高度重视。美国的仙童公司(现在的松下子公司)、Motorola公司、松下半导体公司和德克萨斯仪器公司等应用TAB技术成功地替代了DIP塑封TTL逻辑电路封装。美、日、西欧各国竞相开发应用TAB技术,使其很快在消费类电子产品中获得广泛的应用,主要用于液晶显示、智能IC卡、计算机、电子手表、计算器、摄录像机和照相机中。在这些应用中,日本使用TAB技术在数量和工艺技术、设备诸方面都是领先的,直至今日仍是使用TAB的第一大户,美、欧次之,亚洲的韩国也有一定的用量,俄罗斯也有使用。

TAB技术已不单能满足高I/O数的各类IC芯片互连的需求,而且已作为聚酰亚胺(PI)—粘接剂—Cu箔三层软引线载带的柔性引线,成为广泛应用于电子整机内部和系统互连的最佳方式。此外,在各类先进的微电子封装,如BGA、CSP和3D封装中,TAB技术都发挥着重要的作用。特别是TAB技术还可以作为裸芯片的载体,对IC芯片进行筛选和测试,使组装的LSI、VLSI芯片是优质芯片(KGD),这就可以大大提高电子产品特别是高级电子产品(如MCM)的组装成品率,从而大大降低电子产品的成本。

2.3.2 TAB技术的优点

TAB技术是为弥补WB的不足而发展起来的新型芯片互连技术,与WB相比,具有以下优点(参见表2-1):

(1) TAB结构轻、薄、短、小,封装高度不足1 mm。

(2) TAB的电极尺寸、电极与焊区节距均比WB大为减小。TAB的电极宽度通常为50 μm,可以做到20~30 μm,电极节距通常为80 μm,根据需要还可以做得更小。

(3) 相应可容纳更高的I/O引脚数,如10 mm见方的芯片,WB最多容纳300个I/O引脚,而TAB可达500个I/O引脚以上,这就提高了TAB的安装密度。

(4) TAB的引线电阻、电容和电感均比WB的小得多,WB分别为100 mΩ、25 pF和3 nH,而TAB则分别为20 mΩ、10 pF和2 nH。这使TAB互连的LSI、VLSI能够具有更优良的高速、高频电性能。

(5) 采用TAB互连,可对各类IC芯片进行筛选和测试,确保器件是优质芯片,无疑可大大提高电子组装的成品率,从而降低电子产品的成本。

(6) TAB 采用 Cu 箔引线,导热和导电性能好,机械强度高。

(7) 一般的 WB 键合拉力为 0.05 ~ 0.1 N/点,而 TAB 比 WB 可高 3 ~ 10 倍,达到 0.3 ~ 0.5 N/点,从而可提高芯片互连的可靠性。

(8) TAB 使用标准化的卷轴长带(长 100 m),对芯片实行自动化多点一次焊接;同时,安装及外引线焊接可以实现自动化,可进行工业化规模生产,从而提高电子产品的生产效率,降低产品成本。

正因为 TAB 技术有以上优点,所以这些年才得到长足的发展。

2.3.3 TAB 的分类和标准

TAB 按其结构和形状,分为 Cu 箔单层带、Cu—PI 双层带、Cu—粘接剂—PI 三层带和 Cu—PI—Cu 双金属带四种,以三层带和双层带使用居多。它们的分类及其特点列于表 2-5 中。

表 2-5　TAB 的分类及特点

类　别	特　　点
TAB 单层带	成本低,制作工艺简单,耐热性能好,不能筛选和测试芯片
TAB 双层带	可弯曲,成本较低,设计自由灵活,可制作高精度图形,能筛选和测试芯片,带宽为 35 mm 时尺寸稳定性差
TAB 三层带	Cu 箔与 PI 粘接性好,可制作高精度图形,可卷绕,适于批量生产,能筛选和测试芯片,制作工艺较复杂,成本较高
TAB 双金属带	用于高频器件,可改善信号特性

20 世纪 80 年代末,TAB 载带曾由美国联合电子器件工程协会(JEDEC)制订出标准。目前,大量使用的有 35 mm 宽和 70 mm 宽的载带,其他还有 48 mm、16 mm、8 mm、158 mm 等多种规格。8 mm 和 16 mm 宽的载带用于 I/O 数少的中、小规模 IC,使用 158 mm 宽的载带是为了在同样长的载带中制作更多的 TAB 图形,以提高生产效率。如 100 m 长、158 mm 宽的载带,每卷可制作 70 000 只 TAB 图形。典型的载带尺寸标准如表 2-6 所示。

表 2-6　典型 TAB 载带尺寸标准

规　格	载带宽度(mm)	定位孔间距(mm)	定位孔宽度(mm)	定位孔长度(mm)	定位孔至边缘距离(mm)	两排定位孔间距离(mm)
35 mm	34.975	4.75	2.794	1.981	2.01	25.37
W35 mm	34.975	4.75	1.981	1.981	2.01	26.996
S35 mm	34.975	4.75	1.42	1.42	0.86	30.40
70 mm	69.95	4.75	2.794	1.981	2.01	60.35
158 mm	158.00	4.75	1.981	1.981	11.03	131.993

至于 TAB 的 Cu 箔电极图形和尺寸,不便于标准化,要根据芯片周围焊区的尺寸和节距、I/O 的多少和布局以及 Cu 箔指状引线的焊接强度等来设计 Cu 箔图形的形状和尺寸。

2.3.4　TAB 技术的关键材料和关键技术

1. TAB 技术的关键材料

TAB 技术的关键材料包括基带材料、Cu 箔引线材料和芯片凸点金属材料几部分。

(1) 基带材料

基带材料要求高温性能好，与 Cu 箔的粘接性好，耐温高，热匹配性好，收缩率小且尺寸稳定，抗化学腐蚀性强，机械强度高，吸水率低等。从综合性能来看，聚酰亚胺(PI)基本上都能满足这些要求，所以一直是公认的使用最广泛的基带材料，唯独价格较高。为降低 TAB 的成本，后来又开始采用聚酯类材料作为基带，虽然高温性能不如 PI，但其耐腐蚀性和机械强度却比 PI 好，适用于温度要求不高的电子产品。20 世纪 90 年代初又相继研制开发出两种成本低、性能好、适于大批量生产的 TAB 基带材料，即聚乙烯对苯二甲酸脂(PET)薄膜和苯并环丁烯(BCB)薄膜，BCB 的综合性能已超过 PI，这为 TAB 大量推广应用提供了有利条件。

(2) TAB 的金属材料

制作 TAB 的引线图形的金属材料除少数使用 Al 箔外，一般都采用 Cu 箔。这是因为 Cu 的导电、导热性能好，强度高，延展性和表面平滑性良好，与各种基带粘接牢固，不易剥离，特别是易于用光刻法制作出精细、复杂的引线图形，又易于电镀 Au、Ni、Pb-Sn 等易焊接金属，是较为理想的 TAB 引线金属材料。Cu 箔材料一般有轧制 Cu 箔和电解 Cu 箔两类，对于 TAB 使用的 Cu 箔，国际上多采用美国(电子电路互连封装协会，IPC)制订的 IPC-CF-150E 标准。表 2-7 列出了根据这一标准制订的 Cu 箔分类及其机械特性。

表 2-7　TAB 用 Cu 箔的分类及机械特性

种类和级别		特　点	厚度 (μm)	室温 23 ℃下			高温 180 ℃下	
				抗张力 (N/mm)	伸长率	疲劳韧性	抗张力 (N/mm)	伸长率
电解 Cu 箔	1	标准 Cu 箔	18	103	2.0%	认定之中	无规定	无规定
			35	206	3.0%			
			70	206	3.0%			
	2	辗压 Cu 箔	18	103	5.0%	认定之中	无规定	无规定
			35	206	10.0%			
			70	206	15.0%			
	3	保证高温伸长的箔	18	103	2.0%	认定之中		
			35	206	3.0%		137	2.0%
			70	206	3.0%		172	3.0%
	4	退火箔	35	137	10.0%	认定之中	103	4.0%
			70	137	15.0%		103	8.0%
压制 Cu 箔	5	阿杜酚箔	18	344	0.5%	30.0%		
			35	344	0.5%		14.06	2.0%
			70	344	1.0%		28.12	3.0%

续表 2-7

种类和级别		特　点	厚度 (μm)	室温 23 ℃下			高温 180 ℃下	
				抗张力 (N/mm)	伸长率	疲劳韧性	抗张力 (N/mm)	伸长率
压制Cu箔	6	微冷间加工箔	35 70	根据加热返回条件，从 17.58 加热至 35.15	根据加热返回条件，从 1.0%加热至 20.0%	根据加热返回条件，从 30.0%加热至 65.0%	无规定	无规定
	7	退火箔	18	103	5.0%	65.0%	96	6.0%
			35	137	10.0%			
			70	172	20.0%		151	11.0%
	8	可低温退火的阿杜酚箔	18	18	5.0%	25.0%	无规定	无规定
			35	137	10.0%			

(3) 芯片凸点的金属材料

TAB 技术要求在芯片的焊区上先制作凸点，然后才能与 Cu 箔引线进行焊接。芯片焊区金属通常为 Al 膜，为使 Al 膜和芯片钝化层粘附牢固，要先淀积一层粘附层金属；接着，还要淀积一层阻挡层金属，以防止最上层的凸点金属与 Al 互扩散，生成不希望有的金属间化合物；最上层才是具有一定高度要求的凸点金属。典型的多层金属化及凸点金属系统如表 2-8 所示。

表 2-8　典型的多层金属化及凸点金属系统

芯片焊区金属	粘附层金属	阻挡层金属	凸点金属
Al	Ti	W	Au
Al	Ti	Mo	Au
Al	Ti	Pt	Au
Al	Ti	Pd	Au
Al	Ti	Cu—Ni	Au
Al	TiN	Ni	Au
Al	Cr	Cu	Au
Al	Cr	Ni	Au
Al	Cr	Ni	Cu—Au
Al	Cr	Cu	Au—Sn
Al	Cr	Cr	Pb-Sn
Al	Ni	Cu	Pb-Sn

也可以将芯片焊区的凸点制作在 TAB 的 Cu 箔引线上，芯片只做多层金属化，或者芯片上仍是 Al 焊区。这种 TAB 结构又称为凸点载带自动焊(BTAB)，下面将专门介绍。

2. TAB 的关键技术

TAB 的关键技术主要包括三个部分：一是芯片凸点的制作技术；二是 TAB 载带的制作技术；三是载带引线与芯片凸点的内引线焊接技术和载带外引线的焊接技术。

制作的芯片凸点除作为 TAB 的内引线焊接外，还可以单独进行倒装焊(FCB)。因后面将专辟章节重点论述芯片凸点的制作技术和介绍各种 FCB 技术，故这里只作简要介绍。

对于TAB的关键技术的其他两个部分，即载带的制作技术和内、外引线的焊接技术，下面将作详细论述。

2.3.5 TAB芯片凸点的设计制作要点

TAB的指状引线图形与芯片上凸点的连接焊区只能是周边形的，这与传统的WB所要求的芯片周边焊区是相似的。但当LSI、VLSI的芯片焊区尺寸小于90 μm见方，节距缩小到100 μm以下，而I/O数又很高(如数百个)时，用TAB就显示出了优势。为使TAB指状引线图形具有对称性，以便于工艺实施，芯片焊区及凸点的周边布局应尽可能具有均匀性和对称性。对于TAB所使用的凸点(多为Au)来说，凸点的形状一般有蘑菇状凸点和柱状凸点两种。蘑菇状凸点用一般的光刻胶作掩膜制作，用电镀增高凸点时，在光刻胶(厚度仅几微米)以上，凸点除继续电镀增高外，还向横向发展，凸点高度越高，横向发展也越大。由于横向发展时电流密度的不均匀性，最终的凸点顶面呈凹型，凸点的尺寸也难以控制。而柱状凸点制作时用厚膜抗蚀剂(干膜或湿膜)作掩膜，掩膜的厚度与要求的凸点高度一致，所以制作的凸点是柱状或圆柱状的(视芯片焊区形状为方形或圆形而定)，由于电流密度始终均匀一致，所以凸点顶面是平的。

从两种凸点的形状比较可以看出，对于相同的凸点高度和凸点顶面面积，柱状凸点要比蘑菇状凸点的底面金属接触面积大，强度自然也高；或者说，当底面金属接触面积和凸点高度相同时，蘑菇状凸点要比柱状凸点占的空间大得多。I/O数高且节距小的TAB指状引线与芯片凸点互连后，由于凸点压焊变形，蘑菇状凸点间更易于发生短路；而与柱状凸点互连，则有更大的宽容度。在应用时，应注意到这一问题。

实际上，不管是哪种凸点形状，都应当考虑凸点压焊变形后向四周(特别是两邻近凸点间)扩展的距离，必须留有充分的余地。

凸点的高度通常在20～30 μm之间，但不同的金属凸点(如Au、Ni、Cu)的硬度是不同的，Au软，而Ni、Cu较硬。

压焊时，若所加压力过大，压力传到底层金属和所附的钝化层时，有可能使薄薄的底层金属和钝化层产生裂纹，或使较软的凸点Au变形过大；若压力不足，有可能因凸点的变形过小而弥补不了凸点高度的不一致性，致使有些焊点的拉力达不到使用要求，从而影响可靠性。所以，对于键合强度要求高的高可靠性电子产品，就可以使用Au、Ni、Cu进行适当的组合，制作成Ni—Au或Cu—Au凸点，使“软”、“硬”金属相互取长补短，又各自发挥出自身的优势。此外，还可节省贵重金属Au。

芯片凸点的形状及制作工艺流程如图2-4所示，至于多种方法形成芯片凸点的详细工艺流程，将在后面的2.4节中加以论述。

2.3.6 TAB载带的设计要点

TAB的载带引线图形是与芯片凸点的布局紧密配合的，即首先预知或精确测量出芯片凸点的位置、尺寸和节距，然后再设计载带引线图形。引线图形的指端位置、尺寸和节距要和每个芯点凸点一一对应。其次，载带外引线焊区又要与电子封装的基板布线焊区一一对应，由此就决定了每根载带引线的长度和宽度。

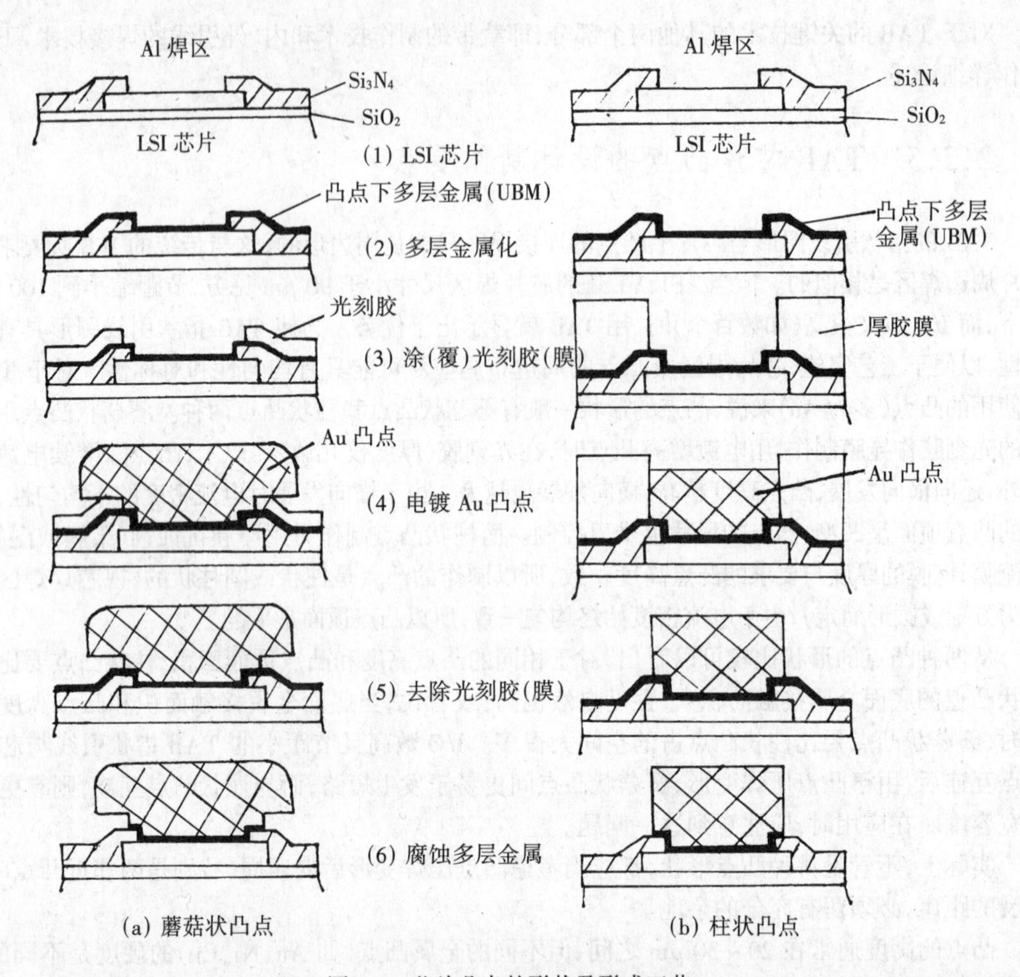

图 2-4 芯片凸点的形状及形成工艺

根据用户使用要求和 I/O 引脚的数量、电性能要求的高低(决定是否进行筛选和测试)以及成本的要求等,来确定选择单层带、双层带、三层带或双金属层带。单层带要选择 50 ~ 70 μm 的厚 Cu 箔,以保持载带引线图形在工艺制作过程和使用中的强度,也有利于保持引线指端的共面性。使用其他几类载带,因有 PI 支撑,可选择 18 ~ 35 μm 或更薄的 Cu 箔。

从芯片凸点焊区到外引线焊区,载带引线有一定的长度,并从内向四周均匀“扇出”。载带引线接触芯片凸点的部分较窄,而越接近外焊区,载带引线越宽。由内向外载带引线的由窄变宽应是渐变的,而不应突变,这样可以减少引线的热应力和机械应力。

对于高 I/O 数的多层载带引线,要设计出专门的测试点,而不应反复在外引线焊区进行测试,以免外引线焊区受损变形或沾污,影响焊接。为便于对载带引线进行电镀,所有引线图形应是相连的;为能对压焊好内引线的芯片进行筛选和测试,这时又要求所有载带引线之间都是断开的。因此,设计载带引线图形时,可在载带引线图形的边角处或其他适当位置设置引线的公共联接点,电镀后只要使用冲制模具将公共联接点一一冲断,即可将所有的引线分开,使载带上的各个芯片独立。

另外,PI 框架主要起载带引线图形的支撑作用,焊接前后特别对内引线起着支撑共面的作用。所以,PI 框架要靠内引线近一些,但不应紧靠引线指端,也不应太宽,以免产生热应力和机械应力。

由于在制作工艺过程中腐蚀 Cu 箔时有相同速率的横向腐蚀，因此在设计引线图形时，应充分考虑这一工艺因素的影响，将引线图形的尺寸适当放宽，最终才能达到所要求的引线图形尺寸。

图 2-5 是几种三层带的 TAB 图形结构。

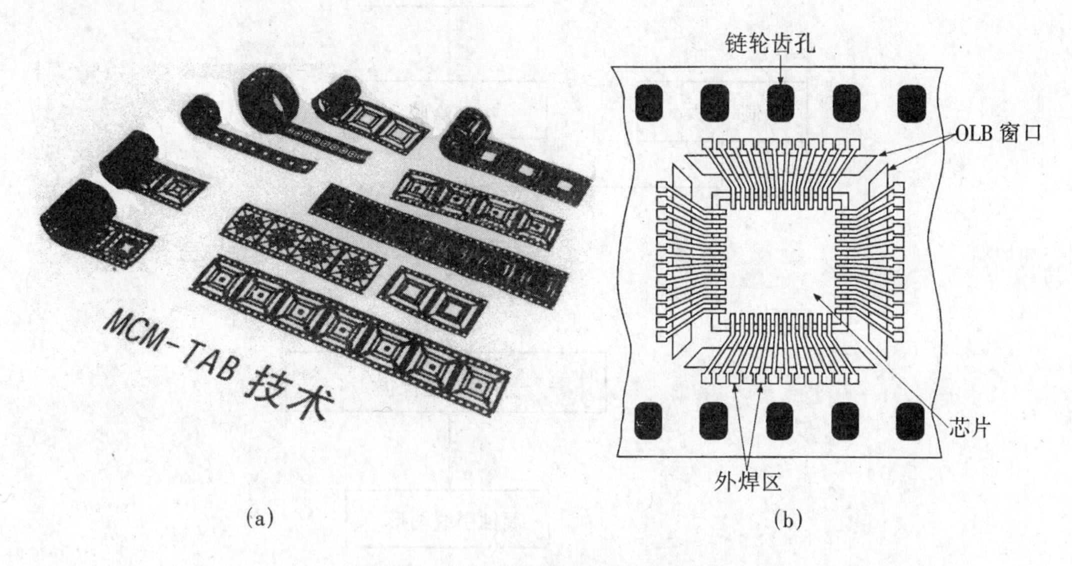

图 2-5　几种三层带的 TAB 图形结构

2.3.7　TAB 载带的制作技术

TAB 载带的制作技术包括单层带制作技术、双层带制作技术、三层带制作技术和双金属层带制作技术，下面重点介绍使用最多的双层带和三层带的制作技术。

1. TAB 单层带的制作技术

TAB 单层带是厚度为 50 ~ 70 μm 的 Cu 箔，制作工艺较为简单。首先要冲制出标准的定位传送孔（使载带如电影胶片一样卷绕和用链轮传送。用光刻法制作，需要制光刻版，并进行双面光刻），然后对 Cu 箔进行清洗。先在 Cu 箔的一面涂光刻胶，进行光刻，曝光、显影后，背面再涂光刻胶保护；接着，进行腐蚀和去胶；最后进行电镀和退火处理。腐蚀后的 Cu 箔引线图形去胶后一般进行全面电镀。只有对贵金属 Au，为了降低成本而节省 Au 时，才只在内、外引线焊接区进行局部电镀，不镀的部分要进行保护，但这又会增加工艺的复杂性和难度。也可全面镀 Au，不用的引线框架待回收 Au 后再利用。对这两种方法可权衡利弊，以决定选择局部电镀还是全面电镀。以上整个工艺流程如图 2-6 所示。

Cu 箔引线图形可以使用 $CuCl_2$ 进行湿法腐蚀，这类腐蚀液具有自循环效果；也可使用 $FeCl_3$ 进行腐蚀。

需要指出的是，电镀后一般应进行退火处理，一为消除电镀中因吸 H_2 而造成的应力，使 Cu 引线和镀层具有柔性；二为从适当温度（<200 ℃）退火后，可避免 Sn 须的生长。

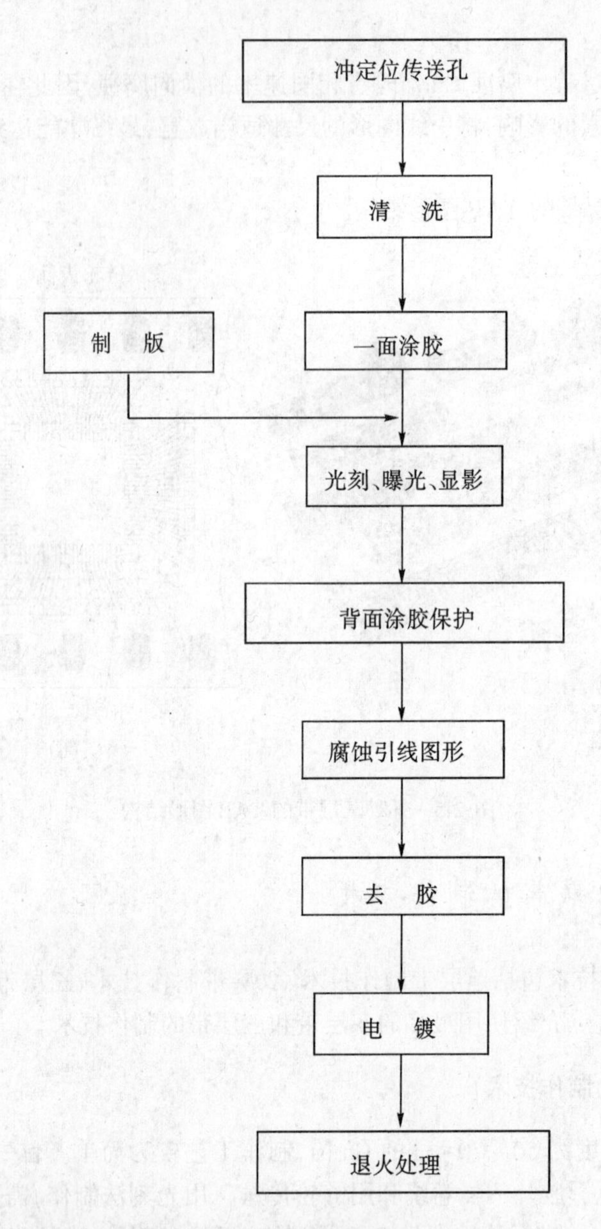

图 2-6　TAB 单层 Cu 箔引线图形制作工艺流程

2. TAB 双层带的制作技术

TAB 双层带是指金属箔和 PI 两层而言。金属箔为 Cu 箔或 Al 箔，以 Cu 箔使用较多。PI 是由液态聚酰胺酸(PA)涂覆在金属箔上，然后再两面涂覆光刻胶，经光刻刻蚀，分别形成局部亚胺化的 PI 框架和金属引线图形，同时形成定位传送孔；最后，在高温(350 ℃)下再将全部 PA 亚胺化，形成具有 PI 支撑架和金属引线图形的 TAB 双层带，然后对引线图形进行电镀。工艺流程如图 2-7 所示。

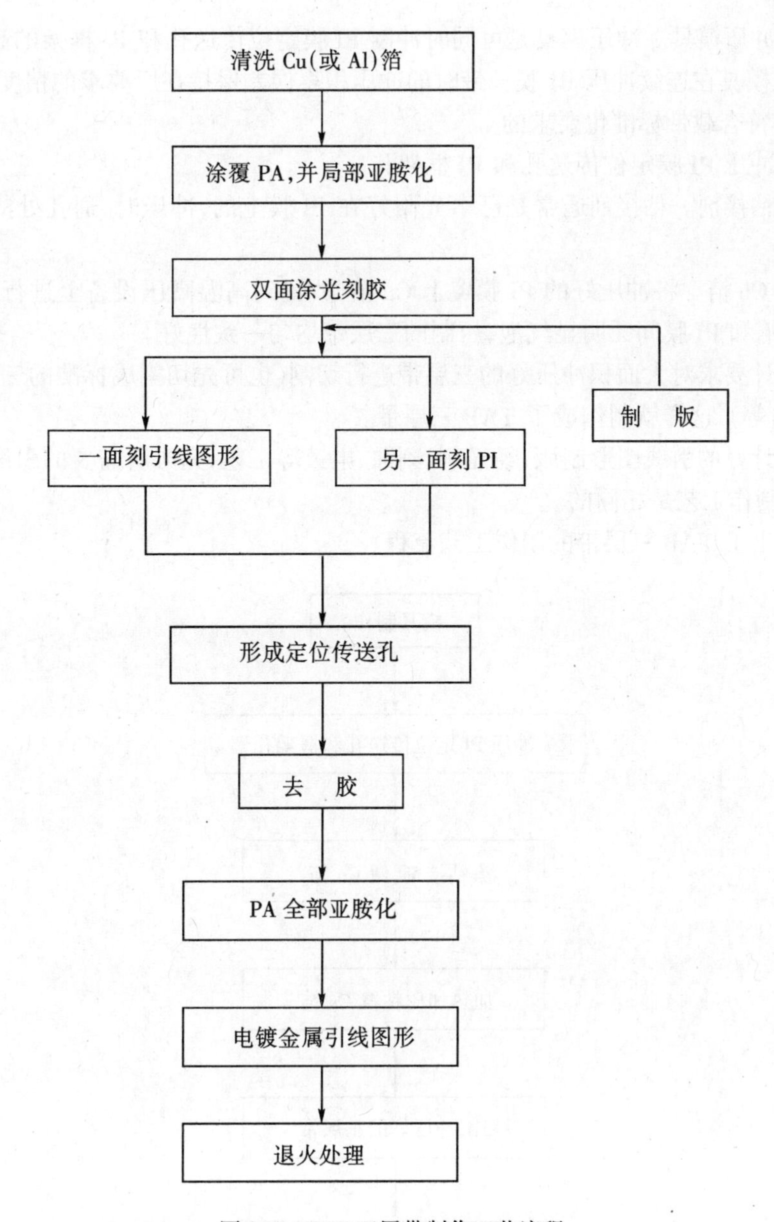

图 2-7　TAB 双层带制作工艺流程

3．TAB 三层带的制作技术

TAB 三层带在国际上最为流行,使用也最多,适宜大批量生产。它是由 Cu 箔—粘接剂—PI 膜(或其他有机薄膜)三层构成的,其制作工艺比其他几种载带的制作工艺复杂。Cu 箔的厚度一般选择 18 μm 或 35 μm,甚至更薄,用于形成引线图形。粘接剂的厚度约为 20～25 μm,是具有与 Cu 粘接力强、绝缘性好、耐压高和机械强度好等特性的环氧类粘接剂。PI 膜(或其他有机薄膜)的厚度约为 70 μm,主要对形成的 Cu 箔引线图形起支撑作用,以保持内引线的共面性。三层带的总厚度为 120 μm 左右。

TAB 三层带的主要工艺制作过程包括如下步骤:

(1) 制作冲压模具。冲压模具是可同时冲制 PI 膜定位传送孔和 PI 框架的高精度硬质合金模具。应使模具在连续冲压 PI 膜长带时的冲压积累误差保持在所要求的精度范围内,而且定位传送孔是符合载带标准化要求的。

(2) 连续冲压 PI 膜定位传送孔和 PI 框架孔。

(3) 涂覆粘接剂。粘接剂通常是已事先附好在 PI 膜上的,冲压时,通孔处的粘接剂层也被冲压掉。

(4) 粘覆 Cu 箔。将冲压好的 PI 膜覆上 Cu 箔,放置到高温高压设备上进行加热加压,要求压制的 Cu 箔和 PI 膜间无明显气泡,压制的三层带均匀一致性好。

(5) 按设计要求对大面积冲压好的三层带进行切割(也可先切割成标准的三层带,然后再冲压、覆 Cu 箔等),这样就制作成了 TAB 三层带。

(6) 将设计好的引线图形制版,经光刻、刻蚀、电镀等工艺,完成所需要的引线图形。这与单层 Cu 箔的制作工艺是相同的。

图 2-8 示出了 TAB 三层带的制作工艺流程。

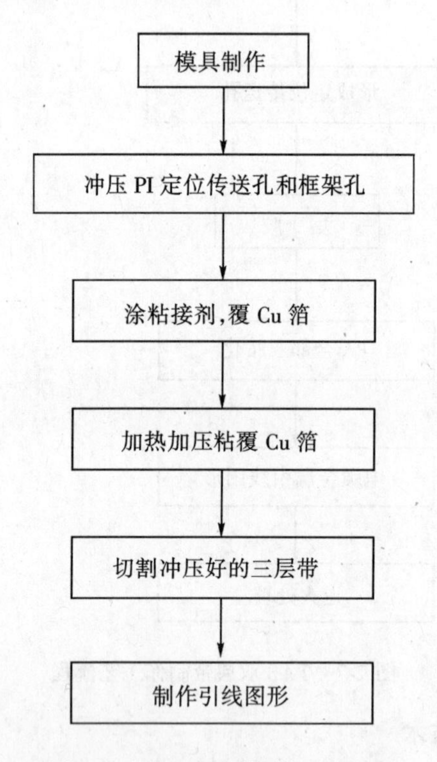

图 2-8　TAB 三层带制作工艺流程

4. TAB 双金属带的制作技术

TAB 双金属带的制作,可将 PI 膜先冲压出引线图形的支撑框架,然后双面粘接 Cu 箔,应用双面光刻技术,制作出双面引线图形,对两个图形 PI 框架间的通孔再用局部电镀形成上下金属互连。也可以用淀积 Cu 再电镀加厚法在 PI 框架双面形成两层 Cu 箔,再用光刻法制作出所需的 Cu 箔引线图形。

2.3.8 TAB的焊接技术

TAB的焊接技术包括载带内引线与芯片凸点之间的内引线焊接(Inner Lead Bonding,简称ILB)和载带外引线与外壳或基板焊区之间的外引线焊接(Outer Lead Bonding,简称OLB)两大部分,还包括内引线焊接后的芯片焊点保护及筛选和测试等。这些都是芯片及电路可靠性的关键技术之一。

1. TAB的内引线焊接技术

将载带内引线键合区与芯片凸点焊接在一起的方法主要是热压焊和热压再流焊。当芯片凸点为Au或Ni—Au、Cu—Au等金属,而载带Cu箔引线也镀这类金属时,就要使用热压焊。当芯片凸点仍是如上金属,而载带Cu箔引线镀0.5 μm厚的Pb-Sn时,或者芯片凸点具有Pb-Sn,而载带Cu箔引线是上述金属层时,就要使用热压再流焊。显然,完全使用热压焊的焊接温度高,压力也大;而热压再流焊相应的温度较低,压力也较小。

(1) 焊接过程

这两种焊接方法都是使用半自动或全自动的内引线焊接机进行多点一次焊接的。焊接时的主要工艺操作为对位、焊接、抬起和芯片传送四步。

①对位

将具有粘附层的Si圆片经测试并做好坏芯片标记,用划片机划成小片IC,并将圆片置于内引线压焊机的承片台上。按设计的焊接程序,将性能好的IC芯片置于卷绕在两个链轮上的载带引线图形的下面,使载带引线图形与芯片凸点进行精确对位。

②焊接

落下加热的热压焊头,加压一定时间,完成焊接。

③抬起

抬起热压焊头,焊接机将压焊到载带上的IC芯片通过链轮步进卷绕到卷轴上,同时下一个载带引线图形也步进到焊接对位的位置上。

④芯片传送

供片系统按设定程序将下一个好的IC芯片转移到新的载带引线图形下方进行对位,从而完成了一个完整的焊接过程。

焊接程序如图2-9所示。

(2) 焊接条件

焊接条件主要由焊接温度(T)、焊接压力(P)和焊接时间(t)确定。一般热压再流焊较为典型的焊接条件为 $T = 450 \sim 500$ ℃, $P \approx 0.5$ N/点, $t = 0.5 \sim 1$ s。除此之外,焊头的平整度、平行度、焊接时的倾斜度及焊接界面的浸润性都会影响焊接结果。凸点高度的一致性和载带内引线厚度的一致性也影响焊接效果。因为若一致性差,为使最低的凸点也能焊接好,高的凸点变形就要大一些,大的变形受到的压力大,有可能损害芯片上的钝化层和底层金属;对于窄节距凸点,变形大使凸点节距变得过小,也容易形成短路。这些条件具有一定的分散性,焊接时需根据不同的情况调整好焊接的 T、P 和 t,以期达到最佳的焊接效果。焊接后通过对焊点的观察和键合强度试验,就可摸索出满足实用要求的焊接条件。

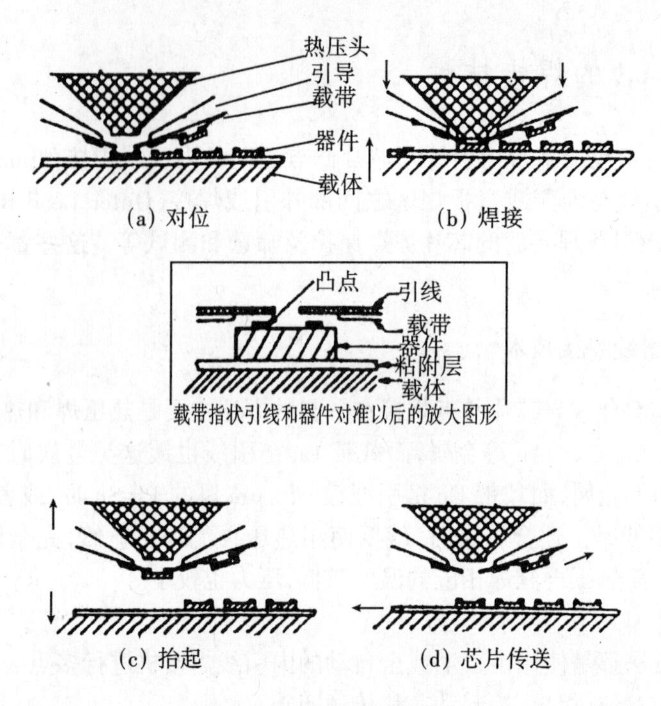

图 2-9 内引线焊接过程

2. TAB 内引线焊接后的保护

TAB 内引线焊接后需对焊点和芯片进行保护,其方法是涂覆薄薄的一层环氧树脂。要求环氧树脂的粘度低,流动性好,应力小,且 Cl^- 离子和 α 粒子的含量小,涂覆后需经固化。这样既保护了焊点,使载带引线受力时不致损伤焊点,也使 IC 芯片表面受到了保护。

3. TAB 的筛选与测试

TAB 的筛选与测试使组装之前的 IC 芯片具有好的热性能、电性能和机械性能,成为优质芯片(KGD)。这对有高性能和高可靠性要求的电子部件是十分重要的,特别是对组装多个 IC 的 MCM,可大大提高组装的成品率,有效地降低产品的成本。加热筛选可在设定温度的烘箱中进行,也可在具有 N_2 保护的设备中进行。作电老化时,应先将载带上设计的引线公共联接处冲制断开,使每个 IC 芯片都成为独立的。在设计出的加电总线和地线间对每个 IC 芯片进行电老化,老化一批后再老化另一批。每批可设置监测点,全部老化完后再进行总测。测试后,应将不合格的载带芯片作出标记,以便在使用时加以识别。

4. TAB 的外引线焊接技术

经筛选和测试的载带芯片,既可以用于混合集成电路(Hybrid Integrated Circuit,简称 HIC)的安装,也可以用于半导体集成电路产品。若用于前者,可将性能好的载带芯片沿载带外引线的压焊区外沿剪下,先用粘接剂将芯片粘接在 HIC 上预留的芯片位置上,并注意使载带外引线焊区与 HIC 的布线焊区一一对准,用热压焊法或热压再流焊法将外引线焊好,再固化粘接剂(也可先固化,后压焊)。对采用引线框架或在生产线上连续安装载带芯片的电子产品,可使用外引线压焊机将卷绕的载带芯片连续进行外引线焊接，焊接时即时应用切断装置在每个焊点外沿将引线和除 PI 支撑框架以外的部分切断并焊接。外引线焊接过程如图 2-10 所示。

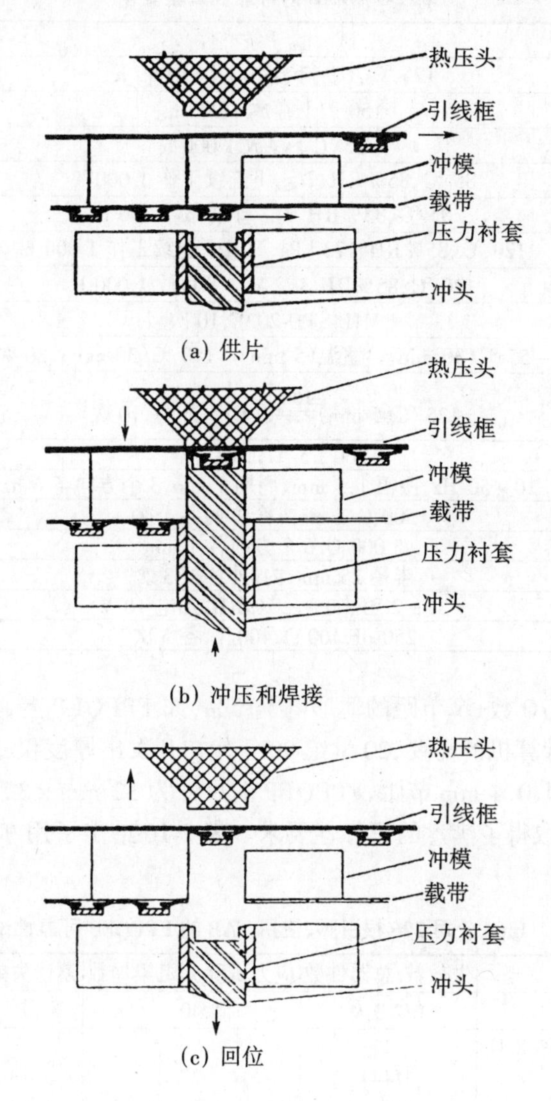

图 2-10　外引线焊接过程

TAB 外引线焊接既可以按常规方法进行焊接，这时芯片面朝上；也可以将芯片面朝下对外引线进行焊接，此时称倒装 TAB。前者占的面积大，而后者占的面积小，有利于提高芯片安装密度。

2.3.9　TAB 的可靠性

TAB 是一种新型的芯片互连技术，它能满足高 I/O 数的各类 IC 芯片互连的需求，已成为广泛应用于电子整机内部和系统互连的最佳方式之一。此外，在各类先进的微电子封装，如 BGA 和 CSP 中，TAB 技术都发挥着重要的作用。

TAB 经过 20 世纪 80 年代的开发应用和大量的可靠性试验，已达到 DIP 和 QFP 等微电子封装的可靠性水平。TAB可靠性试验的项目和条件如表2-9所列。

表 2-9 TAB的可靠性试验要求

试验项目	试 验 条 件	判定项目
高温工作	125 ℃、U_{max}下连续工作1 000 h	电子特性
高温存放	150 ℃下存放1 000 h	电子特性
低温存放	-55 ℃下存放1 000 h	电子特性
高温高湿工作	85 ℃、85%RH、U_{max}下连续工作1 000 h	电子特性
高温高湿存放	85 ℃、85%RH、U_{max}下存放1 000 h	电子特性
PCBT	120 ℃、85%RH、172 kPa、U_{max}下连续工作1 000 h	电子特性
PCT	120 ℃、85%RH、172 kPa下存放1 000 h	电子特性
温湿度循环	MIL-STD-202E,10次	电子特性
温度循环	-55 ℃(30 min)↔室温(5 min)↔150 ℃(30 min),30次	电子特性
热冲击	125 ℃(5 min)$\overset{10\ s}{\longleftrightarrow}$0 ℃(5 min),10次	电子特性
耐焊接热	260±5 ℃,10±1 s	电子特性
变频振动	10~50 Hz、振幅1.5 mm、周期1 min,3个方向各6 h	电子特性及外观
冲击	500 G、1 ms,6个方向各1次	电子特性及外观
恒定加速度	5 000 G,6个方向各1 min	电子特性及外观
弯曲	半径25 mm,内、外各折3次	电子特性及外观
绝缘电阻	25±2 ℃、60%±5%RH、加电10 V	$R_{绝缘}\geqslant$100 MΩ
静电击穿强度	250 pF/100 Ω、400 V,各5次	电学特性

TAB用于开发高I/O数、窄节距的薄形电子产品,如FPPQFP上,具有优良的可靠性。如Intel公司为满足手提计算机的需要,20世纪90年代初开发出厚度仅2 mm的薄形FPPQFP,该封装具有296根引脚、0.4 mm节距,FPPQFP的尺寸为32 mm×32 mm,使用了TAB与芯片和引线框架互连,并取得了满意的可靠性要求。表2-10给出了用TAB互连的FPPQFP的可靠性试验数据。

表 2-10 Intel公司296根引脚、使用TAB的FPPQFP可靠性试验数据

应力可靠性试验	失效数/总器件数	应力试验分组累加数	累计失效率	备 注
预处理*	0/2 319	40	0	封装顶盖及层间无裂纹
加电强应力试验(156 ℃,85%RH)				
40 h	1/444	27	0.23%	为芯片失效,非封装失效
80 h	0/232	22	0.23%	
85 ℃,85%RH	0/386	36	0	
温度循环B -50~125 ℃,1 000次	0/333	13	0	**
蒸汽试验(121 ℃,100%RH)				
168 h	0/185	12	0	
336 h	0/106	12	0	
加电寿命试验(125 ℃,7 V,1 000 h)	0/217	29	0	

注:* 预处理流程:125 ℃烘48 h;-55~125 ℃,5次B循环;30 ℃、60%RH,通过3次再流焊(T_{max}=215±5 ℃)。

** 电子封装研制期间,发现温度循环中有一个属结构性失效,估计这是由于设计规范改变所致,故这一数据在表中未列出。

图2-11为296根TAB引线的FPPQFP的横截面图。

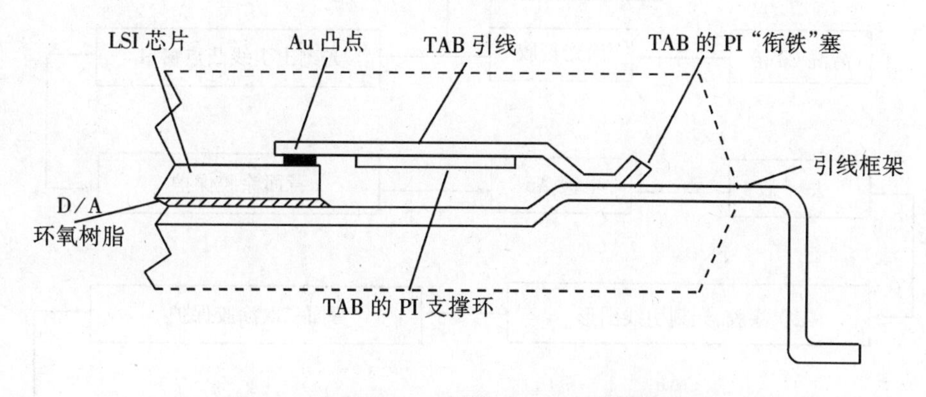

图2-11　296根TAB引线FPPQFP的横截面图

在各种可靠性试验考核中，经长期温度循环和热冲击，由于热失配产生的应力造成TAB内、外引线的焊点键合强度虽有所下降，但不足以造成微电子封装的失效。另有资料报道，在评估在PGA封装中使用TAB焊接的可靠性时，在0～100 ℃的温度范围，经过2 000次温度循环，键合强度只下降不足10%；在同一温度范围内热冲击500次，键合强度下降也不足10%。即使在最严酷的条件下(－65～150 ℃)，经1 000小时的温度循环，OLB焊接的平均键合强度最多下降36%(由0.8 N降为0.5 N)，并未引起焊点或引线的断裂。研究中还进一步发现，这种键合强度的降低是由于被长期温度循环所激励的Cu—Sn间化合物进一步生长加厚，导致Cu引线横截面积减小的结果。

2.3.10　凸点载带自动焊(BTAB)简介

如上所述，TAB技术要求在IC芯片焊区制作凸点，而芯片凸点的制作工艺技术复杂，成本较高。如果将凸点改变为在TAB载带的Cu箔内引线键合区上制作，就可省去芯片凸点的制作，而将带有内引线键合区凸点的载带直接与IC芯片的Al焊区进行内引线焊接(ILB)。这种将凸点制作在载带Cu箔内引线键合区上的TAB技术就称为凸点载带自动焊(BTAB)技术。这种BTAB技术除具有TAB的一切优点外，还具有工艺简便易行、制作成本低廉、使用灵活方便等特点，尤其适于多品种、批量化的电子产品应用。因为它不需对圆片进行加工，使用单芯片IC就可完成载带凸点与芯片的互连，不会因加工圆片芯片凸点数量过多而造成浪费。

制作BTAB的Cu箔内引线键合区凸点，可用光刻、电镀法直接形成，也可以用移置凸点法形成。直接形成凸点法和移置凸点TAB法的工艺步骤分别如图2-12和图2-13所示。

移置凸点TAB法的Cu箔引线制作与一般TAB的Cu箔引线制作方法相同，而需要移置的Au凸点是先用光刻、电镀法制作在易于剥离的耐温玻璃基板上的，然后将已形成的内引线键合区与每个Au凸点一一对准，通过压焊设备进行压焊，这样凸点就被“移置”到载带引线上，形成BTAB载带结构。这种玻璃基板可反复使用，反复移置凸点。接下来就可以与IC芯片的Al焊区进行内引线焊接。使用的内引线焊接机是带超声的压焊机，可以在焊接时充分去除Al焊区上的氧化层，使焊点牢固可靠。

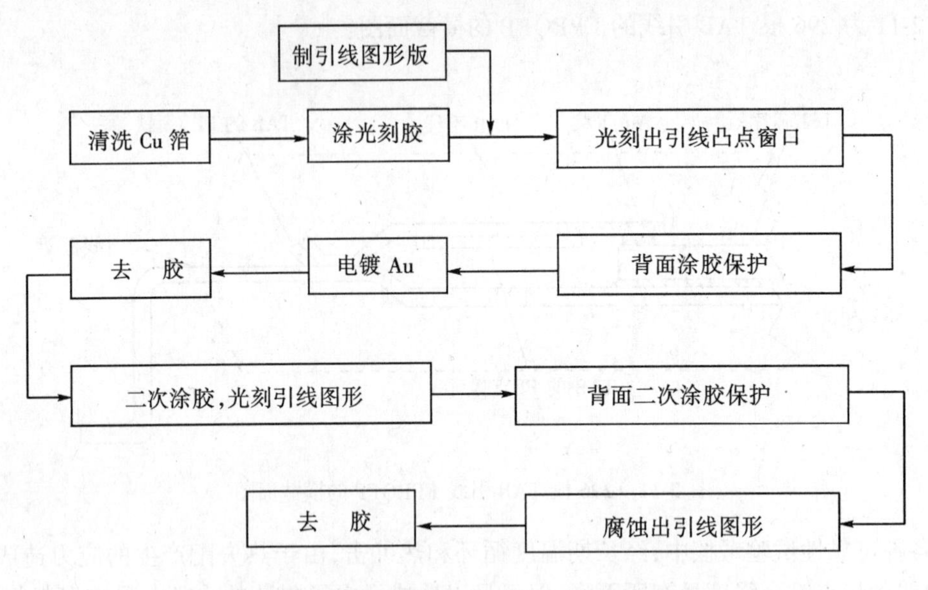

图 2-12 直接形成指状引线凸点的工艺流程

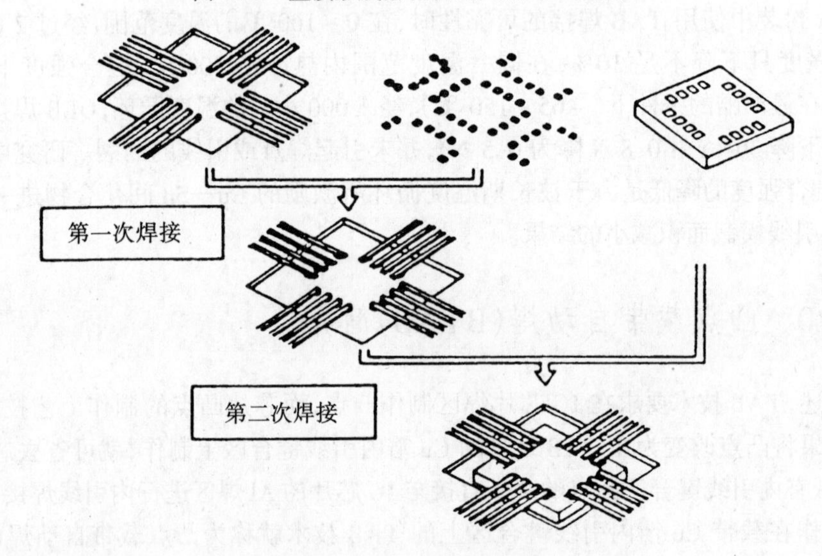

图 2-13 移置凸点 TAB 技术

2.3.11 TAB 引线焊接机

TAB 内引线与芯片凸点的互连及 TAB 外引线与电子封装壳体或基板上焊区的互连分别使用内、外引线焊接机完成。其主要结构由加热控温系统、压力和超声传送系统、控时系统、光控对位及显示系统等部分组成,其中,具有半自动或全自动焊接功能的压焊设备还设有计算机控制系统。而内、外引线焊接机的主要区别在于压焊焊头不同,内引线焊接机的焊头是平的,而外引线焊接机的焊头则呈“口”字形,以压焊外引线时不触及芯片及内引线为准。日本、美国和西欧都有各种不同种类和型号的 TAB 焊接机,以日本居多。几种典型的 TAB 焊接机及其性能列于表 2-11 中。

表 2-11　几种典型的 TAB 引线焊接机及其性能

类别	生产厂家	机　型	性　能
内引线焊接机	新川	STB-FA-IL-10	全自动、恒定加热,焊接压力为 5 ~ 300 N,温度范围为室温至 600 ℃,焊接及对位精度为 ± 10 μm,可焊载带宽度为 35 mm 和 70 mm
	海上电机	FILB-250	全自动、脉冲加热,焊接及对位精度为 ± 20 μm,可焊载带宽度为 35 mm
		FILB-500-Z	全自动、脉冲加热,焊接压力为 0 ~ 400 N,焊接及对位精度为 ± 15 μm,可焊载带宽度为 82 mm 和 158 mm
	Jade	3051	全自动、恒定加热,焊接压力为 5 ~ 450 N,温度范围为 300 ~ 700 ℃
	东芝	TTI-700	全自动、恒定加热,温度范围为室温至 600 ℃,焊接压力为 5 ~ 300 N,焊接及对位精度为 ± 10 μm,可焊载带宽度为 35 mm 和 70 mm
外引线焊接机	新川	STB-FA-OL	全自动型
	海上电机	FOLB-200	全自动、脉冲加热,温度范围为 100 ~ 590 ℃,焊接压力为 0 ~ 200 N,焊接时间为 0.1 ~ 5.9 s
	Jade	3300C	手动型、恒定加热,温度范围为 300 ~ 700 ℃,焊接时间为 0 ~ 99.9 s,内、外引线共用
	东芝	TTO-650	半自动、脉冲加热,温度范围为室温至 600 ℃,焊接及对位精度为 ± 10 μm

2.3.12　TAB 的应用

TAB 在各个电子领域中都有广泛的应用,但主要还是应用于那些低成本、大规模生产的电子产品,如液晶显示器(LCD)、电子手表、打印头、医疗电子、智能卡等方面。此外,应用较多的还有笔记本式计算机和汽车电子产品等,日本的巨型计算机中的 ASIC 也使用了 TAB 技术。日本拥有世界上最大、最多、增长最快的 TAB 工业,其主要生产厂家有夏普、NEC、东芝和精工等公司。其次是美国,主要生产厂家有 AMI、Harris、IBM、Intel、LSI Logic、Motorola 和 TI 等公司。再次是欧洲的西门子、Bull 和 European Sousofia 等公司。其他国家如韩国、俄罗斯,也有 TAB 的生产和应用厂家。

TAB 技术正在向高引线数和窄节距方向发展,TAB 的引线数在 20 世纪 90 年代初已有 200 ~ 300 根,有的厂家(如松下、三菱、NEC 等)已生产 500 ~ 600 根引线的 TAB 电子封装器件,内引线节距一般为 50 ~ 80 μm,外引线节距为 0.3 mm 以下,2000 年已达到 800 ~ 1 000 根引线。

在先进封装 BGA、CSP 和 3D 封装中,TAB 的应用也十分广泛。有专门使用 TAB 技术的 TBGA(Tape BGA),有利用柔性 TAB 技术制成的 3D-CSP,在手机中已广泛采用。

表 2-12 列出了日本、美国和欧洲 TAB 在各电子领域中的应用情况。

表 2-12　TAB 的应用领域

日　本	美　国	欧　洲
液晶显示器	计算机	智能卡
计算机	汽车电子	电子手表
打印头	打印头	计算机
电子手表	医疗电子	汽车电子
计算器	助听器	通信

2.4 倒装焊(FCB)技术

倒装焊(FCB)是芯片与基板直接安装互连的一种方法。WB 和 TAB 互连法通常都是芯片面朝上安装互连,而 FCB 则是芯片面朝下,芯片上的焊区直接与基板上的焊区互连。因此,FCB 的互连线非常短,互连产生的杂散电容、互连电阻和互连电感均比 WB 和 TAB 小得多(参见表 2-1),从而更适于高频、高速的电子产品应用。同时,FCB 芯片安装互连占的基板面积小,因而芯片安装密度高。此外,FCB 的芯片焊区可面阵布局,更适于高 I/O 数的 LSI、VLSI 芯片使用。由于芯片的安装、互连是同时完成的,这就大大简化了安装互连工艺,快速、省时,适于使用先进的 SMT 进行工业化大批量生产。当然,FCB 也有不足之处,如芯片面朝下安装互连,给工艺操作带来一定难度,焊点检查困难(只能使用红外线和 X 光检查)。另外,在芯片焊区一般要制作凸点,增加了芯片的制作工艺流程和成本。此外,倒装焊同各材料间的匹配所产生的应力问题也需要很好地解决等。但随着工艺技术和可靠性研究的不断深入,FCB 存在的问题正逐一得到解决。

2.4.1 倒装焊的发展简况

20 世纪 60 年代初,美国 IBM 公司研制开发出在芯片上制作凸点的 FCB 工艺技术。FCB 于 1964 年首先用于电子计算机系统上,制成 FCB 的混合集成电路(HIC)组件,当时月产量可达 100 万个组件,是 HIC 中产量最大的组件。最初,芯片上制作的凸点是焊料(95% Pb-5% Sn),凸点包围着电镀了 Ni-Au 的 Cu 球,Cu 球主要是防止 FCB 时 Pb-Sn 流淌,以防短路,当然,导电、导热性能也更好。凸点下与 Al 电极接触的粘附金属层和阻挡扩散金属层依次为 Cr—Cr-Cu—Cu—Au,这些金属化层以及上面的凸点金属 Pb-Sn 都是用制作 IC 的蒸发和光刻工艺形成的,称为固态工艺凸点制作方法。这种芯片凸点的结构如图 2-14 所示。

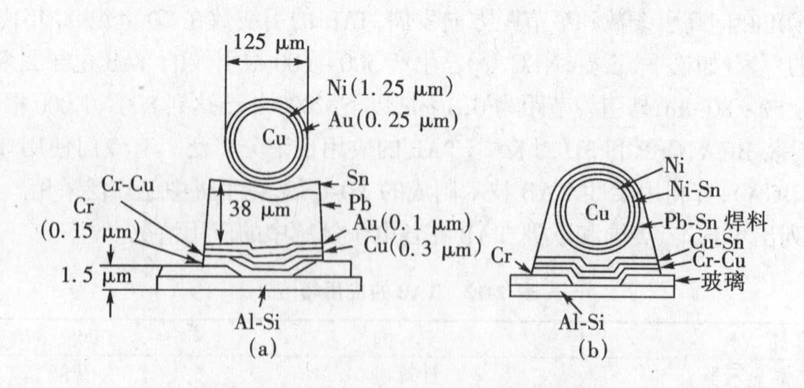

图 2-14 固态工艺凸点制作方法及结构

但这种用 Cu 球制作的凸点直径不能太小,再小就难以制作,这就限制了凸点尺寸向更小的方向发展。于是,IBM 公司又研制开发出了不用 Cu 球,完全用 Pb-Sn 形成凸点的方法——可控塌陷芯片连接(Controlled Collapse Chip Connection,简称 C4)。实际上,这就是一种典型的 FCB。这一方法不仅简化了制作工艺,而且 Pb-Sn 焊料有诸多优点,如倒装焊时易于熔化再流,凸点高度的一致性好坏变得不太重要,因为熔化的 Pb-Sn 可以弥补因凸点高度不一致或基板不平而引起的高度差;焊接时由于 Pb-Sn 处于熔化状态,故比凸点金属(如 Au、Ni、Cu)所加的焊接压力小得多,从而不易损伤芯片和焊点;Pb-Sn 熔化时有较大的表面张力,因此焊接具有"自对准"效果,即使倒装焊时芯片与基板上下焊区对位偏移,也会在 Pb-Sn 熔化再流时回到对中位置。

图 2-15 为 C4 的结构图,其制作方法与 Cu 球凸点制作法类似。

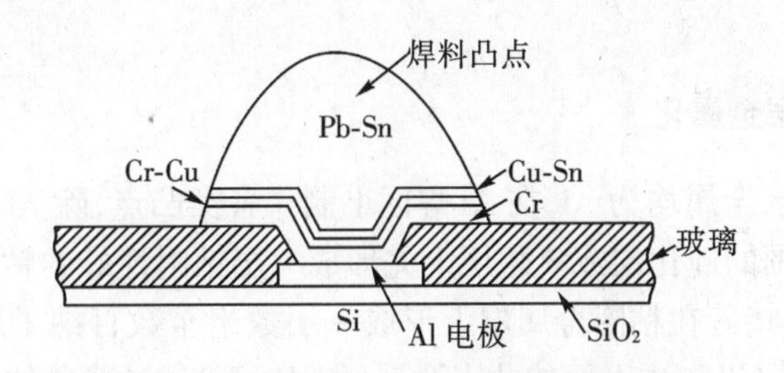

图 2-15　可控塌陷芯片连接(C4)凸点结构

美国的其他公司,如 Philoc-Ford 公司、Hughes 公司也制作出 Ag-Sn 凸点;Fairchield 公司直接在芯片的 Al 焊区上制作出 Al 凸点,工艺更加简单;Amelco 公司还制作出 Au 凸点。当时,这些公司使用 FCB 后的生产效率都比用 WB 法提高了 3 ~ 5 倍。随后的 FCB 技术发展并不快,因为中、小规模 IC 芯片的 I/O 数少则几个,多的也只有数十个,又多安装于 HIC 上和 DIP 中,而且 HIC 的复杂程度也不高,布线线条较宽,间距较大,用 WB 互连更加灵活方便,成本也最低,因而 FCB 的优越性在这种情况下就难以发挥并与 WB 抗衡。

直至 20 世纪 80 年代中期,随着多功能、高性能 LSI 和 VLSI 的飞速发展,I/O 数迅速增加,一些电子整机的高密度组装及小型化、薄型化要求日益提高,TAB 又重新受到电子封装界的重视,使用 TAB 的电子封装结构逐渐替代了 DIP 等封装,所以 TAB 所需的芯片凸点制作技术也随着发展起来。这时,FCB 所具有的最高的安装密度、最高 I/O 数和较低的成本,以及可直接贴装 HIC、PWB 板、MCM 等优越性,因其旺盛的需求而充分发挥出来,美国、日本、欧洲的各大电子公司都相继研制开发出各种各样的 FCB 工艺技术,而且与快速自动化的 SMT 结合了起来,使 FCB 广泛地扩展了应用领域,从而大大促进了 FCB 技术的发展。

众所周知,电子封装密度(芯片面积与封装面积之比)的大小是衡量互连技术发展的重要标志。现以 PQFP 和板上丝焊芯片(COB)与 FCB 的封装密度比较加以说明。一个 10 mm 见方的 PQFP 封装一个 7 mm 见方的芯片,因引出脚长 1 mm,故封装所占的面积实为 12 mm 见方,其封装密度仅为 34%。同样使用 7 mm 见方的芯片,若丝焊线长为 1.5 mm,完成互连后所占面积为 10 mm 见方,则 COB 的封装密度为 49%。而对于 FCB 来说,因一个芯片的面积与其焊接面积相等,所以封装密度很高;在实际倒装焊时,其封装密度已达到 75%以上。这样高的封装密度,已对电子系统的小型化带来巨大的影响。FCB 的发展前景十分乐观,从表 1-1 中可以看出,到 2005 年,电子封装将是 FCB 的天下。根据美国加州的一家 IC 圆片加工批发商 SemiDice 在 1997 年年初发起并实施的名为"首年度裸芯片调查"的问卷调查结果,在该公司向全世界主要半导体生产厂商中的 45 个代表性厂家提出的 15 个与裸芯片封装技术相关的技术和销售方面的问题中,有40%的答卷认为未来首选芯片焊接工艺非FCB工艺莫属,而认为TAB和WB是未来最普遍的芯片互连工艺的各占21%;多数答卷还认为芯片尺寸封装(CSP)具有良好的发展前途,认为CSP在未来几年内将应用于新领域中的占31%,认为CSP会取代某些SMT器件或裸芯片应用的占26%。事实上,很多情况下,CSP芯片与FCB芯片是等同的,CSP的发展与应用也代表了FCB的发展与应用。

2.4.2 芯片凸点的类别

1. 芯片凸点下多层金属化

各种IC芯片的焊区金属均为Al,在Al焊区上制作各类凸点,除Al凸点外,制作其余凸点均需在Al焊区和它周围的钝化层或氧化层上先形成一层粘附性好的粘附金属,一般为数十纳米厚度的Cr、Ti、Ni层;接着在粘附金属层上形成一层数十至数百纳米厚度的阻挡层金属,如Pt、W、Pd、Mo、Cu、Ni等,以防止上面的凸点金属(如Au等)越过薄薄的粘附层与Al焊区形成脆性的中间金属化合物;最上层是导电的凸点金属,如Au、Cu、Ni、Pb-Sn、In等。这就构成了粘附层—阻挡层—导电层的多层金属化系统。前面的表2-8已列出了各类多层金属化系统。

2. 芯片凸点的类别

在多层金属化系统上,可用多种方法形成不同尺寸和高度要求的凸点金属,其分类可按凸点材料分类,也可按凸点结构和形状进行分类。

(1) 按凸点材料分类

按凸点材料分类,有Au凸点、Ni—Au凸点、Au—Sn凸点、Cu凸点、Cu—Pb-Sn凸点、In凸点、Pb-Sn凸点和聚合物凸点等,其中应用最广的是Au凸点、Cu—Pb-Sn凸点和Pb-Sn凸点。

(2) 按凸点结构和形状分类

按凸点形状分类,有蘑菇状、柱状(方形、圆柱形)、球形和叠层几种。按凸点结构分类,有周边分布凸点和面阵分布凸点等。其中,应用最多的是柱状凸点、球形凸点、周边分布凸点和面阵分布凸点。

2.4.3 芯片凸点的制作工艺

形成凸点的工艺技术多种多样,归结起来,主要有蒸发/溅射法、电镀法、化学镀法、机械打球法、激光法、置球和模板印刷法、移置法、叠层制作法和柔性凸点制作法等。下面对各种制作工艺进行详细介绍和评价。

1. 蒸发/溅射凸点制作法

早期的凸点制作常采用蒸发/溅射法,因为它与IC芯片工艺兼容,工艺简便、成熟。多层金属化和凸点金属可一次完成,且IC芯片的Al焊区面积大,I/O数少则几个,多则数十个,为周边分布焊区。但要先制作出正对Al焊区的金属掩模板,一种掩模板只能针对一种芯片,灵活性较差。而要形成一定高度(如数十微米)的凸点,就需长时间进行蒸发/溅射,设备应是多源、多靶的,因此,形成凸点的设备费用大,成本高。因使用掩模板,故只适于制作凸点直径较大(100 μm 左右)、I/O 数较少(数十个)及凸点不高(数十微米)的凸点。这种凸点制作法因设备费用高,且效率低,较难适于大批量生产。蒸发/溅射法的工艺流程如图 2-16 所示。

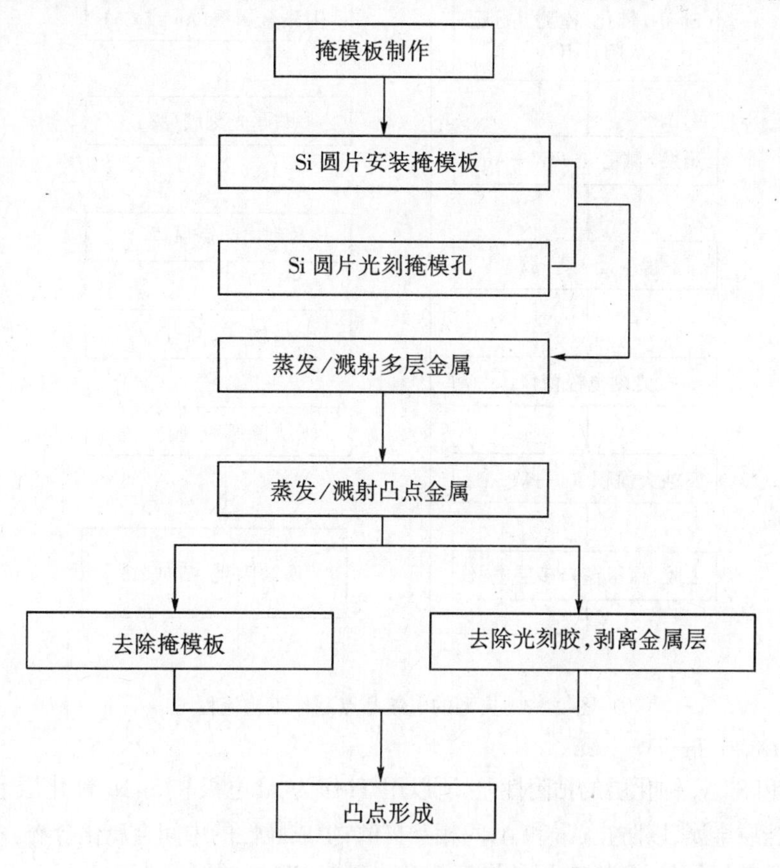

图 2-16　蒸发/溅射凸点制作工艺流程

2. 电镀凸点制作法

电镀法是国际上最为普遍且工艺成熟的凸点制作方法。该方法不仅加工工序少,工艺简便易行,而且适于大批量制作各种类型的凸点。图 2-17 为典型的 Ti—W—Au 凸点制作工艺流程,下面作详细论述。

(1) Si_3N_4 钝化,检测并标记 Si 圆片 IC

制作工艺是从 Si 圆片 IC 开始的,Si 圆片 IC 已进行了最终 Si_3N_4 钝化,每个 IC 芯片都经过检测,并需对不合格的芯片作出明显的标记。过去 Si 圆片 IC 制成后,在检测时即进行标记,如使用不同色泽的磁性墨水打点标记,经划片后,马上可以将有磁性墨水点的不合格芯片剔除,留下的均为好芯片。但制作芯片凸点还需要对 Si 圆片 IC 进行多道工序加工,若仍采用原先的磁性墨水打点标记法,难以保存标记,当然,加工成具有凸点的圆片后,就无法识别 IC 芯片的好坏了。这就要求制作芯片凸点的 Si 圆片 IC 在检测时能永久保留不合格 IC 芯片标记。用激光烧毁不合格 IC 芯片的某处,打出永久性标记,就能在后续加工工序中永久保留该标记,待全部加工完毕,切割 IC 芯片时,就能方便地识别并剔除不合格的 IC 芯片了。

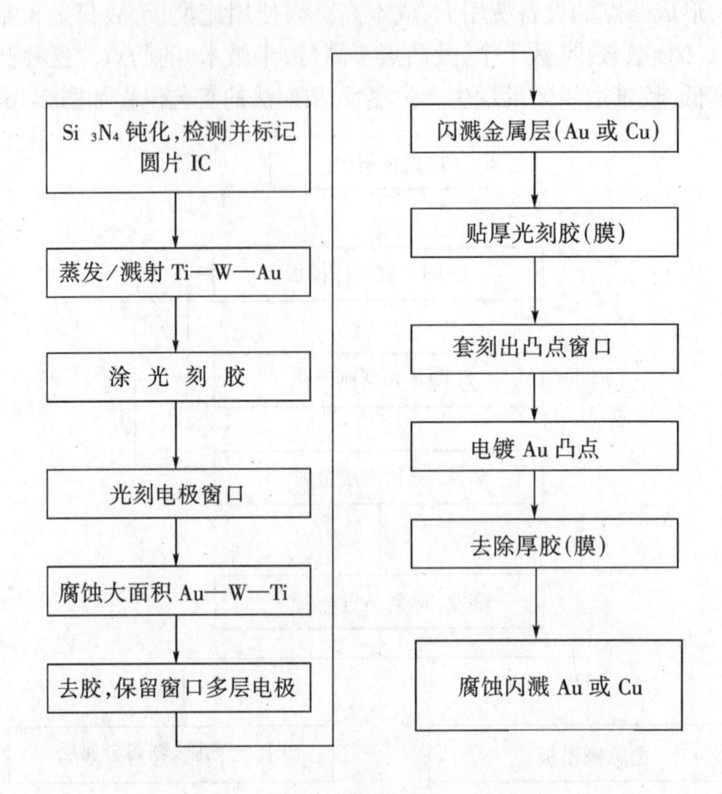

图 2-17 典型的电镀凸点制作工艺流程

(2) 蒸发/溅射 Ti—W—Au

Au与Al和Si_3N_4钝化层的粘附性差,所以用Ti作为Al电极和Si_3N_4钝化层上的粘附层金属,W作为阻挡层金属,以防止Au和Al间相互扩散,生成脆性的中间金属化合物。Ti和W的接触电阻小,淀积应力也小,通常Ti层的厚度为数十纳米,W层的厚度为数十至上百纳米。Au层作为凸点的基底金属,厚度为数百纳米。这三层金属均在同一真空室中依次淀积完成。Ti和W也可以先按一定比例(如Ti占10%~20%)制成复合金属靶,这样就可以用双靶进行溅射。

(3) 光刻出电极窗口多层金属化

Ti—W—Au多层金属淀积后,欲保留Al电极上的多层金属化金属,需要进行光刻。以光刻胶作保护窗口金属层,依次腐蚀掉蒸发/溅射的大面积Au—W—Ti。所选择的腐蚀液只应腐蚀一种金属,而对其他金属和芯片表面的钝化层不腐蚀。多层金属层腐蚀后,再去除保护窗口金属层和其余部分的光刻胶。

(4) 闪溅金属层

闪溅的金属层为薄薄的Au(或Cu),这是为了在下一步电镀Au凸点时作为电镀导电金属层。此层宜薄不宜厚,以免在凸点形成后腐蚀去除该导电金属层时明显降低凸点高度。

(5) 涂(贴)厚光刻胶(膜)

为制作一定高度的柱状Au凸点,可用甩胶机低速旋涂厚光刻胶(有别于常用光刻胶),或在已闪溅Au(或Cu)的圆片上粘贴干膜抗蚀剂,有时一层不够,需叠加2~3层。叠层覆盖需仔细控制叠层覆盖的速度、温度和压力,以避免层间产生气泡。

(6) 光刻电镀凸点窗口

涂(贴)厚光刻胶(膜)后,即可用光刻掩模进行套刻,通过曝光、显影,就形成所需的电镀凸点窗口,以便电镀。这里应注意,待电镀的凸点窗口中的残胶一定要去除干净,以免影响电镀凸点的附着力。

(7) 电镀 Au 凸点

根据对凸点高度的要求不同,电镀时间有长有短。一般光刻胶耐酸性而不耐碱性,所以,若配制的 Au 镀液为酸性,电镀时间长短没有问题;但对于碱性电镀液(如无氰碱性镀 Au 液),若电镀时间过长,就可能产生浮胶或钻蚀现象,因此应当使用弱碱性镀液,且只适于电镀出完好的低高度(10~30 μm)的 Au 凸点。为了电镀出颗粒细、均匀性和一致性好的 Au 凸点,最好采用流动性镀液。电源也是影响凸点质量的重要因素,脉冲电源比直流电源好,因为脉冲电源的瞬时电流密度大,成核点多,镀出的凸点颗粒细,且均匀性、一致性好。

电镀的凸点高度与电流密度 D_k、电镀时间 t 和电镀液的电流效率 η 密切相关。由电解定律,镀层厚度 δ 为

$$\delta = \frac{D_k \cdot t \cdot \eta \cdot k}{d},$$

这里,k 为电化当量,单位为 g/(A·h);d 为电镀金属的密度,单位为 g/cm^3;D_k 的单位为 A/dm^2;t 的单位为 h;η 为电流效率,若电镀厚度 δ 用 μm 作单位,则 η 的取值应去除百分号,如 $\eta = 95\%$ 时,应取 95 代入公式。

下面给出电流效率 $\eta = 100\%$ 时,要电镀 10 μm 厚的 Au 层,选用不同的电流密度 D_k,相应所需的电镀时间 t,如表 2-13 所列。

表 2-13　电镀时间 t 与电流密度 D_k 的关系

D_k (A/dm^2)	0.1	0.2	0.3	0.4	0.5	0.7	1
t (min)	157	78.5	52.3	39.3	31.1	22.4	15.7

若 $\eta \neq 100\%$,相应的电镀时间 t 应除以 η 的百分数。如果 δ 不为 10 μm,而为 x μm,则相应的电镀时间 t 乘以$\frac{x}{10}$即可。

(8) 去除胶膜,腐蚀闪溅 Au(或 Cu)

电镀完毕,应彻底去除厚胶(膜),完成了电镀导电连接的闪溅 Au(或 Cu)这时也可以去除了。腐蚀时,应掌握好腐蚀时间,要既能完全去除闪溅层,又使腐蚀时间尽可能缩短。特别对于要求一致性好的较低高度的凸点,这一点更为重要。

将加工好凸点的圆片进行划片,切割成单个 IC 芯片,再剔除用激光作标记的不合格 IC 芯片,将合格的凸点 IC 芯片妥善保存,以备使用。

3. 化学镀凸点制作法

化学镀是一种不需通电,利用强还原剂在化学镀液中将欲镀的金属离子还原成该金属原子沉积在镀层表面上的方法。化学镀的镀层光亮致密,孔隙少,抗蚀能力强,结合力好,不受镀件复杂形状的限制。因为没有电镀时电流密度分布的限制,所以可获得厚度均匀性、一致性好的镀层。化学镀免除了电镀所需的复杂设备,除可利用光刻胶作掩模进行圆片 IC 化学镀凸点外,还可以对已经切割好的 IC 芯片化学镀凸点。由于省去了复杂的光刻工序,对于将 HIC 上

使用的多品种、小批量的IC芯片加工成凸点芯片来说，十分灵活、方便；而且，凸点分布、凸点尺寸及节距大小均不受限制。

化学镀的实质是一个在催化条件下发生的氧化还原过程。化学镀的溶液通常由欲镀的金属离子及络合剂、还原剂构成。镀液中的金属离子是依靠还原剂的氧化来供应所需的电子而还原成欲镀的金属原子，并沉积到被镀部件的表面上去的。

IC芯片的焊区金属通常为Al，直接在Al上不能镀出合乎要求的凸点金属。这是因为，Al的化学性质活泼，它与氧的亲合力很强，在大气中极易生成一层薄而致密的氧化层，即使刚刚去除氧化层，又会在新鲜的表面立即生成新的氧化层，这严重影响镀层金属与Al焊区金属的结合力；Al的电极电位很负，很容易失去电子，当IC芯片浸入化学镀液中时，即刻能与多种金属离子发生置换反应，而使其他金属与Al形成结合镀层。这种结合镀层疏松粗糙，与Al的结合力很差，从而严重影响镀层金属与Al的结合力；Al的膨胀系数与许多金属镀层的膨胀系数差别大，在Al上直接获得镀层的内应力大，容易在热循环中使Al与镀层间发生失效。

要解决上述Al与镀层的结合力这一关键问题，一般是在Al与镀层金属间加入既与Al结合力好又与镀层金属结合力好的中间金属层，使得在除去Al上氧化层的同时就生成这一中间金属层，从而能够防止氧化层的再生成，并防止Al在化学镀时与镀液发生置换金属的反应，这就保证了Al与镀层金属之间的良好结合力。

这里介绍一种简便易行的锌酸盐制取Al上中间金属法。浸Zn是在强碱性的锌酸盐溶液中进行的，在去除Al焊区金属表面的氧化层的同时化学沉积一层Zn，既可以防止氧化层的再生成，又可以在其上化学镀其他金属，如Ni—Au层和Ni—Pb-Sn层，从而可获得这些镀层与Al焊区金属的牢固结合。锌酸盐浸Zn液的成分及工作条件如表2-14所列。

表2-14　Al层的锌酸盐处理

溶液成分及工作条件	第一次浸Zn	第二次浸Zn
氢氧化钠(NaOH)(g/L)	500	100
氧化锌(ZnO)(g/L)	100	20
酒石酸钾钠($KNaC_4H_6O_6 \cdot 4H_2O$)(g/L)	10	20
三氯化铁($FeCl_3 \cdot 6H_2O$)(g/L)	1~2	1~2
硝酸钠($NaNO_3$)(g/L)	/	1
温度	室温	室温
处理时间(min)	0.5~1	0.5~1

其原理是：当Al焊区金属浸入锌酸盐溶液中时，Al上的氧化层就溶解下来，它与NaOH发生如下化学反应：

$$Al_2O_3 + 2NaOH = 2NaAlO_2 + H_2O$$

接着，Zn与纯Al发生置换反应，Zn原子沉积在Al上，化学反应如下：

$$2Al + 3ZnO_2^{2-} + 2H_2O = 3Zn + 2AlO_2^- + 4OH^-$$

由于Zn与Al的电极电位比较接近，因此置换反应进行得缓慢而均匀。

当然，NaOH也会与Al发生反应，并放出H_2，但由于H_2在Zn上的过电位较高，加上在强碱中氢离子浓度非常低，所以上述过程受到强烈的抑制，从而使Al不致受到严重腐蚀，对获得均匀细致的Zn镀层起到很好的保护作用。

如表2-14所列，锌酸盐溶液中还加入了少量的其他成分，主要是使Zn层中含有少许Fe，以增加结合力,并提高抗蚀能力,也能防止 Mg、Cu 等重金属混入 Zn 层中。

采用二次浸 Zn,对提高浸 Zn 层的质量和改善结合力具有明显的效果。因为第一次浸 Zn 时,要首先溶解 Al 的氧化层,然后再发生置换反应,沉积 Zn 层,所以这层结构结晶较粗大而疏松,应加以局部或全部去除,以使 Al 表面呈现均匀细致的活化状态,裸露的颗粒就成为再次浸 Zn 的晶核,故所得二次浸 Zn 层更加致密、均匀,从而增强了与 Al 的结合力。第一次浸 Zn 层可用 1:1 的硝酸退除,经去离子水冲洗后在二次浸 Zn 液(或一次浸 Zn 液)中再次浸 Zn。

至此,制成了 Al 上稳定可靠的中间金属层,以后即可按常规的化学镀方法镀其他金属层了,这里不再一一论述。

综上所述,化学镀凸点制作的工艺流程如图 2-18 所示,化学镀的 Ni—Au 凸点结构和 Ni—Pb-Sn 凸点结构如图 2-19 所示。

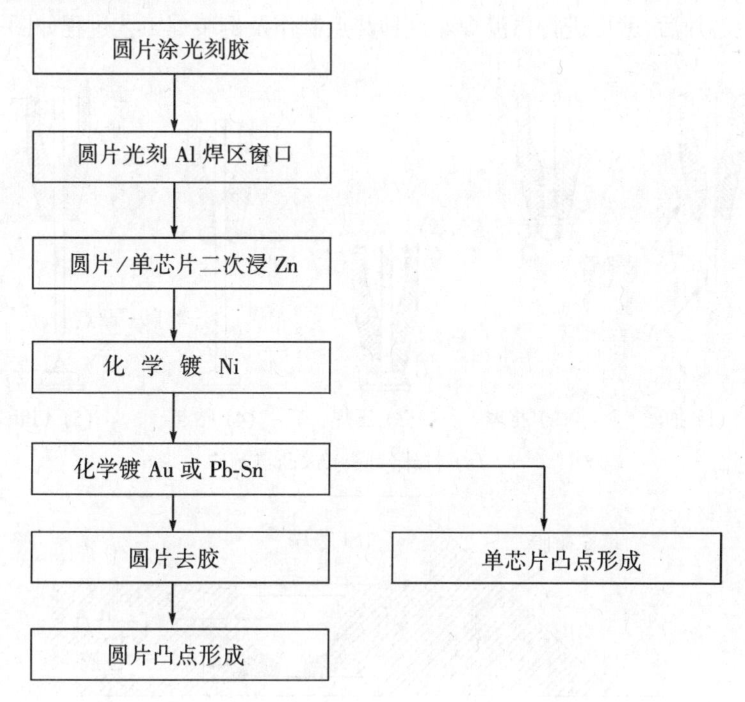

图 2-18　典型化学镀凸点制作工艺流程

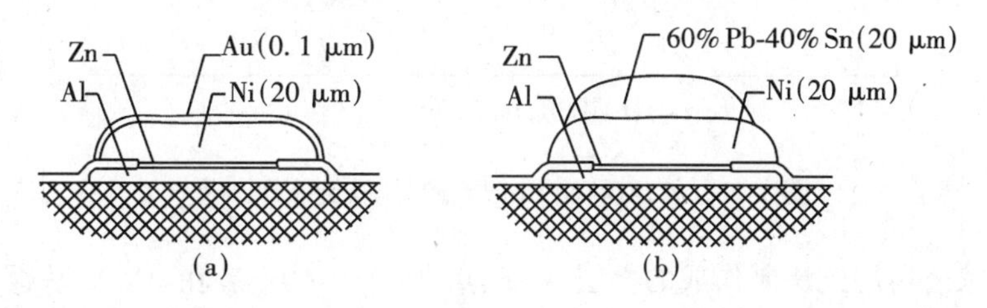

图 2-19　典型的化学镀凸点结构

4. 打球(钉头)凸点制作法

打球凸点制作法是利用常用的 Au 丝球焊接机制作完成的。通常,Au 丝球焊是在 IC 芯片的 Al 焊区上打球焊接后,再将 Au 丝拉到外引线的焊区位置上压焊断丝而完成 WB 过程。而用 Au 丝球焊接机制作凸点是在 IC 芯片焊区上打球压焊后即将 Au 丝从压焊的末端断开,就形成一个带有尾尖的 Au 球状凸点(即钉头凸点),待芯片上所有焊区都形成这样的 Au 球状凸点后,该 IC 芯片就可以作为倒装焊芯片使用了。若一层高度不够,还可以在已形成的 Au 球状凸点上用此法再打球—压焊—断丝,形成两层球状凸点,高度也增加一倍,这就是简便易行的叠层凸点形成方法之一。

这样制作的凸点高度一致性较差,为消除这一不良影响,在芯片凸点全部完成后要对所有凸点进行磨平,去除球型尾尖后,就成为凸点高度、平整性及一致性好的芯片凸点了。利用同样的凸点制作法,还可以在基板上对应芯片焊区的位置上制作出基板凸点,再与芯片凸点一一对位压焊互连,从而完成倒装焊工艺。也可以在 IC 芯片上制作这类凸点而在基板上印(涂)Pb-Sn 焊膏,这样安放好倒装芯片后,就可进行再流焊。这种凸点制作及倒装焊工艺过程如图 2-20 所示。

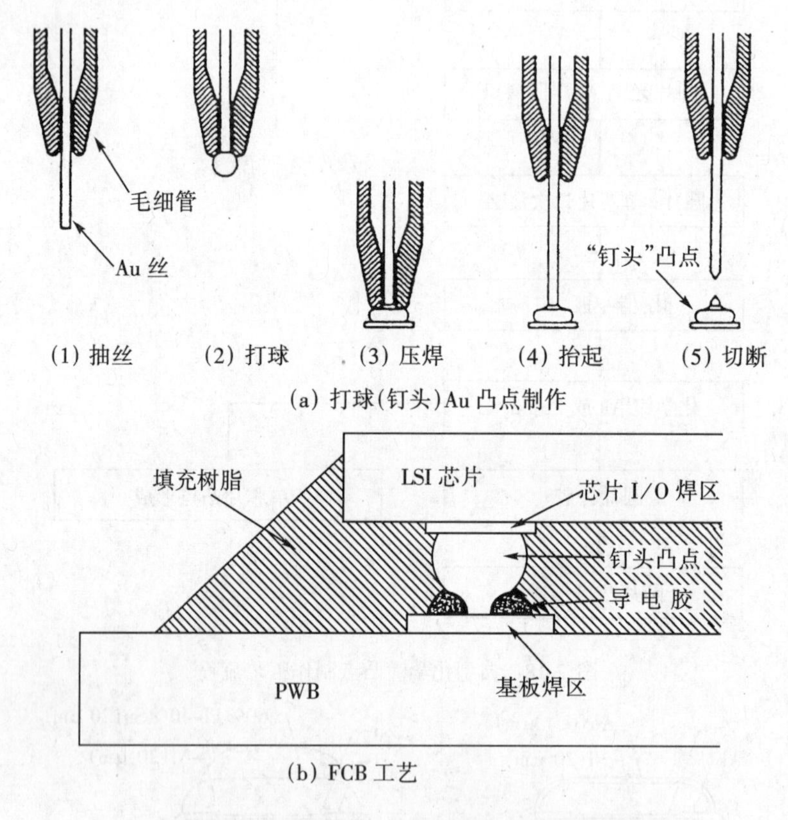

图 2-20 打球(钉头)Au 凸点制作及倒装焊工艺

日本的两家公司用此法制作成的叠层 Au 凸点 21 个样品安装在 Al_2O_3 基板上,经历 -55 ~ 150 ℃、每小时 3 次、共达 6 000 次的温度循环考核后无一失效,证明用这种方法制作的球状凸点是可靠的。

对于那些 I/O 数不多,且 Al 焊区面积较大的各类单芯片,采用这种凸点制作方法灵活、简便,芯片不浪费,因此成本低廉。但对 I/O 数较多、Al 焊区尺寸及节距小(均 $< 90\ \mu m$)的 LSI、VLSI 芯片,用这种方法就比较困难了,该方法也不适于大批量加工芯片凸点。

5. 置球及模板印刷制作焊料凸点的工艺方法

商用 Pb-Sn 合金焊料球已有不同成分与不同规格的系列产品，如 95%Pb-5%Sn、90%Pb-10%Sn、40%Pb-60%Sn 等成分，其熔点有高有低；焊料球直径有 125 μm、150 μm、200 μm、350 μm 等不同尺寸的，可按不同的使用要求选用，来制作焊料凸点。经检测后的圆片，应先在其 Al 焊区上形成多层金属化，与上述电镀凸点制作多层金属化的方法相同。在 IC 芯片的各个 Al 焊区上形成多层金属化后，就可在其上放置焊料球。如何给每个焊料球定位呢？这就要使用掩模板。掩模板可用 0.1 mm 厚的不锈钢制作，制作的开孔需与 IC 芯片上的焊区一一对应。制作方法多用蚀刻法和激光切割法，电铸法也有报道。将制作的掩模板与芯片焊区对位后进行固定，即可放置焊料球，焊料球正好位于掩模板的每个开孔中。将不在开孔中的焊料球清除干净，就可进行焊料再流。将放置焊料球的圆片连同掩模板一起推进炉中再流。再流需在 H_2 或 N_2 保护气氛下进行，以便焊料球在熔化过程中不生成氧化层，使之能与焊区的多层化金属形成良好的浸润。焊料球充分熔化后，即可将圆片置于低温区，焊料就在掩模板的限制下，以底层金属为基面收缩成一个个半球状的 Pb-Sn 焊料凸点。最后取下掩模板，芯片凸点即制作完毕。整个工艺过程如图 2-21 所示。

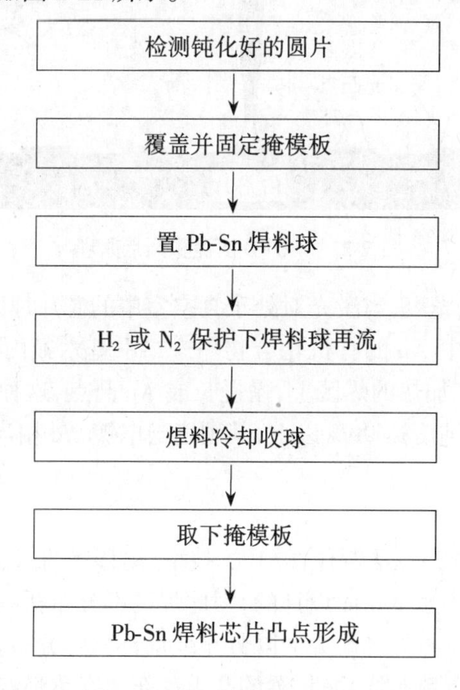

图 2-21　置球法制作焊料凸点的工艺流程

Pb-Sn 焊料芯片凸点也可以用印制 Pb-Sn 焊膏的制作方法完成，只要将上述工艺中的置焊料球换成印制焊膏即可。不过，这里用作焊料印制的模板是活动的，各个圆片都精确对位后，用同一模板印制焊膏，如同 SMT 在 PWB 上印制焊膏一样。显然，模板印制法制作焊料凸点要比置球法的生产效率高，也省模板，且工艺更简便易行，从而更为经济。但置球法不需助焊剂，而用印制焊膏形成的凸点有焊剂残留物，形成凸点后要认真去除焊剂残留物。

这两种方法制作焊料凸点，虽然工艺简便，成本较低，但都使用模板，特别是印制焊膏，模板的孔径不能太小,否则,各个开孔漏印后的焊膏量可能相差很大,再流后焊料凸点的高度及一致性就差了。所以,此法更适于制作大尺寸的焊料凸点,而关键技术是要制作出高精度的模板。

6. 激光凸点制作法

在微电子封装技术中,对于多品种、小批量的 IC 凸点芯片,往往制作圆片凸点芯片不合算,而制作单芯片凸点用于倒装焊或 TAB 却经济、简便,如前面所述的化学镀芯片凸点制作及金丝打球压焊法都是制作单芯片凸点的常用方法。这里介绍的激光凸点制作法也是一种单芯片凸点制作法,可直接在 Al 焊区上形成 Au 凸点。德国柏林技术学院用激光化学汽相淀积(LCVD)方法成功地在 Si 和 GaAs IC 芯片上制作出单芯片凸点,并取得实用效果。LCVD 方法是利用激光的能量加热芯片焊区并分解 Au 的有机化合物,在汽相中淀积 Au 凸点的。淀积生长速率和凸点高度由淀积时间、芯片温度及激光能量优选确定。在淀积速率为 6 μm/s、芯片温度为 100 ℃、激光功率为 1.9 W 的条件下,可生长出 70 μm 高的 Au 凸点。激光淀积凸点的原理如图 2-22 所示。

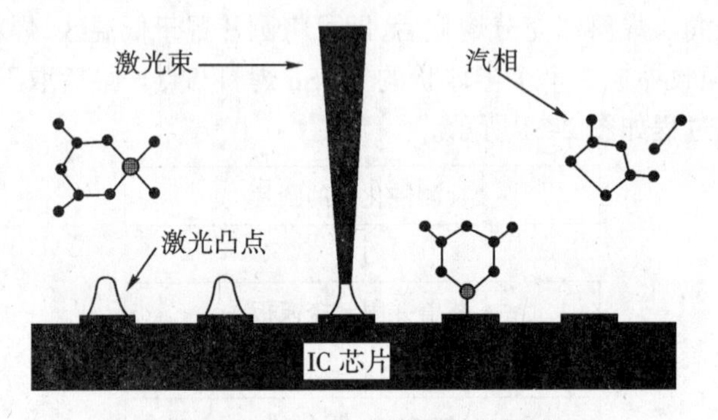

图 2-22 LCVD 法淀积凸点原理

这里使用的是氩离子激光束,当激光对处于真空室中的芯片焊区照射加热时(时间间隔为 0.5~1 s),同时也对真空室中 Au 的有机化合物——二甲基六氟丙环醋酸金加热,促其分解,这样,先分解的 Au 就淀积在加热的焊区上,慢慢长成 Au 凸点,这种激光凸点的形状像高斯分布曲线。所形成的 Au 凸点钝度达 99%以上,其硬度与电镀 Au 相当。

7. 移置凸点制作法

图 2-13 曾经示出用移置凸点法制作 TAB 的技术,用移置凸点法同样可以制作芯片凸点。

芯片上的 Al 焊区往往是为 WB 而设计的,因此焊区都分布在芯片的四周。为使制作的凸点芯片更适合于倒装焊,如欲将焊区改为面阵分布或局部面阵分布,使焊区节距及凸点更大一些,这就需要对原焊区进行重新布线,而移置的凸点就布置在重新布线后的焊区上。下面详细描述这种移置凸点法的工艺过程。

(1) 芯片焊区的重新布线

圆片制作完毕并经检测后,即可根据倒装焊的使用要求对原芯片的焊区进行重新分布和布线。在新分布的焊区用移置法形成凸点,而新、旧焊区间用布线金属互连。移置凸点前的工艺过程如图 2-23 所示。这里的多层金属化与电镀凸点制作的多层金属化方法相同。这里的聚酰亚胺(PI)是为在重新分布的焊区开窗口,同时因其具有一定的弹性,可以减小倒装焊时的应力。焊料为 95%Pb-5%Sn,可用蒸发完成,是为移置凸点作焊接准备的。圆片重新布线后,可以将 IC 芯片切割。

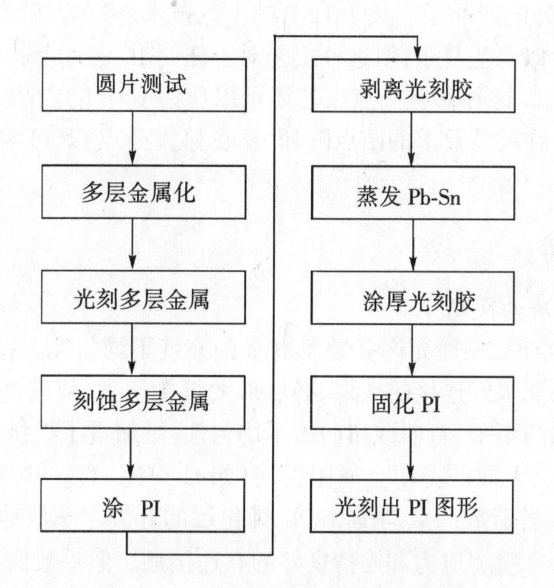

图 2-23　芯片焊区重新布线工艺流程

(2) 制作凸点移置框架

框架材料可使用厚度为 50 μm 左右的不锈钢,在其上先后制作 20 μm 厚的热塑型和热固型两层 PI,就构成移置凸点所要求的移置框架。在这种框架上制作并移置凸点,都可成功地将所有凸点移置出来。这种框架可重复使用。移置框架如图 2-24 所示。

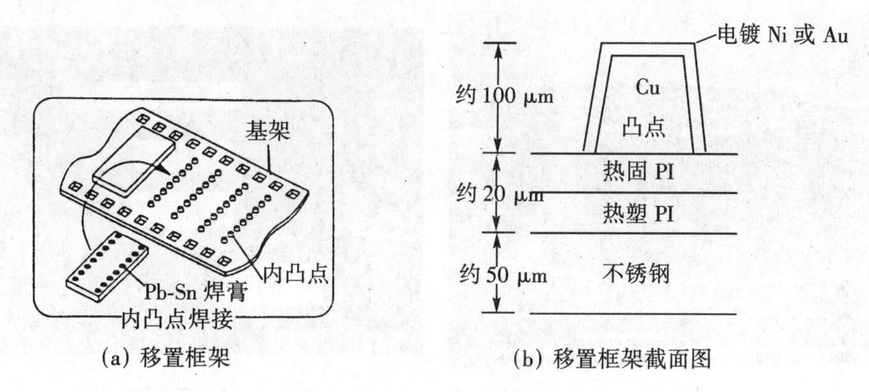

(a) 移置框架　　(b) 移置框架截面图

图 2-24　用于移置凸点的框架

(3) 制作凸点

在移置框架上,按常规凸点制作方法,用光刻电镀方法,制作出如图 2-24(b)所示并与芯片上重新布线后的新焊区一一对应的 Cu 镀 Ni 或镀 Au 凸点,凸点下不需多层金属化。

(4) 移置凸点

将切割好、带有 Pb-Sn 焊膏的 IC 芯片与在移置框架上制作的 Cu—Ni 或 Cu—Au 凸点一一对应,置于 H_2 或 N_2 保护气氛炉中加热到 350 ℃,约停留 2 分钟,待芯片上的 Pb-Sn 完全充分熔化并浸润凸点表面后,只需稍加压力,冷却后取下芯片,就可将移置框架上的凸点全部转移到 IC 芯片上了。到此,移置凸点的制作可以结束。但也可以继续对这种移置凸点 IC 芯片进行模塑封装,并将这种芯片凸点作为内凸点,在其上再制作低温 Pb-Sn 焊料外凸点,就成为标准的芯片尺寸封装(CSP)产品了。关于 CSP 的工艺技术,将在以后章节论述。

移置凸点制作法看似工艺复杂,但这种工艺对于任何 IC 芯片上的焊区都可作焊区重新布线,以适合 SMT 的应用。这种移置凸点工艺还可以作为 CSP 的内凸点制作方法。移置框架可以重复制作不同规格和尺寸要求的凸点阵列,反复移置凸点,既可实行标准化工艺,大量制作,又节省成本。

8. 柔性凸点制作法

(1) 柔性凸点所解决的问题

用电镀形成 Au 凸点时,一般允许有最大 10%的高度不均匀性。在与基板倒装焊互连时,为了达到所有的凸点都能很好连接的效果,必然加大焊接压力,使较高的凸点过分变形,再加上基板上可能存在的凹凸不平、弯曲或扭曲等不均匀性,更加重了焊接互连时的凸点形变。这种累积应力可使 Au 凸点下面的薄薄金属阻挡层(如 Cr—Ni、Ti—W、Ti_3—Mo 等,只有数十纳米的厚度)产生裂纹,或者造成凸点周围 Si_3N_4 钝化层的开裂。一般地,焊接后在凸点芯片与基板间填充有机聚合物来缓解应力和维持良好的互连接触。但一般商用有机聚合物与凸点金属和基板的热匹配差,特别是热膨胀或吸潮胀大时,仍可引起互连接触的阻值增大,甚至开路。MCC 公司用制作柔性凸点的办法终于解决了上述的问题。

(2) 柔性凸点的结构和性能

这种柔性凸点,简单地说,就是在芯片或基板的焊区上先形成有机聚合物凸点,然后再包封一层 Au 而形成,如图 2-25(a)和(b)所示。凸点直径可从 18 μm 至 93 μm,高度在 17 μm 以上。

(a) 外形图

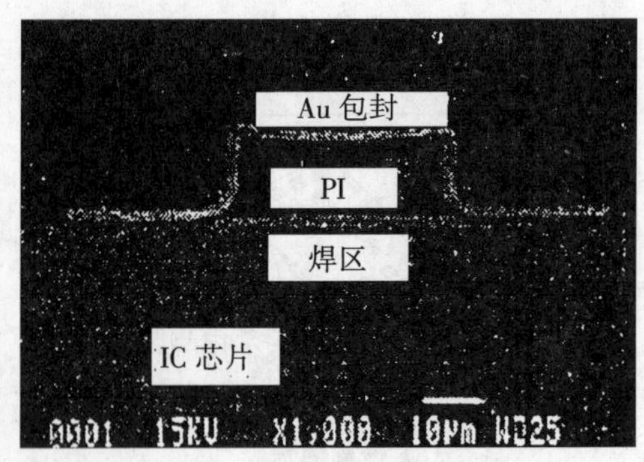

(b) 剖面图

图 2-25 柔性凸点的外形及剖面图

这种柔性凸点具有弹性,加压时,可将它的高度压缩 30%以上。柔性凸点在与 TAB 或基板互连时,不论何种应力都能压缩柔性凸点,而柔性凸点则反抗这种压力,趋向于弹回原来的位置,这就能始终保持紧密的互连接触,从而提高了可靠性。

柔性凸点焊接后,仍在芯片与基板间填充树脂,但由于凸点的柔性,不论树脂的热匹配如何,或吸潮胀大,所产生的应力均能被柔性凸点化解,因而不必在寻找高性能的填充树脂上下功夫,只需使用商用树脂就行了。

柔性凸点还可以弥补基板的不平整或弯曲及焊区的不均匀性等因素造成焊点接触不良的

问题。

(3) 柔性凸点的制作方法

制作柔性凸点不需增加特殊的工艺设备,用通常制作 Au 凸点的工艺设备就可完成。

形成柔性凸点芯子的聚合物要求有高的玻璃转化温度、高的屈服强度和大的拉伸强度等,许多好的聚合物都能满足这些条件。柔性凸点的收缩率可以利用混合的聚合物和包封金属的厚度加以调整,这就增加了工艺实施的宽容度。

① 制作聚合物凸点“芯子”

主要工艺流程为:IC 圆片或基板→涂布聚合物→刻蚀聚合物→去除大面积聚合物→柔性凸点芯子形成。

在这几道工序中,关键是刻蚀聚合物。一般来说,刻蚀方法有干法刻蚀、湿法刻蚀和光成像法几种,而光成像法最为简便、经济、效果好。需要注意的是,湿法刻蚀时要先使聚合物部分固化后再涂覆光刻胶进行光刻。光成像法就是使用光敏性的聚合物,使用一般的光刻工艺设备就可以完成。

② 柔性凸点的金属化

前面已谈到,聚合物形成的凸点只是柔性凸点的“芯子”,要达到实用要求,就要对这个“芯子”进行金属化。金属化可使用三种方法,即化学镀、蒸发(或溅射)和电镀法。

化学镀是在配制有催化剂的镀液中使镀件连续化学沉积上某种金属。这里是化学镀 Au,注意要使这种化学镀液不能浸蚀 IC 芯片上的 Al 布线。化学镀后还需用光刻法去除凸点以外大面积的 Au 层。

蒸发(或溅射)法要达到一定的金属化厚度,要求长时间淀积,而除凸点外,大部分淀积的金属化层(多为 Au)都要去除。因此,该方法的设备费用高,费时、费力。

电镀法比前两种方法都优越。此法可先用蒸发(或溅射)法在已形成聚合物凸点芯子的 IC 圆片或基板上淀积一层薄的底层金属,以作为电镀电极,然后经光刻露出聚合物凸点,再电镀 Au,就可以形成一定厚度要求的具有完好金属化的柔性凸点。

(4) 柔性凸点的可靠性

参见本章 2.4.6 小节“FCB 的可靠性”中有关柔性凸点的可靠性部分。

(5) 柔性凸点芯片或基板的返修

通常,凸点焊接后产生塑性形变是无法返修的,芯片往往废掉。而柔性凸点芯片或基板却可以进行返修。可先将填充料在室温下溶解(高温 80 ℃可加速溶解),然后将凸点芯片移除,且移除后的凸点芯片或基板仍可以再用。这种可返修性是具有很大的现实意义的。

9. 叠层凸点制作法

倒装焊芯片在工作和间歇过程中,或者在高低温循环试验中,由于芯片与基板间的热失配,往往使凸点与芯片表面产生剪切应力,凸点过低形成的剪切应力可使凸点周围的 Si_3N_4 层龟裂。据报道,大量的试验证实了这种现象,也作了有限元计算模拟。为克服并解决这一问题,一是尽可能增加凸点高度,二是在芯片下填充树脂。需要指出的是,焊料凸点的高度是受到限制的,若凸点太高,焊料熔化时自身的重量就会大于收球的表面张力而使凸点坍塌。而叠层凸点就可以使凸点高度大大增加,可达到减小乃至消除剪切应力的目的,从而大大提高其焊接的可靠性。根据计算模拟,采用双层焊料凸点,20 mm 见方的芯片焊接可靠性比单层焊料凸点的可靠性能提高 60 倍。

对于制作叠层 Au 凸点,可用 Au 丝打球法简便地完成。先在 IC 芯片或基板的每一个焊区上打球压焊制作出单层 Au 凸点,经磨平后再打球压焊制作出二叠层 Au 凸点,同样磨平后,再制作三叠层、四叠层……的 Au 凸点。日本一公司曾用该法制作出六叠层的 Au 凸点。形状如同算盘珠叠在一起一样,每一层经磨平压缩为 45 μm 左右。

制作叠层焊料凸点的方法较打球叠层 Au 凸点法要复杂得多,其结构和形状如图 2-26 所示。芯片焊区上的第一层焊料凸点可按常规凸点制作法完成。在与芯片焊区相对应开孔的 PI 薄膜一侧淀积上 Cu—Ti—Cu,用光刻形成孔周围图形,将其覆在制作的一层焊料凸点上,再流后就形成第二层焊料凸点,用同样的方法又可制作其余各层,直至达到所希望的高度为止。

这种制作方法因工艺复杂,制作难度大,至今并未推广应用。

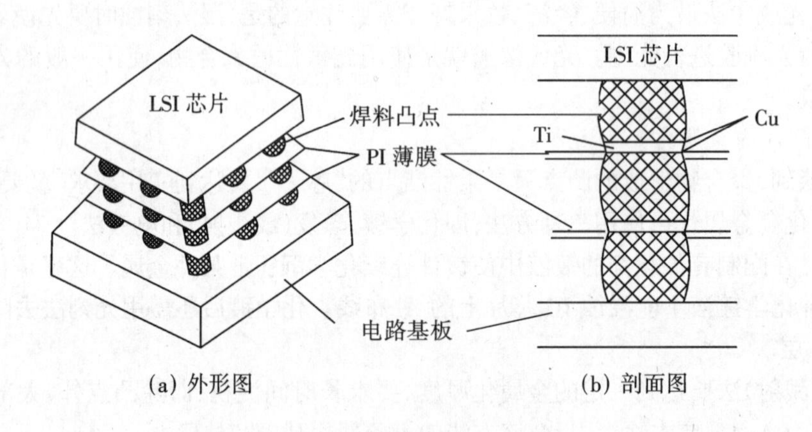

图 2-26 叠层焊料凸点的形貌

10. 喷射 Pb-Sn 焊料凸点制作法

这种 Pb-Sn 焊料凸点制作法是在 IC 芯片的金属化焊区上逐点形成的。IC 芯片的 Al 焊区金属化可以用化学镀方法制作,这就省去了昂贵的蒸发/溅射设备,也消除了掩模版制作及光刻、蚀刻工艺。

这种方法的关键装置是一个焊料喷射头,可将它安装在普通 TAB 焊接机的台面上,装置结构如图 2-27 所示。

这样,可以利用焊接机的光学识别及显示系统来监视、观察焊料在 IC 芯片金属化焊区上的喷射情况。将焊料中的 37%Pb-63%Sn 温度控制在 210 ℃左右,并通高纯 N_2 气,一为保护 Pb-Sn 不受氧化,二为喷射时供给一个稳定的压力。玻璃毛细管喷射头呈锥状,以不使液态 Pb-Sn 任意外溢。管状的压电陶瓷激励器套在毛细管外围,可通过控制激励器的脉冲振幅(电压)及脉冲宽度(时间)来精确控制焊料喷射。为了在焊料喷射时减少氧化,在毛细管喷头及焊区间通以高纯 N_2 气,形成一个幕帘状的 N_2 圆环。使用时,毛细管喷头与焊区间的距离大约为 1 mm,整个喷射过程采用微机控制。

为了在 IC 芯片焊区上形成均匀性、一致性好的 Pb-Sn 焊料凸点,就要在每个焊区上都有一个稳定的喷射工艺。与稳定喷射有关的参数有:

(1) 焊料槽熔化 Pb-Sn 上部的 N_2 压力;

(2) 压电陶瓷激励器的收缩幅度及收缩时间(频率);

(3) 喷头与焊区间帐幕气环的气流量。

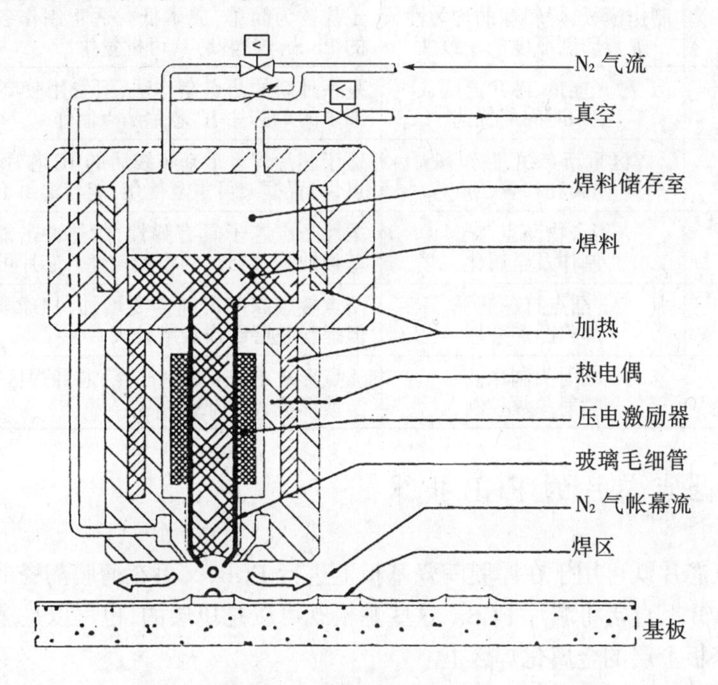

图 2-27　焊料喷射头结构图

只要适当地调节好以上参数,就能达到稳定地喷射,使凸点的均匀性、一致性得到保证。由于喷射出的 Pb-Sn 焊料是一连串的"微滴",所以其上呈波纹状。待 IC 芯片上所有焊区都喷射成 Pb-Sn 焊料柱后,即可在保护气氛下进行焊料再流,这样就形成 Pb-Sn 焊料凸点了。

11. 各类凸点制作方法的比较

以上介绍了国际上制作凸点的各种方法,各有其优缺点及适用范围,现列表进行综合比较,如表 2-15 所列。

表 2-15　各类凸点制作方法的比较

凸点制作方法	关键工艺技术	主要特点和适用性
蒸发/溅射法	掩模板制作	工艺简单而成熟,但需长时间蒸发/溅射,设备费用高。适用于低 I/O 数、焊区尺寸较大的 IC 芯片凸点制作,不宜批量生产
电镀法	光刻和电镀	可制作各类凸点,IC 芯片上的 I/O 数、焊区尺寸大小及凸点节距均不限,适于大批量生产
化学镀法	Al 焊区二次浸 Zn 处理,使之去除氧化层,同时生成中间金属层	不需多层金属化,但要生长出中间金属层,再化学生长凸点金属。凸点高度受限,尤其适于单芯片凸点制作
打球法	打金属球并磨平	工艺简便易行,焊区不需多层金属化。适于低 I/O 数、焊区尺寸及节距较大的单芯片凸点制作,不宜批量生产

续表 2-15

凸点制作方法	关键工艺技术	主要特点和适用性
置球/模板印制法	制作模板,焊料球的均匀性,焊膏印制厚度的一致性	工艺较为简单,成本低。适于制作各种尺寸、比例的 Pb-Sn 焊料凸点,可批量生产
激光凸点法	激光能量、芯片温度、淀积时间的优选	是一种新的凸点制作法,但费用较高。适于 I/O 数不多的单芯片 IC 芯片凸点制作
移置凸点法	焊区重新布线、制作移置框架和移置凸点	适于芯片焊区重新布线后的 IC 芯片新焊区移置凸点,移置框架可重复使用,能与塑封 IC 芯片相嵌接
柔性凸点法	聚合物凸点芯子制作及金属化	柔性凸点芯子具有弹性,耐热冲击能力强,可弥补基板缺陷及凸点的不均匀性。芯片可返修
叠层法	Au 凸点打球磨平,焊料凸点叠层	凸点叠层高度可随需要增加,打球叠层简便易行,但焊料叠层制作难度较大
喷射法	喷射头制作及喷射参数控制	逐点形成 Pb-Sn 焊料凸点,芯片焊区金属化可用化学镀形成,制作凸点灵活

2.4.4 凸点芯片的 FCB 技术

制作的凸点芯片既可用于在厚膜陶瓷基板上进行 FCB,又可在薄膜陶瓷或 Si 基板上进行 FCB,还可在 PWB 上直接将芯片 FCB。这些基板既可以是单层的,也可以是多层的,而凸点芯片要倒装焊在基板上层的金属化焊区上。

1. FCB 互连基板的金属焊区制作

要使 FCB 芯片与各类基板的互连达到一定的可靠性要求,关键是安装互连 FCB 芯片的基板顶层金属焊区要与芯片凸点一一对应,与凸点金属具有良好的压焊或焊料浸润特性。厚膜、薄膜及 PWB 上的金属化层多为 Pd-Ag、Au 或 Cu、Ni 等,Pd-Ag、Au、Cu 金属化适用于厚膜工艺,Au、Ni、Cu 金属化适合薄膜工艺,而 Cu 最适于 PWB 金属化的制作。薄膜金属化工艺用蒸发/溅射—光刻—电镀法,很容易制作成 10 μm 左右线宽和节距的金属化图形,所以能满足各类凸点尺寸和节距的凸点芯片 FCB 的要求;而传统的厚膜印制—烧结技术,由于受导体浆料及丝网印制的线宽和节距所限,只能满足凸点尺寸/节距较大的凸点芯片 FCB 的要求。但采取厚膜和薄膜混合布线,在基板顶层采用薄膜金属化工艺,就能达到 FCB 任何凸点芯片的要求。为适应厚膜多层布线及金属化线宽和节距日益缩小的高密度要求,美国的杜邦公司及英国的 Kons 公司等已推出光刻用的光敏导体浆料和适于光刻的厚膜导体浆料,前者的光敏浆料,7～9 μm 烧结厚度的导体线宽和节距达 25 μm 和 50 μm;后者的细线厚膜工艺,Au 导体线宽可达 10 μm。而用于丝网印制的细线 Au 导体浆料,导体线宽已达 50 μm。这些都使传统的厚膜导体印制工艺产生了根本的变化,为厚膜高密度布线及应用各类凸点芯片 FCB 创造了有利条件。

至于 PWB 的金属化,一般都是针对 SMT 贴装 SMD 而制作的,其线宽和节距多为数百微米,因此,直接芯片贴装(DCA)的线宽和节距目前仍难以缩小,所以只适于凸点尺寸和节距较大的凸点芯片 FCB,而且多为焊料凸点芯片。今后,随着 PWB 布线及 SMD 安装密度要求的不断提高,多层 PWB 也要从材料、设计和制作工艺技术方面进一步改进,FCB 凸点芯片在 PWB 上的 DCA 水平也会相应提高。

2. FCB的工艺方法

FCB的工艺方法主要有以下几种，即热压FCB法、再流FCB法(C4)、环氧树脂光固化FCB法和各向异性导电胶粘接FCB法。

(1) 热压FCB法

这种方法是使用倒装焊接机完成对各种凸点，如Au凸点、Ni—Au凸点、Cu凸点、Cu—Pb-Sn凸点的FCB。倒装焊接机是由光学摄像对位系统、捡拾热压超声焊头、精确定位承片台及显示屏等组成的精密设备。将欲FCB的基板置放在承片台上，用捡拾焊头捡拾带有凸点的芯片，面朝下对着基板，一路光学摄像头对着凸点芯片面，一路光学摄像头对着基板上焊区，分别进行调准对位，并显示在屏上。待调准对位达到要求的精度后，即可落下压焊头进行压焊。压焊头可加热，并带有超声，同时承片台也对基板加热，在加热、加压、超声到设定的时间后就完成所有凸点与基板焊区的焊接。FCB时芯片与基板的平行度非常重要，如果它们不平行，焊接后的凸点形变将有大有小，致使拉力强度也有高有低，有的焊点可能达不到使用要求。所以，调平芯片与基板的平行度对焊接质量至关重要。调平系统的原理如图2-28所示。

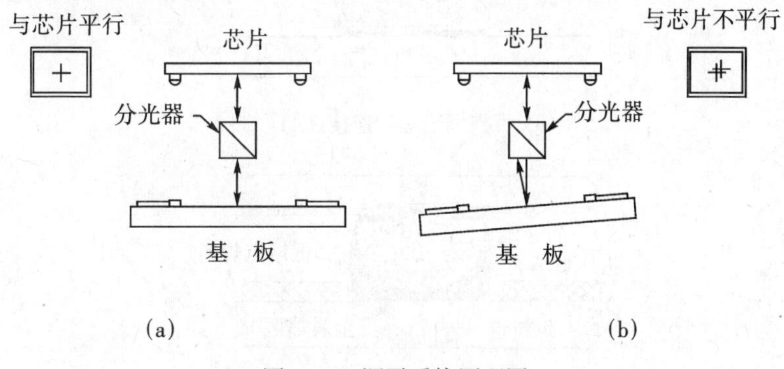

图2-28　调平系统原理图

FCB时所加的温度、压力和时间与凸点金属材料、凸点的尺寸有关，对一定的凸点金属材料和凸点尺寸，应试验确定最佳的温度、压力和时间，以达到满意的焊接质量效果。

(2) 再流FCB法

这种焊接方法专对各类Pb-Sn焊料凸点进行再流焊接，俗称再流焊接法。这种FCB技术最早起源于美国IBM公司，又称C4技术，即可控塌陷芯片连接，如图2-29所示。

C4技术是国际上最为流行并且最有发展潜力的焊料凸点制作FCB技术，因为它可以采用SMT在PWB上直接进行芯片贴装并倒装焊。C4技术倒装焊的特点是：

① C4除具有一般凸点芯片FCB的优点外，它的凸点还可整个芯片面阵分布，再流时能够弥补基板的凹凸不平或扭曲等，所以，不但可与光滑平整的陶瓷/Si基板金属焊区互连，还能与PWB上的金属焊区互连。

② C4的芯片凸点使用高熔点的焊料(如90%Pb-10%Sn)，而PWB上的焊区使用低熔点的常规37%Pb-63%Sn焊料，倒装焊再流时，C4凸点不变形，只有低熔点的焊料熔化，这就可以弥补PWB基板的缺陷(如凹凸、扭曲等)产生的焊接不均匀问题。

③ 倒装焊时Pb-Sn焊料熔化再流时较高的表面张力会产生“自对准”效果，这就使对C4

芯片倒装焊时的对准精度要求大为宽松,如果凸点直径为 100 ~ 150 μm,对准精度只要达到 50 ~ 70 μm 就可以了。这种自对准能力,对于光电器件封装非常有用,因为利用 C4 技术,可使光电器件封装中的波导和光纤连接自对准精度达到 ± 1 μm 的要求。

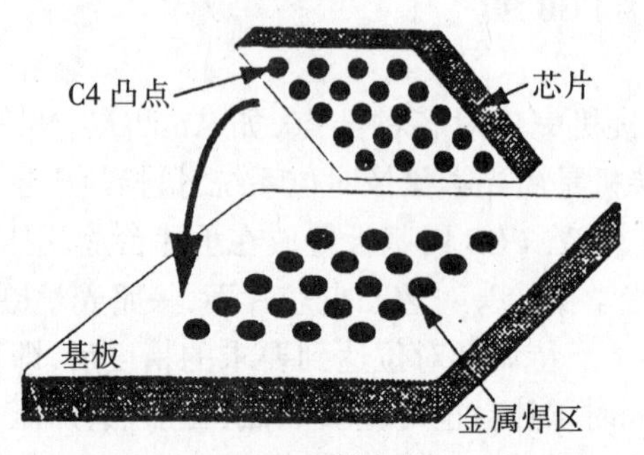

(a) C4 倒装焊技术

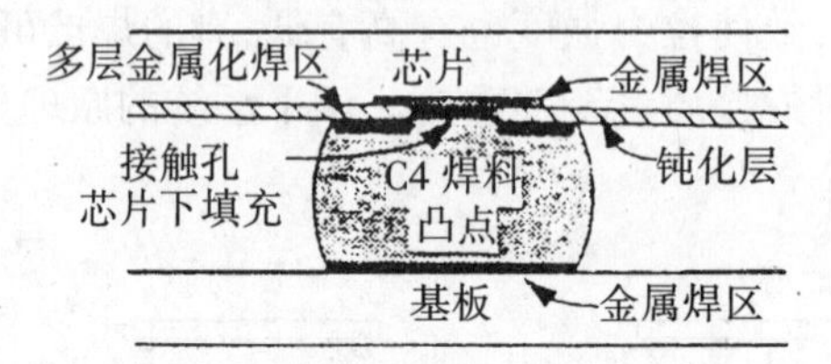

(b) 可控塌陷芯片连接(C4)

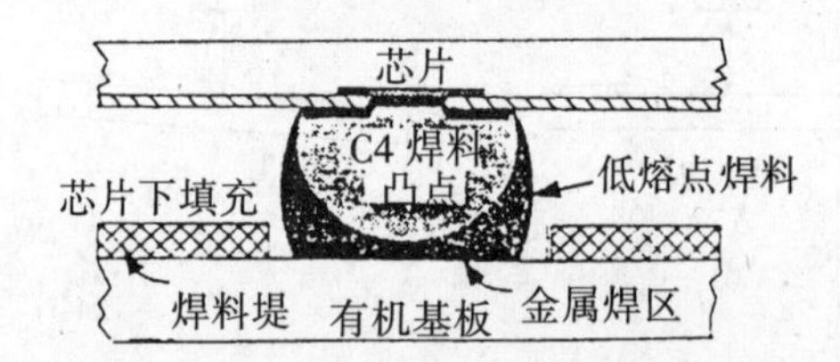

(c) 直接贴装在有机基板(PWB)上的 C4

图 2-29 C4 的 FCB 技术

C4 凸点与基板焊区再流焊接时的自对准过程如图 2-30 所示,这一动态过程可用如下动力学方程加以描述:

$$\frac{\mathrm{d}^2 p}{\mathrm{d}t^2} + C[h(x, y), m]\frac{\mathrm{d}p}{\mathrm{d}t} = F(x, y),$$

这里,p 为凸点在 xy 平面上的位移,h 为凸点高度,m 为凸点芯片质量,F 为 xy 平面上的凸点表面张力的剪切分量。

方程左边第一项为芯片的加速度项,第二项为粘滞阻尼项,阻尼系数为凸点高度和芯片惯性(质量)的函数;方程右边表示凸点表面张力的剪切分量,正是该力及其他各种因素的共同作用,才使芯片经历了图 2-30 所示的过程。

该方程的数值解为衰减的振荡波。图 2-31 给出了同种芯片上分别带有 12 个 C4 凸点和 49 个相同的 C4 凸点情况下的方程数值解,焊区尺寸均为 100 μm。(a)图示出了自对准时回复力(剪切力)与偏移(位移)之间的关系,而(b)图是数值的振荡曲线。从图中可见,衰减快慢与 C4 凸点的数量密切相关,凸点少,则衰减慢,而凸点多,则衰减快。但从实用性出发,当然希望 C4 凸点再流过程中的振荡衰减越快越好,即焊料再流后在极短的时间内振荡波幅接近零,否则,会出现焊料凝固时芯片的 C4 凸点仍偏离基板焊区的正中位置,不能达到最佳的自对准效果,凸点内的应力将分布不均,会给可靠性带来不利影响。

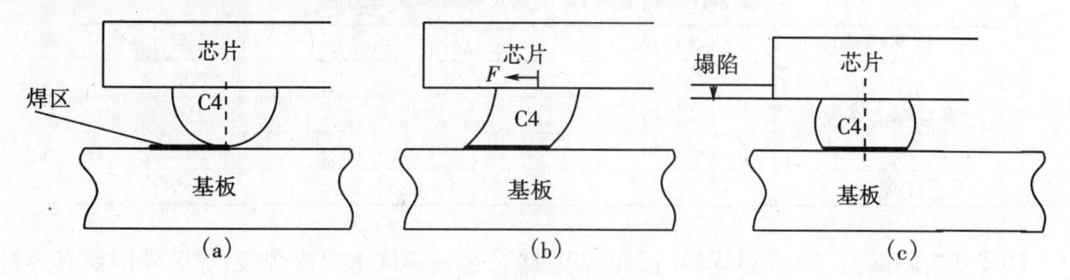

图 2-30　C4 凸点与基板焊接时的自对准过程

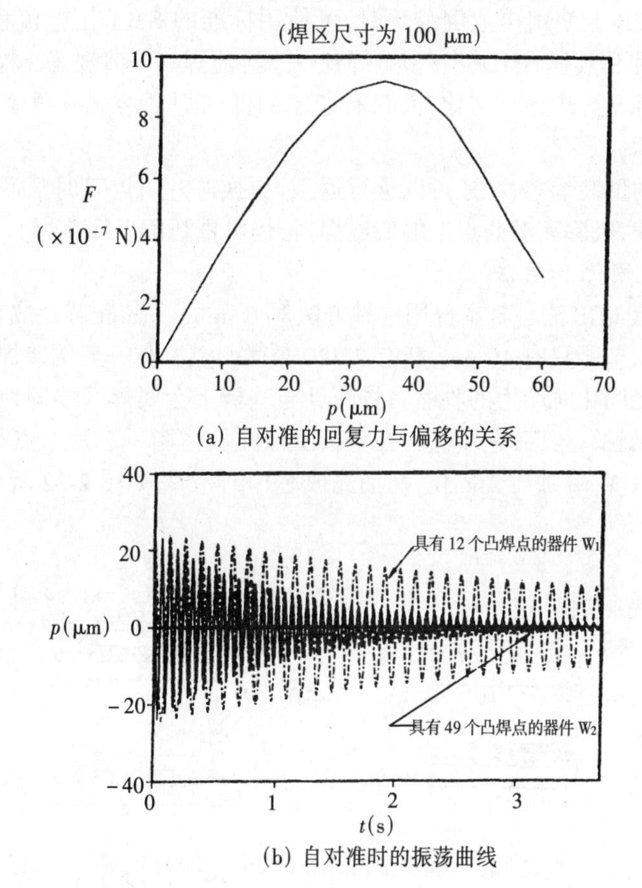

图 2-31　C4 凸点自对准时的动力学方程数值解

从图中还可以看出,3 s 后,有 49 个 C4 凸点的芯片的振幅只有 1 μm,而有 12 个 C4 凸点的芯片的振幅仍高达 10 μm,这样就不能达到最佳的自对准效果了。影响自对准效果的因素,除 C4 凸点数量外,还有如下几点:①C4 凸点的尺寸(直径、高度);②基板焊区的金属化材料及金属化工艺;③焊料组分(决定了表面张力的大小);④芯片大小(质量);⑤初始贴装精度等。

由于 C4 凸点具有以上优点,可以用常规型的 SMT 安装设备在 PWB 上安装 C4 芯片,从而可达到工业化规模生产的目的。

根据所使用的基板不同，相应使用的 C4 凸点直径、凸点高度和凸点节距也不同，典型的尺寸如表 2-16 所列。

表 2-16 典型的 C4 凸点尺寸及倒装焊节距

C4 倒装焊基板	凸点直径(μm)	凸点高度(μm)	凸点节距(μm)
多层陶瓷基板	100	70	200
	125	78	250
	150	82	300
PWB	150	> 82	350

陶瓷基板耐高温，C4 高温焊料凸点可以直接在金属焊区上再流焊接，焊区外围要有焊料"堤"，一为倒装焊时凸点限位，二为阻止焊料熔化再流时沿布线金属表面流淌，以保持焊料凸点的一致性。在 PWB 上使用再流倒装焊时，可使用标准的 SMT 工艺流程，即印制焊膏(低温)——→贴装 C4 芯片和其他 SMD——→预烘焊膏——→再流焊——→清洗——→检测。这样，再流焊后，C4 芯片上的高温焊料凸点不熔化，而只有印制的低温焊膏熔化并再流，包裹高温焊料凸点，如图 2-29(c)所示。

使用低温焊膏的倒装焊芯片，还可以进行返工，更换芯片。返工时只需将低温焊料熔化，就能容易地取下芯片，吸除高温凸点上的低温焊料，仍可重新用于倒装焊。

(3) 环氧树脂光固化 FCB 法

这是一种微凸点 FCB 法。日本曾用这种方法对 6 mm × 6 mm 芯片成功地倒装焊，Au 凸点仅为 5 μm × 5 μm，节距只有 10 μm，载有 2 320 个微凸点。与一般倒装焊截然不同的是，这里是利用光敏树脂光固化时产生的收缩力将凸点与基板上金属焊区牢固地互连在一起，不是"焊接"，而是"机械接触"。其工艺步骤为在基板上涂光敏树脂→芯片凸点与基板金属焊区对位贴装→加紫外光(UV)并加压光固化，从而完成芯片倒装焊，如图 2-32 所示。这种倒装焊又叫机械接触法。

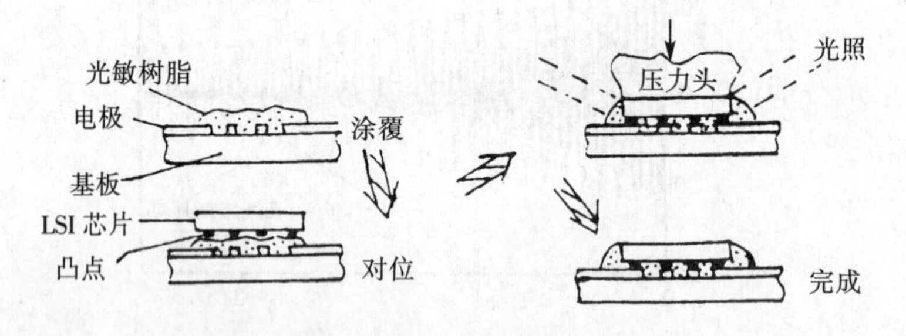

图 2-32 环氧树脂光固化 FCB——机械接触法

光固化的树脂为丙烯基系，紫外光的光强为 500 mW/cm^2，光照固化时间为 3 ~ 5 s，芯片上的压力为 0.01 ~ 0.05 N/凸点。光固化后的收缩应力能使凸点与基板的金属电极形成牢固的机械接触。

这种使用光固化树脂的倒装焊法工艺简便，不需昂贵的设备投资，故倒装焊成本低，是一种很有发展前途的倒装焊技术。

(4) 各向异性导电胶 FCB 法

在大量的液晶显示器(LCD)与 IC 芯片连接的应用中，典型的是使用各向异性导电胶薄膜

(ACAF)将 TAB 的外引线焊接(OLB)到玻璃显示板的焊区上,但最小 OLB 的节距为 70 μm。而使用各向异性导电胶(ACA)可以直接倒装焊在玻璃基板上,称为玻璃上芯片(COG)技术。而且工艺简便,能使倒装焊的节距达到 50 μm 或更小。使用 ACA 倒装焊的原理如图2-33所示。先在基板上涂覆 ACA,将带有凸点的 IC 芯片与基板上的金属焊区对位后,在芯片上加压并进行 ACA 固化,这样,导电粒子挤压在凸点与焊区之间,使上下接触导电,而在 xy 平面各方向上导电粒子不连续,故不导电。

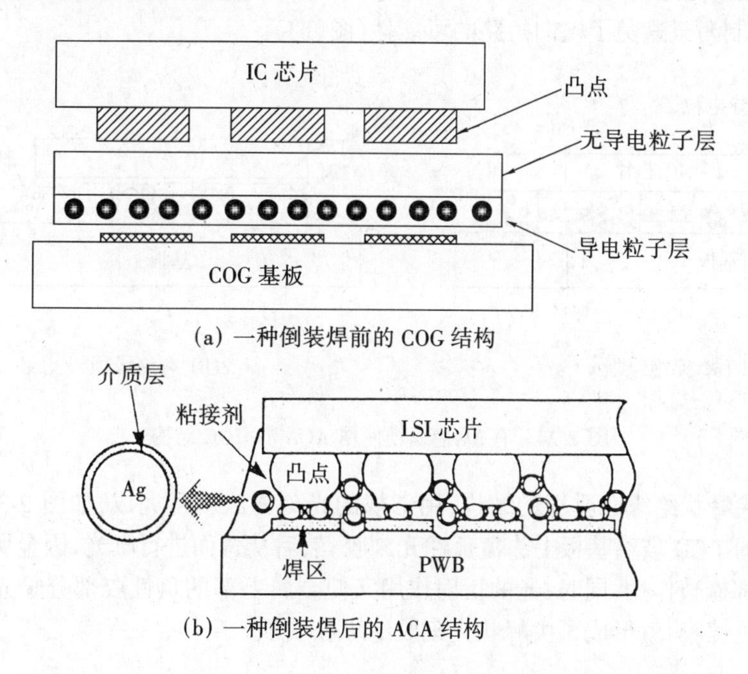

(a) 一种倒装焊前的 COG 结构

(b) 一种倒装焊后的 ACA 结构

图 2-33　ACA 倒装焊的工艺原理

ACA 有热固型、热塑型和紫外光(UV)固化型几种,而以 UV 型最佳,热固型次之。UV 型的固化速度快,无温度梯度,故芯片和基板均不需加热,因此不需考虑由 UV 照射固化产生的微弱热量引起的热不匹配问题。UV 的光强可在 1 500 mW/cm^2 以上,光强越强,固化时间越短。一般照射数秒后,让 ACA 达到"交联",这时可去除压力,继续光照,方可达到完全固化。光照时需加压,100 μm × 100 μm 的凸点面积,需加压 0.5 N/凸点以上。表 2-17 是一个采用这种 ACA 倒装焊的驱动器 IC 芯片和试验样机显示器数据。

表 2-17　用 ACA 倒装焊的驱动器 IC 芯片和样机显示器数据

驱动器 IC 芯片			样机显示器	
型号	KS0786	KS07879	玻璃材料	$CaCO_3$
IC 芯片尺寸(mm)	13.36 × 1.45	13.90 × 1.36		
焊区 I/O 数	80	100	玻璃尺寸(mm)	200(对角线)
凸点材料	Au	Au		
凸点高度(μm)	20	20	类型	320 × 240B/WF-STNLCD
凸点尺寸(μm)	100 × 100	100 × 100	小点节距(mm)	0.5
凸点节距(μm)	160	130		

为了制作更小、精度更高的 LCD,就要不断缩小 IC 芯片的凸点尺寸、凸点节距或倒装焊节距。例如小于 50 μm 凸点尺寸或节距,这样使用 ACA 常规倒装焊方法,将使横向短路的可能性随之增加。为了消除这种不良影响,使用 ACA 倒装焊的工艺方法要加以改进,其中设置尖峰状的绝缘介质坝就是一种有效的方法。使用同一种 ACA,有、无绝缘介质坝的结构分别如图 2-34(a)和(b)所示。无坝的结构,随着倒装焊节距的缩小及 ACA 中导电粒子的增加,横向短路的可能性会随之增加(图(a));而具有尖峰坝状的结构,ACA 中的导电粒子必然落入坝的两边,这就限制乃至避免了横向短路的可能性(图(b))。

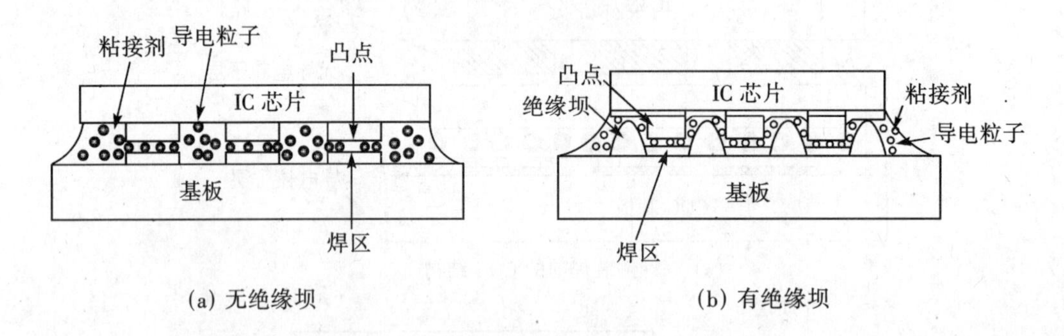

图 2-34　有、无绝缘坝使用 ACA 的 COG 结构

这种具有尖峰状绝缘介质坝的结构,用常规的光刻方法就可完成,如图 2-35 所示。先在形成金属焊区的 LCD 玻璃基板上涂覆负性光刻胶;然后从背面进行曝光,因金属焊区不透光,对 UV 光有局部掩蔽作用,同时,光的衍射作用又使金属上部的负性胶部分曝光;最后显影去除未受曝光的负性胶,就形成了尖峰状光刻胶绝缘介质坝。

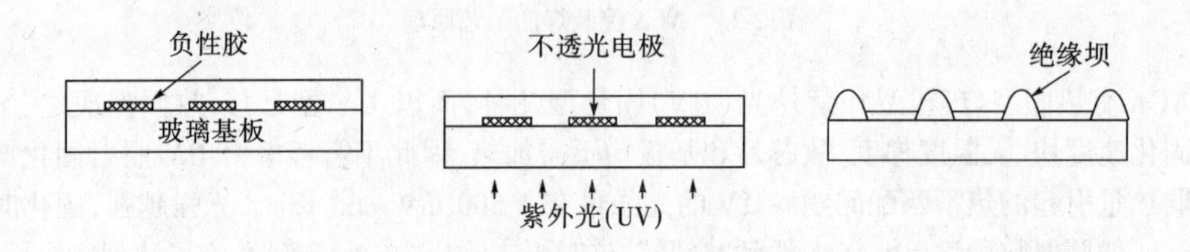

图 2-35　形成尖峰状绝缘介质坝的工艺方法

这种工艺方法适用于微细节距的 ACA 倒装焊,可以在 COG 和 TAB IC 芯片的 OLB 生产中应用。

ACA 中的导电粒子一般为 10%左右,这一比例足以达到倒装焊接触电阻的要求,导电粒子数增加对改善接触电阻的作用不大,如图 2-36 所示。导电粒子可以是 Ag 粒子,也可以是 Ni 粒子、焊料粒子,还可以是球状树脂外镀 Au、Ni 层的弹性粒子等。

(5) 各类倒装焊工艺方法的比较

各类倒装焊都有其各自的优缺点和适用范围,几种典型的 FCB 技术与 WB 的比较如图 2-37所示,它们的综合比较列于表 2-18 中。这里,图与表略有不同,图中未显示热压 FCB 法,而所显示的 SBB 法是一种高导电粒子含量的树脂(导电胶)粘接、固化法,是各向同性导电的。ACAF(或 ACA)则是一种低导电粒子含量的各向异性导电粘接、固化法。

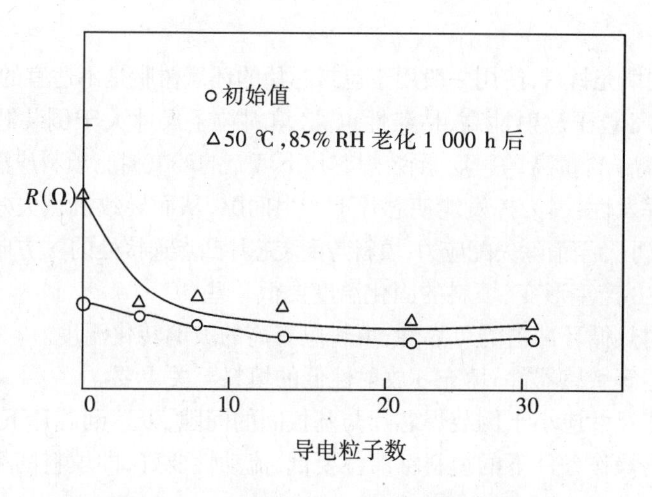

图 2-36　接触电阻与导电粒子数的关系

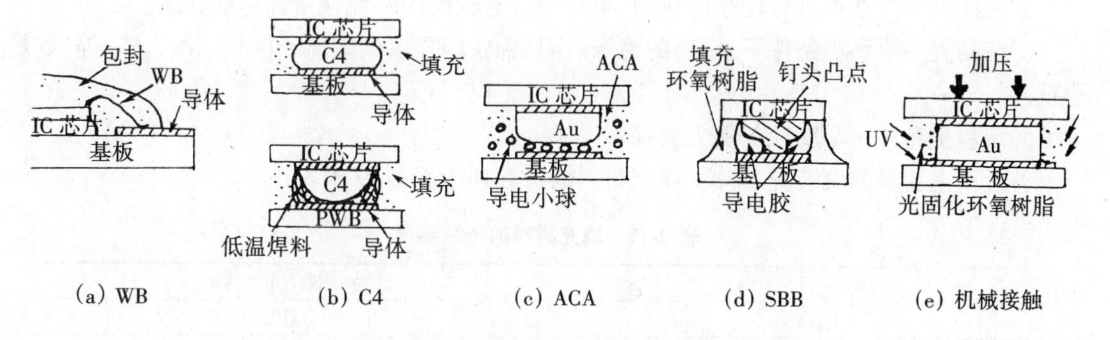

图 2-37　几种典型的 FCB 技术与 WB 比较

表 2-18　各类倒装焊工艺方法的比较

FCB 工艺方法	关键工艺技术	主要特点和适用范围
热压 FCB	高精度热压 FCB 机,调平芯片与基板的平行度	FCB 时加热温度高、压力大,对凸点高度一致性和基板平整度要求高。适用于硬凸点芯片 FCB
再流 FCB	控制焊料量和再流焊的温度	FCB 时可自对准,可控制焊料塌陷程度,对凸点高度一致性和基板平整度要求较低。适于使用 SMT 对焊料凸点芯片 FCB
环氧树脂光固化 FCB	光敏树脂的收缩力和 UV 光固化	利用树脂的收缩应力,FCB 为机械接触,应力小。适于微小凸点芯片 FCB
ACA-FCB	避免横向短路和 UV 光固化	导电粒子压缩在凸点与基板金属焊区间,只上下导电。适于各类要求低温度的显示器 COG 的 FCB

3. 倒装焊接后的芯片下填充

倒装焊后,在芯片与基板间填充环氧树脂,不但可以保护芯片免受环境如湿气、离子等污染,利于芯片在恶劣的环境下正常工作,而且可以使芯片耐受机械振动和冲击。特别是填充树脂后可以减少芯片与基板(尤其 PWB)间热膨胀失配的影响,即可减小芯片凸点连接处的应力和应变。此外,由于填充使应力和应变再分配,从而可避免远离芯片中心和四角的凸点连接处的应力和应变过于集中。这些最终可使填充芯片的可靠性比无填充芯片的可靠性提高 10～100 倍。

(1) 填充材料

倒装芯片下的填充材料,使用一般用于包封芯片的环氧树脂是不适宜的。这是因为,这类环氧树脂及添加料的 α 粒子放射性高,粘滞性也高,填料粒子尺寸大于倒装芯片与基板之间的间隙,影响电性能的离子含量高,等等。倒装焊芯片下填充的环氧树脂填料应满足如下的要求:

①填料应无挥发性,因为挥发能使芯片下产生间隙,从而导致机械失效。

②应尽可能减小乃至消除失配应力,填料与倒装芯片凸点连接处的 z 方向 CTE 应大致匹配。

③为避免 PWB 产生形变,填料的固化温度要低一些。

④要达到能耐热循环冲击的可靠性,填料应有高的玻璃转化温度。

⑤对于存储器等敏感器件,填充 α 放射性低的填料至关重要。

⑥填料的粒子尺寸应小于倒装焊芯片与基板间的间隙,以达到芯片下各处完全填充覆盖。

⑦在填充温度操作条件下的填料粘滞性要低,流动性要好,即填料的粘滞性应随着温度的提高而降低。

⑧为使倒装焊互连具有较小的应力,填料应具有较高的弹性模量和弯曲强度。

⑨在高温高湿环境条件下,填料的绝缘电阻要高,即要求杂质离子(Cl^-、Na^+、K^+ 等)数量要低。

⑩填料抗各种化学腐蚀的能力要强。

符合以上要求的倒装焊芯片下填充材料的特性列于表 2-19 中。

表 2-19 填充材料的特性要求

项目	特性指标
固含量	100%
粘滞度(25 ℃)	< 20 KCPS
CTE	$<4\times10^{-5}$/℃
玻璃转化温度 T_g	> 125 ℃
固化温度、时间	< 150 ℃,4 ~ 6 h
弹性模量(25 ℃)	6 ~ 8 GPa
断裂韧度(25 ℃)	> 1.3 MPa/m^2
填料粒子尺寸	< 15 μm
填料含量	< 70wt%
Cl^-(25 ℃)	$<2\times10^{-5}$
可提取的溶解氯化物(25 ℃)	$<2\times10^{-5}$
α 粒子放射性(用作存储器所必需)	< 0.005 计数/(cm^2·h)
存放期(-40 ℃)	> 6 个月
配制后使用时间(25 ℃)	> 16 h
体电阻率(25 ℃)	$>1.0\times10^{12}$ Ω/cm
介电常数(25 ℃)	< 4
抗化学腐蚀性	好
吸潮性(8 h 开水)	< 0.25%
在较大芯片下的流动性	好,对于 12.5 mm × 12.5 mm 芯片,< 1 min
可改善倒装焊寿命	10 ~ 100 倍
温度、湿度循环的可靠性	> 2 000 h

资料来源:《Advancing Microelectronics》1997 年第 7 ~ 8 合期。

(2) 填料的填充方法

固然,满足以上特性要求的填料对于倒装焊芯片下填充是起决定作用的,但实际填充操作工艺中能否均匀地充满芯片与基板间所有的间隙也是至关重要的。应当了解所要填充的芯片—基板间隙高度,选择粒子尺寸尽量小的填料,这样,填料在芯片下流动时,能携带粒子顺利均匀地向前流动;否则,由于粒子尺寸过大,填料流动时不时受到阻碍而发生粒子沉积,造成填充的不均匀性,从而影响可靠性。

实际填充时,将倒装芯片和基板加热到 70 ~ 75 ℃,利用加有填料、形状如同"L"的注射器,沿着芯片的边缘双向注射填料。由于缝隙的毛细管虹吸作用,填料被吸入,并向芯片—基板的中心流动。一个 12.7 mm 见方的芯片,10 min 可完全充满缝隙,用料大约为 0.03 ml。填充后要对环氧树脂进行固化。可在烘箱中分段升温,待达到 150 ℃的固化温度后,保温 3 ~ 4 h,即可达到完全固化。

为了直观地了解填充工艺过程中填料的流动和填充情况,可依照实际芯片制作成透明的石英玻璃模拟芯片,用实际芯片的连接条件将这种石英玻璃模拟芯片倒装焊到陶瓷基板或 PWB 上,这样就可以通过电视摄像机的监控系统将整个填充工艺过程及填料的流动情况一一摄录下来。改变不同的加热温度,填料在芯片与基板间的流动情况就随之改变。由此进行研究,可以选定出最佳的填充工艺。

倒装焊后,芯片与基板间填充环氧树脂填充料的结构如图 2-38 所示。

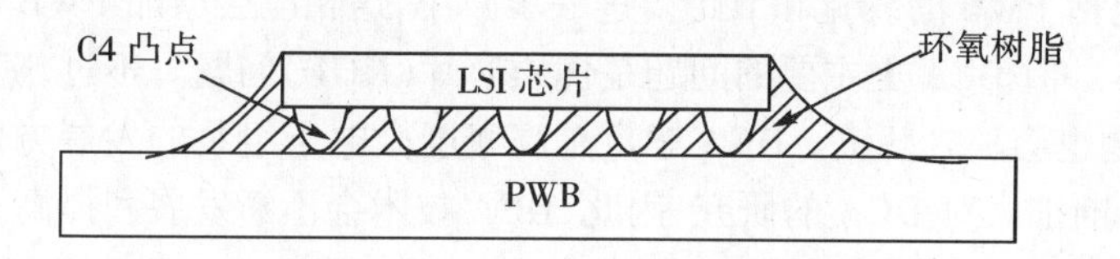

图 2-38　C4 连接芯片与基板间填充

上述填充方法要脱离表面贴装生产线单独进行,且填充过程缓慢,与 SMT 不能兼容。近期内又发展了一种新的填充方法,可以克服这种不足。该方法是用填充料制成填充膜,预置在凸点芯片上,或者粘贴在基板上,经 FCB 后,在完成再流焊的同时,也初步完成了填充料的固化,从而达到芯片下填充的目的。这是一种既完成填充,又能与 SMT 生产流程兼容,具有良好发展前景的工艺方法。

2.4.5　C4 技术与 DCA 技术的重要性

前面各小节详细介绍了各种芯片凸点制作及倒装焊技术,并作了综合比较。但焊料凸点及其倒装焊(C4)技术具有特殊的重要性。在前面 2.4.4 小节关于再流 FCB(C4 技术)的论述中,曾简要说明了 C4 技术的特点,这些特点正是 C4 技术优于其他芯片凸点及其 FCB 技术的地方。

虽然,原则上说,各类凸点都可以在芯片上进行面阵重新分布,但凸点(如 Au、Cu—Au、Ni—Au 等)在使用热压 FCB 时,要在 450 ~ 500 ℃的温度下加压,容易损伤 Si_3N_4 钝化层和很薄的多层金属化层。若凸点在有源区上,还可能因压焊的压力过大,损害有源区,导致器件失效。而 C4 技术则不同,焊料凸点是在较低的温度下,利用芯片自身的重力或施加很小的压力就可达到良好的再流焊接。因此,芯片的可能损伤及钝化层、多层金属化的可能损伤将降为最小。而且,通过调节焊料凸点高度或焊料量,再在芯片与基板间填充环氧树脂,就能使失配应力控制到使用所要求的应力和应变水平。

利用C4技术还可在各类基板(特别是PWB)上进行芯片直接安装(DCA),且与SMT相兼容,这就可利用常规的SMT贴装、再流焊接进行工业化规模生产。事实上,在各类电子整机,特别是要求轻、薄、短、小的高密度封装的电子整机上,都可采用并已采用了C4技术和PWB-DCA技术。将来,随着电子整机的性能和功能不断提高,低成本、多I/O数的FCB也会随之蓬勃发展起来,C4技术和PWB-DCA技术将会达到相当高的水平。

现在正飞速发展的不少类BGA和CSP实际上是基于C4技术的应用,或者说它们均是C4技术概念的扩展。C4技术与BGA的结合是国际上公认的单芯片LSI、VLSI最佳封装形式之一。特别是CSP,实际上是芯片上I/O焊区经过面阵重新分布后,成为与芯片一样大小,可以捡拾、筛选、测试,并适于SMT。有了CSP,可使裸芯片成为优质芯片(KGD)进行组装,这就为高可靠、低成本的MCM工业化规模生产及发展打开了通路。

将裸芯片直接安装在PWB或其他基板上,称为直接芯片安装(DCA)技术,又称无封装组装。与封装器件相比,DCA的显著优点是:它占有的基板面积最小,小到只占芯片面积的大小,从而以最小的空间提供最高的I/O互连,大大提高了组装密度;缩短了IC芯片的I/O引线,有利于达到高频、高速性能,可满足小型化的电子整机越来越高的要求,且总的成本会降低。

当前,基板上的DCA技术主要使用TAB、WB和FCB互连形成电子部件。其主要问题是对PWB的要求包括PWB的线宽和节距要进一步减小,这相应会增加PWB的工艺难度,从而增加PWB的成本。但DCA更主要的问题是优质芯片(KGD)问题。不过,随着圆片CSP技术的解决,KGD问题也会随之解决。DCA毕竟是高密度微电子组装的发展方向,所以在推广应用的同时,也在不断加大对DCA的研究,因此,DCA技术会不断发展和提高。

2.4.6 FCB的可靠性

FCB与WB、TAB相比具有明显的优势,也最具发展前途,所以各类FCB都注重其可靠性考核,而尤其以C4技术的可靠性考核最为广泛深入。现将各类FCB的可靠性考核情况介绍如下。

1. 热压FCB的可靠性

使用热压FCB的凸点金属大多为Au,其次为Ni—Au、Cu—Au等。Au柔软,压焊变形大,可与厚膜、薄膜HIC的Au导体直接FCB互连,也可与镀Au的TAB进行内引线焊接,当凸点直径为100 μm时,焊接的平均拉力一般为0.3~0.5 N。Au凸点常与镀Sn的TAB进行内引线焊接,实际成为Au—Sn焊接,也可以与PWB上的金属焊区FCB互连,这时的PWB金属焊区要进行多层金属化,如图2-39所示。

对热压FCB的大量试验研究发现,热压焊后及温度循环、热冲击等可靠性试验后,Au凸点下面的Ti—W金属化层和凸点周围的Si_3N_4钝化层常产生裂纹。进一步深入研究,凸点下Ti—W层与凸点周围的Si_3N_4可观察到四种不同的情况,即

① 不良的凸点连接,凸点不完全呈现在光刻Ti—W图形键合区上;

② 理想的连接,不开裂;

③ Ti—W出现微裂纹;

④ Ti—W 网状开裂及 Si_3N_4 损伤。

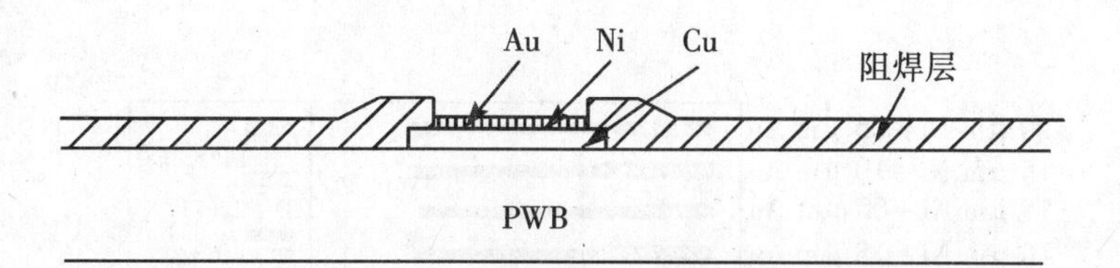

图 2-39　PWB 上焊区多层金属化

理想的连接自然可靠性高,有 Ti—W 的微裂纹对可靠性会有一定影响,而 Ti—W 的网状开裂和 Si_3N_4 的损伤,则在长期寿命试验中,开裂处的 Au—Al 间会互扩散,导致生成脆性的金属间化合物,引起焊点退化,电阻增大乃至开路,从而使器件过早失效。所以,Ti—W 的网状开裂和 Si_3N_4 钝化层的损伤是影响可靠性的最大隐患。利用理论模拟计算,再与开裂情况的实验结果进行比较,显示出在压焊区—凸点界面上的应力和应变往往超出了产生裂纹的临界值。导致产生裂纹的应力除压焊时的温度和压力外,还与材料的热匹配因素有关。而若改变凸点的材料结构,就能改善乃至抵御产生裂纹的应力,使可靠性得以提高。这里介绍一种使用 Ni—Au 结构的凸点在合适的压焊温度、压力下达到最佳焊接效果,减少乃至避免产生裂纹的可靠性试验情况。这一试验是荷兰菲利普公司在 Ni—Au 凸点的 TAB 内引线群焊试验中完成的,图 2-40、图 2-41 和图 2-42 是分别在 400 ℃、450 ℃和 500 ℃的焊接温度及不同的焊接压力下,各种 Ni—Au 凸点的组成所反映出的开裂情况。从图中可以看出,15 ~ 20 μm 厚的 Ni 底层上镀 Au,在 450 ℃群焊,具有较好的工艺宽容度。焊接温度较低,容易造成焊接不良,而较高的温度会导致少量裂纹产生。而 15 μm 厚的 Ni 和 10 μm 厚 的 Au 凸点结构,在 450 ℃下焊接具有最佳的效果。

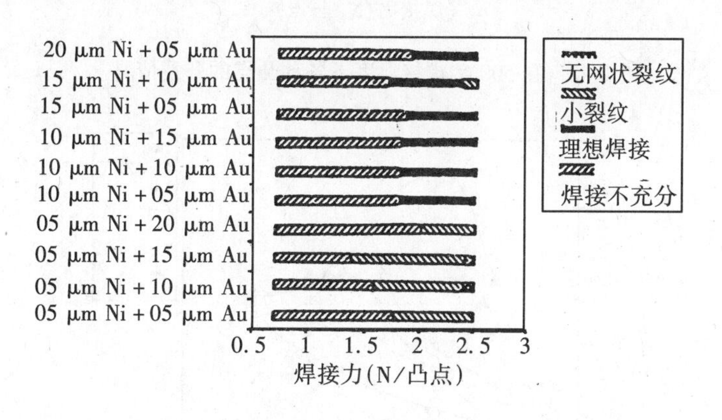

图 2-40　在 400 ℃焊接温度下各种凸点的开裂情况

从拉力情况看,一个 100 μm × 100 μm 的标准 Au 凸点,以 2 ~ 2.5 N/凸点的压力焊接时,可获得 0.6 N 以上的拉力。而使用这种最佳组成的 15 μm Ni + 10 μm Au 凸点,在不同的焊接温度下,平均焊接力与凸点拉力之间的关系如图 2-43 所示。典型的拉力在 0.3 ~ 0.45 N 之间。从图上可以看出,与标准的 Au 凸点比,最大拉力降低了,这与 Au 的厚度减少有关。增加 Au 的厚度,在 500 ℃的焊接温度下,10 μm Ni + 15 μm Au 凸点,拉力最大可为 0.58 N;在

450 ℃下焊接,最大拉力为 0.55 N。这种 Ni—Au 组合的凸点就与标准的 Au 凸点的平均拉力相接近了。

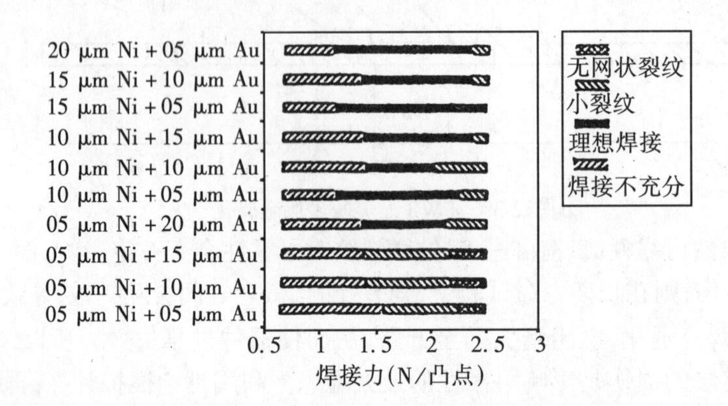

图 2-41　在 450 ℃焊接温度下各种凸点的开裂情况

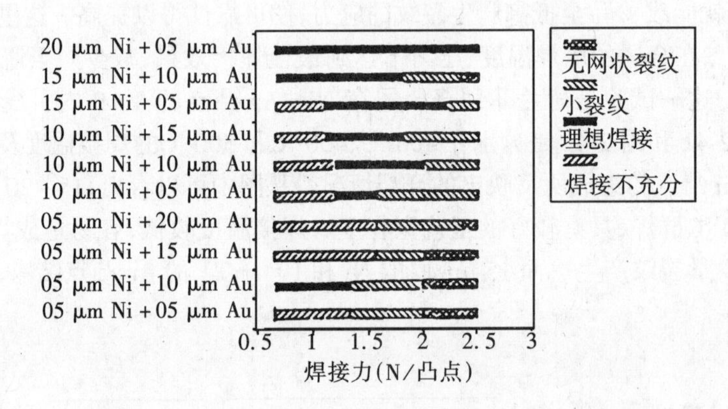

图 2-42　在 500 ℃焊接温度下各种凸点的开裂情况

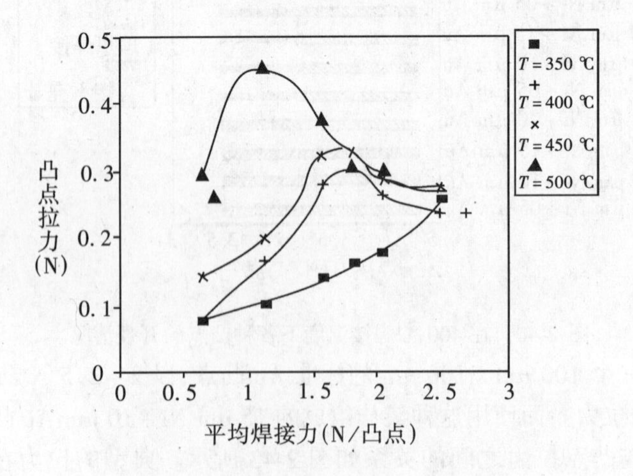

图 2-43　凸点拉力与平均焊接力的关系

Ni—Au 凸点与 TAB 焊接经受了如下条件的可靠性试验:

① 压力釜：121 ℃，2×10^5 Pa 的饱和气体，96 h。

② 高温贮存：175 ℃，1 000 h。

③ 高低温冲击：-40～150 ℃，高、低温各 20 min，500 次。

虽然 TAB 的内引线靠近凸点的地方有的断裂（与 PI 支撑框架收缩和 Cu 箔引线与 IC 芯片间的热失配有关），但凸点焊区范围内的 Ti—W 和 Si_3N_4 钝化层均无裂纹，也未发现 Au—Al 间化合物的生成。

2．C4 技术的可靠性

C4 技术原是对 Pb-Sn 焊料制作的芯片凸点及其 FCB 而言，而利用 C4 技术的各类 BGA、CSP 及其表面安装焊接，可以说是"放大"了的 C4 技术，或者说是 C4 技术概念的扩展。因此，大量的 BGA、CSP 的可靠性考核也是对 C4 技术的可靠性考核。这里将着重对与芯片有关的 C4 技术的可靠性加以论述。

由于制作芯片凸点使用的是 Pb-Sn 焊料，它们的再流焊温度一般均在 350 ℃以下，而芯片上凸点往往是用高温 Pb-Sn 焊料（如 90%Pb-10%Sn）制作的，在基板上再流 FCB 的 Pb-Sn 焊料均是常规的加 Ag 低温 Pb-Sn 焊料（36%Pb-62%Sn-2%Ag），FCB 时不超过 230 ℃，这均比热压 FCB 的温度（450～500 ℃）低得多。而且，再流焊接时的焊接压力也远比热压焊低，所以凸点下的底层金属化层（如 Ti—W—Au）及 Si_3N_4 钝化层由于 FCB 造成开裂、损伤的可能性极小，从而有利于提高器件的可靠性。

除此之外，C4 凸点的可靠性还与凸点的高度有关。当受到长期热冲击时，由于芯片—凸点—基板间的热失配，在芯片、基板两个界面处凸点受到剪切应力作用，应力在界面处集中，凸点越低，界面处应力越高；反之，凸点越高，界面处应力越低，实验结果与理论模拟计算（有限元法）都确认了这一点。所以，凸点的高低与可靠性密切相关，如图 2-44 所示。

FCB 后在芯片下填充环氧树脂是提高焊接可靠性的有效途径。它不但可使填充后的热应力和应变重新分布，并可大大缓解在芯片边缘和棱角处凸点应力和应变的集中。而且，填充树脂与芯片、基板表面有良好的粘附性，树脂与焊料的 CTE 又相匹配，这些都对应力和应变起到补偿作用。图 2-45 给出了有、无填充树脂对热循环的影响，从中可以看到，有填充的热循环竟比无填充的热循环高两个数量级。

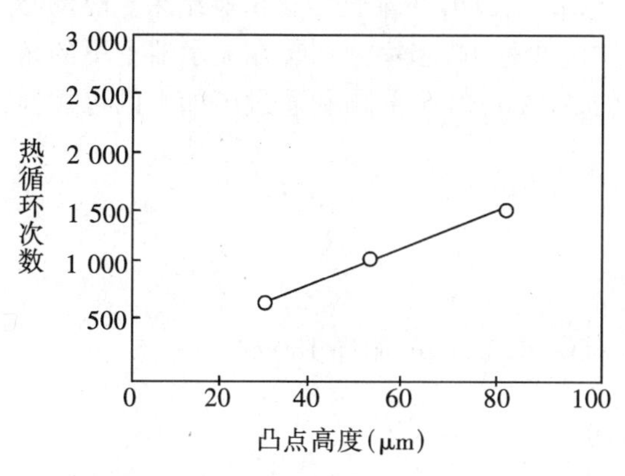

图 2-44　凸点高度与互连可靠性

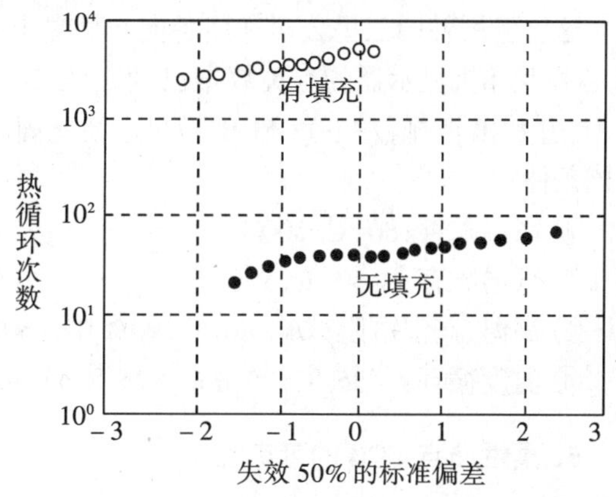

图 2-45　有、无树脂填充对可靠性的影响

为了试验C4连接的焊料疲劳失效，安装试验载体的基板通常使用“菊花链”式的回路，将具有焊料凸点的试验载体装到回路上，热循环后，通过测量凸点—回路间的电阻变化来确定失效情况。例如，规定阻值允许变化的某一值(如15%)作为考核失效的标准，凡达到这一阻值变化值时，均判为该焊点连接失效。Motorola公司曾用这一方法对用于微处理机的C4-CBGA高密度互连做过模拟试验，76个13 mm见方、有400个I/O引脚的试验载体，在其下面填充树脂，经 -55 ~ 125 ℃共6 000次循环，无一失效。在这之后，利用具有加速因子的数学公式进行计算。若76个载体中有一个失效，即$\frac{1}{76}$(= 1.3%)，在25 ~ 95 ℃间(使用温度下)，在最坏的情况下，热循环要达到32 400次才有1.3%的载体失效。

IBM公司也曾对他们制作的各种C4芯片与多层陶瓷基板(MLC)FCB互连进行可靠性考核。C4-MLC连接的芯片载体在使用现场加电试验直至失效，可靠性预计高达10^{12} h以上，其可靠性水平达到6σ。在差不多10个一组的试验中，还有两组未失效的(经受2×10^{10}次的现场试验)。因此，C4-MLC连接已具有工业生产的可靠性水平。由于这种互连的高可靠性，IBM公司早已将这种C4-MLC产品用于自己的计算机主体结构中去了。

3. 环氧树脂光固化FCB的可靠性

这种由光固化后的收缩应力达到使凸点与基板上金属焊区的机械接触牢固可靠的FCB方法，因为FCB时芯片与基板均不加热，凸点接触处的应力小，而且由于是机械接触，FCB不损伤凸点和金属层，故能达到高可靠的互连，接触电阻仅4 ~ 8 mΩ/凸点。这种微凸点FCB后，经125 ℃、1 000 h的高温贮存，85 ℃、85%RH、1 000 h的高温高湿贮存及 -55 ~ 125 ℃、1 000次的高低温冲击，凸点与金属焊区的接触电阻变化均小于±5%，未出现接触不良现象。这是日本松下电器公司在6 mm×6 mm的芯片上制作2 320个5 μm×5 μm大小，节距为10 μm的Au凸点的可靠性考核结果。

4. 各向异性导电胶FCB的可靠性

这种FCB方法应用于温度要求不高的各种显示器，其互连基板一般是玻璃，又称为玻璃上芯片连接(COG)，可靠性考核的条件也是针对这种应用而做的。

这里引用韩国三星公司利用各向异性导电胶FCB的COG可靠性考核试验结果。驱动器IC芯片及样机显示器的有关数据已列在表2-17中。两种IC芯片分别装在显示器上下的角上，上边FCB四排，左下角FCB三列。经光固化的ACA-FCB全部顺利通过了如下的可靠性考核条件：

① 高温贮存：80 ℃，500 h。

② 低温贮存：-30 ℃，500 h。

③ 高温、高湿电阻试验：80 ℃，90%RH，500 h。

④ 温度循环：-35 ℃，35 min→25 ℃，5 min→80 ℃，35 min，循环180次。

5. 柔性凸点FCB的可靠性

在柔性凸点的可靠性试验中，MCC公司将柔性凸点芯片与通常的Au凸点芯片制作出相同的倒装焊试验载体，在各类可靠性试验中，通过测量连环图形的凸点电阻值变化进行比较。

对柔性凸点芯片倒装焊的试验载体，在不填充树脂的情况下，芯片上加压 90 ~ 310 N 时作机械振动 1 000 次，虽然凸点被压缩后高度减了一半，但金属化及“芯子”均无开裂现象。再加压冲击 3 000 次后，金属包封盖上有明显衰变，但凸点仍保持电接触和一点柔性。可以想见，如果在柔性凸点芯片下填充树脂后再做这种试验，因树脂会支撑芯片，并能防止凸点的横向挤压，会使柔性凸点耐振动冲击的效果更好。

在做高温考核时，在两类试验载体缓慢加热到 140 ℃的过程中，连环图形的凸点阻值会不断增大。在规定的失效范围内，Au 凸点在 65 ~ 80 ℃间全部失效，而柔性凸点却在 120 ~ 135 ℃间失效，这个温度正好是聚合物凸点芯子的玻璃转化温度。当冷却到室温时，柔性凸点全部恢复到初始阻值，而 Au 凸点却仍处于失效状态。

再作高温、潮湿对比，在 121 ℃、100% RH 下经 2 h 后，Au 凸点样品有 50% 失效，而柔性凸点只有 12.5% 失效。若将柔性凸点倒装在 Si 基板上，在如上的温度、湿度条件下，经 8 h 而无一失效。

可见，通过以上初步可靠性试验考核，显示出柔性凸点比通常的 Au 凸点更加可靠。

2.4.7 倒装焊接机简介

正像 WB 要使用热压焊接机、超声焊接机将 IC 芯片焊区与基板焊区互连焊接那样，TAB 是使用内引线焊接机进行 IC 芯片凸点与基板焊区互连焊接的，而倒装焊接机则是实现各类倒装焊芯片凸点与基板焊区互连焊接的主要手段。

由于倒装焊接机面对的是 I/O 数多，凸点尺寸和节距小的高性能、多功能的 LSI、VLSI 芯片的焊接，所以对倒装焊接机的使用要求更高。

无论是 WB 焊接机、TAB 内引线焊接机还是倒装焊接机，焊接质量均与焊接时的压力（P）、温度（T）与时间（t）三个参数相关。为提高产量而制作的半自动、自动化的焊接机，也是使用计算机编程而达到自动调节 P、T 和 t，以高速、最佳的质量进行焊接。

倒装焊接机有手动型、半自动型和全自动型几种，其外型如图 2-46 所示，主要由承片加工台、芯片拾放头、芯片显示对位系统、压焊头、监视显示屏及控制系统等各部分组成。

图 2-46　倒装焊接机

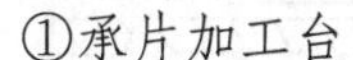

①承片加工台

承片加工台是一个高度平整的放置被焊基板的平台，既可以在 xy 平面内进行调节，又能在 z 方向进行调节，以使焊接时芯片与基板达到平行，这对保证 FCB 的质量是十分重要的。

②芯片拾放头

芯片拾放头是拾放芯片用的，拾起的倒装片要面对承片加工台上的基板焊区。

③芯片显示对位系统

当拾起的芯片在基板焊区上方一定高度时，将两束光分别照射对准芯片和基板移动加工台，使芯片凸点与基板相应焊区精确对位，并显示在显示屏上。

④压焊头

能根据焊接要求加不同的 P、T 和 t,在凸点与基板焊区对位放置后,落下压焊头,在设定的 P、T 和 t 下进行压焊。压焊头是倒装焊最基本的功能部件。

⑤监视显示屏及控制系统

这是完成高质量倒装焊接所必不可少的两个部分。显示屏实际上是电视屏,监视系统实际上是摄录像机,可将整个焊接过程摄录下来,并显示在显示屏上。控制系统实际上是输入软件程序操作的计算机系统,可控制焊接机的各个部分及焊接条件。

倒装焊接机可根据研制、生产的不同需要,设置为手动的、半自动的或全自动的。设备的对位焊接精度一般为几微米至数十微米不等。

2.5 埋置芯片互连——后布线技术

以上介绍的互连技术均是在各类基板上的金属化布线焊区上焊接各类 IC 芯片,即先布线而后焊接,称为先布线焊接互连技术。由于有焊接和焊点,就有可能因热膨胀失配应力引起焊点互连处的疲劳失效。

而埋置芯片互连技术,则是先将 IC 芯片埋置到基板或 PI 介质层中后,再统一进行金属布线,将 IC 芯片的焊区与布线金属自然相连。这种芯片焊区与基板焊区间的互连属金属布线的一部分,互连已无任何"焊接"的痕迹。这种先埋置 IC 芯片再进行金属布线的技术称为后布线技术。

埋置芯片互连还可进一步提高电子组装密度,是进一步实现立体封装(3D)的一种有效的形式,这将在最后一章加以论述。这里就互连而言,它的最明显好处是可以消除传统的 IC 芯片与基板金属焊区的各类焊接点,从而提高电子产品的可靠性。

对于陶瓷基板、Si 基板、金属基板和 PWB,IC 芯片可采用开槽埋置法,如图 2-47(a)所示,也可采用基板上介质(如 PI)埋置法,如图 2-47(b)所示。埋置后,即可进行金属化布线,并与每个 IC 芯片的焊区完成互连。

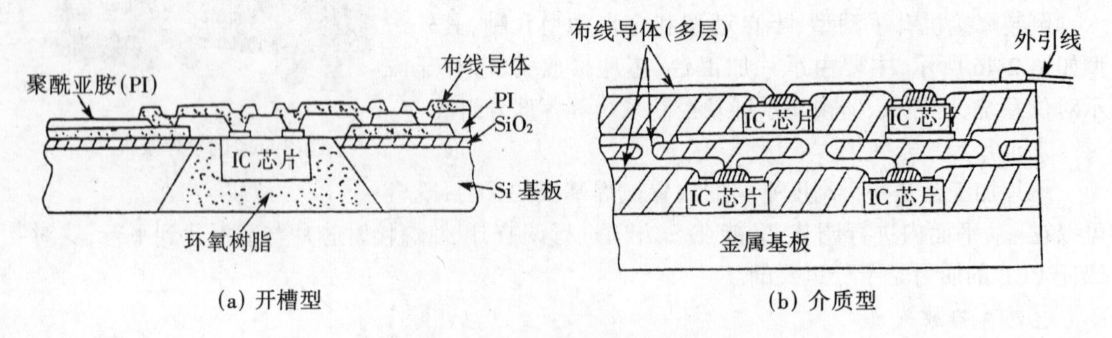

(a) 开槽型　　(b) 介质型

图 2-47　埋置芯片互连技术

而 Si 基板除了以上两种埋置芯片互连技术外,还可以利用半导体 IC 芯片制造工艺,先在 Si 基板内制作所需的各类有源器件后再布线与各有源器件的焊区互连。在这种内含有源器件的Si基板上面再进行多层布线,埋置IC芯片,将有更高的集成度。

2.6　芯片互连方法的比较

本章全面、系统、详细地论述了WB、TAB和FCB的工艺技术,当前仍以WB互连为主,但在高I/O数LSI和VLSI芯片的互连中,TAB和FCB互连正逐步取代WB互连。特别是FCB含(C4)技术,将在各类高密度封装互连中成为首选的互连技术。这三类互连技术都有其各自的优缺点,实际应用中可根据不同的使用条件和要求选择合适的互连方法,表2-20列出了这三类互连方法的比较。

表2-20　芯片互连方法的比较

项　目	WB	TAB	倒装TAB	FCB	机械接触法
基板金属化	无关紧要,薄膜或厚膜Au	无关紧要,Au或焊料	同左	低的CTE(较大的芯片需在AlN上),焊料焊区尺寸重要	CTE小和共面性很重要
IC芯片附加工艺	不需要	需制作Au或C4大片凸点(I/O)	同左	需制作C4大片凸点(I/O)	需制作3 μm高的I/O大片微凸点
互连	Au或Al丝	Au焊于镀焊料的Cu箔引线带上	同左	焊　料	金属接触(加工)粘接焊
焊接工艺	热压、热声、超声	芯片—特殊载带TAB,ILB/OLB群焊或单点焊	同左	焊料再流(批量)加热,惰性气氛	UV固化,加高压(60 000 ~ 120 000 N/cm^2)
主要设备	手动或自动焊接机	拾放TAB,形成和切断ILB和OLB	同左	面朝下对位/焊接机	常规的对位,焊接机精度为±2 μm,共面性,高压,UV固化
芯片粘接	导电的/非导电的粘接剂或金属化	导电的/非导电的粘接剂	非导电的,或不加粘接剂	非导电粘接剂或不加粘接剂	UV固化丙烯酸树脂
最小I/O节距及I/O的位置	交错,为150 μm	周边形,为100 ~ 200 μm	同左	周边或面阵形,为200 μm	10 μm,周边(或具有透明的面阵基板)
可返修性	可以	OLB可以	OLB可以	困难(控制焊料体积,注意没焊剂时氧化)	未知
芯片—芯片的距离	1.25 ~ 1.75 mm	2.5 mm是标准,的1.75 mm是可行的	1.75 ~ 4.5 mm可行	0.25 ~ 0.75 mm可行(返修限制)	未知
芯片预先测试老化能力	不能	可以	可以	现在不可以	现在不可以
可靠性问题	可靠性好,要试验非破坏性拉力试验的可靠性	选择整体焊接,可以视觉检查	同左	检查困难,为减少焊料失效,需与基板CTE匹配,清洁芯片下面困难	检查非常困难,在有限温度范围内试验看好,长期试验和RGA尚未知

续表 2-20

项　目	WB	TAB	倒装 TAB	FCB	机械接触法
热耗散	用金属粘接散热最好	通过粘接剂和 Cu 引线散热好	同左	通过焊料 I/O,较差(取决于总的 I/O 数)	通过微凸点和很薄(3 μm)的粘接剂散热,性能很好
电性能	速度和功率受限	*L*、*R* 低	粘接剂可影响高速性能	性能最好	同倒装 TAB
工艺成熟性	很成熟	多用于单一芯片大批量生产的场合	在芯片下的节距应为 200 μm,用焊料或 Au OLB	IBM,Delco,Motorola(最小为 200 μm 节距)	10 μm 节距(Matsushita)
关键问题	高速检测器件困难	IC 芯片需制作凸点,对于每种 IC 类型,载带手工工具是必需的	对于每种 IC 类型,载带手工工具是必需的	芯片预测试,散热,可检查性,IC 芯片的返工和需要凸点	芯片预测试与非平面基板的不相容性,IC 微凸点的非标准性,特殊的工艺设备(高压、平面、UV 固化)

第 3 章　插装元器件的封装技术

3.1　概　　述

在晶体管发明以前,有源器件一直是真空电子管的天下,直到晶体管发明后的十多年,电子管仍占据统治地位。当时,商品化的典型电子产品首推电子管收音机。产自上海的我国名牌——"红灯"牌电子管收音机竟供不应求,一直延续到 20 世纪 60 年代末才逐渐被晶体管收音机代替。电子管由插脚引线连接内部的各个电极,通过每个插脚再连到外部电路基板的插座上。所谓的电路基板,则是固定了各类元器件插座的底座,底座下面是杂散固定着的大型电阻器、电容器、电感器等。各元器件及电路间的走线都是各色又粗又长的塑封导线,然后用束线来将散乱的导线捆扎成束……这就是 20 世纪 50 ~ 60 年代电子管时代插装元器件的情况。

随着晶体管的出现及其质量的稳步提高,特别是硅平面晶体管的日趋成熟,20 世纪 50 年代末,晶体管代替电子管已成为席卷全球之势。这时,各类晶体管的封装类型主要有玻封二极管和金属封装的三极管。普通管有 3 根长引线,高频管或需要外壳接地的晶体管有 4 根长引线,晶体管的金属底座与 c 极相通,而 e、b 两极则通过金属底座的开孔,用玻璃绝缘子隔离,金属帽与金属底座的边缘进行密封焊接。这就构成了至今仍沿用的 TO 型金属—玻璃绝缘子全密封封装结构。那时用晶体管组装的典型电子整机首推黑白电视机。由于晶体管的体积和重量均为电子管的数十分之一,安装底板可省去笨重的插座,也不需用金属底板支撑各种元器件了,而是选用单面酚醛环氧纸质覆铜板就可胜任。这种基板制作工艺简单,成本低廉,又易打细孔。由于晶体管体积小、电压低、耗电省,所以在覆铜板上刻蚀成所需的电路图形后,元器件穿过通孔焊接在铜焊区上即可,少量的连接线也用细导线连接。这时的装配方式往往可以进行半自动插装,焊接也采用浸焊形式了。这样,既提高了生产效率和产量,又提高了焊接的一致性,从而提高了焊点的质量和电子产品的可靠性。

从以上论述可以看出,晶体管与电子管有一个基本的共同点,那就是管脚均带有引线,都适合进行插装,只是晶体管的引脚插装后仍需焊接方能达到可靠连接,而电子管的插脚坚硬,只需与插座紧密接触就能达到可靠连接。

1958 年发明了集成电路(IC),它是完成一定功能的多个晶体管的集成。这样,3 ~ 4 个 I/O 引脚就不够用了,这时的全密封封装仍然采用 TO 的形式,只是底座周围的 I/O 引线更多了。随着 IC 集成度的提高,特别是 1965 年出现了 MOS 管,其集成度为双极型 IC 的 4 倍,且集成度以每年增长2倍的速度发展下去,这就为后来LSI、VLSI的发展奠定了基础。特别是电子计算机的发展和应用,对IC芯片的I/O数要求越来越多,从10多个到数百上千个。显然,采用TO型管壳封装就困难了。于是又开发出新的封装形式,如单列直插封装(SIP)、双列直插封装(DIP)、针栅陈列封装和扁平外形封装等。而DIP更成为继TO一代封装形式之后延用至今的最具代表性的一代主流插装封装形式,不仅满足了中、小规模IC芯片封装的需要,还满足了部分LSI芯片封装的需要。

插装元器件的封装形式主要有PDIP、PGA和HIC用的金属插装外壳封装。尽管至2002年插装元器件封装特别是PDIP的比例只占所有封装的10%(参见表1-3),但绝对数量仍有91亿块,插装元器件与SMD在同一块PWB上仍然要延用相当长的时间。而且,近几年,PDIP的减少速度正在变慢,在各类大量民用产品中,插装元器件仍具有强大的生命力。再就是HIC若干年来一直与IC芯片保持10%的比例,今后一段时间内大体仍将保持这一比例。因此,用于HIC的金属外壳封装仍将稳步地获得增长。

3.2 插装元器件的分类与特点

插装元器件按外形结构分类,有圆柱形外壳封装(TO)、矩形单列直插式封装(SIP)、双列直插式封装(DIP)和针栅阵列封装(PGA)等。这些封装的外形不断缩小,又形成各种小外形封装。

插装元器件按材料分类,有金属封装、陶瓷封装和塑料封装等。金属封装和陶瓷封装一般为气密性封装,多用于军品和可靠性要求高的电子产品中;而塑料封装由于属非气密性封装,适用于工艺简单、成本低廉的大批量生产,多用于各种民用电子产品中。

各类插装元器件封装的引脚节距多为2.54 mm,DIP已形成4~64个引脚的系列化产品。PGA能适应LSI芯片封装的要求,I/O数可达数百个。几种插装元器件的外形结构如图3-1所示。

3.3 主要插装元器件的封装技术

3.3.1 插装型晶体管的封装技术

1. TO型金属封装技术

这是使用最早、应用最为广泛的全密封TO型晶体管封装结构,内部结构如图3-2所示,多引脚的TO型结构还可以封装IC芯片。封装工艺是:先将芯片固定在外壳底座的中心,常常采用Au-Sb合金(对NPN管)共熔法或者导电胶粘接固化法使晶体管的接地极与底座间形成良好的欧姆接触；对于 IC 芯片，还可以采用环氧树脂粘接固化法；然后在芯片的焊区与接线柱间用热压焊机或超声焊机将 Au 丝或 Al 丝连接起来；接着将焊好内引线的底座移至干燥箱中操作，并通以惰性气体或 N_2，保护芯片；最后将管帽套在底座周围的凸缘上，利用电阻熔焊法或环形平行缝焊法将管帽与底座边缘焊牢，并达到密封要求。

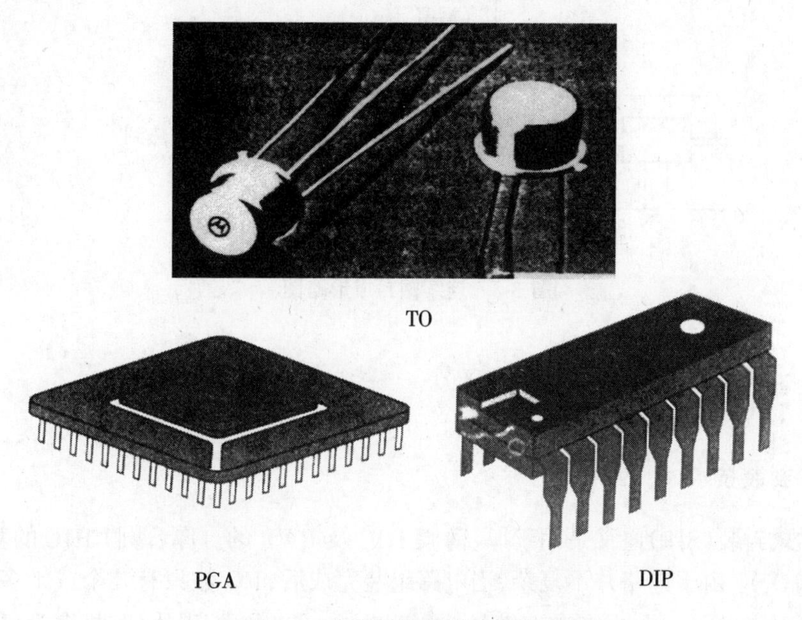

图 3-1　几种插装元器件的外形结构

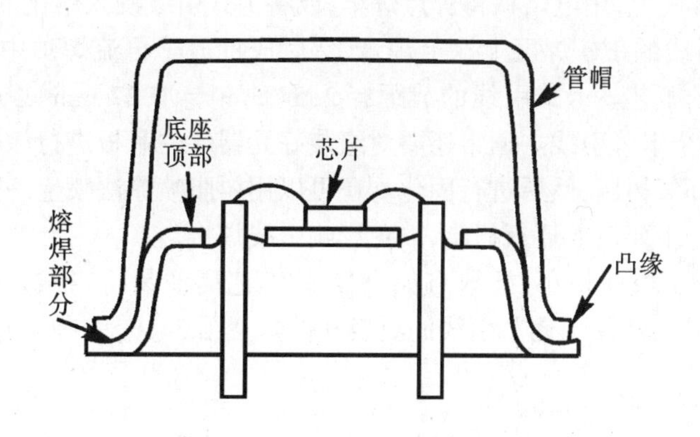

图 3-2　TO 型晶体管结构

2. TO 型塑料封装技术

塑料封装工艺简便易行，适于大批量生产，因此成本低廉。

先将 I/O 引线冲制成引线框架，然后在芯片焊区将芯片固定，再将芯片的各焊区用 WB 焊到其他引线键合区，这就完成了装架及引线焊接工序，接下来就是完成塑封工序这一步了。先按塑封件的大小制成一定规格的上下塑封模具，模具有数十个甚至数百个相同尺寸的空腔，每个腔体间有细通道相连。将焊接内引线好的引线框架放到模具的各个腔体中，塑封时，先将塑封料加热至 150 ~ 180 ℃，待其充分软化熔融后，再加压将塑封料压到各个腔体中，略待几分钟固化后，就完成了注塑封装工作，然后开模，整修塑封毛刺，再切断各引线框架不必要的连接部分，就成为单独的TO塑封件了。然后切筋、打弯、成形和镀锡。工艺中如何控制好模塑时的压力、粘度，并保持塑封时流道及腔体设计之间的综合平衡，是优化模塑器件的关键。图3-3是连续塑封成形略图。

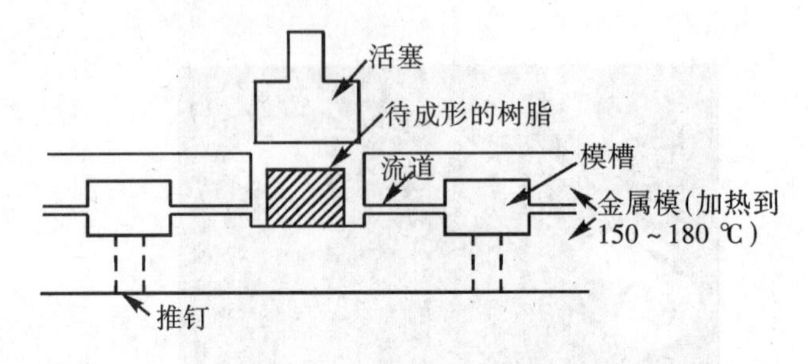

图3-3 连续塑封成形略图

3.3.2 SIP和DIP的封装技术

1. SIP的封装技术

单列直插式封装(SIP)通常是用于厚、薄膜HIC及PWB的。厚、薄膜HIC的基板多为陶瓷基板(如Al_2O_3)。由于电路并不复杂，当电路组装完成后，I/O数只有几个或十多个，就可将基板上的I/O引脚引向一边，用镀Ni、镀Ag或镀Pb-Sn的"卡式"引线(基材多为可伐合金)卡在基板一边的I/O焊区上，用电烙铁将焊点焊牢，或将卡式引线浸入熔化的Pb-Sn槽中进行浸焊，还可以在卡式引线的I/O焊区上涂上焊膏，然后成批放于再流焊炉中进行再流焊。PWB上的焊接采用同样的工艺。卡式引线的节距有2.54 mm与1.27 mm之分，平时均连接成带状，焊接后再剪成单个卡式引线。通常还要对组装好元器件的基板进行涂覆保护，最简单易行的办法是浸渍一层环氧树脂，然后进行固化。还可以用树脂喷涂法喷上一薄层环氧树脂，但应注意保护卡式引线上不要沾上环氧树脂，以免影响引线焊接。

SIP的插座占的基板面积小，插取自如，SIP的工艺简便易行，很适于多品种、小批量的HIC及PWB基板封装，还便于逐个引线的更换和返修。图3-4是一种塑封SIP(PSIP)的结构示意图。

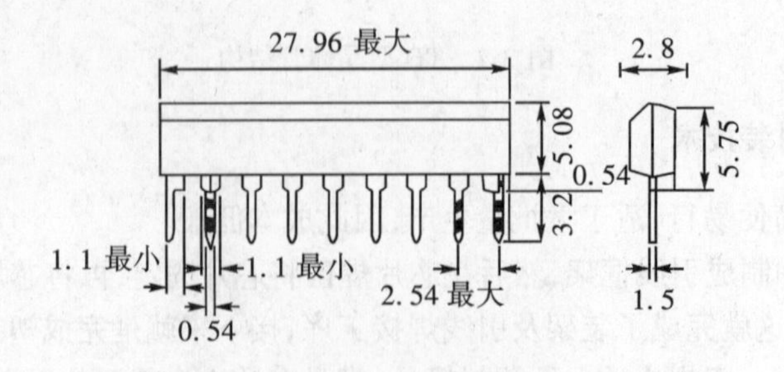

图3-4 PSIP结构示意图(单位:mm)

2. DIP的封装技术

双列直插式封装(DIP)是20世纪60年代开发出来的最具代表性的IC芯片封装结构,在表面安装元器件出现之前曾是70年代大量应用于中、小规模IC芯片的主导封装产品,引线数为4~64,产品呈系列化、标准化,品种规格齐全,至今仍然大量延用(1997年各种DIP的总量约有110亿只)。有陶瓷全密封型DIP(CDIP),也有塑封型DIP(PDIP),还有窄节距DIP(SDIP)等,其I/O引脚节距有2.54 mm和1.78 mm两种。现以CDIP及PDIP为例介绍它们的封装技术。

(1) CDIP的封装技术

①陶瓷熔封DIP(CerDIP)的封装技术

陶瓷熔封DIP在国外也称CerDIP。和其他DIP一样,CerDIP的引线节距为2.54 mm。这种封装结构十分简单,只有底座、盖板和引线框架三个零件。底座和盖板都是用加压陶瓷工艺制作的,一般是黑色陶瓷,即把氧化铝粉末、润滑剂和粘接剂的混合物压制成所需的形状,然后在空气中烧结成瓷件。把玻璃浆料印刷到底座和盖板上,然后在空气中烧成。对陶瓷底座加热,使玻璃熔化,将引线框架埋入玻璃中。粘接IC芯片,进行WB。把涂有低温玻璃的盖板与装好IC芯片的底座组装在一起,在空气中使玻璃熔化,达到密封。然后镀Ni—Au或搪Sn。由于这种方法是靠低熔点玻璃来密封的,所以也常叫做低熔点玻璃密封DIP。图3-5示出了这种低熔点玻璃密封DIP的工艺步骤。

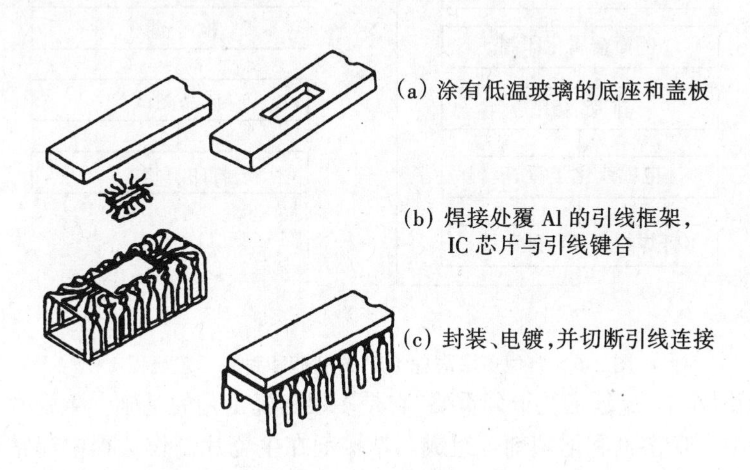

图3-5　采用低熔点玻璃法封装CDIP的步骤

这种封装不需陶瓷上金属化,烧结温度低(一般低于500 ℃),因此成本很低。在20世纪90年代前,它曾占据国际IC封装市场的很大份额。由于其电性能和可靠性不易提高,体积也大,现已逐渐被多层陶瓷封装和塑料封装所取代。

②多层陶瓷DIP(CDIP)和封装工艺

多层陶瓷DIP由多层陶瓷工艺制作。多层陶瓷DIP有黑色陶瓷、白色陶瓷和棕色陶瓷之分。与前面陶瓷熔封DIP工艺不同,多层陶瓷工艺的生瓷片由流延法制成。一定厚度的生瓷片落料成一定的尺寸(如5英寸×5英寸或8英寸×8英寸),冲腔体和层间通孔(若需要),填充通孔金属化。每层生瓷片丝网印刷W或Mo金属化,把多层印刷有金属化的生瓷片叠层,在一定的温度和压力下层压。然后热切成每个单元的 CDIP 生瓷体,若需要,进行侧面金属化印刷。然后进行排胶,并在湿氢或氮氧混合气体中在 1 550 ~ 1 650 ℃温度下烧成。这就形成了 CDIP 的熟瓷体,对其金属化,电镀或化学镀 Ni,在上表面钎焊封口环,在两侧面钎焊引线,然后镀 Au,进行外壳检漏和电性能检测。外壳成品再用常规的后道封装工艺,即安装 IC 芯片→引线键合→检测→封盖→检漏→成品测试,即成为电路产品。典型的多层陶瓷 DIP(CDIP)的制作和封装工艺流程示于图 3-6。

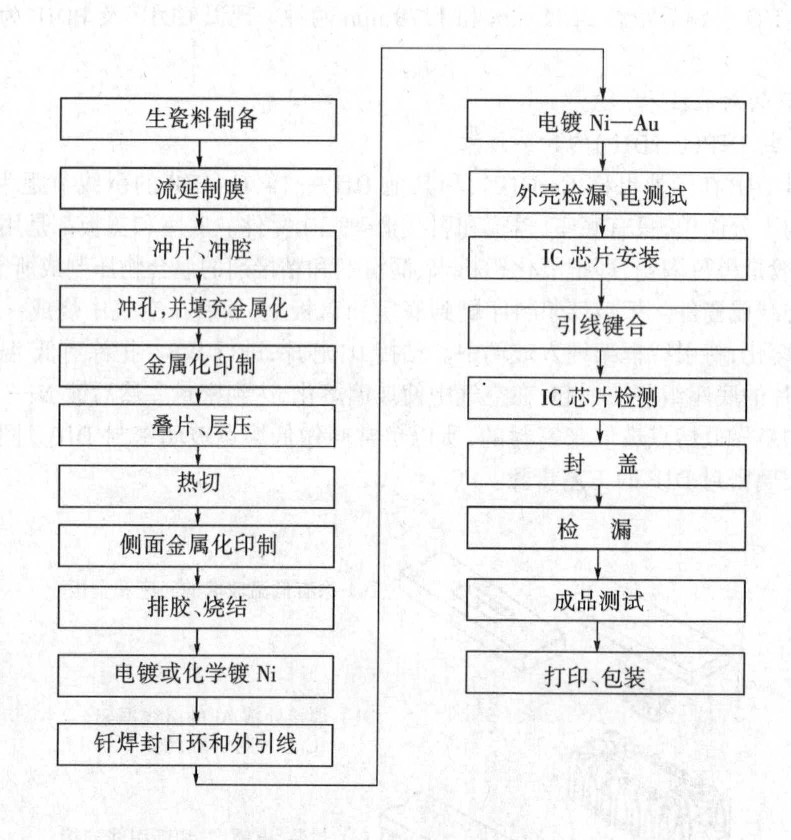

图 3-6 典型多层陶瓷 DIP 的制造和封装工艺流程

在 CDIP 的制作中,流延工艺十分重要,它是多层陶瓷工艺的基础。生瓷片主要由陶瓷粉末、玻璃粉末、粘接剂、溶剂和增塑剂等组成。粘接剂在生瓷片制作过程中起粘接陶瓷颗粒的作用,还可以使生瓷片适于金属化浆料(如 Mo 浆料、W 浆料)印刷;溶剂的作用一是在球磨过程中能使瓷粉均匀分布,二是使生瓷片中的溶剂挥发后形成大量的微孔,这种微孔能在以后的生瓷叠片层压过程中致使金属线条的周围瓷片压缩而不损伤金属布线;增塑剂能使生瓷片呈现"塑性"或柔性,这是由于增塑过程中降低了粘接剂的玻璃化温度所致。

还有一种工艺要提及,这就是冲孔工艺。这些层间通孔的作用是连接各层金属化布线,因此在每层生瓷片精密冲孔后要填充金属化浆料。在 CDIP 中,每层生瓷片通孔数不多,在针栅阵列封装(PGA)中,每层生瓷片通孔数达数百至数千个,若有一个通孔导通失效,整个外壳就报废。通孔直径一般在 100 ~ 400 μm 之间。冲孔方法有机械冲孔法、激光冲孔法和光成形法,最常用的是前两种。

CDIP 有良好的机械性能和电性能,可靠性较高,引线节距为 2.54 mm,体积较大。多层陶瓷封装的最大优势在于,封装设计者有很大的灵活性,可以充分利用封装布线来提高封装的电性能。如在陶瓷封装体内加入电源面和接地面,以减小电感;可以加入接地屏蔽面或线,以减小信号线间的串扰;可以控制信号线的特性阻抗,等等。

(2) PDIP 的封装技术

塑料封装具有工业自动化程度高,产量大,工艺简单,成本低廉等特点,虽是非密封性的塑封外壳,不能完全隔断芯片与周围的环境,但在大量民用产品的使用环境中,在一定时期内是能够保证器件可靠工作的。但是,塑料有吸潮的弱点。

PDIP 的封装技术虽然与 TO 型晶体管塑封相似,但比其要求更高,因为 IC 芯片的 I/O 引脚数多,加上芯片也相对较大,这使之与塑封料的应力匹配更显重要,下面将详细加以论述。

塑料封装用的树脂(环氧模塑料)要求应具备如下特性:

① 树脂要尽可能与所包围的 PDIP 各种材料相匹配,即热膨胀系数 CTE 相近,它们的 CTE 分别为:Si 约为 4×10^{-6}/℃,引线框架(C194 铜合金等)约为 5×10^{-6}/℃,Au 丝约为 1.5×10^{-6}/℃,而树脂约为 $4.5 \sim 7 \times 10^{-5}$/℃,增加适当添加剂的改性环氧树脂,可使其与封装材料更为接近。

② 在 $-65 \sim 150$ ℃的环境使用温度范围内能正常工作,要求玻璃化温度大于 150 ℃。

③ 树脂的吸水性要小,并与引线的粘接性能良好,防止湿气沿树脂—引线界面浸入内部。

④ 要有良好的物理性能和化学性能。

⑤ 要有良好的绝缘性能。

⑥ 固化时间短。

⑦ Na 含量低。

⑧ 辐射性杂质含量低。

而用于连续注塑的热固性环氧系正具备这些良好的特性,并已成为国际上注塑的通用材料。多年来,在提高耐湿性、降低应力、提高热导率和提高塑封的生产效率等方面均有了长足的进步与提高。

为改善塑料封装环氧树脂的性能,还要添加一定的填料。主要填料有石英粉(二氧化硅)、二氧化钛、氧化铝、氧化锌、无机盐或有机纤维等;为使 PDIP 具有一定的颜色,还要添加一些调色素,如黑色(碳黑)、红色(三氧化二铁)、白色(二氧化钛)等。为了塑封后易于脱模,还要加入适量的脱模剂。

塑料封装前,在加入各种添加剂的环氧树脂中注入适当比例的固化剂,在常温下均匀地分散到树脂的各部分并与其初步反应,但远不能充分固化,这时的塑封料只能算作预先凝固的待用坯料。塑封的工艺过程与 TO 型塑封类似(见图 3-3)。在这里,PDIP 的引线框架为局部镀 Ag 的 C194 铜合金或 42 号铁镍合金,基材用冲压成型或刻蚀成形。将 IC 芯片用粘接剂粘接在引线框架的中心芯片区,IC 芯片的各焊区与局部电镀 Ag 的引线框架各焊区用 WB 连接。然后将载有 IC 芯片的该引线框架置于塑封模具的下模中,再盖上上模。接着将已预热过并经计量的环氧坯料放入树脂腔中,置于注塑机上,加热上下模具达到 $150 \sim 180$ ℃,这时的环氧坯料已经软化熔融并具有一定的流动性,注塑机对各个活塞加压,熔融的环氧树脂就通过注塑流道挤流到各个 IC 芯片所在的空腔中,保温加压约 $2 \sim 3$ min,即可脱模已成型的塑封件,并及时清除塑料毛刺,还要对引线框架的引线连接处切筋,并打弯成 90 度,就成为标准的 PDIP 了。再对 PDIP 进行高温老化筛选,并达到充分固化,再经测试、分选打印包装就可以成品出厂。

可根据要求的产量设计模具的容量(腔数),可大可小,省工省时,适于自动化大批量生产。

3.3.3 PGA 的封装技术

针栅阵列封装(PGA)是为解决 LSI 芯片的高 I/O 引脚数和减少封装面积而设计的针栅阵列多层陶瓷封装结构,其制作技术与 CDIP 的多层陶瓷封装基本相同(参见上一小节)。陶瓷一般为 90%~96%的 Al_2O_3 生瓷材料,每层用厚膜 W 或 Mo 浆料印制成布线图形,并通孔金属化,按设计要求进行生瓷叠片并层压,然后整体放入烧结炉中进行烧结,使层间达到气密封装,然后镀 Ni,而后再钎焊针引脚,最后镀 Au。在信号线的印制图形中,每个金属化焊区均与相应的针引脚相连。外壳内腔是 IC 芯片粘接位置,用粘接剂固定好 IC 芯片后,用 WB 连接芯片焊区与陶瓷金属化焊区,再进行封盖,就成为 IC 芯片 PGA 气密封装结构。图 3-7 和图 3-8 分别是 PGA 的一个层面的布线图和外形图。

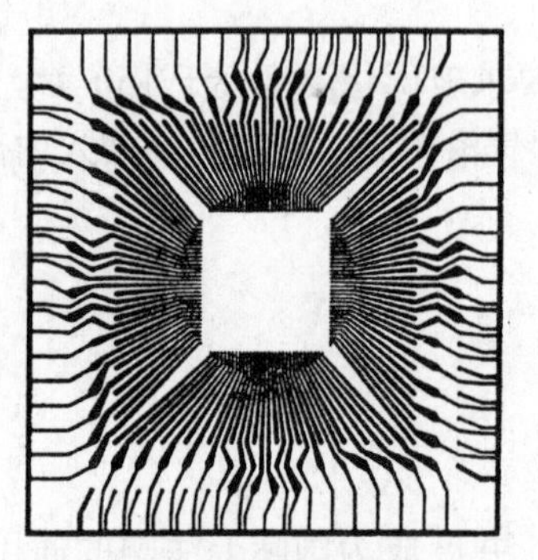

PGA257 第三层布线
最长线为 20 mm
最短线为 11 mm
最细线宽为 0.15 mm
设计$R_{max} \leqslant 0.75\ \Omega$

图 3-7 PGA257 布线图

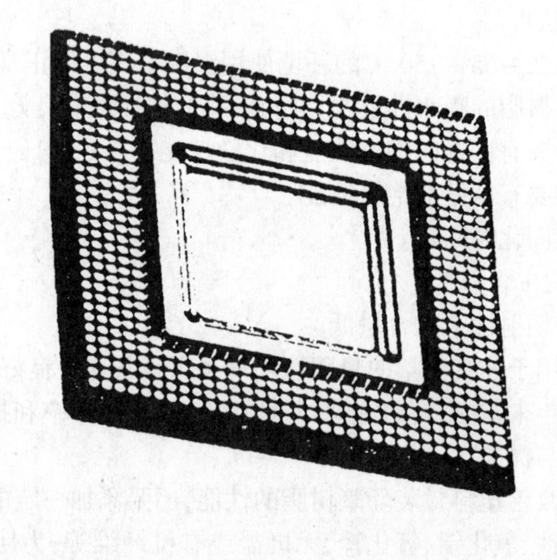

图 3-8 PGA 的外形图

PGA 的针引脚是以 2.54 mm 的节距在封装底面上呈栅阵排列,所以 I/O 数可高达数百个乃至上千个,这是 DIP 封装结构无法比拟的。PGA 是气密封的,所以可靠性高;但因制作工艺复杂、成本高,故适于可靠性要求高的军品使用。由于 PGA 面阵引脚结构具有许多优点,所以为后来开发的焊球阵列封装(BGA)提供了面阵引脚结构排列的经验,也为解决 QFP 窄节距四边引脚的困难提供了帮助。事实上,PGA 的面阵针引脚可大大缩短,即短引脚 PGA,从而可使 PGA 从插装型的结构变成表面贴装型结构。图 3-9 就是从 PGA 到 BGA 的演变过程。

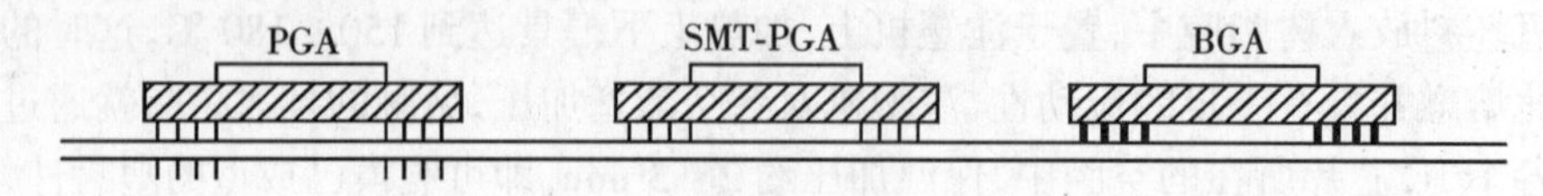

图 3-9 从插装到 SMT 的演变

3.3.4 金属外壳制造和封装技术

1. 金属外壳封装的特点

金属外壳封装通常是针对军用电子产品要求的高可靠性而专门制作的，一般具有如下特点：

(1) 封装具有良好的热性能、电性能和机械性能，能够保护各类芯片、无源器件和布线免受大气环境的侵蚀。

(2) 使用温度范围广，一般可达 $-65\sim125$ ℃。

(3) 气密封性优良，漏速小于 1×10^{-3} Pa·cm^3/s(He)。

(4) 封装多为金属外壳配合陶瓷基板封装，封装壳体通常较大。

(5) 封装单芯片和厚、薄膜 HIC。

以下针对厚、薄膜 HIC 的封装结构，介绍几种金属外壳封装的封装技术。

2. 金属外壳封装的主要类型

适于厚、薄膜 HIC 用的金属外壳封装主要按结构、功能和应用等分类，主要有浅腔式外壳系列、平板式外壳系列、扁平式外壳系列、功率外壳系列和 AlN 陶瓷基板外壳系列等，如图 3-10、图 3-11、图 3-12 和图 3-13 等所示。

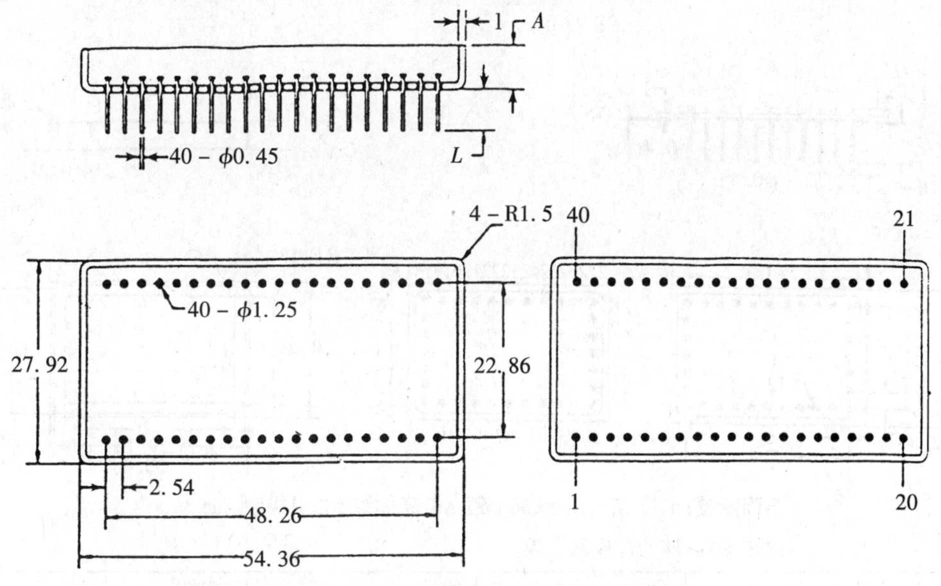

表面涂覆：电镀 Ni—Au 或局部镀 Au(壳体镀 Ni，引线镀 Au)

封盖形式：平行缝焊或激光焊

型　号	A(mm)	L(mm)	引线数	材料	标记脚	引脚号
M40095Q(原 UP5428-40)	5.5	6(max)	40	4J29 可伐	1#	1~40
M40095Q(原 UP5428-40)	4.5	6(max)	40	4J29 可伐	1#	1~40

图 3-10　浅腔式双列引脚外壳

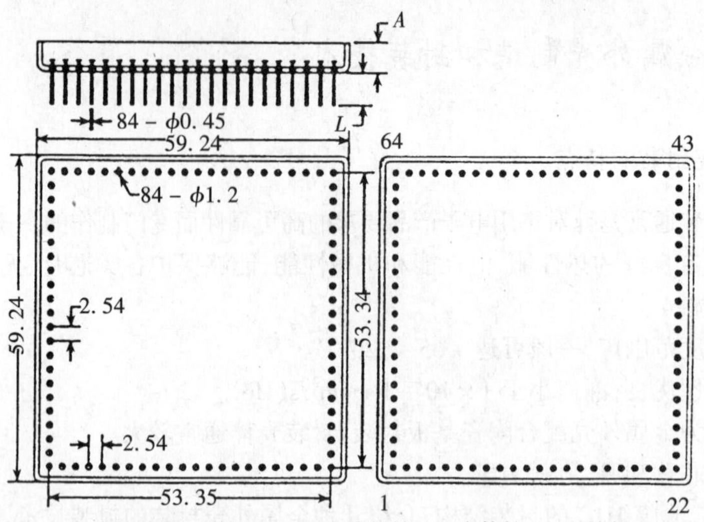

表面涂覆:电镀 Ni—Au 或局部镀 Au(壳体镀 Ni,引线镀 Au)

封盖形式:平行缝焊或激光焊

型　　号	A(mm)	L(mm)	引线数	材料	标记脚	引脚号
M44215Q(原 UP5959-44)	5.5	6(max)	44	4J29 可伐	1#	1~22,43~64
Ms84215Q(原 UP5959-84)	5.5	6(max)	84	4J29 可伐	3#	1~84

图 3-11　浅腔式四边引脚外壳

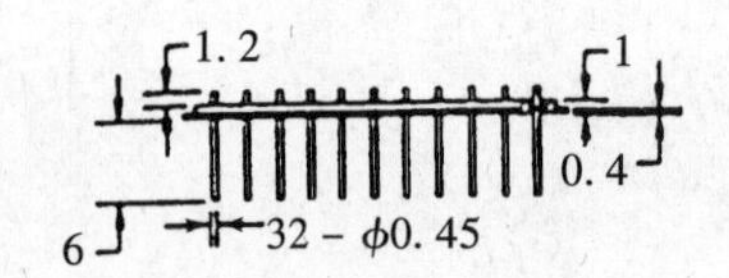

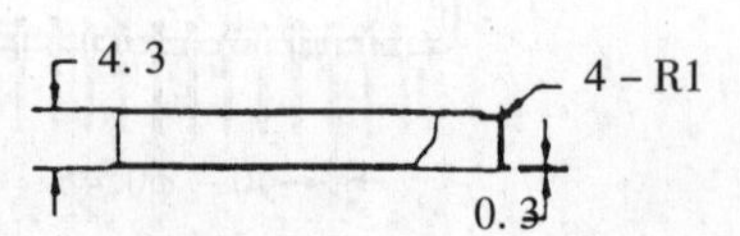

表面涂覆:电镀 Ni—Au 或局部镀 Au(壳体镀 Ni,引线镀 Au)

封盖形式:储能焊或激光焊

型　　号	A(mm)	L(mm)	引线数	材料	标记脚	引脚号
Ms32063P(原 UP3020-32)	4.7	6(max)	32	4J29 可伐	1#	1~32
M22063P(原 M3020-22)	4.7	6(max)	22	4J29 可伐	1#	1~11,17~22
M14103P(原 MP3020-14)	4.7	6(max)	14	4J29 可伐	1#	1,11~17,27~32

图 3-12　平板式四边引脚外壳

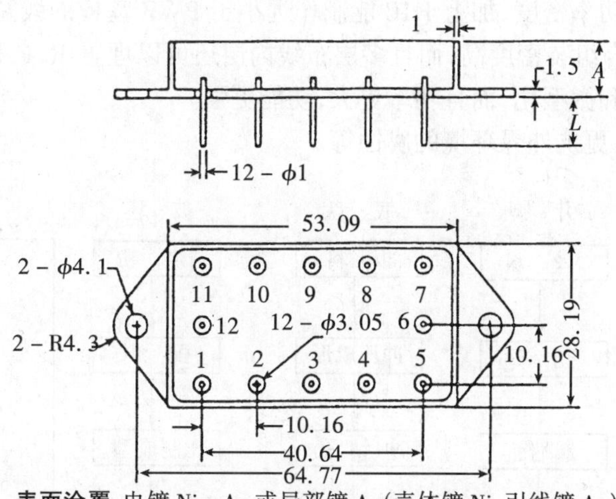

表面涂覆:电镀 Ni—Au 或局部镀 Au(壳体镀 Ni,引线镀 Au)

封盖形式:平行缝焊或激光焊

型　号	A(mm)	L(mm)	引线数	材料	接地脚	引脚号
M10086Q(原 UPP5328-10)	9.78	6.35	10	铜或钢	任选	1~5,7~11
M06166Q(原 UPP5328-6)	9.78	6.35	6	铜或钢	任选	1,5~7,11,12
M05166Q(原 UPP5328-5)	9.78	6.35	5	铜或钢	任选	1,5~7,11
Ms12086Q(原 UPP5328-12)	9.78	6.35	12	铜或钢	任选	1~12

图 3-13　功率封装外壳

这类外壳腔体及引脚材料多为 4J29 可伐合金、钢、铜、钼及钨铜合金等。引脚数可高达 102 个,引脚与壳体通过玻璃绝缘子烧结而成。根据使用要求,壳体和引脚采用局部或全部电镀 Ni—Au,Ni 镀层厚 5 μm 左右,Au 镀层为 1~2 μm 厚。根据壳体形状及壳体深浅不同,封盖(帽)采用镀 Ni—Au 的平盖板或凹槽形盖(帽)。各种金属外壳的制作工艺基本相同,典型的工艺流程如图 3-14 所示。

3. 金属外壳封装技术

金属外壳一般不能直接用来安装各类元器件,大多通过陶瓷基板完成元器件的安装和互连。这实际上是一种典型的 HIC 组装/封装技术,下面以厚膜 HIC 的 Al_2O_3 陶瓷基板上组装 SMC/SMD 及各类 IC 芯片为例,说明用金属外壳封装的工艺技术。

(1) SMC/SMD 与各类 IC 芯片的混合组装技术的优点

金属外壳内使用的多层基板主要包括各类陶瓷基板和 Si 基板,它们的组装技术多是用于要求高的高档电子产品,是典型的厚、薄膜 HIC 产品,当今的 HIC 产品也采用 SMT。

陶瓷或 Si 基板与 PWB 多层基板相比,有如下明显的优点:

①陶瓷基板的导热系数比 PWB 基板要高一个数量级以上,在 25 ℃时,陶瓷的导热系数为 17~30 W/(m·K),而 AlN 陶瓷基板高达 140~270 W/(m·K),因此再流焊接时对元器件的热冲击很小。由于传热快,基板受热均匀,焊接时的温度低,且焊料熔化一致性好,焊接缺陷就大为减少。由大功耗元器件产生的失效也大为减少。

②陶瓷基板的 CTE 更接近 SMC/SMD,而 Si 基板与 IC 芯片完全一致。它们的热匹配好,界面应力自然会大大降低,从而由于热循环造成的疲劳失效也大为降低。

③可容许更高的功率密度,加上 HIC 能制作远小于 PWB 基板的线宽和间距,因此,SMC/SMD 和 IC 芯片的混合组装密度高,而且多层布线内层还可以埋置 R、C 和 IC 芯片,使电子产品更易于实现小型化和微型化,而且功率更大,功能更强。

④化学稳定性好,更抗外界环境的腐蚀等。

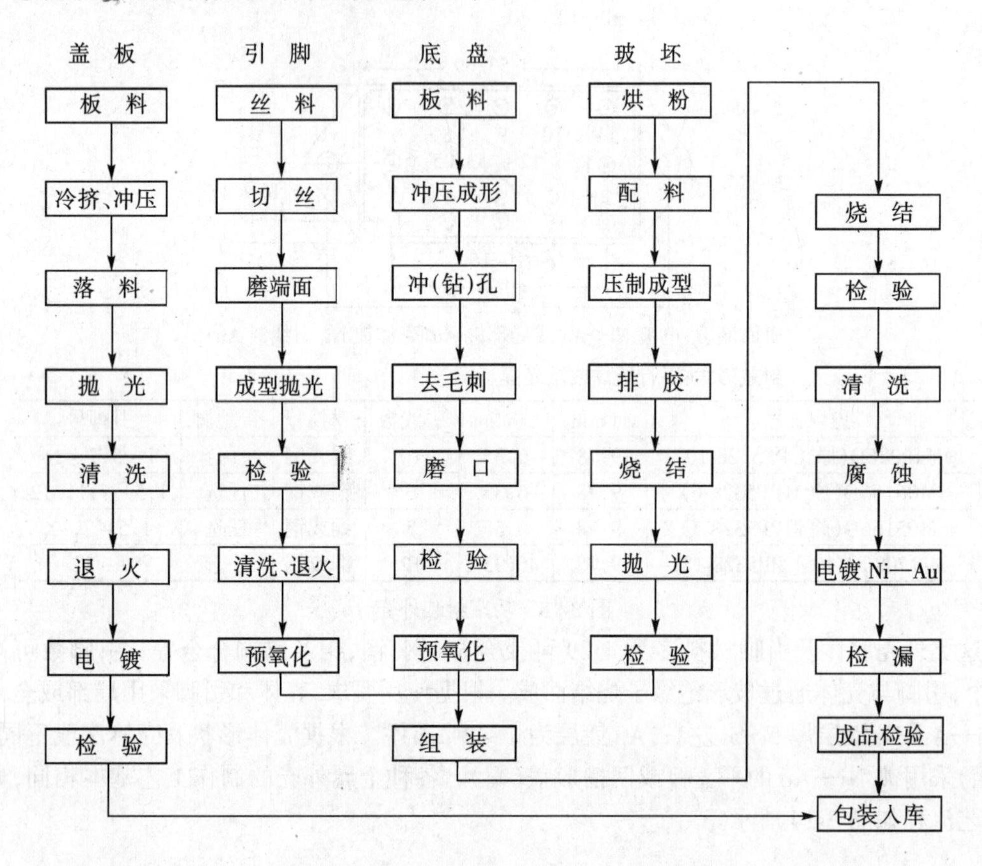

图 3-14 金属外壳典型工艺流程

其不足是制作工艺复杂,并难以制作平整的大基板,要使用现代化的贴装设备,必须将小基板拼接成大基板后才行。另外,陶瓷或 Si 基板的成本比 PWB 基板高。

陶瓷或 Si 基板使用 SMT 原则上与 PWB 使用 SMT 没有多少差别,只是前者的图形、线宽和间距更微细,因此对贴装要求的精度更高;焊接几乎全部使用再流焊,低温焊膏采用含 2% Ag 的 Pb-Sn 焊膏,再流焊的温度可比用 PWB 多层基板焊接低 10~30 ℃。这里将以 Al_2O_3 陶瓷基板上混合组装 SMC/SMD 及裸片 IC 为例加以论述。

(2) SMC/SMD 与芯片的混合组装工艺

SMC/SMD 与芯片的混合组装工艺流程如图 3-15 所示,下面简要介绍其工艺实施要点。

① 成膜基板制备

成膜基板制备与常规制作厚膜 HIC 的工艺方法相同,这里不再赘述。

② 组装前的清洗

分成膜基板的清洗和封装外壳的清洗。前者只需在干净的器皿中用丙酮和乙醇反复超声两遍,而后者因油污重,要彻底进行去油去污处理。

③ 贴装 SMC/SMD

由于 HIC 的成膜基板比通常 PWB 基板的尺寸小、装配密度高，再者基板往往要装入外壳，所以对贴装的要求也高。贴装 SMC/SMD 的工艺流程如图 3-16 所示。

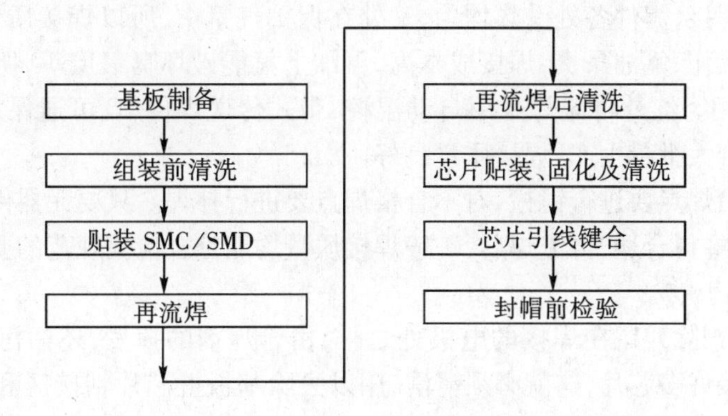

图 3-15　混合组装工艺流程

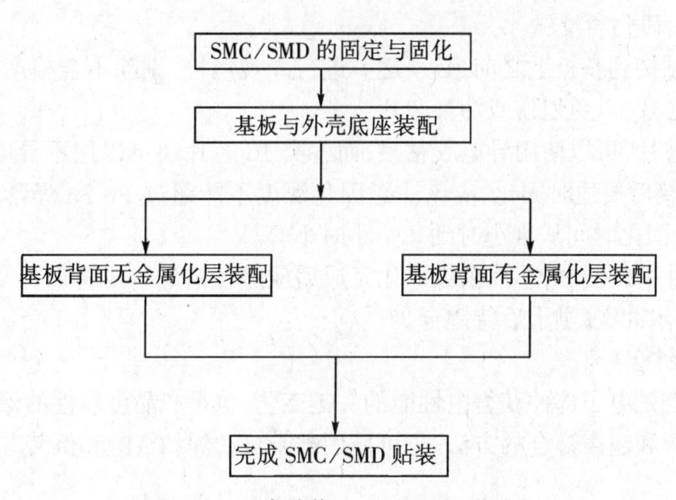

图 3-16　混合贴装 SMC/SMD 工艺流程

首先，根据装配图纸的设计要求，在需放置片式元器件的中心位置上加上适当的粘接胶，放置片式元器件后轻轻加压，务必使之平整，胶不能溢到焊区上。基板上全部 SMC/SMD 固定合格后，即可根据固化条件进行固化，一般在 150 ℃固化半小时即可。

其次，将固定好片式元器件的基板装入金属外壳。对于功耗小、尺寸也较小的基板，往往背面不需金属化，当装入外壳时，基板与底座的结合只能使用粘接的方法。使用的比较成熟的粘接胶有 6235 胶、703 胶、504 胶和 DAD-87 导电胶等。注意涂胶要适中，避免固化时流开，严重时会影响以后的焊接。对于功耗大而尺寸也大的基板，往往背面须备有金属化层，这就要使用 Pb-Sn 焊膏将基板与底座粘接。底座和基板金属化层均须涂覆焊膏，以使再流焊时焊面浸润良好；还应调整好基板与外壳引脚的距离，不能让再流焊时 Pb-Sn 焊料引起外壳与引脚短路；涂覆焊膏时还必须注意保护好引脚端面压焊区。

最后，将装入外壳的基板上已用胶固定的 SMC/SMD 周围的电极均匀地涂覆好焊膏，完成对 SMC/SMD 的安装，并将其在 100 ℃烘箱或红外灯下烘干，即可进行再流焊。

④ 再流焊

对陶瓷基板上 SMC/SMD 的再流焊一般采用三种方法:热板再流焊、汽相再流焊和红外再流焊。热板再流焊成本低,使用灵活、方便,适于小批量的试制。汽相再流焊因使用固定沸点的氟油蒸气汽相焊接,焊件各处受热均匀,又处在保护气氛中,所以焊接质量好;但是,由于它不能连续再流焊操作,氟油昂贵,焊接成本高,再加上氟能破坏臭氧层等,所以只适于小批量、高价值产品的应用。红外再流焊采用自动温控,带式传送焊件,且可通保护性气体进行再流焊,因此,特别适合大批量生产,焊接质量良好。

再流焊后的诸焊点要进行镜检,对不合格焊点要进行补焊。只要元器件放置适当,焊膏量适中,焊接参数选择得合适,再流焊后,一般焊接质量均能符合检验规范的要求。

⑤ 再流焊后的清洗

再流焊后,焊剂除残留在焊接的电极处之外,由于焊剂的挥发,还沾污了整个基板表面。下一道工序要安装许多芯片,这就必须清洗,用以去除基板上芯片粘接区和键合区上的焊剂。可用三氯甲烷($CHCl_3$)超声 0.5 ~ 1 min,再用乙醇超声 3 ~ 5 min,其效果良好;再用去离子水冲洗 5 min 后,放入 100 ℃烘箱内或置于红外灯下烘干基板,待装芯片。

⑥ 芯片粘接、固化和清洗

各类芯片在粘接到基板上之前,必须逐一进行外观镜检,剔除不合格产品,以后的每一步都要注意保护好芯片,以免划伤或污染芯片。

对于小功率芯片,可以使用导电胶粘接,而各类 IC 芯片还可以用不导电的有机粘接剂和 6235 胶粘接。粘接后要适时固化,应该注意固化温度不能超过 Pb-Sn 焊膏的再流焊温度,一般不超过 160 ℃,固化时间从半小时到几个小时不等。

为了利于芯片引线键合,芯片粘接固化完成后应进行清洗。可将部件浸入乙醇中超声清洗,然后用去离子水冲洗,烘干后待键合。

⑦ 芯片引线键合

芯片引线键合是电子部件获得电性能的关键工艺,也是产品可靠性的保障。目前,引线键合仍采用金丝球焊和超声键合的方法,也可使用载带自动焊(TAB)和倒装芯片焊(FCB)。

⑧ 封帽前检验

芯片引线键合完毕,使 SMC/SMD 与芯片混合组装的电子部件具有了电性能,为了全面检查混合组装的工艺质量并测试电性能,设计人员先测试电性能,合格后专检人员进行全面的"封帽前检验",不符合标准的要予以剔除,并由相关工序负责返修。这些都要有严格的管理规程。至此,整个混合组装工序才算完成。

(3) 工艺流程的设计和工艺兼容性问题

为了使各种工艺都能相互兼容,以达到组装和部件性能的最佳效果,一般设计混合组装工艺流程应遵循如下原则:前道工序不能对后道工序造成不良影响;各类焊接、粘接、固化应先高温、后低温;容易受污染的元器件(如芯片类)应尽可能靠后安排组装等。

经过完整的混合组装工序,并进行了严格的封帽前检验后,即可进行最后的封帽工艺。

(4) 封帽工艺

金属外壳 HIC 的封帽具有特殊的重要性,因为要求高可靠性,封装必须要求气密性,达到标准的水汽含量。若达不到气密性要求,可导致元器件被腐蚀,使元器件或互连过早失效,达不到 HIC 所要求的可靠性等级。所以,最后的封帽工艺对 HIC 显得特别重要。还需要指出的是，组装到 HIC 基板及外壳中的元器件众多，特别是 IC 芯片及 Au—Al 的 WB 点不能长期经受高温，因为长期高温会导致 Au—Al 间脆性的中间化合物大量成长，给长期可靠性带来危害。所以，在封帽工艺中，封接材料的熔点必须足够低，或者利用局部加热方法，使元器件及其焊点免受高温的影响。下面择要介绍几种封帽工艺，最常用的是熔焊封接法和焊料封接法。

① 熔焊封接法

熔焊封接法对于封盖面积大于 160 mm^2 的高可靠性封装，熔焊一般可获得大于 98% 的高成品率，该方法在封接位置可瞬时获得很强的局部加热。有源器件一般只在 2 ~ 3 min 的短时间内经受不足 50 ℃的低温度，这时最具敏感性的有源器件及其 WB 点不会有什么不利影响。主要焊接工艺介绍如下：

(a) 平行缝焊

其原理如图 3-17 所示。它是将封装壳体及管帽的对应两侧通过接通电源的两滚轴产生局部高热熔化被焊金属来达到密封焊接的，要求焊面平整，一般要在充 N_2 气氛中焊接。

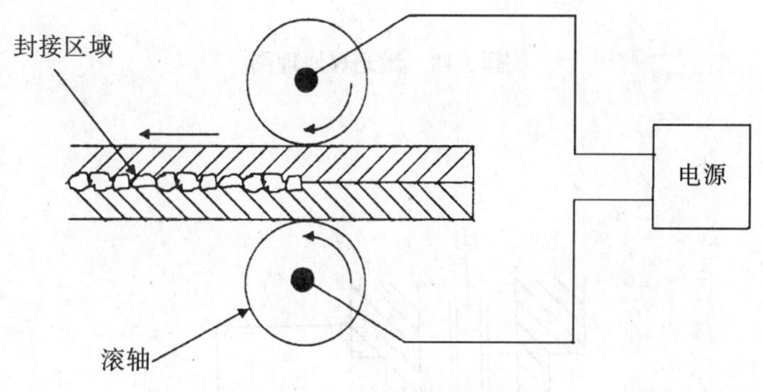

图 3-17　平行缝焊原理图

(b) 激光焊

激光焊设备昂贵，焊接成本比平行缝焊高，但对于封接面有复杂形状的封接件来说，采用激光焊却是最佳方案，而且激光焊可编成程序，焊接灵活方便。激光束聚焦成 25 ~ 100 μm 的光点，能量高度集中，便于焊接高导热金属，如 Cu、Al 等。

激光焊的原理如图 3-18 所示。

(c) 点焊

点焊的原理是电流通过焊件的被焊点时，由于电流通过高阻产生热量，根据热量 $Q \propto I^2 Rt$，使焊区局部熔化而实现壳体与盖管帽的焊接，如图 3-19 所示。点焊对于焊接高导热的壳体和管帽(如 Cu—W)金属焊接，由于短时热量积聚不够，是有困难的，但可以通过增加可伐封接环的方法，避免热量的快速传递而得以完成焊接。

② 焊料封接法

焊料封接壳体和管帽，要选择合适的焊接材料。一般使用 80%Au-20%Sn，熔点为 280 ℃等。这些焊接材料可根据焊接面预制成形，相应的壳体管帽面要有镀 Au 层，且界面要平整。通常，焊料封接法可采用烧结炉的方法进行，如图 3-20 所示。可用弹簧夹固定夹牢焊件，或放在模具中用适中的重物压在被封接的表面上，送入烧结炉使焊料均匀熔化，完成焊接。

也可以通过局部加热管帽与壳体界面处，使焊料熔化，达到焊接的目的。采用这种方法，要仔细控制焊接时壳体内的气体压力，以便在加热焊接时保持焊料。

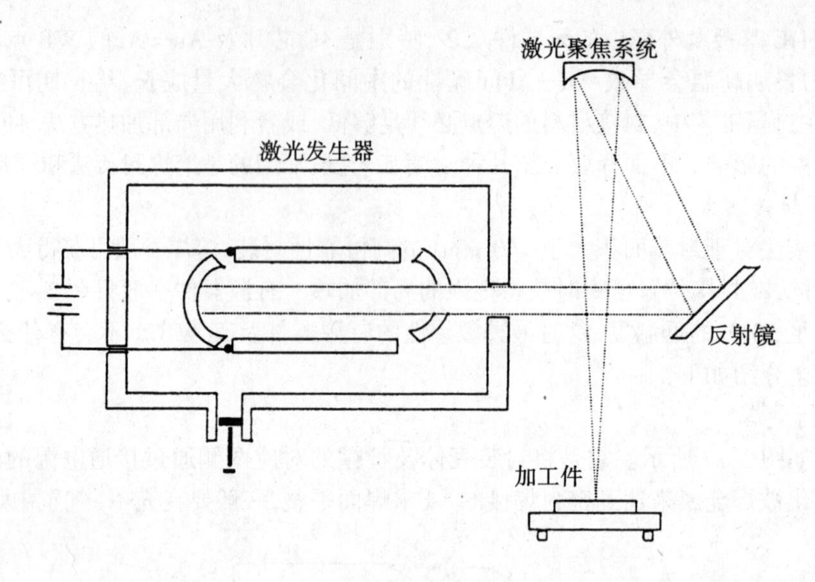

图 3-18 激光焊原理图

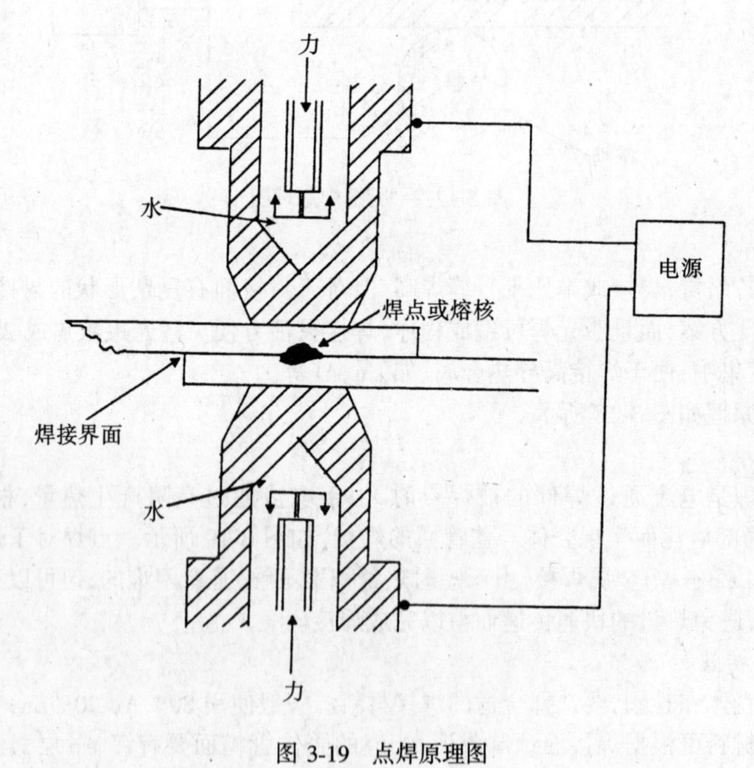

图 3-19 点焊原理图

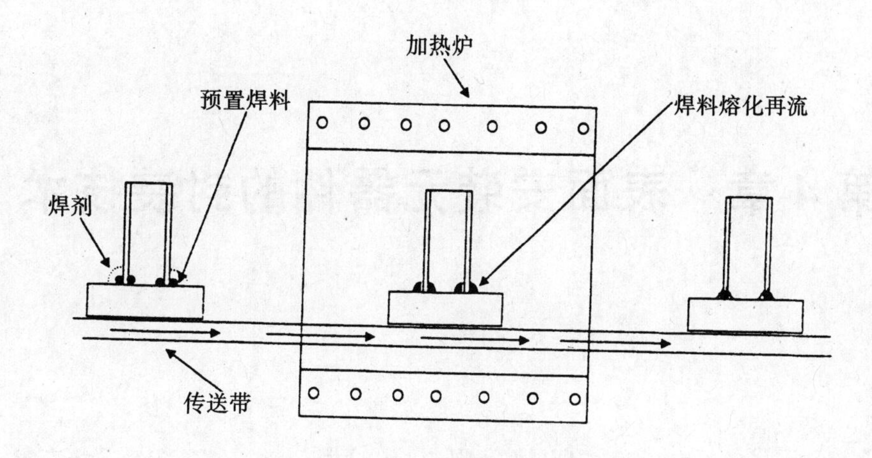

图 3-20　焊料封接原理图

第4章 表面安装元器件的封装技术

4.1 概 述

4.1.1 表面安装元器件

表面安装元器件是SMT的基础与核心，一般通称为片式元器件(SMC或SMD)，又称表面安装封装件(SMP)。这里只论述有源片式器件(SMD)的相关技术。20世纪50~60年代，出现了厚、薄膜HIC的安装与焊接。对于一个复杂的电子线路，难以制作大面积的平整陶瓷基板，往往要使用多块HIC的陶瓷基板安装片式电阻、电感及晶体管、IC芯片，再拼装成大块的基板，这就使HIC的体积、重量、成本、可靠性及生产效率受到很大限制，影响HIC的发展及广泛使用。其间，电子工程师们探索用有机基板代替陶瓷基板取得很大进展，这就有了表面安装封装(SMP)，又有了PWB，为表面安装技术(SMT)的应用打下了基础。

直插式引脚的DIP、PGA是无法在PWB上进行表面安装的，必须改变IC封装的引脚结构。早在20世纪60年代，荷兰的菲利浦公司就研制出纽扣状IC封装，并以表面安装形式用于电子手表业。这种器件封装结构后来发展成为小外形封装的IC(SOIC)，引脚分布在封装体的两边并成鸥翼形，引脚节距为1.27 mm(50 mil)和1.0 mm(40 mil)的产品，可达28~32只引脚，引脚节距为0.65 mm(25 mil)的产品可高达40~56只引脚，这就是现在的小外形封装(SOP)结构，实则是DIP的变形。

1977年，日本松下电器公司首先采用SMC/SMD制成厚度仅13 mm的薄型收音机(以后又组装成5 mm的超薄收音机)，为消费类电子产品中大量使用SMC/SMD打开了局面，并扩展到电视机、录音机、录像机、电子照相机等消费类电子产品中。同时，美国的IC及封装也大量采用SMD形式，并用于军事、航天、计算机、电信等领域，使SMC/SMD的品种、规格、数量及质量均有了长足的进步。

20世纪80年代，SMT处于大发展时期。日本从70年代开始研制到80年代末成为SMT主流封装的塑料四边引脚扁平封装(PQFP)结构，引脚呈鸥翼形，引脚节距为1 mm(40 mil)、0.8 mm(33 mil)和0.65 mm(25 mil)，引脚数高达160或更多。同时，美国研制出塑料有引脚片式载体(PLCC)，引脚四边分布，呈“J”形，引脚节距为1.27 mm(50 mil)。为军事需要，美国又研制出气密封装的陶瓷无引脚片式载体(LCCC),使引脚的寄生参数小,延迟及噪声都有明显改善。从实质上说,PQFP 与 PLCC 并无差别,只是引脚有向外、向内之分,PQFP 所占面积大,而 PLCC 所占面积小一些。

20 世纪 90 年代初、中期,在不断提高 SMD 安装密度的进程中,随着 LSI、VLSI 的 I/O 引脚数越来越高,QFP 也遇到了困难。因为不断缩小引脚节距,QFP 虽然已达到 0.3 mm 的工艺极限,但仍无法解决高达数百乃至上千 I/O 引脚数的各种 IC 芯片的封装问题。而在有机基板下,面阵排列 I/O 引脚的焊球阵列封装(BGA)终于为各类高 I/O 引脚数的 LSI、VLSI 芯片的封装解了围,而且 I/O 引脚节距可达 1.27 mm 或 1.0 mm 或更小,使用 SMT 安装焊接 BGA 又变得容易了。特别是芯片尺寸封装(CSP),解决了历来芯片小而封装大的固有矛盾,使 CSP 具有裸芯片的许多优点及有封装器件的许多长处,并以标准化的引脚节距出现,使用 SMT 也变得容易了。

SMT 与通孔插装技术(THT)相比,似乎区别仅在于元器件的形状不同以及用表面安装代替通孔插装,但实则这一变革包含了十分丰富的内容。例如,SMT 与 THT 的 PWB 设计规范就大不相同。SMT 和 SMD 的设计规范和它采用的具体工艺与 PWB 的工艺密切相关。确定 SMD 的焊区图形,应考虑其安装类型、贴片方式、贴片精度及焊接工艺等,因此要制定出合理的设计规范,就必须先做大量的研究及试验。对半导体器件、IC 芯片的封装结构及封装材料需要进行深入的研究与试验,基板的 CTE 能否与 IC 封装的 CTE 相匹配,围绕基板材料及结构均要做大量的研究与试验工作。还有一系列的工艺规程、工艺材料以及安装焊接设备、检测仪器等,更涉及众多的学科,既要有巨大的资金投入,又要有雄厚的技术力量保证。总之,SMT 的采用,牵涉到众多的新型封装元器件、基板及电子材料的设计与制造、安装工艺、安装设计、检测技术及相应的设备,使包括 SMD 在内的 SMT 成为一项十分复杂的系统工程,远非 THT 所能比拟,所以 SMT 被称为一次“组装技术革命”就不足为奇了。

4.1.2　SMD 的优势

SMD 与通孔插装元器件相比,有如下明显的优势:

(1) SMD 的体积小、重量轻,所占基板的面积小,因而组装密度高

通常,SOP、PLCC 所占基板面积只为 DIP 所占基板面积的 25%～40%;所占基板的空间(高度),SOP、PLCC 均为 DIP 的 40%～85%;而重量差别更大,SOP、PLCC 均为 DIP 的 4.5%～13.5%。表 4-1 列出了 SOP 与 DIP 封装的比较。

表 4-1　SOP 与 DIP 封装的比较

引脚数	8			16			28		
封装类型	SOP	DIP	DIP/SOP	SOP	DIP	DIP/SOP	SOP	DIP	DIP/SOP
封装面积(mm^2)	20.00	70.0	3.5	40.00	140.00	3.5	140	500	3.5
占 PWB 面积(mm^2)	31.00	80.0	2.6	62.00	175.00	2.8	192	590	3.0
封装厚度(mm)	1.45	3.1	2.1	1.45	3.6	2.1	2.45	3.9	1.6
超出 PWB 高度(mm)	1.75	4.2	2.4	1.75	5.1	2.9	2.65	5.1	1.9
重量(mg)	60.00	600.00	10	130.00	1 200.00	9	700.00	4 300	6

资料来源:《表面安装技术与片式元器件》(1990 年)。

SMD只占有基板的一面,而DIP却占两面,一面插装,另一面焊接。

(2) SOP、PLCC与DIP相比,具有优异的电性能

因为SMD的引脚短或无引脚,所以寄生参数(L、C)小,噪声小,信号传输快,64只引脚的PLCC的传输延迟仅为DIP的15%。表4-2是SOP、PLCC与DIP的寄生电感(L)的比较。

表4-2　SOP、PLCC与DIP的寄生电感比较

封装类型	电感量(μH)
DIP 14引脚	3.2~10.2
SOP 14引脚	2.6~3.8
PLCC 20引脚	4.2~5.0

资料来源:《表面组装技术》(1994年)。

(3) 适合自动化生产

SMD小而轻,形状规则,安装机拾放更容易。一机可以安装多种SMD;而DIP大而重,引脚形状多样,需要多种插装机,而且为便于各种插装机操作,往往要使PWB面积扩大40%左右。

(4) 降低生产成本

安装SMD的PWB钻孔大大减少,安装元器件还可减少插装元器件的打弯整形工序,又可两面安装,从而节约PWB面积及插装后多余的金属引脚材料,这在很大程度上降低了成本,同时,由于SMT的自动化程度高,可大大提高生产效率,这些都能有效降低生产成本。

(5) 能提高可靠性

SMD小而轻,其端电极直接安装在PWB上,消除了元器件与PWB间的二次连接,从而减少了因连接而引起的故障。直接安装紧靠PWB,因而具有良好的耐机械冲击及耐高频振动能力。采用新的焊接技术,提高了焊接质量,减少了桥连、虚焊等插装焊接常见的焊接疵病,焊接缺陷率一般都在1×10^{-4}以下,有的还低于2.5×10^{-5}。大量可靠性试验对比证实,SMD安装的电子产品可靠性高于插装元器件的可靠性。

(6) 更有利于环境保护

对于同样功能的IC,因SMD比插装元器件小得多,制作使用的原材料也少,相应的环境污染减少;还提高了原材料的利用率,减少了废弃物,这都更有利于环境保护。

4.1.3　SMD的不足

当然,SMD发展至今,仍有它的许多不足之处。如由于元器件安装密度高,所以PWB上功率密度高,散热问题就显得更重要,更要注重解决热设计问题;再如,SMD与PWB的CTE不一致导致焊点处的裂纹以致开裂问题,这在LCCC与PWB的匹配中尤为突出,后来通过研制夹芯金属PWB或在焊接面设置柔性层得以解决;还如,塑料件普遍存在吸潮问题,在焊接时由于塑封件整体受热,易造成吸收水汽的膨胀而引起的封装件的失效,这可以通过焊接前烘烤除潮或在塑封件表面涂覆防潮层加以解决(本章4.4节专门论述)。

虽然SMD尚存在如上问题,但这些毕竟是发展中出现的问题,往往正是这些问题的深入研究及不断解决使SMD不断推陈出新,呈现绚丽多姿的态势。

4.2　SMD的分类及其特点

SMD的种类繁多，通常可按封装外形及封装材料进行分类。

4.2.1　按封装外形分类及其特点

有"芝麻管"形、圆柱形、SOT形，主要封装半导体二、三极管，有2~4个引脚；SOP(SOJ)形，引脚双边引出，主要封装数十个I/O引脚的中、小规模IC及少数LSI芯片(如SRAM、DRAM)，引脚节距多为1.27 mm和0.65 mm等；PQFP为四边引脚，主要封装I/O数为40~304的LSI和VLSI芯片，引脚节距从1.27 mm直至窄节距的0.8 mm、0.65 mm、0.5 mm、0.4 mm和0.3 mm；PLCC为四边引脚，主要封装I/O数为16~124的IC芯片，引脚节距为1.27 mm；LCCC为四边引脚，主要封装I/O数为16~256的IC芯片，引脚节距为1.27 mm、1.0 mm、0.8 mm和0.65 mm。BGA/CSP为基板底面面阵凸点引脚，可封装I/O数高达数百乃至数千的LSI和VLSI芯片，引脚节距为1.27 mm、1.0 mm、0.8 mm和0.5 mm；还有裸芯片直接芯片安装(DCA)，如COB、TAB、FCB等，其引脚节距可小于0.2 mm。

由于BGA/CSP和裸芯片(COB、TAB、FCB)的DCA是针对LSI、VLSI芯片的新型封装及安装技术，有其特殊的重要性，所以将专列章节介绍(详见第5章、第6章和第8章)。

4.2.2　按封装材料分类及其特点

有玻璃二极管封装，是圆柱形无引脚结构，多用于齐纳二极管、高速开关管或普通二极管；塑料封装类，利用引线框架安装芯片并进行模塑封装，适合晶体管和IC封装，约占各类封装总量的95%以上，是SMD的主要封装形式，应用最为广泛；陶瓷封装类，主体材料为各类陶瓷，通常为气密性封装，封装成本较高。陶瓷封装因是气密性封装，具有良好的电性能、热性能及耐腐蚀性，可在恶劣的环境条件下可靠地工作，它的环境工作温度可达-65~150 ℃，因此陶瓷封装类SMD在军事通信装备、航空、航天、船舶等尖端领域得到广泛应用。表4-3列出了各类SMD的部分数据。

表4-3　常用SMD器件的品种规格

名称	封装形式	封装代号	外形尺寸(mm)	特征	包装要求
二极管	圆柱	MLL-34	1.73(直径)×3.7(高)	开关、整流、稳压	8 mm编带
		MLL-41	2.6(直径)×5.0(高)		12 mm编带
	片式(两端)	DSM	1.7×1.25×2 (长×宽×高，下同)	超高压	8mm编带
		PSM	4.5×2.6×2		12 mm编带
		SMB	5.6×4.6×2.4	大功率	12mm编带
		SMC	8.1×6.1×2.4		16mm编带
	片式(多端)	SOT-23	2.9×2.8×1.1	高速开关、检波	8 mm编带
		SOT-143	3.0×2.5×1.1		8 mm编带
		SOT-223	7.3×6.7×1.7		12 mm编带

续表 4-3

名称	封装形式		封装代号	外形尺寸(mm)	特 征	包装要求
三极管	片式(三端)		SOT-23A/B	2.9×2.8×1.1	单管封装 NPN、PNP、FET、PUT	8 mm 编带
			SOT-233	7.3×6.7×1.7		12 mm 编带
			SOT-89	4.5×4.1×1.5	中功率器件	12 mm 编带
			DDPAK	15.5×10.3×4.8	塑封大功率 PNP、NPN、FET	24 mm 编带
			DPAK	9.5×6.5×2.3		16 mm 编带
	片式(多端)		SOT-143	3.0×2.5×1.1	RF 用 NPN、PNP	8 mm 编带
			SOT-23-5(5 端)	3.1×1.9×1.5	双管封装 NPN/PNP	8 mm 编带
			SOT-23-6(6 端)	3.1×1.9×1.5	双管封装 NPN/PNP	8 mm 编带
			MFW10(10 端)	7.7×6.5×1.5	三极管阵列	16 mm 编带
中小规模集成电路	SOP(1.27 mm 节距)		SOIC	3.8(宽)	8/14/16 脚	编带或管式
			SOIC	7.6(宽)	8/14/16/20/24 脚	编带或管式
			SOIC	8.4/8.9/11.2(宽)	20/24/28/32 脚	编带或管式
	TSOP(0.65 mm 节距、0.5 mm 节距)		TSOIC	7.6/8.4/11.7(宽)	24/28/32/40 脚	编带或管式
			TSOIC	7.6/8.4/11.7(宽)	24/28/32/40 脚	编带或管式
	VSOP(0.65 mm 节距)		SSOIC	3.8(宽)	16/20/24 脚	编带或管式
			SSOIC	7.6(宽)	16/20/24/28 脚	编带或管式
	SOJ(1.27 mm 节距)		SOJ	7.6/8.9(宽)	20/24/26/32 脚	编带或管式
			SOJ	10.2(宽)	28/32 脚	编带或管式
超大规模集成电路	QFP	CQFP	陶瓷封装 QFP	1/0.8/0.65(引脚节距)	32/44/48/52/64/100/128/160 脚	托盘或编带
		PQFP	塑料封装 QFP			托盘或编带
		TQFP	薄形封 QFP	0.55/0.5/0.35(引脚节距)	32/48/64/80/100/160/208/304 脚	托盘或编带
		SQFP	缩小形封装 QFP			托盘或编带
	LCC	PLCC	塑料封装	1.27(引脚节距)	20/28/44/52/68/84 脚	托盘或编带
		CLCC	陶瓷封装			管式或编带
		LCCC	无引脚陶瓷封装	1.27(引脚节距)	20/24/28/32/44/68 脚	管式或编带
	BGA	各类 BGA	球栅阵列封装	1/1.27/1.5(引脚节距)	169/225/396 脚	托盘或编带
	CSP	各类 CSP	芯片尺寸封装	0.5/0.8/1.0(引脚节距)	≤200 脚	托盘或编带

资料来源:《表面组装技术》(1994 年)。

4.3　主要 SMD 的封装技术

4.3.1　“芝麻管”的封装技术

在 20 世纪 60 ~ 70 年代厚、薄膜 HIC 大发展时期，无源元件的电阻、电容是用厚膜或薄膜方法制作在陶瓷基板上的，并用厚、薄膜方法制作连接的引脚；而有源器件则制成“芝麻管”的形式，然后焊接到预留的焊区上。“芝麻管”的结构往往是在一个小小的圆陶瓷片(直径为 3 mm)上用厚、薄膜方法制作成发射极(e)、基极(b)、集电极(c)，并焊接出三根引脚(可伐镀 Ni—Au 或 Ag 引脚)。芯片烧(粘)结在集电极焊区上，芯片上的 e、b 用 WB 焊接到陶瓷片的 e、b 电极上，再用环氧树脂将芯片包封固化起来，就成为“芝麻管”。也可以利用可伐合金镀 Ni—Au 的引线框架，装配芯片并 WB，最后用环氧树脂包封固化而形成“芝麻管”。将筛选测试合格“芝麻管”的引脚焊接到 HIC 的有源焊区上，如图 4-1 所示。这类“芝麻管”安装结构曾在 HIC 中沿用到 20 世纪 80 年代中期，对 HIC 起过重要作用。

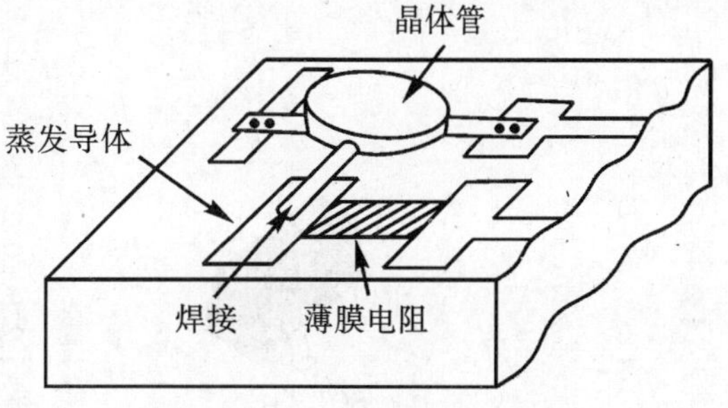

图 4-1　HIC 的“芝麻管”安装

4.3.2　圆柱形无引脚安装(MELF)二极管的封装技术

这种 MELF 的封装结构如图 4-2 所示，是无引脚的，其封装结构是将二极管的芯片装在具有内部电极的玻璃管中，再将玻璃管的两端装上正、负电极金属帽，就制成了表面安装器件。

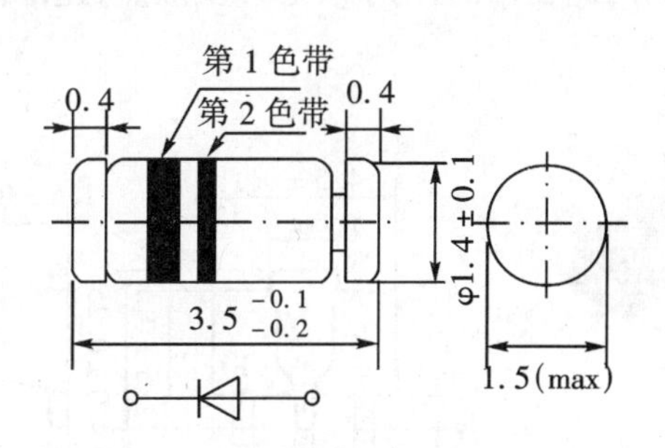

图 4-2　MELF 二极管结构及尺寸(单位：mm)

由于圆形电极无方向性，给安装带来很大方便，也无需编带包装，盒装或散装即可，从而节省了包装成本。

MELF 封装尺寸有 1.35 mm(直径) × 3.4 mm(高)、1.5 mm(直径) × 3.5 mm(高)及 2.7 mm(直径) × 5.2 mm(高)几种，封装功耗一般为 0.5 ~ 1 W。

4.3.3 小外形晶体管(SOT)的封装技术

SOT 型封装原为替代 HIC 的芝麻管,安装在 HIC 陶瓷基板上。随着 SMT 的发展,更多的 SOT 型封装用于 PWB 上安装。

SOT 型通常有三种,即 SOT23、SOT89 和 SOT143。

1. SOT23

SOT23 是有三根翼形引脚的通用型晶体管封装结构,典型的外形尺寸如图 4-3 所示。这种类型主要用于封装小功率晶体管,也用于封装场效应晶体管、二极管及带电阻网络的复合晶体管,允许最大芯片尺寸为 0.76 mm × 0.76 mm,功耗一般为 150 ~ 300 mW。

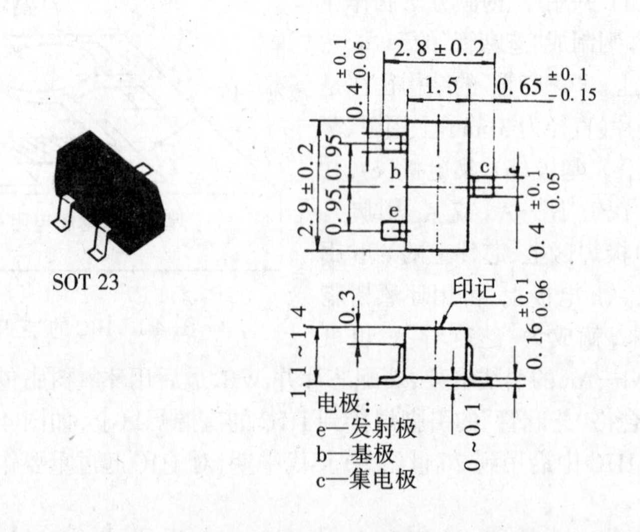

图 4-3 SOT23 封装外形及尺寸(单位:mm)

2. SOT89

SOT89 是有三根分布在同一侧的短引脚的功率晶体管封装结构,典型的外形尺寸如图 4-4 所示。集电极宽且长,塑封时露在外面,用于装芯片及散热,允许最大芯片尺寸可达 1.5 mm × 1.5 mm,一般功耗为 0.3 ~ 2 W。

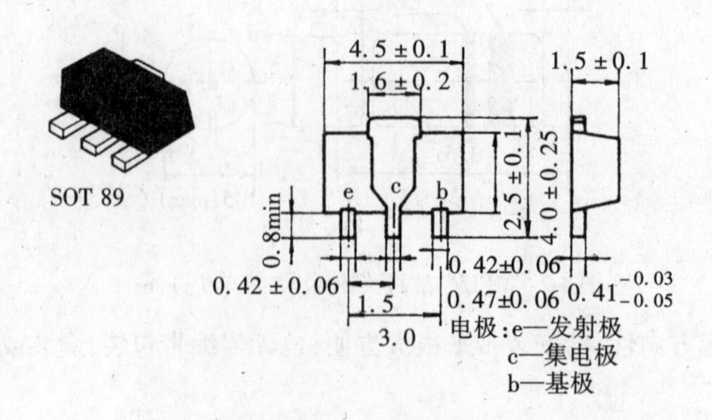

图 4-4 SOT89 封装外形及尺寸(单位:mm)

3. SOT143

SOT143 典型的外形尺寸与结构如图 4-5 所示。主要特点是有四根翼形引脚,散热性能与 SOT23 相当,芯片尺寸最大为 0.64 mm×0.64 mm,主要用于场效应晶体管及高频晶体管的封装。

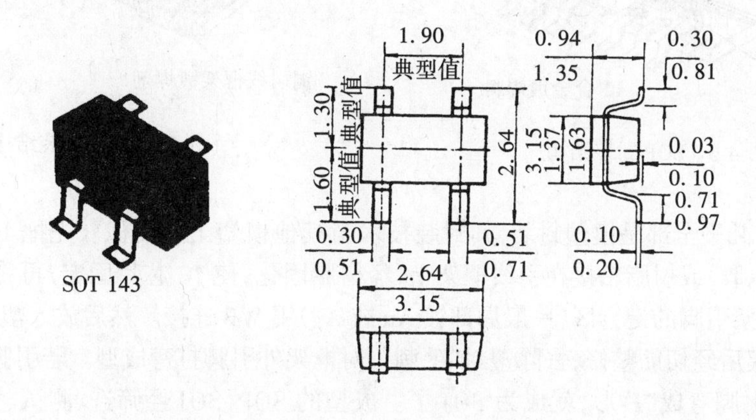

图 4-5　SOT143 封装外形及尺寸(单位:mm)

此外,还有一些与这三种类似或相近的封装结构,不再一一举例。

以上各类 SOT 型,除标注的尺寸外,常见的尺寸还有 2.5 mm×1.25 mm×1.1 mm、2.1 mm×2.0 mm×0.9 mm、2.9 mm×2.5 mm×1.1 mm、2.9 mm×2.8 mm×1.2 mm、3.8 mm×1.5 mm×1.1 mm、4.6 mm×4.2 mm×1.6 mm 和 10.3 mm×6.8 mm×1.6 mm 等。

SOT 型的封装工艺技术类似,也比较简单。通常是在冲制好的引线框架集电极上装配晶体管芯片。可用低温银浆粘接芯片,再加热还原出银的方法,也可用 Au-Sb 合金与芯片烧结共熔法,或者使用导电胶粘接芯片固化法等。装好芯片后,将芯片的发射极、基极与对应引线框架的另两极用 WB 互连,再经模塑料封装以及筛选测试,就制成了各类 SOT 型晶体管。

4.3.4　IC 小外形封装(SOP)技术

SOP 实际上是 DIP 的变形,即将 DIP 的直插式引脚向外弯曲成 90 度,就成了适于 SMT 的封装了,只是外形尺寸和重量比 DIP 小得多(参见表 4-1)。这类封装结构的引脚有两种不同的形式,一种具有"L"形的翼形引脚,通常称为 SOP,如图 4-6 所示;另一种具有"J"形的引脚,引脚在封装的下面,所占 PWB 面积比 SOP 小,此类封装称为 SOJ,如图 4-7 所示。

SOP 的特点是引脚易焊接,焊点容易检查,但占用 PWB 的面积比 SOJ 大,显然 SOJ 的安装密度高。SOP、SOJ 类的引脚节距多为 1.27 mm、1.0 mm 和 0.65 mm 等,引脚为 8~86 只。SOP、SOJ 的引线框架材料除可伐合金及 42 铁镍合金外,还有 Cu 合金引线框架,它具有柔性,可吸收焊接时的应力,而且导电导热性能好。在各类 SMD 中,SOP、SOJ 的数量最大。在《SMT》1998 年第 7 期刊载的 1997~2002 年的各类封装产品预测中,各个时期的 SOP、SOJ 的产量约占 SMD 各类封装总产量的 60%左右。主要封装中、小规模 IC 芯片,也封装 I/O 引脚低的 LSI 芯片。

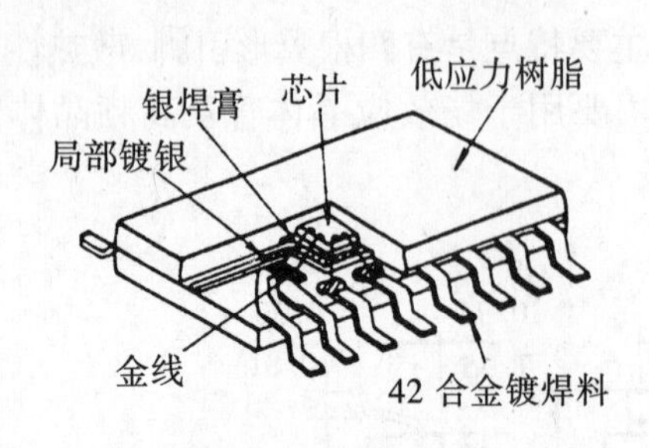

图 4-6 SOP 封装结构

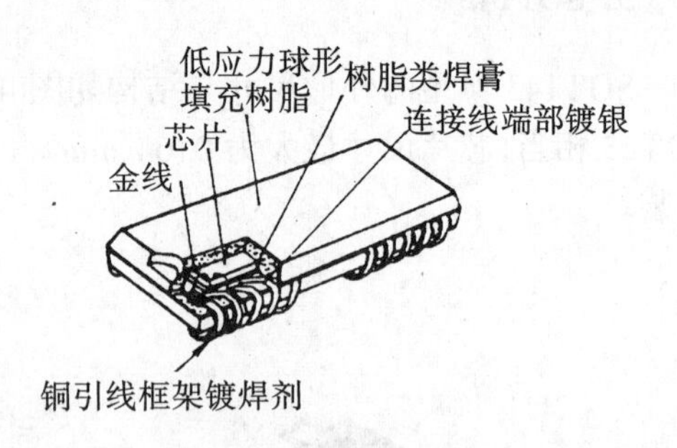

图 4-7 SOJ 封装结构

SOP、SOJ 几乎全部是模塑封装，其封装技术与其他模塑工艺类似。先把 IC 芯片用导电银浆（又称导电胶）或树脂粘接在引线框架上，经树脂固化，使 IC 芯片固定，再将 IC 芯片上的焊区与引线框架引脚的键合区（一般局部镀 Au 或 Ag）用 WB 连接。然后放入塑封模具中进行模塑封装，出模后经切筋整修，去除塑封“毛刺”，对框架外引脚打弯成型。若引脚弯成翼形，就成为 SOP；若引脚弯成“J”形，就成为 SOJ 了。成型的 SOP、SOJ 经筛选、测试、分选、打印、包装，就可作为成品出厂。

SOP 有常规型、窄节距 SOP（SSOP）及薄型 SOP（TSOP）多种，下面列表（表 4-4、表 4-5、表 4-6 和表 4-7）给出这几类封装的有关数据（EIAJ 标准），图 4-8 所示为其外形图。表 4-8 为 SOJ 的常用尺寸数据，图 4-9 为其外形图。

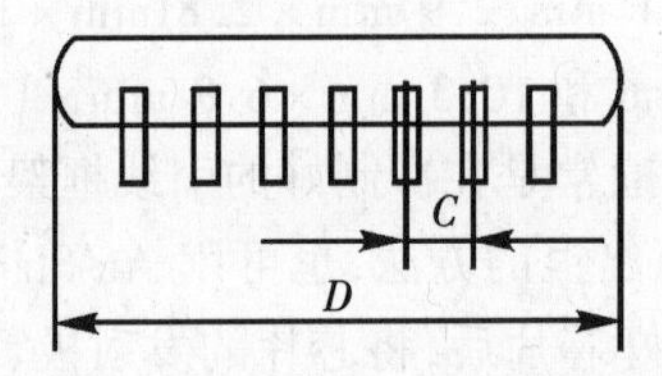

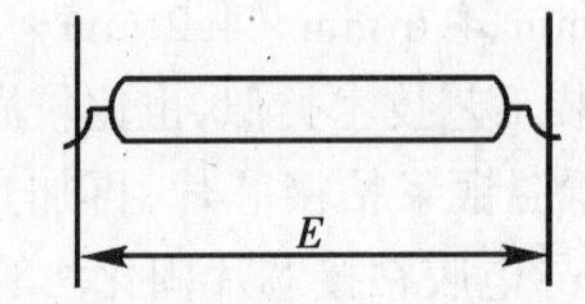

图 4-8 各类 SOP 外形图

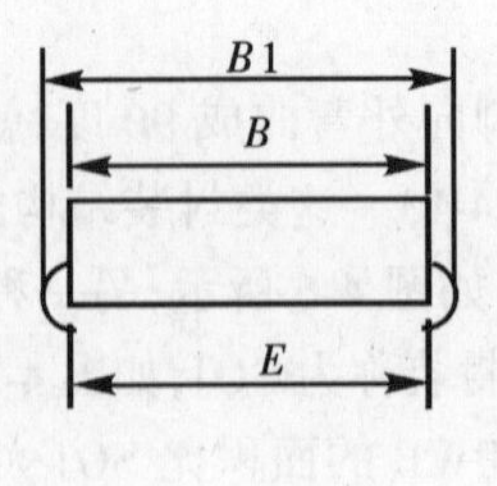

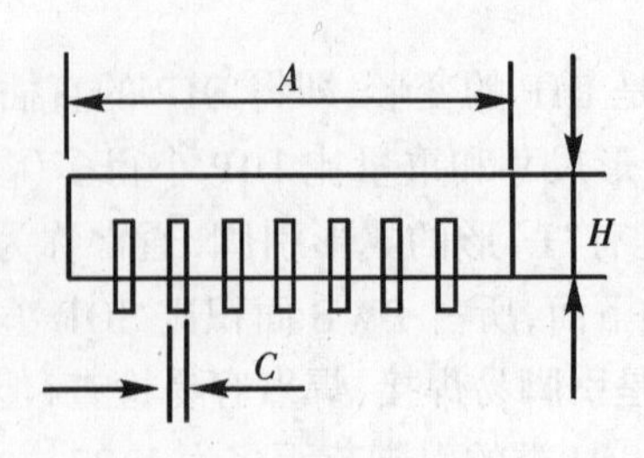

图 4-9 SOJ 外形图

表 4-4　常规 SOP 的有关尺寸(EIAJ 标准)

引脚节距 C(mm)	1.27
引脚宽度(mm)	0.4
引脚长度(mm)	≥0.76
引脚厚度(mm)	0.2

本体长度 D(mm)	引脚数(个)	本体宽度 E(mm)
6.05	6,8	1类 5.72 2类 7.62 3类 9.53 4类 11.43 5类 13.34 6类 15.24
8.59	10,12	
11.13	14,16	
13.67	18,20	
16.21	22,24	
18.75	28	
21.29	30,32	
23.83	36	
27.64	40,42	

表 4-5　SSOP 的有关尺寸(EIAJ 标准)

引脚节距 C(mm)	1.0, 0.8, 0.65, 0.5
引脚宽度(mm)	0.40, 0.35, 0.30, 0.20
引脚长度(mm)	均为 1.0
引脚厚度(mm)	0.10~0.35

本体长度 D(mm)	引脚数(个)				本体宽度 E(mm)
	1.0 mm	0.8 mm	0.65 mm	0.5 mm	
5.0	10	12	14	18	1类 5.72 2类 7.62 3类 9.53 4类 11.43 5类 13.34 6类 15.24
6.5	12	14	18	24	
8.0	14	18	22	30	
9.5	18	22	28	36	
11.0	22	26	32	42	
12.5	26	30	36	48	
14.0	28	34	42	54	
15.5	30	38	46	60	
17.0	34	42	50	66	
18.5	36	44	54	72	
20.0	40	48	60	/	
21.5	42	52	64	/	
23.0	46	56	68	/	
24.5	48	60	/	/	
26.0	52	64	/	/	
27.5	54	68	/	/	
29.0	58	/	/	/	

表 4-6 TSOP 的有关尺寸(EIAJ 标准)(1)

引脚节距 C(mm)	0.65, 0.5, 0.4, 0.3				
引脚宽度(mm)	0.30, 0.22, 0.18, 0.14				
引脚长度(mm)	均为 0.8				
引脚厚度(mm)	0.09～0.20				
本体长度 D(mm)	引脚数(个)				本体宽度 E(mm)
	0.65 mm	0.5 mm	0.4 mm	0.3 mm	
6.0	16	24	28	36	12.4,14.4, 16.4,18.4
8.0	24	32	40	52	
10.0	28	40	48	64	
12.0	36	48	60	76	

表 4-7 TSOP 的有关尺寸(EIAJ 标准)(2)

引脚节距 C(mm)	1.27, 1.0, 0.80, 0.65				
引脚宽度(mm)	0.40, 0.40, 0.35, 0.30				
引脚长度(mm)	均为 0.80				
引脚厚度(mm)	0.09～0.20				
本体长度 D(mm)	引脚数(个)				本体宽度 E(mm)
	1.27 mm	1.0 mm	0.80 mm	0.65 mm	
10.79	16	20	26	32	7.62, 8.89 10.16, 11.43 12.70, 13.97 15.42
12.06	18	24	28	36	
13.33	20	26	32	38	
14.60	22	28	36	42	
15.87	24	30	38	46	
17.14	26	34	42	50	
18.41	28	36	44	54	
19.68	30	38	48	58	
20.95	32	40	50	62	
22.32	34	44	54	66	
23.49	36	46	58	70	
24.76	38	48	60	74	
26.03	40	52	64	78	
27.30	42	54	66	82	
28.57	44	56	70	86	

表 4-8　SOJ 常用有关尺寸参数

序号	引脚数(个)	引脚节距(mm)	A(mm)	B(mm)	B_1(mm)	E(mm)	C(mm)	H_1(mm)
1	16	1.27	11.20	7.05	8.40	6.35	0.35,0.50	3.40
2	20	1.27	13.80	7.05	8.60	6.35	0.35,0.50	3.40
3	20	1.27	17.15	7.62	8.40	6.80	0.45,0.70	3.50
4	24	1.27	15.88	7.62	8.40	6.75	0.45,0.70	3.50
5	28	1.27	18.42	10.16	11.18	9.40	0.45,0.70	3.55
6	40	1.27	26.04	10.16	11.18	9.40	0.45,0.70	3.55

4.3.5　塑料有引脚片式载体(PLCC)封装技术

PLCC 是美国 20 世纪 70 年代开发的针对 LSI 芯片的封装结构,引脚节距为 1.27 mm,四边引脚呈“J”形,向封装体下面弯曲。引脚材料为 Cu 合金,不但导热、导电性能好,而且引脚还具有一定弹性,这样可以缓解焊接时引脚与 PWB 的 CTE 不一致造成的应力。由于引脚成“J”形,引脚占用 PWB 的面积少,所以安装密度高。图 4-10 是 PLCC 的封装外形结构。PLCC 的外形有方形和矩形两种,矩形 PLCC 引脚数有 18、28 和 32 等几种,方形 PLCC 有 20、28、44、52、68、84、100 和 124 等多种,美国重点开发的是 84 以下引脚的 PLCC。这里需要特别注意的是 PLCC 的引脚起始点排列顺序与 SOP 及 DIP 有所不同,这两者的 1 号引脚结构均从左边开始逆时针记数,如图 4-11 所示。往往在封装表面都设有引脚标记符号,常用一小圆点或半圆点或器件斜边的标记脚来识别。一般将标记放在向上的左手边,若每边的引脚数为奇数,则中心引脚为 1 号引脚,若每边的引脚数为偶数,则中心两根引脚中靠左边的引脚为 1 号。通常从标记符号的指向处的左边开始计算引脚的起止(按逆时针方向)。也有的在别处标记,但引脚起止及识别方向均相同。

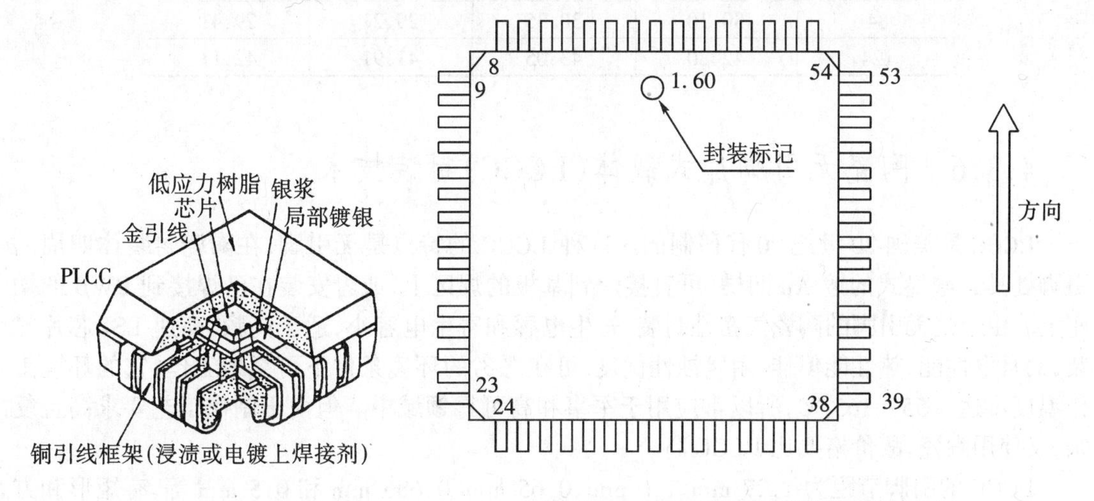

图 4-10　PLCC 封装结构　　图 4-11　PLCC 引脚排列顺序及起始标记

PLCC 的封装技术与通常的模塑封装器件相同,前面已有论述,这里不再赘述。

方形 PLCC 的封装外形及尺寸分别如图 4-12 和表 4-9 所示。

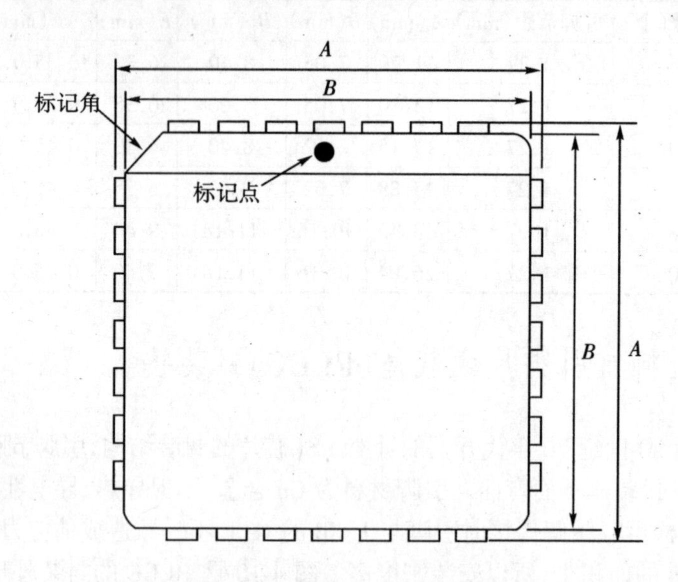

图 4-12 方形 PLCC 的封装外形

表 4-9 方型 PLCC 的封装尺寸(JEDEC 标准)

引脚数	A(mm)		B(mm)	
	最小	最大	最小	最大
20	9.78	10.03	8.89	9.04
28	12.32	12.57	11.43	11.58
44	17.40	17.65	16.51	16.66
52	19.94	20.19	19.05	19.20
68	25.02	25.27	24.13	24.33
84	30.10	30.35	29.21	29.41
124	42.80	43.05	41.91	42.11

4.3.6 陶瓷无引脚片式载体(LCCC)封装技术

LCCC 是美国 20 世纪 70 代研制的。这种 LCCC 的特点是无引脚,在陶瓷封装体四周的引脚处具有城堡式的镀 Au 凹槽,可直接焊到基板的焊区上,或者安装在已焊接到 PWB 的插座上。由于是无引脚的陶瓷气密性封装,寄生电感和寄生电容小,适于高频、高速 LSI 芯片封装,而且电性能、热性能俱佳,耐腐蚀性优良,可在恶劣的环境条件下可靠地工作,它的环境工作温度可达 -55 ~ 165 ℃,所以常应用于军事和高可靠领域中。但由于制作工艺要求高且复杂,又使用陶瓷,故价格要比 PLCC 高。

LCCC 的引脚节距为 1.27 mm、1.0 mm、0.65 mm、0.635 mm 和 0.5 mm 等,有矩形和方形两种。矩形引脚数有 18、22、28、32、42,方形引脚数有 16、20、24、28、32、44、52、64、68、84、88、100、124、132、156、172、196、224、240 和 256。LCCC 根据结构不同,又进一步分为 A、B、C、D、E、F 各种型号,由 JEDEC 给予不同的命名,如 MS-002 代表 A 型,MS-003 代表 B 型,MS-

004 代表 C 型,MS-005 则代表 D 型,E 型和 F 型暂无命名。各种不同型号的 LCCC 外形结构如图 4-13所示。LCCC 的外形尺寸如表 4-10 所示。

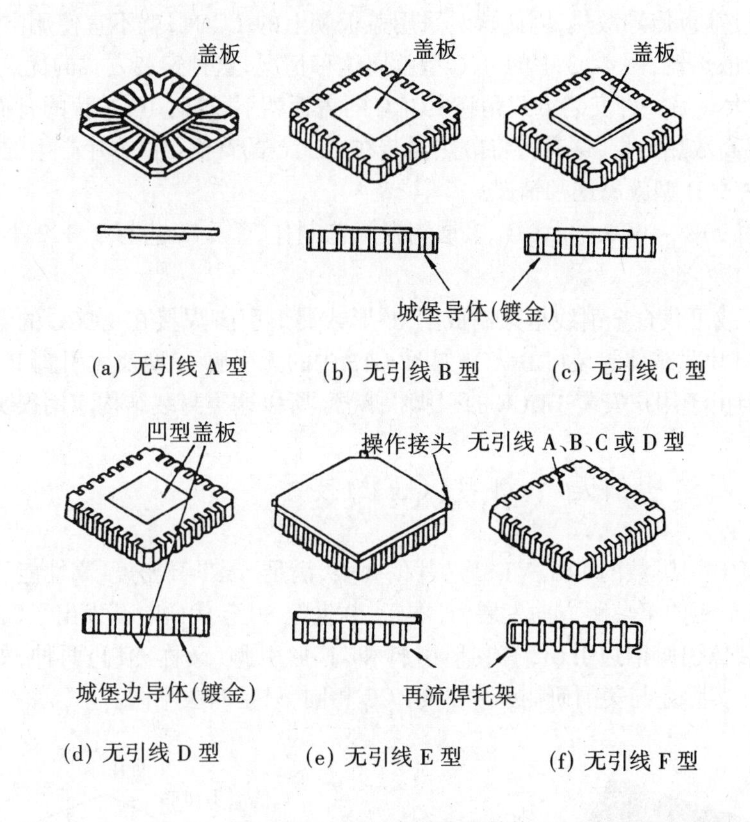

图 4-13　LCCC 各种类型结构

表 4-10　引脚节距为 1.27 mm 的 LCCC 外形尺寸

封装引脚数		本体宽度(mm)	本体长度(mm)
矩形	18	7.620	11.176
	28	8.640	14.224
	32	11.684	14.224
方形	16	7.750	7.750
	20	9.144	9.144
	24	10.414	10.414
	28	11.684	11.684
	44	16.764	16.764
	52	19.300	19.300
	68	24.384	24.384
	84	29.464	29.464
	100	35.544	35.544
	124	42.164	42.164
	156	52.324	52.324

LCCC的种类及类型繁多,是由于封装类型配合安装基板的散热方式不同所致。因为IC芯片主要通过其背面散热,所以当IC芯片的背面朝向安装基板(陶瓷/PWB)时,IC芯片产生的热量主要通过基板传导散热,因此这时采用盖板朝上的LCCC,就不宜使用空气对流冷却系统,也不能安装散热器,图4-13中的B、C型就属这种情况,这种安装方式的优点是允许腔体及IC芯片尺寸较大。另一种安装方式是将LCCC的盖板朝下,这时IC芯片的背面朝上,即背向安装基板,为提高散热效果,这时可将散热器装在LCCC的背面,IC芯片产生的热量就通过散热器散热,图中A、D型就属这种情况。

LCCC是用90%~96%的Al_2O_3多层陶瓷工艺制作,整个工艺与3.3.2小节中的多层陶瓷DIP(CDIP)工艺类似。

有的用Cu或可伐合金引线框架制成了"J"形或翼形引脚焊接在LCCC的金属化区上,就构成陶瓷有引脚片式载体封装(LDCC),如图4-13中的无引脚A型及无引脚B型加上引脚即成为LDCC。但由于用户安装LDCC的引脚很麻烦,所以这类封装结构应用很少。

4.3.7 四边引脚扁平封装(QFP)技术

为解决高I/O引脚数的LSI、VLSI芯片的封装,满足SMT高密度、高性能、多功能及高可靠的要求,引脚节距向窄节距方向发展,日本于20世纪80年代研制开发出了四边引脚扁平封装(QFP)。封装体引脚四边引出,有翼形引脚和"J"形引脚(又称QFJ)两种,如图4-14和图4-15所示。QFJ实际上与美国研制开发的PLCC相同,只是叫法不同。

(a) PQFP外形

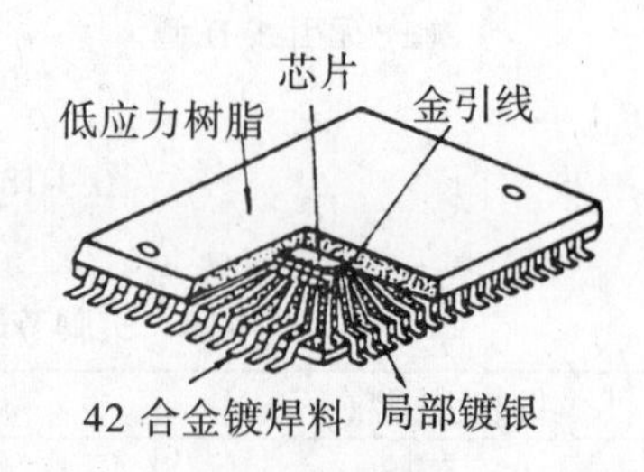

(b) QFP封装结构

图4-14 QFP封装结构

QFP经过十多年的研制开发和应用,不断改进提高,终于在90年代初成为各类LSI芯片以及较低I/O引脚数的VLSI芯片的SMD类主流封装产品,特别是I/O引脚数在208个以下的QFP更具有高的性能价格比,以及优良的焊点可靠性,应成为优选的SMD封装产品。下面将对QFP作详细论述。

1. QFP的分类与特点

QFP按其封装材料、外形结构及引脚节距常分为如下几种:

(1) 塑封QFP(PQFP)

这是产量及使用量最大且应用面最广、价格最低的SMD封装产品,占所有QFP的90%以上。引脚节距通常为1.0 mm、0.8 mm和0.65 mm。

(2) 陶瓷 QFP(CQFP)

这是价格较高的气密性 SMD 封装产品,多用于军事通信装备及航空航天等要求高可靠或使用环境条件苛刻的尖端电子装备中。引脚节距通常为 1.27 mm、1.0 mm、0.8 mm 和 0.635 mm。

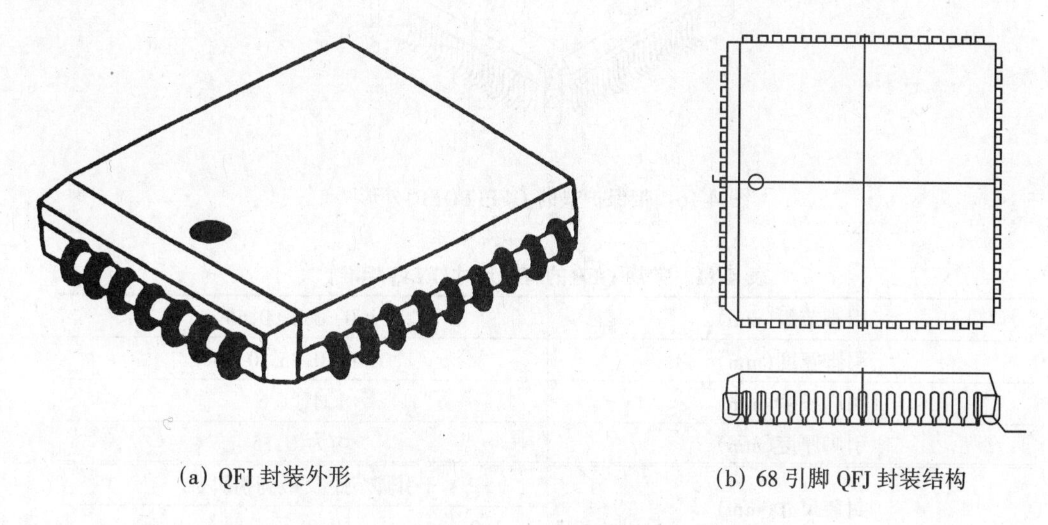

(a) QFJ 封装外形　(b) 68 引脚 QFJ 封装结构

图 4-15　QFJ 封装外形

(3) 薄型 QFP(TQFP)

这是为适用各种薄型电子整机而开发的,因封装厚度比常规 QFP 薄而得名,最小封装厚度可达 1.4 mm 或更薄。如较早的通信手机、笔记本电脑、数码相机及带液晶显示的电子产品都用到 TQFP。引脚节距为 0.5 mm、0.4 mm 和 0.3 mm。

(4) 窄节距 QFP(FQFP)

由于引脚节距变窄,封装体相应变小、变薄,引脚节距为 0.5 mm、0.4 mm 和 0.3 mm。只是 FQFP 更强调了与更精细工艺技术相关联的引脚节距罢了。以上带有翼形引脚的各类 QFP,由于引脚非常纤细,容易在包装、运输、储存、加工测试过程中损坏引脚或引脚的共面性(通常引脚共面性为 0.1 mm,即各引脚端头与 PWB 板面的间隙差要小于 0.1 mm(JEDEC 标准))。而下面的一种 QFP 可以避免损坏引脚或引脚共面性。

(5) 带保护垫的 QFP(BQFP)

这是美国开发出的一种窄引脚节距 QFP 结构,如图 4-16 所示。这种 BQFP 的最突出特点是四角有凸出的缓冲垫,它比引脚长约 0.05 mm(约 2 mil),因而保护了纤细的引脚免受包装、运输及工艺过程中的损害,也保持了引脚良好的共面性。

以上各类型的 QFP 又有方形和矩形之分,引线框架材料多为 C194Cu、可伐合金或 42 铁镍合金。按日本 EIAJ 标准,方形 QFP 的外形尺寸多为 5 mm 或 7 mm 的整数倍,而矩形 QFP 的长宽比,通常长边为短边的$\sqrt{2}$倍。

2. 各类 QFP 的封装尺寸和引脚参数

表 4-11、表 4-12 及表 4-13 分别列出了常规 QFP、TQFP 和 BQFP 的封装尺寸及引脚参数。

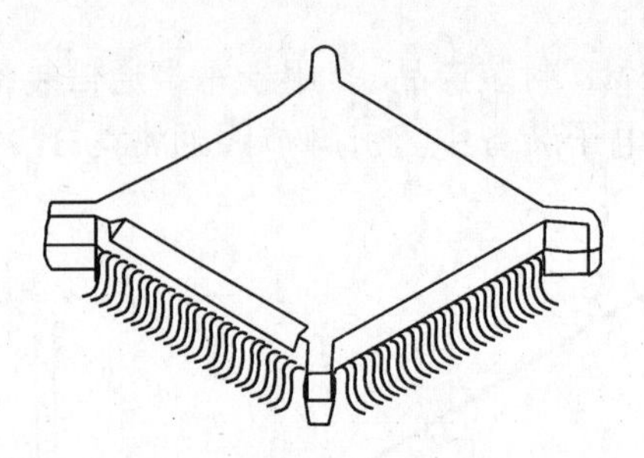

图 4-16 带保护垫的 QFP(BQFP)外形

表 4-11 常规 QFP 的有关尺寸(EIAJ 标准)

引脚节距(mm)	1.0, 0.8, 0.65		
引脚宽度(mm)	0.40, 0.35, 0.30		
引脚长度(mm)	1.4, 1.6		
引脚厚度(mm)	均为 0.15		
封装尺寸(mm)	引脚节距及最高引脚数		
	1.0 mm	0.8 mm	0.65 mm
5×5	12	16	24
6×6	20	24	32
7×7	28	32	40
10×10	36	48	56
12×12	44	56	64
14×14	52	64	80
20×20	76	96	120
24×24	92	112	144
28×28	108	136	168
32×32	124	154	192
36×36	140	176	216
40×40	156	182	240
44×44	172	216	264
7×5	16	24	32
10×7	28	40	48
14×10	44	56	68
20×14	64	80	100
28×20	92	116	144
40×28	132	164	204

表 4-12　TQFP 的有关尺寸(EIAJ 标准)

引脚节距(mm)	0.5, 0.4, 0.3		
引脚宽度(mm)	0.20, 0.15, 0.10		
引脚长度(mm)	1.0, 1.8		
引脚厚度(mm)	0.05 ~ 0.20		
封装尺寸(mm)	引脚节距及最高引脚数		
	0.5 mm	0.4 mm	0.3 mm
5×5	32	40	56
6×6	40	48	64
7×7	48	64	80
10×10	72	88	120
12×12	88	108	144
14×14	108	128	176
20×20	152	192	256
24×24	184	232	304
28×28	216	272	360
32×32	248	312	408
36×36	280	352	464
40×40	312	392	520
44×44	344	432	576
7×5	40	52	68
10×7	60	76	100
14×10	88	108	148
20×14	128	160	216
28×20	184	232	308
40×28	264	332	440

表 4-13　BQFP 的有关尺寸(JEDEC 标准)

引脚间距(mm)	0.635
引脚宽度(mm)	0.254,0.330
引脚长度(mm)	1.65
引脚厚度(mm)	0.152

续表 4-13

尺寸代号	封装体边长		安装高度(mm)	引脚数(个)
	最小(mm)	最大(mm)		
0045	11.35	11.55	4.19	52(4×13)
0055	13.90	14.05		68(4×17)
0065	16.43	16.59		84(4×21)
0075	18.97	19.13		100(4×25)
0095	24.05	24.21		132(4×33)
0115	29.13	29.29		164(4×41)
0135	34.21	34.37		196(4×49)
0165	41.83	41.99		244(4×61)
L040 L045	10.09 11.35	10.23 11.51	2.21	44(4×11) 52(4×13)
L055 L065 L075	13.90 16.43 18.97	14.05 16.59 19.13	2.57	68(4×17) 84(4×21) 100(4×25)
L095 L105 L115	24.05 26.60 29.13	24.21 26.74 29.29	3.10	132(4×33) 148(4×37) 164(4×41)

3. QFP 的封装工艺技术

(1) PQFP 的封装工艺技术

PQFP 的封装工艺技术与其他塑封器件(如 TO、PDIP、SOP 等)基本相似,工艺流程如图 4-17所示。

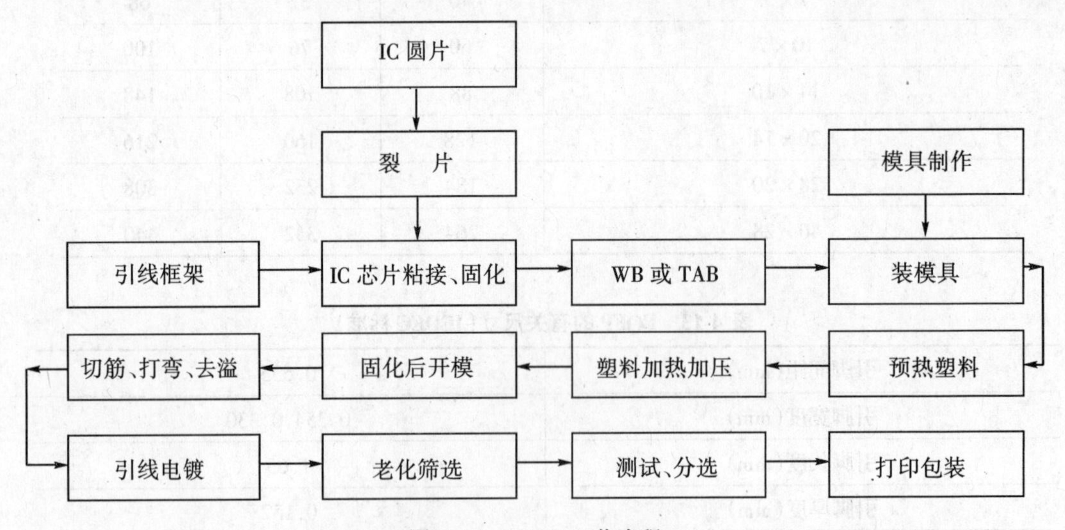

图 4-17　PQFP 工艺流程

经过多次改性的环氧模塑料,具有优良的化学性能、抗腐蚀性能、电性能及物理性能,还具有良好的粘接性能、低的收缩力及适中的材料成本价格等。现在高纯度环氧树脂的氯离子及其他游离离子,如 Na^+、K^+ 等含量极少,从而被广泛用作 IC 的模塑料。

引线框架材料通常为 C194Cu、可伐合金或 42 铁镍合金,内引脚往往局部镀 Ag,以利于芯片安装和 WB,而外引脚应电镀 Pb-Sn 合金焊料。I/O 引脚数多(> 304)的引线框架,特别是 FQFP 的引线框架,为保证加工精度和质量,用常规的冲压法已难以完成,必须使用化学刻蚀成型法方能奏效。

TQFP 也是模压塑封的,只是厚度更薄,日本用于液晶显示器的 TQFP 厚度只有 1.2 mm。其减薄措施一是减薄 IC 芯片的厚度(通常小于 0.3 mm),二是减薄引线框架的厚度(最薄为 0.05 mm),再就是减薄封装厚度。

(2) CQFP 的制作技术

CQFP 的制作技术类似于 LCCC 与 LDCC 工艺技术的结合,用 90% ~ 96% 氧化铝多层陶瓷工艺。整个工艺与 3.3.2 小节中多层陶瓷 DIP 相似。由于 CQFP 采用陶瓷材料(Al_2O_3、BeO 及 AlN 等),且制作工艺复杂,所以 CQFP 的价格要比 PQFP 高得多。

4.4　塑料封装吸潮引起的可靠性问题

4.4.1　塑料封装吸潮问题的普遍性及危害

在各种微电子封装类型中,目前绝大部分都采用塑料封装,约占 90% 以上。虽然塑封具有适于大规模工业化生产、工艺简单、生产成本低等优点,但因塑料(环氧树脂基)固有的有机大分子结构,所以普遍存在较高的吸湿性而不具有气密性封装的特点,由此引起塑封器件较为突出的因吸潮而引起的可靠性问题。

由于塑封器件吸潮,会使器件的寿命降低。通常,塑封器件的寿命 τ 与吸湿水汽的气压 P_{H_2O} 的关系可表示为 $\tau \propto P_{H_2O}{}^{-2}$。显然,吸湿量越多,水汽压越高,器件的寿命就越短。由于塑封器件是非气密性封装,不但会吸湿,而且也会受到生产环境中的污染物(如 Na^+)、塑封料残存的离子性杂质(如 Cl^- 等)的影响。特别是 Cl^- 及湿汽浸入器件后,将会对芯片的 Al 电极产生局部腐蚀,形成疏松、脆性的 Al 化合物,造成器件的电参数发生不良变化,漏电流增大,严重时可导致器件的开路。这种电化学反应过程如下:

① $Al(OH)_3 + Cl^- \longrightarrow Al(OH)_2Cl + OH^-$

② $Al + 4Cl^- \longrightarrow 4AlCl_4^- + 3e^-$

$2AlCl_4^- + 6H_2O \longrightarrow 2Al(OH)_3 + 6H^+ + 4Cl^-$

③ $2Al + 6H^+ \longrightarrow 2Al^{3+} + 3H_2$

$2Al^{3+} + 6H_2O \longrightarrow 2Al(OH)_3 + 6H^+$

④ $Al + 3(OH)^- \longrightarrow Al(OH)_3 + 3e^-$

$O_2 + 2H_2O + 4e^- \longrightarrow 4(OH)^-$

从以上电化学反应可以看出,湿汽和 Cl^- 对 Al 的不断腐蚀作用,使 Al 电极不断恶化,导致电参数变得越来越差，最终会导致器件开路而失效。

4.4.2 塑料封装吸潮引起的开裂现象

如上所述，塑料封装尽管存在普遍的吸湿问题，并会对 Al 电极造成腐蚀，但并不会引起塑封外壳的开裂问题，因为湿汽压很低，产生的机械应力不足以破坏外壳。即使在应用时，对于 PDIP 和 PGA 有引脚的塑封插装器件来说，由于焊接时使用的是波峰焊，高温 Pb-Sn 只与器件的引脚接触，虽然热量通过引脚可传到塑封壳体，但因焊接时间很短（几秒钟），传到壳体的热量不致使塑料温度升高许多，而壳体的中、上部温升更低。因此，稍热的水汽产生的压力对这类封装本已较厚的壳体不会造成任何破坏性的后果，这就是为什么塑封插装器件一直没有任何反映有关塑封开裂问题的原因。

对于表面安装器件（SMD）则不然。由于 SMD 的焊接无论是再流焊（大都采用）还是波峰焊，所有的 SMD 整体都要经历 215～240 ℃的高温过程。若这时塑封壳体充满湿汽，焊接时，水汽就会急骤膨胀，聚集形成较大的水汽压，从而可能出现塑封开裂现象。

如果塑封内的芯片较小，引线框架、芯片与塑料间的热失配也较小，再加上塑封壳体较厚，焊接时较高的水汽压力不一定导致壳体开裂，但水汽却总想逸出，所以这时塑封壳体仍处于应力状态中。

在生产实践中，当较大尺寸的 SMD 及较薄壳体的塑封器件焊接时，常会发生"爆米花"式开裂现象，就是吸湿引起开裂的典型例证。

4.4.3 塑料封装吸潮开裂的机理

1. 开裂机理描述

塑封开裂过程分为水汽吸收聚蓄期、水汽蒸发膨胀期和开裂萌生扩张期三个阶段，如图 4-18所示。

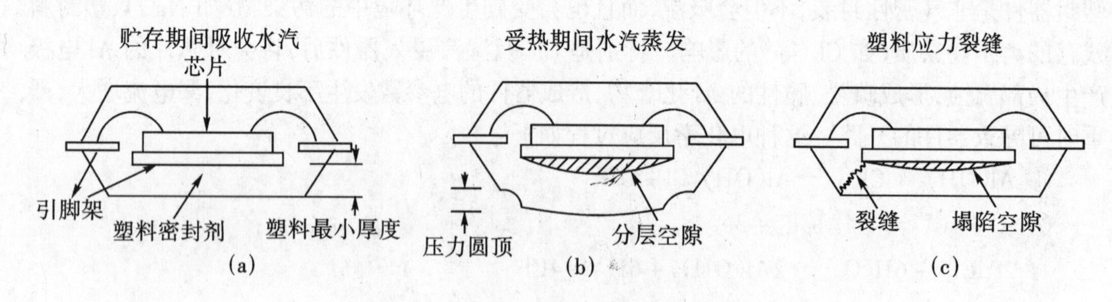

图 4-18 大型塑封器件开裂机理示意图

（1）塑封器件从制作完成至使用前这段时间都处于贮存期，这期间要吸收一定量的水汽。封装中水汽的饱和程度取决于贮存的环境湿度、温度、时间以及塑料的水汽平衡"溶解度"等，这时的塑封器件处于相对应力平衡期，因此不会发生任何开裂现象，如图 4-18(a)所示。

(2) 塑封器件使用时,当焊接后器件处于预热直至高温时(215～240 ℃),水汽受热蒸发,蒸汽压逐步上升,使塑料受力而膨胀。当其超过塑料与引线框架或塑料与芯片粘接剂的粘接强度时,就会发生塑封与二者间的分层和空隙,蒸汽继续由空隙向外扩张,从而在封装的较薄一面形成一个特有的压力圆顶,如图 4-18(b)所示。

(3) 当蒸汽压力继续增加时,在应力集中的最薄弱处(往往是分层的引线框架芯片粘接边角处)就萌生裂纹,在蒸汽压的作用下,会使裂纹扩张直至边界面。此时,水汽从裂纹中不断逸出,压力圆顶塌陷,完成了塑封器件的开裂过程,如图 4-18(c)所示。

2. 引起开裂的多种因素

如果只是单纯吸收了水汽,没有其他因素的作用,塑封器件的开裂也不是必然发生的。从塑封器件的结构来看,它主要是由引线框架、芯片、粘接剂和塑封料共同组成的,它们的热膨胀系数(CTE)各不相同,引线框架(194Cu 合金)最高,Si 芯片次之,而粘接剂和塑封料最低,相差达数倍至数十倍,因此它们之间平时就具有一定的失配应力。当塑封器件焊接时,这些失配应力也随之加大。

再者,仅仅是总的水汽含量也并不是塑封器件开裂的决定因素。吸收的水汽从外到内是呈梯度分布的,所以,水汽的所在位置尤为重要。例如内部中心的水汽就比吸收在塑封外部的水汽重要得多。引起开裂的其他重要因素还有焊接温度、引线框架的设计和表面情况、塑料强度、芯片大小及塑料的厚度等,而芯片的大小和塑封料的厚度尤为重要。

由于引线框架与塑封料的 CTE 失配较大,所以随着芯片的增大,开裂将会更加严重。一般经验是当芯片大于 4 mm×4 mm 时,则认为容易发生塑封器件的开裂现象。根据芯片尺寸和塑封厚度(底面)的不同,塑封器件有开裂的安全区和不安全区,如图 4-19 所示,可作为确定开裂可能性的指南。所有位于不安全区域的封装都应标明是易于开裂的封装。

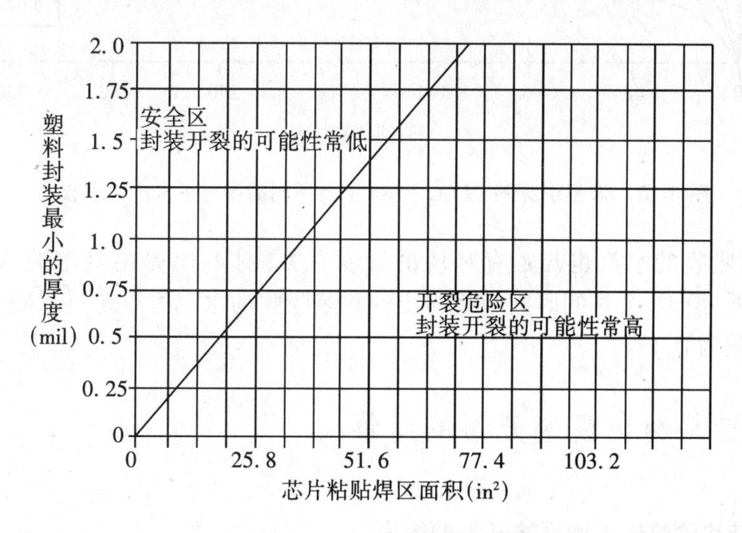

图 4-19　根据塑封厚度和芯片粘贴区域面积判断封装开裂可能性

(注:1 mil = 25.4 μm, 1 in^2 ≈645 mm^2)

从以上分析可以看出,水汽是引起塑封器件开裂的外部因素,而塑封器件结构所形成的热失配才是引起塑封器件开裂的根本性内在因素。知道了这些内外因素,就可以通过改进塑封器件的结构、材料来提高热适配能力,从而避免或减小水汽吸收,更能根除或减少塑封器件开裂,这些将在下面加以论述。

Steiner 和 Suhe 确定,封装开裂的阈值温度为 180 ~ 200 ℃,还发现,开裂现象与加热和冷却的速度无关。这就表明,开裂与再流焊的方式(汽相或红外等)无关,只要封装未达到致使开裂的较高的焊接温度和水汽压力。

3. 封装的水汽吸收与相对湿度密切相关

试验表明,封装的水汽吸收与环境相对湿度密切相关,图 4-20 是 68 根引脚的 PLCC 在 85 ℃和三种不同的湿度下吸收水汽的程度及加速试验的结果。经过不同时间的预处理(驱赶水汽)后再进行再流焊,这时封装不会开裂;而当水汽含量超过"封装裂缝线"的封装,经再流焊后,就可能开裂。

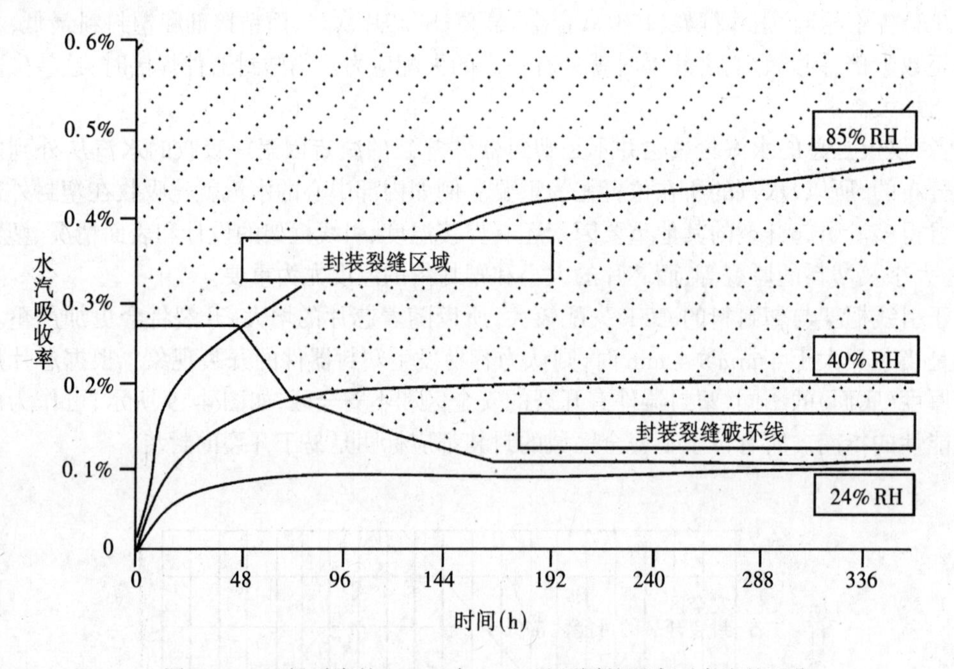

图 4-20 68 根引脚的 PLCC 在 85 ℃及不同的湿度下水汽的吸收

封装贮存期吸收的水汽也与贮存环境的湿度有关,图 4-21 是由日本的 Shinko 公司在 25 ℃贮存温度下,经 18 个月的时间收集得出的封装吸收的水汽可以超过封装开裂的阈值极限,这一阈值极限为 0.1%。

4.4.4 塑料封装吸潮开裂的对策

1. 从封装结构的改进上增强抗开裂的能力

塑封料越厚,抵御开裂的能力越强,因此,增加芯片四周和底部塑封料厚度,可防止开裂。引线框架与塑封料有一定的结合强度,但光滑的引脚表面会减小与塑封料的结合力,可通过增加引脚上芯片键合区的表面粗糙度来提高与塑封料的结合力，从而尽可能减少开裂。

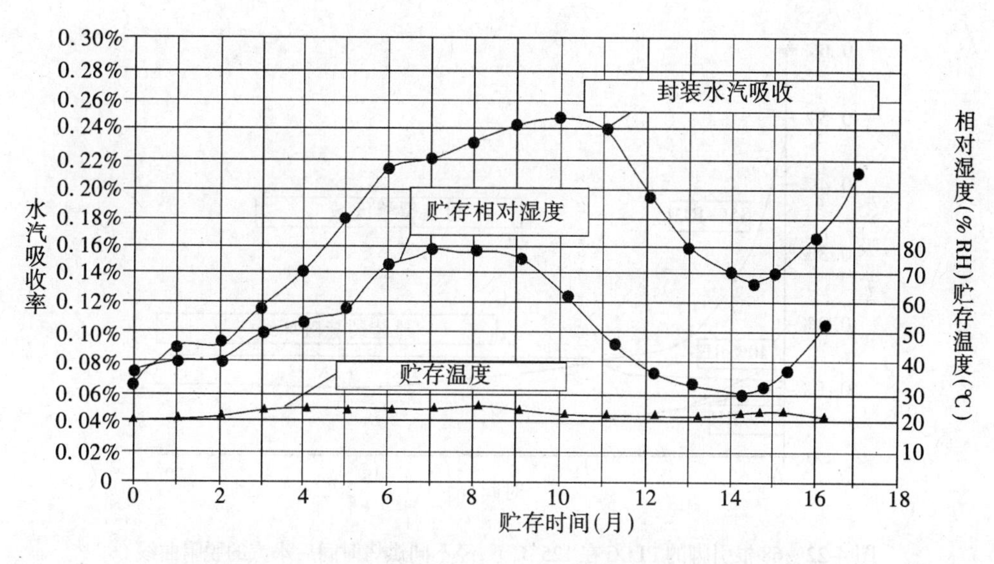

图 4-21　PLCC 在 25 ℃贮存 18 个月，相对湿度对水汽吸收的影响

当然，解决塑封料的吸水性是从根本上解决塑封器件开裂的根本措施，这就要不断研制新的塑封材料，改进现有塑封材料的吸水性能，这些都是人们所期待的。

2. 对塑封器件进行适宜的烘烤是防止焊接时开裂的有效措施

加热烘烤塑封器件，可以"驱赶"出吸收到塑封器件中的水汽，图 4-22 示出了充满水汽的封装在各种不同的湿度和烘烤不同时间后水汽的脱附情况。烘烤一定时间在达到"封装裂缝破坏线"后，这时塑封器件的水汽含量将会下降到 0.1%以下（重量比），焊接时就不会发生开裂现象，这种烘烤方法既行之有效，又简便易行。烘烤一般有两种方式，一种是高温烘烤法，另一种是低温烘烤法，都能达到驱赶水汽的目的。

(1) 高温烘烤法

其条件为：温度为 125 ℃，相对湿度 < 50%，时间为 24 h。这种高温条件不适于塑料管式包装或编带包装的塑封器件。其优点是花费的时间短，而缺点是这类器件不能反复烘烤，最多为两次。因为高温烘烤后，引脚金属与 Pb-Sn 形成的金属间化合物会增厚，影响引脚的可焊性。例如，经 125 ℃，24 h 烘烤（一个周期），会使 Cu—Sn 金属间化合物的厚度增加 3.75 ~ 5 μm。

(2) 低温烘烤法

其条件为：温度为 40 ~ 45 ℃，烘箱内相对湿度 < 5%，时间为 196 h（8 天）。这种温度条件适于塑料管式包装和编带包装的塑封器件。这种方法可以承受多次低温烘烤周期，安全可靠，不会使引脚金属间化合物增加，也不会影响可焊性，其缺点是占用时间多。

3. 合适的包装和良好的贮存条件是控制塑封器件吸潮的必要手段

各种不同的塑封器件都应尽可能采用密封真空袋包装或放在带有干燥剂的运输包装容器中。从供应商购置的不带有这类带包装的塑封器件，应当贮存在可控制的环境中，如真空烘箱、干燥塔中等。

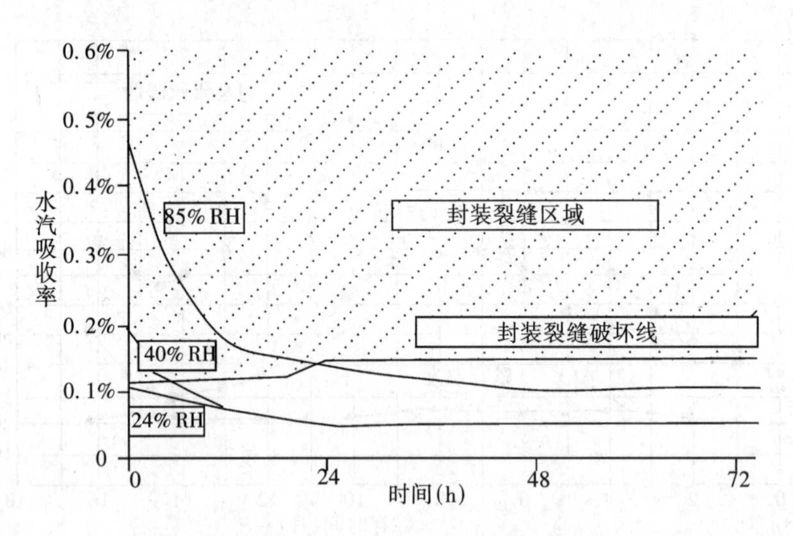

图 4-22　68 根引脚的 PLCC 在 125 ℃下,经不同烘烤时间后水汽的脱附曲线

当密封包装破损或密封袋内湿度指示卡显示的水汽超过规定的范围时,为安全焊接,都必须重新烘烤。表 4-14 列出了焊接前的贮存条件及相应的贮存时间。

表 4-14　焊接使用前各种贮存条件下的最长暴露时间

贮存条件		暴露时间(h)
相对湿度	温度(℃)	
5%	40	无限制
60%	30	200
70%	30	120
85%	30	90

还应指出,上述贮存条件只适于预先已烘烤过的塑封器件,并不能将已吸入封装中的水汽排除体外,所以吸收水汽超过阀值极限的任何封装都必须首先进行烘烤。可控贮存环境并不能代替烘烤,而只是不必将已烘烤的塑封器件重新烘烤。

第 5 章　BGA 和 CSP 的封装技术

5.1　BGA 的基本概念、特点和封装类型

5.1.1　BGA 的基本概念和特点

BGA(Ball Grid Array)即“焊球阵列”。它是在基板的下面按阵列方式引出球形引脚,在基板上面装配 LSI 芯片(有的 BGA 引脚端与芯片在基板的同一面),是 LSI 芯片用的一种表面安装型封装。它的出现解决了 QFP 等周边引脚封装长期难以解决的高 I/O 引脚数 LSI 的封装问题。

BGA 具有以下特点:

(1) 失效率低。采用 BGA,可将窄节距 QFP 的 20×10^{-4} 焊点失效率减小两个数量级,且无需对安装工艺作大的改动。

(2) BGA 焊点的节距一般为 1.27 mm 和 0.8 mm,可以利用现有的 SMT 工艺设备。而 QFP 的引脚节距如果小到 0.3 mm,引脚间距只有 0.15 mm,则需要精密的贴装设备以及完全不同的焊接工艺,并且实现起来较为困难。

(3) 提高了封装密度,改进了器件引脚数和本体尺寸的比率。例如边长为 31 mm 的 BGA,当节距为 1.5 mm 时最多有 400 只引脚;而当节距为 1 mm 时则可有 900 只引脚。相比之下,边长为 32 mm,引脚节距为 0.5 mm 的 QFP 只有 208 只引脚。

(4) 由于引脚是焊球,可明显改善共面性,大大地减少了共面失效。

(5) BGA 引脚牢固,不像 QFP 那样存在引脚易变形问题。

(6) BGA 引脚很短,使信号路径短,减小了引脚电感和电容,改善了电性能。

(7) 焊球熔化时的表面张力具有明显的“自对准”效应,从而可大为减少安装、焊接的失效率。

(8) BGA 有利于散热。

(9) BGA 也适合 MCM 的封装,有利于实现 MCM 的高密度、高性能。

5.1.2　BGA 的封装类型和结构

目前市场上出现的 BGA 封装,按基板的种类,主要分为 PBGA(塑封 BGA)、CBGA(陶瓷

BGA)、CCGA(陶瓷焊柱阵列)、TBGA(载带 BGA)、MBGA(金属 BGA)、FCBGA(倒装芯片 BGA)和 EBGA(带散热器 BGA)等。图 5-1 至图 5-5 为几种类型的 BGA 封装。

如图 5-1 所示,PBGA 中的焊球做在 PWB 基板上,在芯片粘接和 WB 后模塑。PBGA 封装采用的焊球材料为共晶或准共晶 Pb-Sn 合金。焊球和封装体的连接不需要另外的焊料。

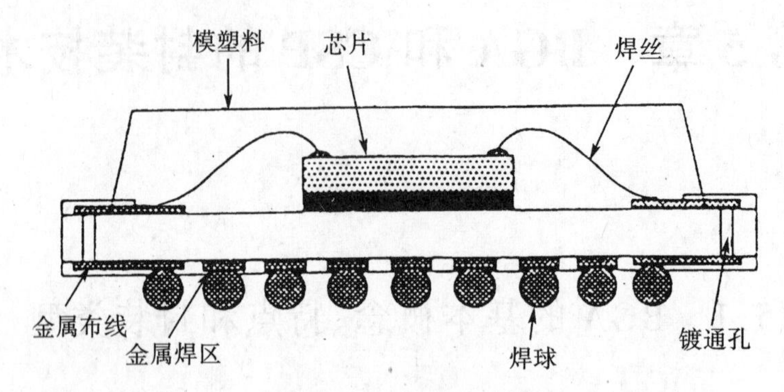

图 5-1　PBGA 封装结构

PBGA 封装的优点如下:

(1) 和环氧树脂电路板的热匹配性好。

(2) 对焊球的共面要求宽松,原因是焊球参与再流焊时焊点的形成。

(3) 安放时,可以通过封装体边缘对准。

(4) 在 BGA 中成本较低。

(5) 电性能良好。

(6) 与 PWB 连接时,焊球焊接可以自对准。

(7) 可用于 MCM 封装。

PBGA 封装的缺点主要是对湿气敏感。

图 5-2 所示为 CBGA 封装。CBGA 最早源于 IBM 公司的 C4 倒装芯片工艺。IBM 采用双焊料结构,用 10%Sn-90%Pb 高温焊料制作芯片上的焊球,用低熔点共晶焊料 63%Sn-37%Pb 制作封装体的焊球。这种方法也称为焊球连接(SBC)工艺。

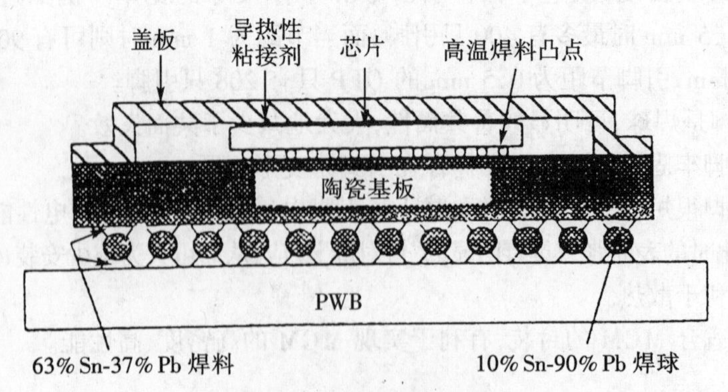

图 5-2　CBGA 封装结构

CBGA封装的优点如下：

(1) 可靠性高，电性能优良。

(2) 共面性好，焊点成形容易。

(3) 对湿气不敏感。

(4) 封装密度高(焊球为全阵列分布)。

(5) 和MCM工艺相容。

(6) 连接芯片和元件的返修性好。

CBGA封装的缺点是：

(1) 由于基板和环氧树脂印制电路板的热膨胀系数不同，因此热匹配性差。CBGA-FR4基板组装时，热疲劳寿命短。。

(2) 封装成本高。

图5-3所示为CCGA封装。CCGA是CBGA的扩展。它采用10%Sn-90%Pb焊柱代替焊球。焊柱较之焊球可降低封装部件和PWB连接时的应力。这种封装具有清洗容易、耐热性能好和可靠性高的特点。

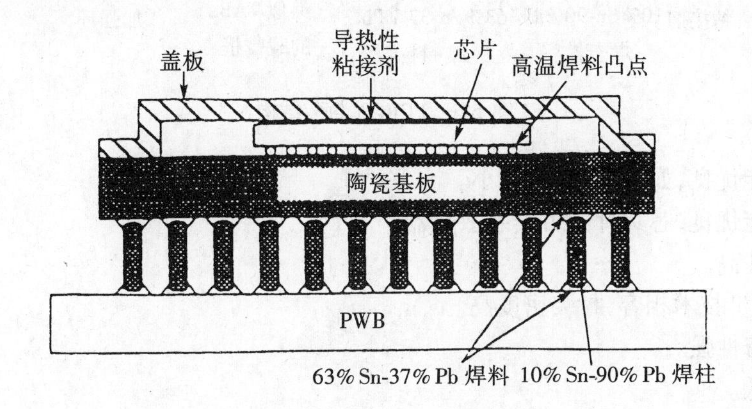

图5-3　CCGA封装结构

图5-4所示为TBGA封装。TBGA封装是载带自动焊接技术的延伸，利用TAB实现芯片的连接。

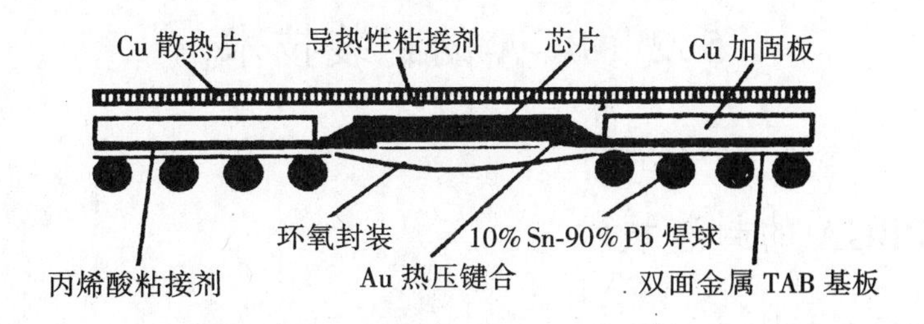

图5-4　TBGA封装结构

TBGA封装的优点如下：

(1) 尽管在芯片连接中局部存在应力，但总体上和环氧树脂印刷电路板的热匹配性较好。

(2) 是最薄型的BGA封装，可节省安装空间。

(3) 是经济型的 BGA 封装。

TBGA 封装的缺点是：

(1) 对湿气敏感。

(2) 对热敏感。

图 5-5 所示为 FCBGA 封装。FCBGA 通过 FC 实现芯片与 BGA 衬底的连接。FCBGA 有望成为发展最快的一种 BGA 封装,它的主要优点如下：

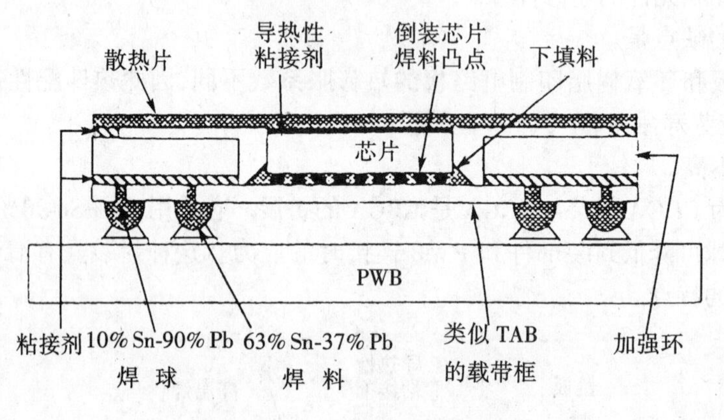

图 5-5　FCBGA 封装结构

(1) 电性能优良,如电感、延迟较小。

(2) 热性能优良,芯片背面可安装散热器。

(3) 可靠性高。

(4) 与 SMT 技术相容,封装密度高。

(5) 可返修性强。

(6) 成本低。

EBGA 与 PBGA 相比较,PBGA 一般是芯片正装,而 EBGA 是芯片倒装,芯片背面连接散热器,因此其耗散功率大。它的特点主要是热性能优于 PBGA,其他性能基本与 PBGA 相似。

5.2　BGA 的封装技术

5.2.1　PBGA 的封装技术

PBGA 中的焊球做在 PWB 基板上,在芯片粘接和 WB 后模塑。下面以 OMPAC 为例,简要介绍 BGA 的制作过程。

图 5-6 为 Motorola 公司生产的 OMPAC(模塑 BGA)的结构示意图。其制作过程如下：OMPAC 基板的 PWB,材料是 BT 树脂或玻璃。BT 树脂或玻璃芯板被层压在两层 18 μm 厚的铜箔之间,然后钻通孔和镀通孔,通孔一般位于基板的四周。用常规的 PWB 工艺在基板的两

面制作图形(导带、电极以及安装焊球的焊区阵列)。然后形成介质阻焊膜并制作图形,露出电极和焊区。

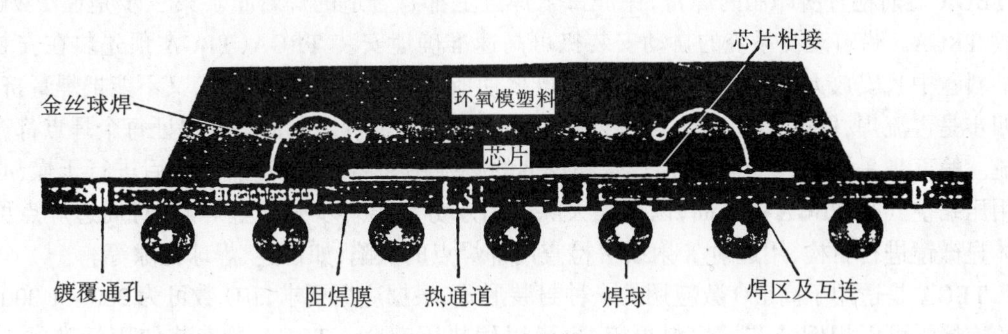

图5-6　OMPAC结构示意图

基板制备完之后,首先用含银环氧树脂(俗称导电胶)将硅芯片粘到镀有Ni—Au的薄层上,粘接固化后用标准的金丝球焊机将IC芯片上的铝焊区与基板上的镀Ni—Au的焊区用WB相连。然后用填有石英粉的环氧树脂模塑料进行模塑包封,形成如图5-6所示的形状。固化之后,使用一个焊球自动拾放机将浸有焊剂的焊球(预先制好)安放到各个焊区,用常规的SMT再流焊工艺在N_2气氛下进行再流,焊球与镀Ni—Au的PWB焊区焊接。

在基板上装配焊球有两种方法:"球在上"和"球在下",Motorola公司的OMPAC采用前者。先在基板上丝网印制焊膏,将印有焊膏的基板装在一个夹具上,用定位销将一个带筛孔的顶板与基板对准,把球放在顶板上,筛孔的中心距与阵列焊点的中心距相同,焊球通过孔对应落到基板焊区的焊膏上,多余的球则落入一个容器中。取下顶板后将部件送去再流,再流后进行清洗。"球在下"方法被IBM公司用来在陶瓷基板上装焊球,其过程与"球在上"相反,先将一个带有以所需中心距排成阵列的孔(直径小于焊球)的特殊夹具(小舟)放在一个振动/摇动装置上,放入焊球,通过振动使球定位于各个孔,在焊球位置上印焊膏,再将基板对准放在印好的焊膏上,送去再流,之后进行清洗。焊球的直径一般是0.76 mm(30 mil)或0.89 mm(35 mil),PBGA焊球的成分为低熔点的63%Sn-37%Pb(OMPAC为62%Sn-36%Pb-2%Ag)。

5.2.2　TBGA的封装技术

载带焊球阵列(TBGA)封装的承载体由聚酰亚胺(PI)载带制成。先在载带上冲孔,之后电镀通孔,在载带两面进行铜金属化,达到所需厚度再镀镍和金。然后将带有金属化通孔和再分布图形的载带分割成单体,进行下道工序。

首先,用微焊技术把焊球(10%Sn-90%Pb)焊接到载带上,焊球的顶部熔进电镀通孔内。接着在载带的外引线区粘上一个加强环,该加强环像一个画框,在其开孔处将芯片焊到载带上。加强环本身由双面绝缘胶粘到载带上。芯片的安装,对于面阵型芯片,用IBM的C4工艺;对于周边型金凸点芯片,则用标准的热压键合。C4芯片的I/O节距可达62.6 μm,典型的热压键合芯片的I/O节距生产水平达83 μm,样品水平已达74 μm。焊接以后用环氧树脂把芯片包封起来。如需要,还可以粘接一个盖板。在芯片与盖板之间使用导热粘接剂,此盖板可增强热性能,并能为安装时的拾放提供较大的接触面。TBGA的尺寸采用JEDEC标准。

在 PWB 上组装 TBGA,第一步是丝网印制焊膏,用免清洗的或水溶性焊膏和不锈钢模板。由于 BGA 再流焊之后只能看到外围焊点,不能对里面的焊点情况进行目检,故第二步是在安放 TBGA 之前检查所印制的焊膏,保证每个焊区上都有合适的焊膏量。第三步是往 PWB 上安放 TBGA。带有观测系统的自动安装机可高速准确地安装 TBGA(TBGA 预先装在安装机上的料盘中),安放力要足够,但不能过大,既要使所有焊球都与焊膏接触,又不能把焊膏挤开。第四步是再流焊,可以采用气相焊、红外焊和强制空气对流焊。再流焊要保证每个焊点都充分再流。第五步是清洗,使用水溶性焊膏和焊剂的必须用去离子水清洗,清洗后进行干燥,必要时用压缩空气吹 TBGA 的下面,以彻底去除残留水分。第六步是检查焊点,对周边焊点可用立体显微镜进行目检,用透射 X 射线可检查内部焊点的缺陷,如桥连、焊球孔隙等。

TBGA 是适用于高 I/O 数应用的一种封装形式,根据应用要求,I/O 数可为 200~1 000,芯片的连接既可以用倒装芯片焊料再流,也可以用热压键合。TBGA 的安装使用标准的 63% Sn-37% Pb 焊膏。TBGA 与 PWB 之间有良好的热匹配性,在安装 TBGA 时由于焊料的表面张力作用,即使焊料球与 PWB 上焊区对准偏差达 50%,仍能将焊球拉回到中心位置,从而能提供可靠连接。

5.2.3 CBGA 和 CCGA 的封装技术

1. CBGA 的封装技术

(1) CBGA 封装结构特点

CBGA 的封装结构见图 5-2。它与 PBGA 和 TBGA 的封装结构相比,较为复杂,它们的主要区别在于:

①CBGA 的基板是多层陶瓷布线基板,而 PBGA 的基板是 BT 多层布线基板,TBGA 基板则是有加强环的聚酰亚胺(PI)多层 Cu 布线基板。

②CBGA 基板下面的焊球为 90% Pb-10% Sn 或 95% Pb-5% Sn 的高温焊球,而与基板和 PWB 焊接的焊料则为 37% Pb-63% Sn 的共晶低温焊球。

③CBGA 的封盖为陶瓷,使之成为气密性封装,而 PBGA 和 TBGA 则为塑料封装,是非气密性封装。

(2) CBGA 的封装技术

从 CBGA 与 PBGA、TBGA 的结构比较可以看出,制作 CBGA 的工艺技术相对要复杂一些。现以图 5-7 所示的布线结构图为例,介绍 CBGA 的工艺技术。

图 5-7 所示是 5 层陶瓷基板;多层布线分成信号层、电源层和接地层;LSI 芯片是用 C4 技术倒装焊(FCB)到陶瓷基板上层的布线焊区。

陶瓷封盖的周边及基板的周边有金属化层,以便密封焊接;芯片背面与盖板填充导热树脂是为了更好地散热;陶瓷基板底部的金属焊区制作高温焊球。

首先用高温共烧多层陶瓷基板(HTCC)制作技术或低温共烧多层陶瓷基板(LTCC)制作技术(详见 7.4 节)制成 CBGA 的多层陶瓷布线基板,然后在安装 LSI 芯片的陶瓷基板布线焊区上印制共晶低温 Pb-Sn 焊膏,用 FCB 法安装焊接具有 C4 凸点的 LSI 芯片并下填充,芯片背面涂上导热树脂,再盖上陶瓷封盖,采用相应陶瓷金属化密封技术,密封好 CBGA 封装盖板;

最后再用置球法或焊膏印制法将高温焊球连接到多层陶瓷基板的底部金属焊区上，就成为完整的 CBGA 封装了。封装后应对其焊球的阵列完好性和每个焊球的完整性进行检查，必要时应进行修补。

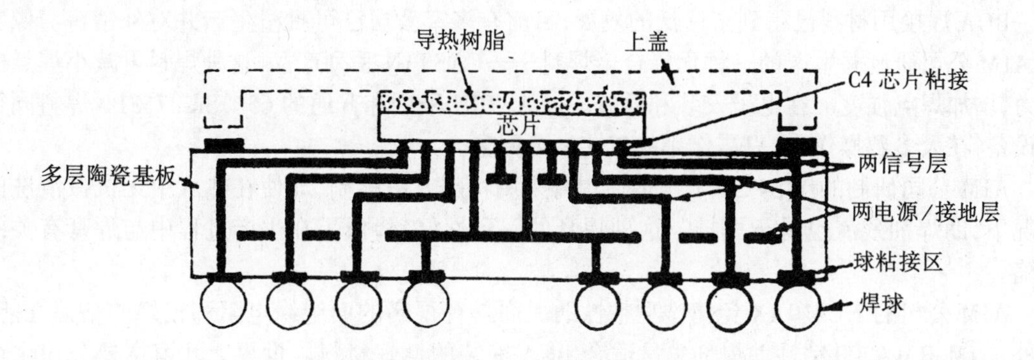

图 5-7　CBGA 的布线结构图

2. CCGA 的封装技术

CCGA 的封装技术与 CBGA 的封装技术基本一样，只是将 CBGA 的高温 Pb-Sn 焊球换成高温 Pb-Sn 焊柱即可，在此不再赘述。

5.3　BGA 的安装互连技术

5.3.1　BGA 的焊球分布

BGA 的焊球分布有全阵列和部分阵列两种方法。全阵列是焊球均匀分布在基板整个底面，部分阵列是焊球分布在基板的周边、中心部位，或周边、中心部位都有。对于芯片和焊球位于基板的同一面，如一部分 CBGA 和 MBGA(金属 BGA)，只能采用部分阵列分布；有时芯片和焊球不在同一面，既可以采用全阵列，也可以采用部分阵列分布。BGA 的焊球分布参见图 5-8 所示。具体排列已有一系列的 JEDEC 标准。

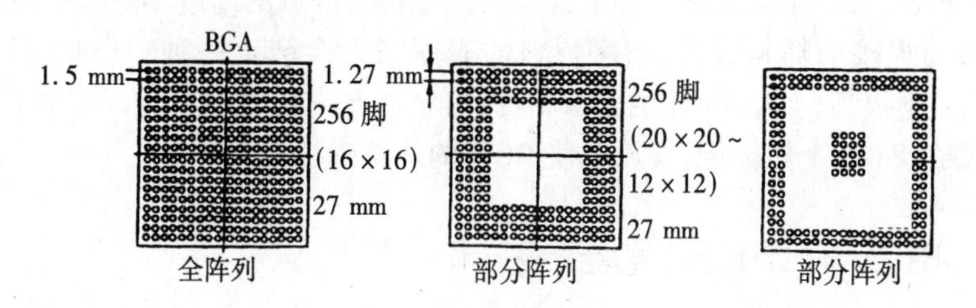

图 5-8　BGA 焊球分布

5.3.2 BGA 焊接用材料

BGA 焊接用材料已得到了广泛的发展，目前有多家公司已可批量生产并对外销售。像美国 AIM 公司研制并生产的一种无铅合金焊料——CASTIN 系列产品，这种焊料可减小焊点的应力，增加焊点强度。在电子安装和返修中，CASTIN 采用和普通的 63%Sn-37%Pb 焊料同样的设备，在大多数操作中，只需作小的工艺参数调整。

AIM 公司研制的 WS475NT 水溶性焊膏采用特殊方法配制，即使在热水中无机械清洗的情况下，助焊剂残渣也易于去掉。这种焊膏的一致性好，降低了在生产过程中与焊膏有关的缺陷。

AIM 公司的 NC219AX 免清洗型粘性助焊剂具有很高的面绝缘电阻和很好的粘锡性能。此外，AIM RMA200 粘性助焊剂也是适合 BGA 安装的良好材料。世界上几家主要公司生产的 BGA 焊球用材料如表 5-1 所列。

表 5-1 世界上几家主要公司生产的 BGA 焊球材料成分

公　司	材　料　成　分
IBM	90%Pb-10%Sn，95%Pb-5%Sn
Motorola	97%Pb-3%Sn
MCNC	90%Pb-10%Sn
Sandia	95%Pb-5%Sn，40%Pb-60%Sn
Philip	37%Pb-63%Sn
Sharp	37%Pb-63%Sn
Toshiba	37%Pb-63%Sn

5.3.3 BGA 安装与再流焊接

安装前需检查 BGA 焊球的共面性以及有无脱落。BGA 在 PWB 上的安装与目前的 SMT 工艺设备和工艺基本兼容。先将低熔点焊膏用丝网印制到 PWB 上的焊区阵列上，用安装设备将 BGA 对准放在印有焊膏的焊区上，然后进行标准的 SMT 再流焊。对于 PBGA 来说，因其焊球合金的熔点较低，再流焊接时焊球部分熔化，与焊膏一起形成焊点，焊点的高度比原来的焊球低；而 CBGA 的焊球是高熔点合金，再流时不熔化，焊点的高度不降低。BGA 在进行再流焊时，由于参与焊接的焊料较多，熔融焊料的表面张力会产生一种“自对准效应”。因此，BGA 的组装成品率很高；而对 BGA 的安放精度，可允许有一定的偏差。因安放时看不见焊球的对位，一般要在 PWB 上做标记，安放时使 BGA 的外轮廓与标记对准。

5.3.4 BGA 的焊接质量检测技术

在 BGA 焊接质量检测方面，目前还存在着一个严峻的问题。尽管在大批量生产条件下的工艺缺陷率会很低，但是在缺乏无损检测能力的情况下，对于新型 PWB 的工艺调整仍将是费时、费钱的。由于焊点隐藏在 BGA 下面,因而通常的目检和光学自动检测技术不能检测焊点,连 X 射线技术对于 BGA 工艺的检测都受到限制。X 射线技术可以检测焊点之间的桥连和明显的对准误差。但是在这些焊点的 PWB 焊区上,厚的焊料层或焊球遮盖着共晶合金焊料,就阻碍了对焊球到焊区之间连接质量的检测。

断层 X 射线(X 射线分层法)技术解决了对每一个焊球的焊料量以及再流程度进行精确测量的问题。当制造商面对新的生产线或新型 PWB 时,检测有助于他们迅速降低生产过程中的缺陷率。在缺陷产生前,通过实时断层 X 射线跟踪检测工艺,可以减少返修的成本。

1. BGA 工艺检测

图 5-9 所示为 CBGA 焊点结构图。对焊点结构的划分便于研究者对焊点的检测,并分析缺陷产生的原因。大家知道,有缺陷 BGA 焊球的返修是非常困难和昂贵的。如果只有一个焊球坏了,通常必须卸下整个部件,将新的焊膏涂覆到 BGA 焊点上,然后再安放新的焊球。为了达到很低的工艺缺陷率,以减小 BGA 的返修,必须进行精密的工艺控制。

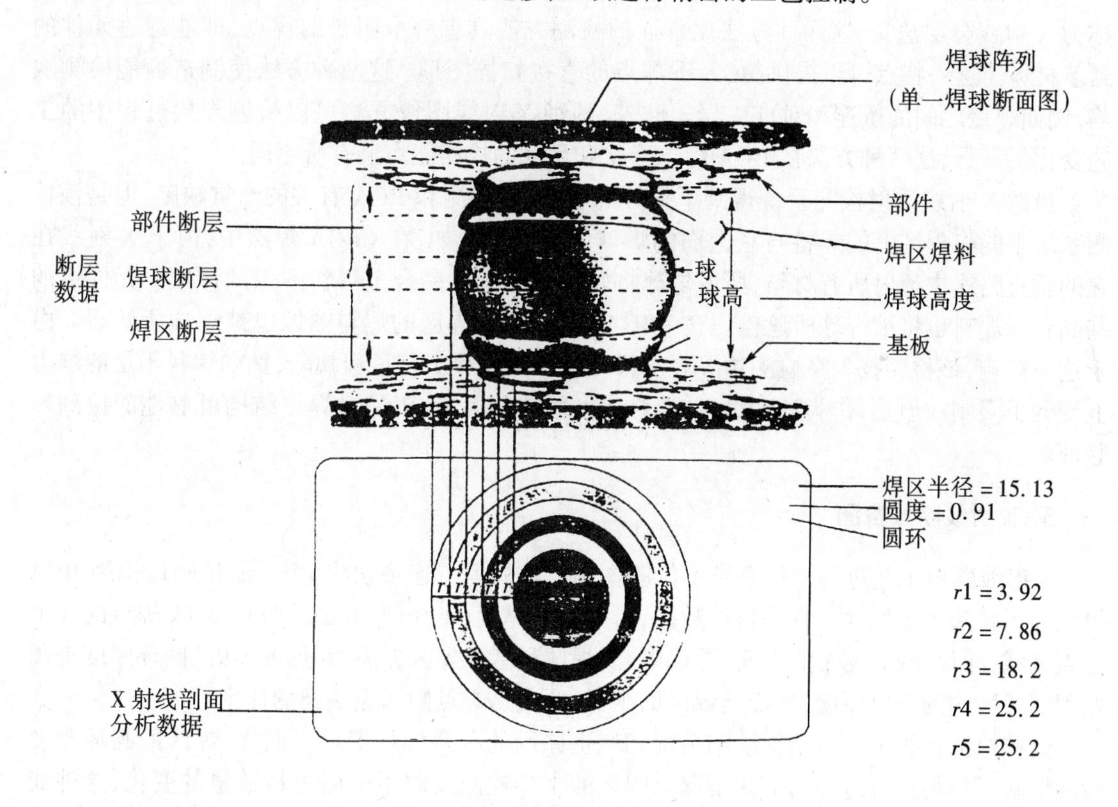

图 5-9　CBGA 焊点结构图

为了降低安装缺陷率,精密检测和控制 BGA 焊接工艺的质量是必要的。反映焊点整体性能的检测,例如 PWB 焊区上的焊点半径,在初期的工艺研究和现行的工艺控制中都是必要的。只有精密地检测每一步调整和焊点质量的变化,才能提供正确的反馈信息。

精密地检测可以反映焊膏印制和再流工艺步骤在通过一块板或一块接一块板上的一个 BGA 或所有 BGA 焊点时的变化情况。例如,再流时不均匀的热分布在焊区上对焊点形状和质量的影响可得到即时反馈。另一个例子是,为了在焊膏印制过程中,有助于确定所用焊膏量的范围,以获得可允收的焊点,某些制造商已经采用了焊点检测。

不进行这些检测,工艺工程师只知道焊点是否实现了电连接,而不知道焊点的结构可靠性如何,即不知道 BGA 焊点连结的强弱程度,除非后来某次发生失效。除焊点检测以外,焊点缺陷的精密检测对于减少返修也是十分重要的。如果工艺测试设备以 0.1%的缺陷拒收率检测缺陷,那么每 10 个有 300 个焊球的 BGA 中,有 3 个缺陷可不必返修。

由于大多数焊点隐藏在封装体的下面,所以目检这些焊点是不可能的。此外,目检不能提供对调整安装工艺所必需的检测。因为光也不能达到焊点,所以光学自动检测也不能提供良好的检测结果。电测方法,例如在线测试,可以检测焊点断开或短路的情况,条件是 PWB 设计者提供了测试点,但是即使测试点存在,对焊点结构的整体性能进行检测也不可能。

2. X 射线工艺过程自动测试

对于测试 PWB 安装件,X 射线自动检测技术有两个基本方法:透射检测和断层检测(通称为 X 射线分层法)。这两种方法比普通的检测方法具有一个明显的优点,即能透过元件的封装材料。这一特点可以提供 BGA 下焊点的直接扫描图形。这两种方法使制造商能检测缺陷,例如焊点之间的桥连和对准失误。此外,两种 X 射线图像方法可以检测焊接过程中的工艺变化。但是,这两种方法在 BGA 焊点形状和尺寸的检测能力上有所不同。

虽然 X 射线透射检测系统得到了很好的装备,以检测和 BGA 有关的严重缺陷,但是该检测系统不能将焊区上的焊料与它上面的焊球区分开。例如,在 CBGA 焊点中,由于 X 射线在它的垂直路线中透射所有材料,所以焊球将妨碍焊区上共晶合金焊料图像的形成。元件级的共晶合金焊料也将被焊球所遮盖。在 PBGA 的情况下,焊区的焊料图像也被焊球所妨碍。由于这一影响,该检测技术在检测边界焊点尺寸和探测临界工艺过程缺陷,例如焊料不足的能力上受到了限制。但是,作为高产量、低返修成本所需的要求,正是对焊点结构可靠性的检测和验证。

3. X 射线断层检测

X 射线断层工艺过程检测系统不仅能探测严重的焊点连接缺陷,而且能精确地检测 BGA 焊点的形状和关键尺寸。有关特征数据,譬如焊料厚度、半径、圆度都反映在 BGA 焊点的 3 个垂直区域,即焊球和 BGA 的界面、焊球中心、焊球和基板焊区界面,参见图 5-9。圆环厚度是预处理圆环区内的焊料厚度,半径是焊区的半径,圆度是焊点圆和完整圆的比率。

这些检测提供了焊点结构缺陷情况和产生原因的必要分析资料。例如,焊区的圆环厚度检测反映了焊料再流过程的变化情况。焊区的半径检测反映了焊区焊料数量的变化,这种变化是由于焊膏印制过程或焊料再流过程造成的。圆度检测,特别是焊区的圆度检测,反映了由于 BGA 安放工艺调整造成的变化。焊球的半径检测反映焊料再流温度是否太高。此外,对与焊球引脚相关的缺陷进行检测,能反映出诸如焊料不足或过量,焊点之间的桥连以及对准误差等等。

X 射线断层自动工艺检测设备能用 X 射线"Slicing(断层)"技术分清 BGA 焊点的一个个边界,因而可以对每一个焊接区域进行准确的检测。该检测设备还能用很小的视场景深产生 X 射线焦面,并将 BGA 焊点的每一个边界区域移到焦面上,分别照像。对每一个图像,采取特征值算法规则可以算出 X 射线图像关键点的灰度级,并将灰度级读数转换成和安装设备相关的物理尺寸。尺寸数据被自动送入可自动生成工程控制图的 SPC 装置,并储存起来作为 SPC 分析的历史资料。此外,这类检测设备还可按照缺陷检测算法规则,自动处理检测数据,并正确做出焊点允收或拒收的判断。

5.4　CSP 的封装技术

5.4.1　概述

所谓 CSP(Chip Size Package,或 Chip Scale Package),即芯片尺寸封装。CSP 目前尚无确切定义,不同厂商有不同的说法。JEDEC(联合电子器件工程委员会(美国 EIA 协会))的 J-STK-012 标准规定:LSI 芯片封装面积小于或等于 LSI 芯片面积的 120%的产品称为 CSP。日本松下电子工业公司将 LSI 芯片封装每边的宽度比其芯片大 1.0 mm 以内的产品称为 CSP。总之,CSP 是在 BGA 基础上发展起来的,是接近 LSI 芯片尺寸的封装产品。这种产品具有以下几个特点:

(1) 体积小

CSP 是目前体积最小的 LSI 芯片封装之一。引脚数相同的封装,CSP 的面积不到 0.5 mm 节距 QFP 的十分之一,只有 BGA 的三分之一到十分之一。CSP 与 BGA、TCP、QFP 的尺寸比较如图 5-10 所示。

(2) 可容纳的引脚最多

相同尺寸的 LSI 芯片的各类封装中,CSP 的引脚最多。例如,引脚节距为 0.5 mm,尺寸为 40 mm×40 mm 的 QFP,引脚数最多为 304 根。若增加引脚数,只能减小引脚节距。BGA 的引脚数一般为 600~1000 根,然而,对于 CSP,即使引脚数大幅度增加,其安装也较容易。

(3) 电性能良好

CSP 内部的布线长度比 QFP 或 BGA 的布线长度短得多,寄生电容很小,信号传输延迟时间短,即使时钟频率超过 100 MHz 的 LSI 芯片也可以采用 CSP。CSP 的存取时间比 QFP 或 BGA 改善 15%~20%,CSP 的开关噪声只有 DIP 的 1/2 左右。

(4) 散热性能优良

大多数 CSP 都将芯片面向下安装,能从芯片背面散热,且效果良好。例如日本松下电子工业公司开发的 10 mm×10 mm CSP 的热阻为 35 ℃/W,而 QFP 的热阻则为 40 ℃/W。若通过散热片强制冷却,CSP 的热阻可降低到 4.2 ℃/W,而 QFP 的热阻则为 11.8 ℃/W。

总之,CSP 既具有普通封装的优点,又具有裸芯片的长处。

5.4.2　CSP 的主要类别和工艺

CSP 发展很快,日本、美国许多厂家都积极开发,近年开发了多种结构的 CSP。现将各种主要结构介绍如下：

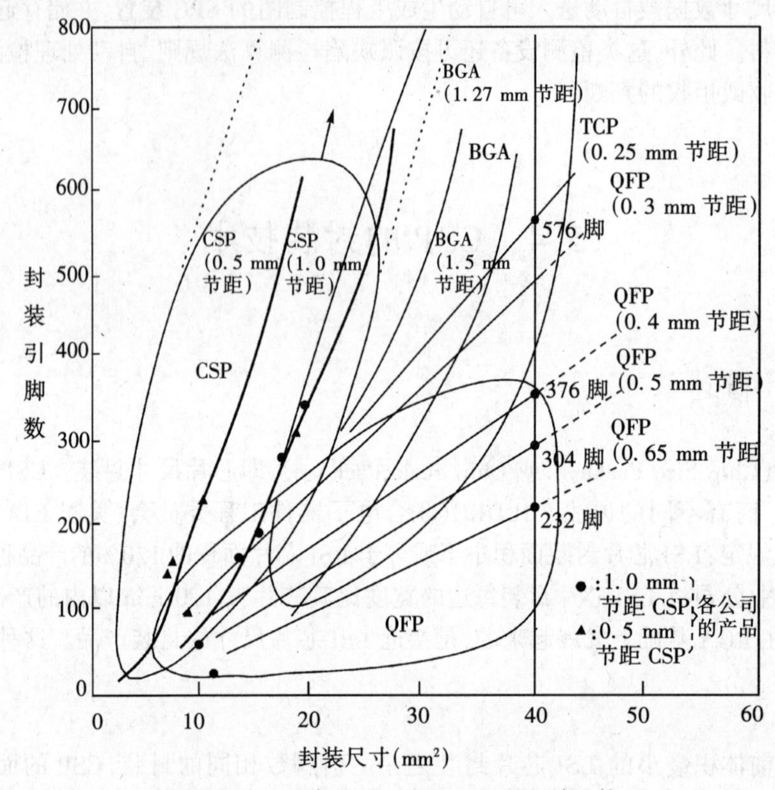

图 5-10 CSP 与 BGA、TCP、QFP 的尺寸比较

1. 柔性基板封装 CSP(FPBGA)

FPBGA(窄节距 BGA)是日本 NEC 公司利用 TAB 技术开发出的柔性基板封装 CSP，其基本结构如图5-11所示，截面结构如图 5-12 所示。FPBGA 主要由 LSI 芯片、载带、粘接层和金属凸点等构成。载带由聚酰亚胺和铜箔组成。采用共晶焊料(63% Sn-37% Pb)作外部互连电极材料。

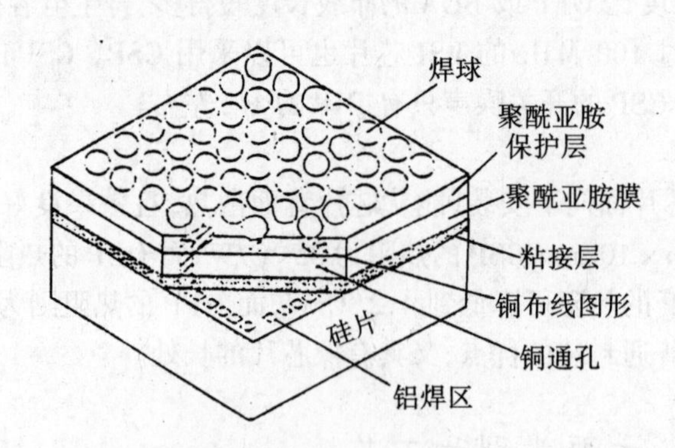

图 5-11 FPBGA 的基本结构

FPBGA的主要特点在于结构简单,可靠性高,安装方便,可充分利用传统的TAB焊接机进行焊接。NEC开发的FPBGA的规格(引脚节距均为0.5 mm)列于表5-2中。

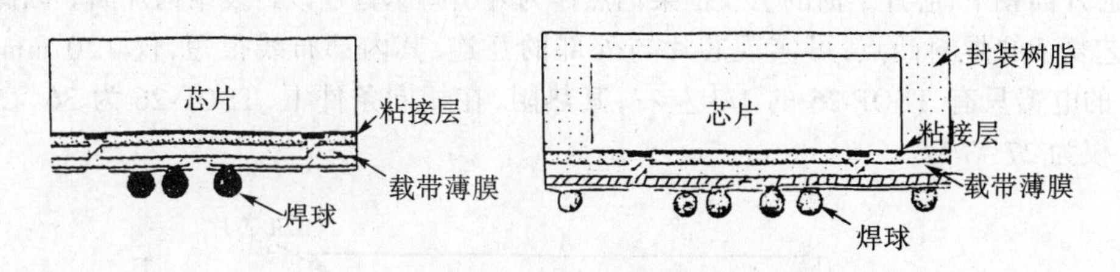

图5-12　FPBGA的截面结构

表5-2　FPBGA的尺寸和引脚数

封装尺寸(mm)	引 脚 数	芯 片 种 类
3.35×3.89	20	LSI
7.3×7.3	160	门阵列
7.5×7.5	188	LSI
9.7×9.7	232	LSI
10.52×10.52	144	门阵列

2. 刚性基板CSP(CSTP)

CSTP(Ceramic Substrate Thin Package,陶瓷基板薄型封装,又称刚性基板薄型封装)是日本东芝公司开发的一种超薄型CSP,基本结构如图5-13所示。CSTP主要由LSI芯片、Al_2O_3(或AlN)基板,Au凸点和树脂等构成。通过倒装焊、树脂填充和打印等三步工艺制成。CSTP的厚度只有0.5~0.6 mm(其中LSI芯片厚度为0.3 mm,基板厚度为0.2 mm),仅为TSOP(薄型SOP)厚度的一半。CSTP的封装效率(即芯片与基板面积之比)高达75%以上,同样尺寸TQFP的封装效率不足30%。

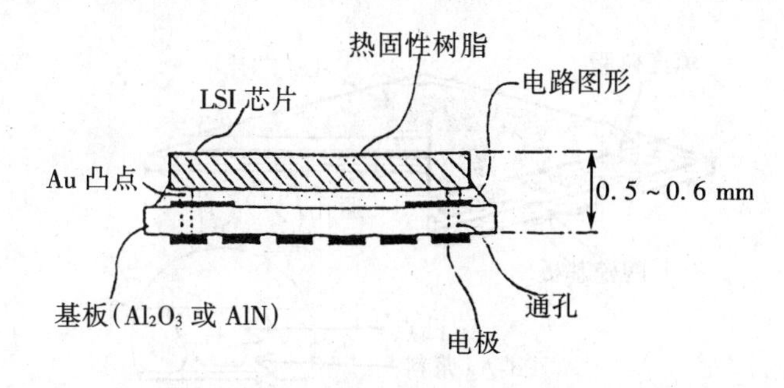

图5-13　CSTP的基本结构

3. 引线框架式CSP(LOC型CSP)

LOC(Lead Over Chip,芯片上引线)型CSP是日本富士通公司开发的一种新型结构,分为

Tape(带式)-LOC 型和 MF-LOC 型(Multi-frame-LOC,引线框架式)两种形式,基本结构如图 5-14 所示。由图可知,这两种形式的 LOC 型 CSP 都是将 LSI 芯片安装在引线框架上制作而成的。芯片面朝下,芯片下面的引线框架仍然作为外引脚暴露在该封装结构外面。因此,不需制作工艺复杂的焊料凸点,可实现芯片与外部的互连,其内部布线很短,仅 1.0 mm 左右。CSP-26 的电感只有 TSOP-26 的 1/3 左右,其热阻,在相同条件下,TSOP-26 为 36 ℃/W,而 CSP-26 仅为 27 ℃/W。

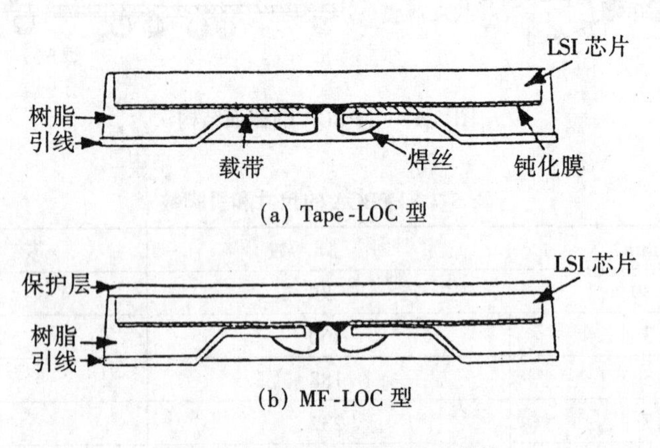

图 5-14 LOC 型 CSP 的基本结构

4. 焊区阵列 CSP(LGA 型 CSP)

LGA(Land Grid Array,焊区阵列)型 CSP 是日本松下电子工业公司开发的新型产品,基本结构如图 5-15 所示,主要由 LSI 芯片、陶瓷载体、填充用环氧树脂和导电粘接剂等组成。用金丝打球法在芯片的焊区上形成 Au 凸点。FCB 时,在 PWB 或其他基板的焊区上印制导电胶,然后将该芯片的凸点适当加压后,再对导电胶固化,就完成了芯片与基板的互连。导电粘接剂由 Pd-Ag 粉与特殊环氧树脂组成,固化后保持一定弹性。因此,即使有应力加于结合处,也不易受损。LGA 型 CSP 的结构材料及尺寸列于表 5-3 中。

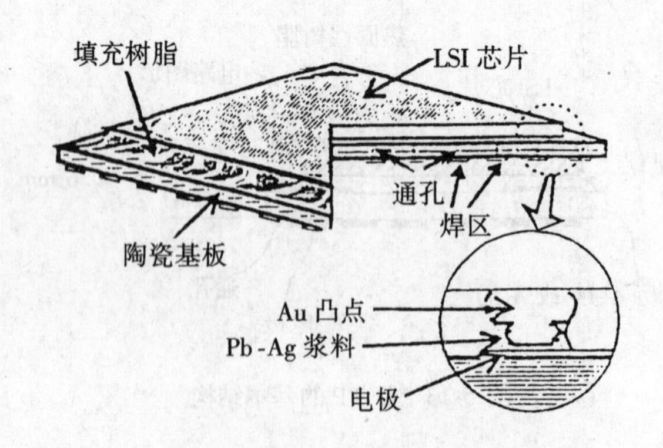

图 5-15 LGA 型 CSP 的基本结构

表 5-3　LGA 型 CSP 的结构材料及尺寸

项　　　目	批 量 生 产 规 范	推荐规范
芯片厚度(mm)	0.3~0.5	
芯片焊区节距(μm)	最小 120	
芯片焊区尺寸(μm)	最小 92×92	
焊区材料	常规 Al	
钝化层	有机或无机薄膜	
大于芯片封装尺寸(mm)	每边 1.0	0.4~0.7
封装焊区尺寸(mm)	0.4~0.7	0.6
引脚数(个)	45~525	≥200
焊区节距(mm)	1.0, 0.8, 0.65, 0.5	
印制电路板参数	厚度为 0.6~1.5 mm,2 层以上	4 层以上

LGA 型 CSP 的主要特点如下:

(1) 体积小,而引脚节距大

QFP 的安装面积随引脚数的增加呈平方关系增加,而 LGA 型 CSP 只是线性增加,这是由于 LGA 型 CSP 的引脚全部置于 CSP 的下面。QFP 与 LGA 型 CSP 的引脚数与组装面积的比较如图 5-16 所示。由该图可知,0.5 mm 引脚节距的 QFP 与 1.0 mm 引脚节距的 LGA 型 CSP 相比,引脚数越多,安装面积差别越大。而且,无论尺寸大小,LGA 型 CSP 的高度都是一定的。LGA 型 CSP 的重量非常轻,256 个引脚 LGA 型 CSP 的重量为 0.54 g,208 脚的重量仅 0.42 g,只是相同引脚 QFP 的 1/10 左右。

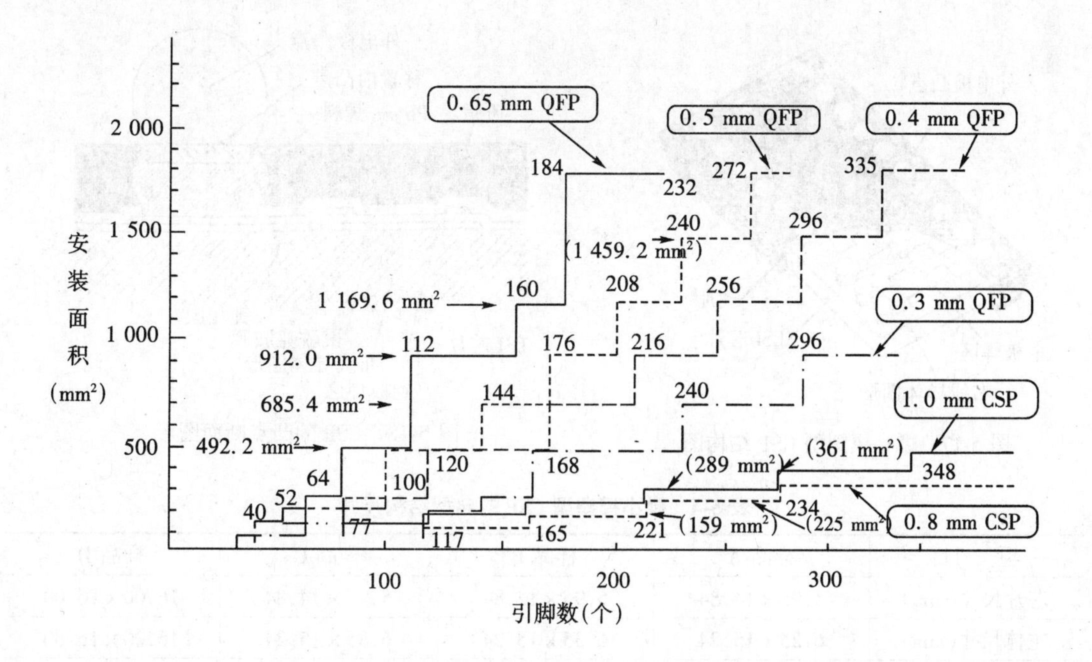

图 5-16　QFP 与 LGA 型 CSP 的比较

(2) 容易安装

LGA 型 CSP 尽管体积小,但安装非常方便。例如,尺寸为 13 mm×13 mm,引脚节距为 1.0 mm 的 LGA 型 CSP,安装精度只需要 0.4 mm 即可,而引脚节距 0.5 mm 的 QFP,要求安装精度高达 0.05 mm。

(3) 散热性能良好

LGA 型 CSP 的背面通过 0.1 mm 左右的焊膏固定在 PWB 上,与 QFP 相比,容易将热量传导至 PWB,同时,因芯片背面裸露,可起散热片的作用。

(4) 电性能良好

LGA 型 CSP 的尺寸很小,LSI 芯片由凸点直接与载体电极互连,信号传输路径极短。例如,尺寸为 17 mm×17 mm 的 LGA 型 CSP 的平均布线长度仅 3.0 mm 左右,而尺寸为 40 mm×40 mm 的 QFP 的平均布线长度达 20 mm 左右,即 LGA 型 CSP 的平均布线长度仅为 QFP 的 1/7。尺寸为 13 mm×13 mm 的 LGA 型 CSP 的引脚电感仅为 84 引脚 QFP 的 1/20 左右,开关噪声为 1/4,交叉干扰为 1/6。

5. 微小模塑型 CSP

日本三菱电机公司开发的 CSP 结构如图 5-17 所示。这种 CSP 主要由 LSI 芯片、模塑的树脂和凸点等构成。因无引线框架和焊丝等,体积特别小。这种结构 CSP 的凸点断面如图 5-18所示。由图可知,LSI 芯片上的焊区通过在芯片上形成的金属布线与凸点实现互连。芯片上的金属布线可在芯片制作过程中同时形成,所以可制出细线图形。作为外引脚的凸点可制作在基片上的任意部位,从而易于标准化。这种 CSP 的典型结构尺寸列于表 5-4 中,凸点布局情况列于表 5-5 中。

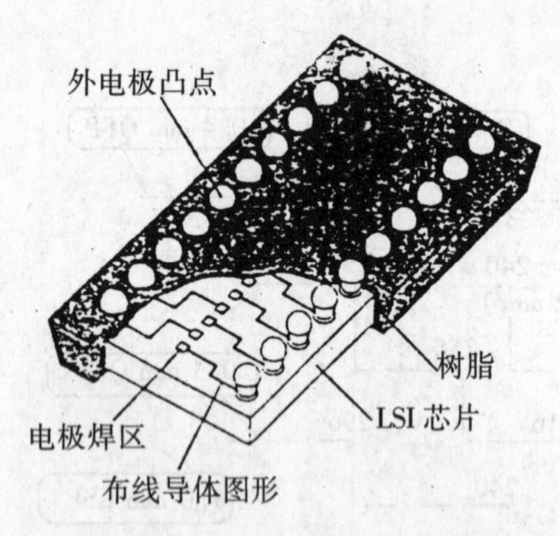

图 5-17　微小模塑型 CSP 结构图

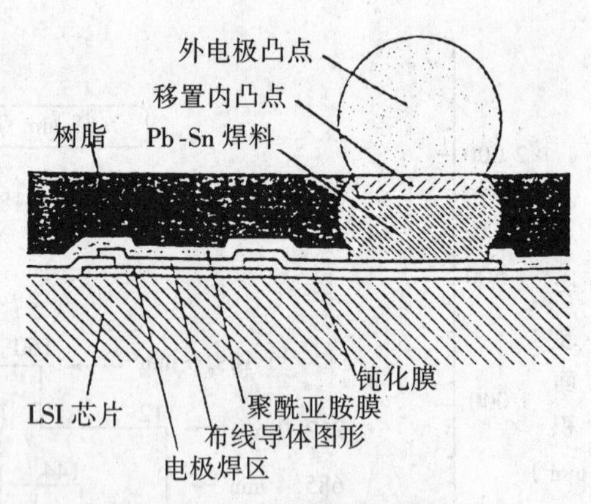

图 5-18　CSP 的凸点断面图形

表 5-4　微小模塑型 CSP 的典型结构尺寸

项　目	样品 A	样品 B	样品 C	样品 D
芯片尺寸(mm)	5.95×14.84	5.95×14.84	5.95×14.84	16.00×16.00
主体尺寸(mm)	6.35×15.24	6.35×15.24	6.35×15.24	16.00×16.60
凸点数	60 (5×12)	96 (6×16)	32 (2×16)	1 024 (32×32)
凸点节距(mm)	1.00	0.80	0.80	0.50

表 5-5　微小模塑型 CSP 的凸点布局

CSP 主体尺寸 (*D*/*E*) (mm)	节距 $e = 0.5$ mm				节距 $e = 0.4$ mm			
	凸点排列 ($Md \times Me$)	引脚数(N)			凸点排列 ($Md \times Me$)	引脚数(N)		
		全排列	四周排列			全排列	四周排列	
			10 圈	6 圈			7 圈	4 圈
6.3	10×10	100			13×13	169		144
7.1	12×12	144			15×15	225		176
8.0	14×14	196		192	17×17	289	280	208
9.0	16×16	256		240	19×19		336	240
10.0	18×18	324		288	22×22		420	288
11.2	20×20	400		336	25×25		504	336
12.5	23×23	529	520	408	28×28		588	384
14.0	26×26		640	480	32×32		700	448
16.0	30×30		800	576	37×37		840	528
18.0	34×34		960	672	42×42		980	608
20.0	38×38		1 120	768	47×47		1 120	688

微小模塑型 CSP 的制作工艺如下：

(1) 芯片上再布线工艺

这种 CSP 的再布线工艺如图 5-19 所示。首先在 LSI 芯片上制作连接焊区和外引脚的金

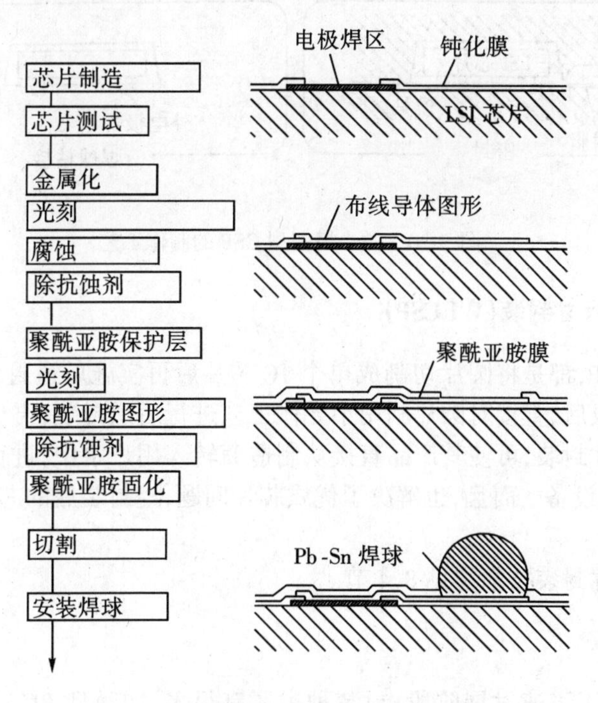

图 5-19　微小模塑型 CSP 的再布线工艺流程

属布线图形，制出 Pb-Sn 焊料润湿性良好的底层金属。为提高润湿性和抗蚀性，已经开发成 TiN—Ni—Au 多层结构的凸点下金属层。制出聚酰亚胺缓冲层，该层主要是为了缓冲封装树脂的应力而设置的。在聚酰亚胺开口区域采用蒸发光刻方法形成 Pb-Sn 层。

(2) 安装工艺

CSP 的安装工艺主要按如下四步进行(如图 5-20 所示)：

①将上述经再布线的 LSI 芯片倒装焊在易于移置金属凸点的框架上，使之与芯片焊区一一对应；加热加压，Pb-Sn 熔化后就使框架上的金属凸点(一般为 Cu)移置到芯片上，此又称为移置内凸点。

②模塑封装。

③脱模并除去毛刺。

④形成外电极焊球。

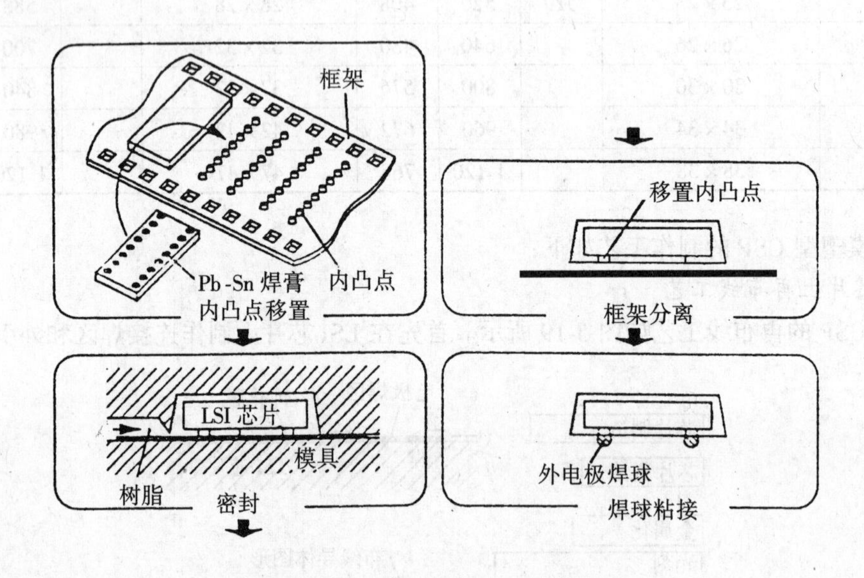

图 5-20 微小模塑型 CSP 的制作工艺

6. 圆片级芯片尺寸封装(WLCSP)

常规的各类 CSP，都是将圆片切割成单个 IC 芯片后再实施后道封装的；而 WLCSP 则是在圆片前道工序完成后，直接对圆片利用半导体工艺进行后道封装，再切割分离成单个器件。采用圆片级芯片尺寸封装，可使其产品直接从制造商转入用户手中，进行全面测试；该技术也适应现有标准 SMT 设备。而且，也解决了优质芯片问题，经封装后的芯片可以像其他任何产品一样进行测试。

圆片级芯片尺寸封装技术详见 8.4 节。

7. 其他类型 CSP

由于 CSP 正处于飞速发展阶段，封装种类还有很多，如微型 BGA(μBGA)、芯片叠层型 CSP、QFN 型 CSP 和 BCC(Bumping Chip Carrier)等等，只要是符合 CSP 定义的封装均可称之，这里不再赘述。

8. 几种 CSP 互连比较

几种典型结构 CSP 的互连情况比较列于表 5-6 中。

表 5-6 几种典型结构 CSP 的互连情况比较

CSP 类型	公司名称	芯片级互连	过渡互连层	芯片—过渡互连层	过渡互连层与下一级互连
引线框架式 CSP	Fujitsu	引线键合	引线框架	引线键合	引线电极
	Hitachi	引线键合	引线框架	引线键合	引线电极
	Cable	引线键合	引线框架	引线键合	引线电极
	LG Semicon	引线键合	引线框架	引线键合	引线电极
	TI	引线键合	引线框架	引线键合	引线电极
	Toshiba	引线键合	引线框架	引线键合	引线电极
刚性基板 CSP	Matsushita	Au 端头	陶瓷(2~4层)	钯银浆料	焊区栅阵列
	IBM	焊料凸点	陶瓷(多层)	C4 并填充	复合焊球
	Motorola	焊料凸点	FR-4 或 BT(2层)	Au—Au 固相扩散	共晶焊球
	Toshiba	金凸点	陶瓷(多层)	并填充	LGA
柔性基板 CSP	GE	Ti—Cu—Cu	Cu—PI	激光钻孔,镀 Cu	共晶焊球
	NEC	Au 端头	Cu—PI	热声 Au—Cu 键合	共晶焊球
	Nitto Denko	无	Cu—PI 带金凸点	Au 凸点或载带—Al	共晶焊球
	Tessera	WB	Cu—PI 带 Ni—Au 凸点	WB	共晶焊球
微小模塑型 CSP	Chip Scale	Ti—W—Au	硅凝胶	Au 引线扩展的芯片焊区	引线
	Shell Case	无	Ni—Au 镀焊料玻璃板	镀 Ni—Au 与焊料	Ni—Au 焊球
PI 介质层 CSP*	Mitsubishi	金属化	PI—金属—焊料	用金属焊料再分布	焊球
	Sandia	Ti—W—Cu	或 Cu—Ni	用金属再分布	焊球

* 即 WLCSP。

5.5 BGA 与 CSP 的返修技术

5.5.1 返修工艺

由于 BGA 或 CSP 通常是封装 LSI、VLSI 芯片的,这些芯片往往价格较高,因此,对这类有某些封装缺陷的器件应尽可能进行返修,以节约成本。

BGA 或 CSP 的返修工艺一般包括以下几步:

(1) 确认有缺陷的 BGA 器件,做好标记。

(2) 预热电路板及有缺陷的 BGA 器件。

(3) 拆除 BGA 器件。

(4) 清洁焊区,去掉残余物,修整焊区。

(5) 涂覆焊膏或助焊剂。

(6) 安装新器件。

(7) 再流焊。

(8) 焊接质量检查。

5.5.2 返修设备简介

(1) Air-Vac Engineering 公司

型号:DRS24C。

主要特性:光学对准系统;安放精度为 ± 0.025 4 mm(± 0.001 in),重复精度为 0.007 6 mm(0.000 3 in)。

(2) CAPE 公司

型号:Sniper Split Vision 系列返修工作站。

主要特性:适用窄节距 QFP、BGA、CSP 等;元器件之间不需复杂的调整。

(3) OK 公司

型号:FCR-2000 型热风聚焦非接触式返修操作系统。

主要特性:适用窄节距 QFP、BGA、CSP 等;安装精度在 0.025 4 mm 范围内。

5.6 BGA、CSP 与其他封装技术的比较

BGA 和 CSP 具有许多优于其他封装技术的性能,下面就 BGA、CSP 和其他封装的技术性能及应用情况进行比较。

1. 引脚结构的比较

表 5-7 为各种引脚结构的特性比较。

表 5-7 引脚结构的特性比较

比较项目	引脚形状			
	翼形引线	J 形引线	I 形引线	BGA 焊球
适应多引脚数封装的能力	较好	一般	一般	好
封装厚度	较好	一般	一般	好
引脚刚性	一般	较好	一般	好
适应多种焊接方法的能力	好	一般	一般	一般
再流焊时自对准能力	较好	一般	一般	好
焊接后可检测的能力	一般	较好	一般	较难
清洗难易度	一般	较好	好	较难
有效面积利用率	一般	较好	一般	好

通过比较可以看出,BGA 的综合性能优于其他各类封装。

2. 封装尺寸比较

图 5-21 所示为 BGA 625 个引脚、1.27 mm 节距,TCP 608 个引脚、0.25 mm 节距和 PQFP 304 个引脚、0.5 mm 节距的外形尺寸图。不难发现,BGA 的引脚数最多,外形尺寸最小。

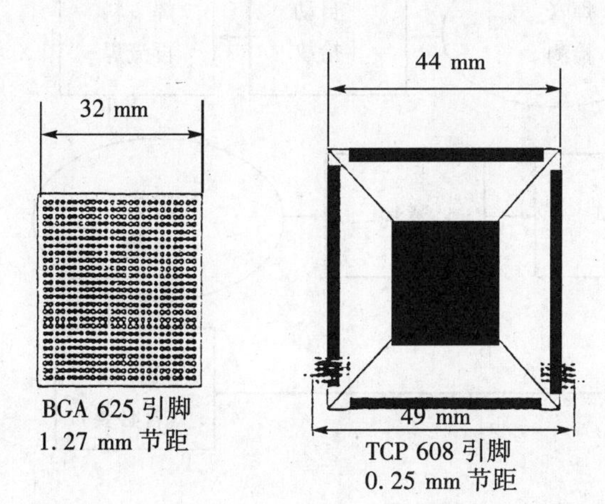

图 5-21　封装尺寸比较

3. 各种封装结构的组装密度比较

表 5-8 为各种封装结构的组装密度比较。

表 5-8　BGA、FPD、UFPD 和 TCP 的安装密度比较

封装形式	引脚节距(mm)	外形尺寸(mm)	I/O 数
BGA	1.27	32.5×32.5	625
FPD	0.5	32.5×32.5	240
UFPD	0.4	32.5×32.5	296
UFPD	0.3	32.5×32.5	408
TCP	0.25	32.5×32.5	480
TCP	0.2	32.5×32.5	600

注:FPD、UFPD 分别为窄节距器件和超窄节距器件,属 QFP 封装结构。

经比较可以看出,相同的外形尺寸,以 BGA 的 I/O 数最多,安装密度最高,易于 SMT 规模化生产。

4. 工艺流程比较

BGA 封装技术使 SMT 工艺得以扩展,更易于表面安装,从而更强化了 SMT 的优势。对于窄节距引脚元器件或 BGA 封装件,在 PWB 上的表面安装工艺流程是类似的;但因 BGA 焊球引脚节距较大而便于使用 SMT。图 5-22 所示为 BGA 的 SMT 工艺流程。

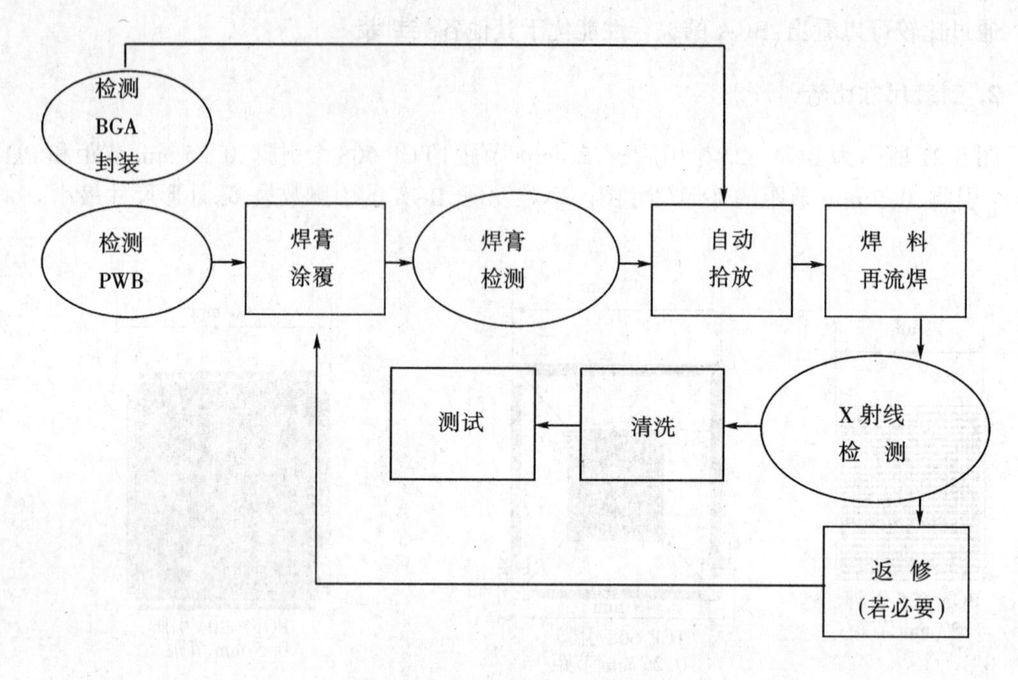

图 5-22 BGA 的 SMT 工艺流程

5. 表面安装缺陷率比较

表 5-9 为 IBM 公司实验室水平、批量生产水平以及工业化大量生产的 QFP 和 BGA 表面安装缺陷率比较。图 5-23 为 QFP 和 BGA 表面安装缺陷率年统计数据。从图 5-23 中可以看出,BGA 的缺陷率很低,可生产性更好。

表 5-9 QFP 和 BGA 表面安装缺陷率比较

	QFP			BGA
引脚节距	0.5 mm	0.4 mm	0.3 mm	1.27 mm
工业	200×10^{-6}	600×10^{-6}		$(0.5\sim3)\times10^{-6}$
IBM	75×10^{-6}	600×10^{-6}		$(0.5\sim3)\times10^{-6}$
IBM 实验室(只有桥连缺陷)	$<10\times10^{-6}$	$<25\times10^{-6}$	$<30\times10^{-6}$	$<1\times10^{-6}$

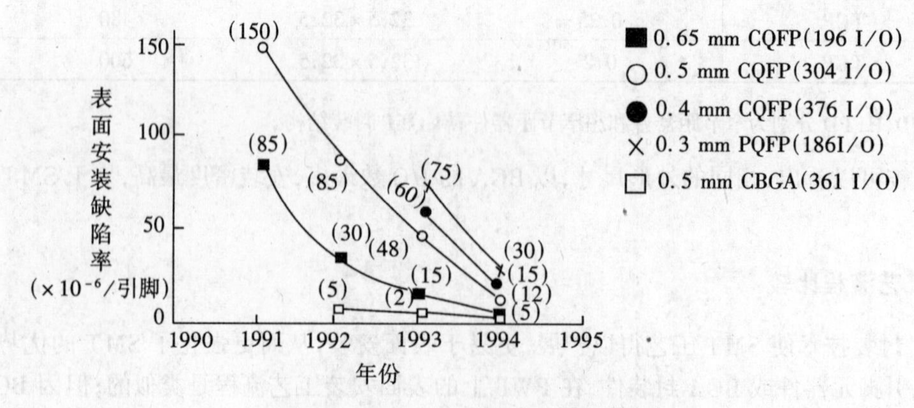

图 5-23 BGA 和 QFP 表面安装缺陷率

6. 终检

和 BGA 的焊膏检测相比,窄节距 QFP 在可靠性(EOL)检测时增加了附加成本。QFP 普遍采用检测短路/开路自动系统,这就增加了这种封装的生产成本。而 BGA 的生产效率高,缺陷率低,EOL 检测通常只限于对准和定位的检测。

7. 返修

BGA 的返修费用比 QFP 要大得多。原因如下:

(1) 由于单个的短路或开路缺陷的修复是不可能的,对 BGA 应整体返修,因此增加了返修成本。

(2) BGA 返修比 QFP 要困难,返修可能还要求附加设备投资,这又是增加 BGA 返修成本的一个因素。

(3) 价格低的 BGA 拆下后通常不再使用,从而增加了返修成本;而一些 QFP 器件,只要拆卸时足够小心,可以再次使用。

因此,BGA 封装的大批量生产,必须降低表面安装缺陷率,保证高的成品率。

BGA 和传统的 SMD 返修工艺的异同如下:

(1) 返修 BGA 封装件时,要充分预热。

(2) BGA 和其他引脚 SMD 的最终预热温度类似,但预热升温速度不同,BGA 要整体升温后才使焊球熔化,故要缓慢升温,预热曲线较平缓。

(3) 必须同时加热 BGA 封装件的所有焊球。

8. 封装件占据电路板面积(预留焊位)

BGA 和 QFP 预留焊位的主要差异表现在 I/O 引脚数相同时,BGA 比 QFP 所需板上安装面积小,以及由此带来的板布线密度和综合性能优势。

由于 BGA 封装的散热性能好,所以,即使设计要求发热元器件之间的距离很小,BGA 封装也能提供散热条件良好的工作环境。图 5-24 为封装件占据安装电路板面积、封装引脚数和不同的封装技术之间的对应关系。

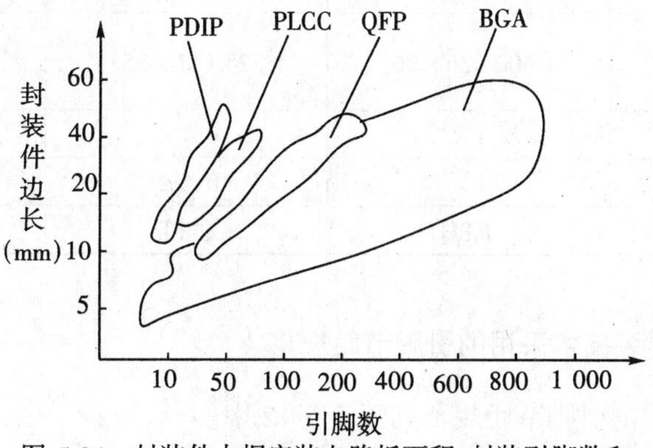

图 5-24　封装件占据安装电路板面积、封装引脚数和不同的封装技术之间的对应关系

9. 焊点可靠性

有四个因素影响着焊点可靠性和表面安装成品率。基板焊区焊接性能、元器件引脚焊接性能、元器件引脚共面性（在允许的规定内）和焊膏量，这四个因素控制着产品质量。一般认为，PWB 和元器件的焊接性能对 BGA 和 QFP 表面安装成本的影响更大。

10. PGA、CBGA 和 QFP 三种封装技术的性能比较

表 5-10 为 PGA、CBGA 和 QFP 三种封装技术的性能比较。

表 5-10 PGA、CBGA 和 QFP 三种封装技术的性能比较

项　　目	PGA	CBGA	QFP
尺寸(mm)	43.5×43.5	21×21	26×26
I/O 引脚数	196	324	256
节距(mm)	2.54	1.0	0.4
信号引线电容(pF)	1.43	0.40	/
信号线与地端电容(pF)	6.76	1.85	1.78
信号线间引线电感(nH)	8.57	3.26	20.31
信号线与地端电感(nH)	/	0.76	/

事实证明，由于 BGA 引脚短、引脚电感小，从而提高了时钟速率，降低了噪声，电性能也得到改善。

11. PGA、CBGA 封装在 RS-6000 型计算机中应用的技术经济性能比较

PGA 和 CBGA 封装在 RS-6000 型计算机中应用的技术经济性能比较列于表 5-11 中。

表 5-11 RS-6000 型计算机中 PGA 封装与 CBGA 封装的技术经济指标比较

	RS-6000 型 350	RS-6000 型 370	CBGA 的优点
封装体	金属化陶瓷 PGA，2.54 mm 节距，304 I/O	CBGA，1.27 mm 节距，面阵 SMT，304 I/O	SMT，1.27 mm 节距，面阵 SMT
封装体面积(mm^2)	1 300 (36×36)	525 (21×25)	封装面积减小为 PGA 的 40%
信号噪声	1×	0.7×	噪声减小了 30%
成本	1×	0.5×	成本降低 50%
安装形式	PTH	SMT	

12. 不同的芯片封装技术采用的引脚节距规范

不同封装技术采用的引脚节距规范列于表 5-12 中。

表5-12　不同封装技术采用的引脚节距规范

I/O引脚节距	通孔插装	周边引脚封装	表面安装面阵封装
2.54 mm	√	/	/
2.54 mm(0.100 in)	√	/	/
1.905 mm(0.075 in)	√	/	/
1.50 mm	√	/	/
1.524 mm(0.06 in)	√	/	/
1.25 mm	/	/	√
1.27 mm(0.050 in)	√	√	√
1.0 mm	/	√	√
0.8 mm	/	√	√
0.79 mm(0.031 in)	/	√	/
0.63 mm	/	√	/
0.64 mm(0.025 in)	/	√	/
0.6 mm	/	/	√
0.5 mm	/	√	√
0.51 mm(0.020 in)	/	√	/
0.4 mm	/	√	√
0.3 mm	/	√	√

注:√表示采用;/表示不采用。

5.7　BGA与CSP的可靠性

5.7.1　概述

BGA和CSP封装件在运输过程中受到振动影响,在工作时受到热应力、机械应力的作用,这些因素作用到焊球上,就表现为弯曲和扭曲两种形式。当焊球所能承受的作用力超过一定极限时,就发生失效现象。

在研究焊点的热循环疲劳时,必须认真区分不同结构之间的区别。疲劳取决于封装引脚(焊球)、焊料量、焊球材料和几何形状。目前的大多数可靠性研究都在商用温度范围(通常为0~100 ℃);少数在军用温度范围(-55~125 ℃,或-65~150 ℃)。

封装引脚对BGA封装件的性能影响最大。Caulfield等人将CBGA封装改为CCGA封装加以研究,得出这种改变可使热循环寿命提高10倍的结论。Puttlite研究证实,通过采用阻止焊球塌陷的简单引脚结构,可使陶瓷封装件的疲劳寿命提高3倍。

焊料的机械性能也影响组件的热循环寿命。Banks等人在-40~125 ℃和0~100 ℃的范围内比较了CBGA的热循环寿命。采用了两种焊料类型,一种采用10%Sn-90%Pb焊球,通过准共晶的合金 62%Sn-36%Pb-2%Ag 将焊球连到封装件和 PWB 上;另一种是采用准共晶合金焊球进行连接。

通过许多有限元应力模拟和实验,研究了封装焊点和 PWB 焊区设计对可靠性的影响。Corbin 模拟了 IBM 双焊料结构,研究表明,当封装焊点和 PWB 焊区的直径相同时,热循环寿命最长。Ries 等人的实测证实了这一结论。实测发现,相同尺寸焊区具有最大的统计预测值;还发现,封装焊区小、PWB 焊区大的连接件具有较高的平均热循环寿命。

温度热循环寿命模型建立于 Coffin-Manson 方程,并进行了扩展。Norris 和 Landz 建立了倒装芯片互连的可靠性分析模型,其预测值和失效数据能较好地吻合。Mawer 等人将这一模型应用到 PBGA 上,研究者在 FR-4 板上 I/O 引脚数分别为 81、165 和 225 的 PBGA 上使用"菊花链"结构,生成和有限元应力/应变模型有关的威布尔函数,并扩展应用到 I/O 引脚数为 421 的较大的封装件上。

Banks 等人测量了 PWB 上 CBGA 的热循环寿命,并得出了和 Coffin-Manson 方程相类似的结论,热循环温度范围为 0~100 ℃。但是,对 CBGA 封装类型,热循环温度范围在 -40~125 ℃时结论不一致,原因在于失效机理不同,100 ℃以上有蠕变现象出现。

在陶瓷基板和有机材料基板上采用 BGA 封装大尺寸芯片目前还有困难。氧化铝(CTE 为 6.2×10^{-6}/℃)和硅(CTE 为 3.0×10^{-6}/℃)之间的热膨胀系数的差别导致热膨胀应力大到使芯片开裂;特别是在这种结构中采用高温焊料,例如 Au-Si 或 Au-Ge 焊料时,尤其严重。倒装芯片工艺,通过增加焊点的机械柔性,有助于减小这种差异。倒装芯片有一个明显的特点,即在芯片和基板之间填充聚合物。填充材料通过将热膨胀应力发散到比较大的范围,减小焊点的应力集中,特别是关键点的应力集中,从而可以延长热循环寿命。Nakanot 等人分析了填充的优点,填充材料的 CTE 和焊料 CTE 的匹配性越好,填充后的倒装芯片的热循环寿命越长。

5.7.2 焊球连接缺陷

BGA 和 CSP 在安装焊接时焊球与基板的完好连接至关重要,常出现的焊球连接缺陷有如下几种:

1. 桥连

焊料过量,邻近焊球之间形成桥连。这种缺陷很少,但很严重。参见图 5-25。

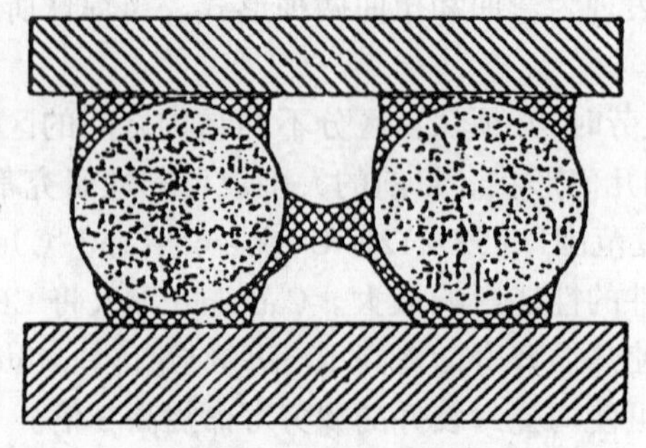

图 5-25 桥连缺陷

2. 连接不充分

焊料太少,不能在焊球和基板之间形成牢固的连接,导致早期失效。参见图 5-26。

3. 空洞

沾污及焊膏问题造成空洞。比例较大时,焊球连接强度弱化。参见图 5-27。

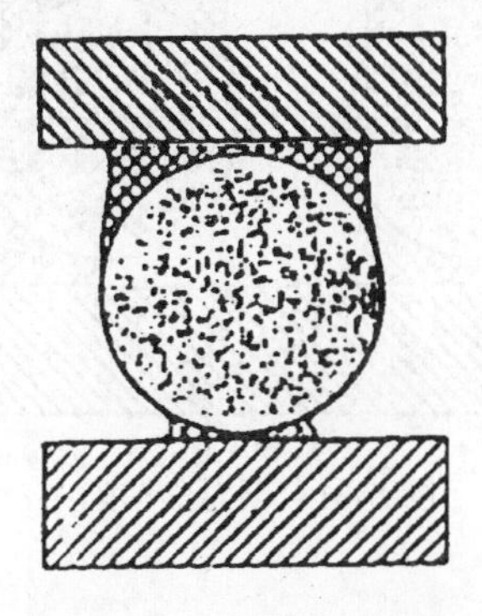

图 5-26　连接不充分缺陷

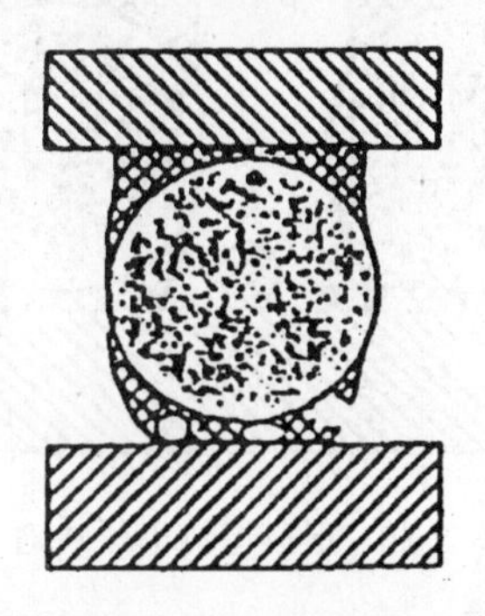

图 5-27　空洞缺陷

4. 断开

基板过分翘曲,又没有足够的焊料使断开的空隙连接起来。参见图 5-28。

5. 浸润性差

焊区或焊球的浸润性差,造成连接断开。焊区浸润性差使焊料向焊球周边流动,而焊球的浸润性差使焊料聚集于焊区上面积很小的区域。参见图 5-29。

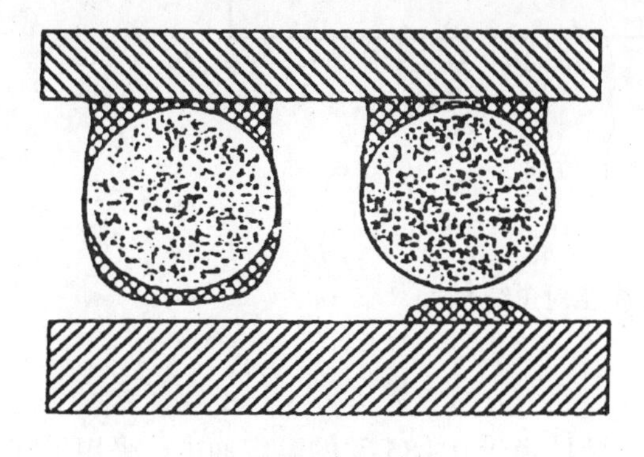

图 5-28　断开缺陷

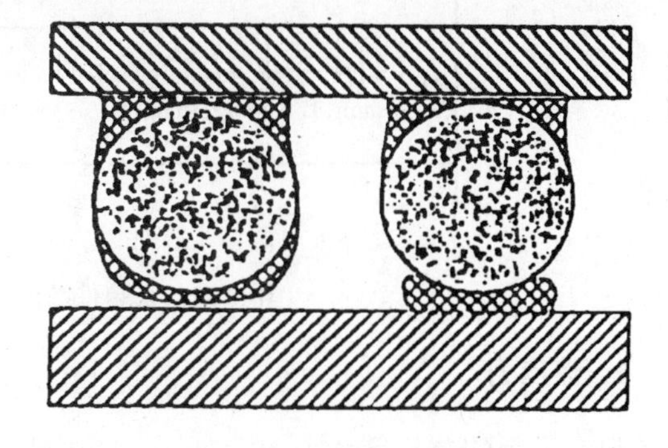

图 5-29　浸润性差缺陷

6. 形成焊料小球

小的焊料球由再流焊接时溅出的焊料形成,是潜在短路缺陷的隐患。参见图 5-30。

7. 误对准

焊球重心不在焊区中心。BGA虽有极强的自对准能力,但是,在安放时焊球和焊区之间的误对准(对准偏差超标时)会造成这种缺陷。参见图5-31。

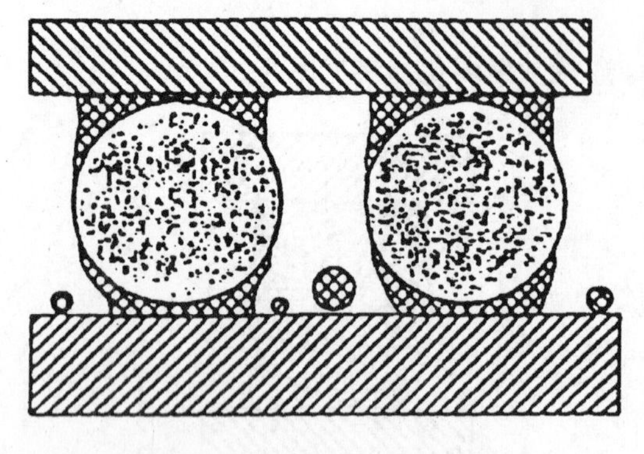

图 5-30 形成焊料小球缺陷

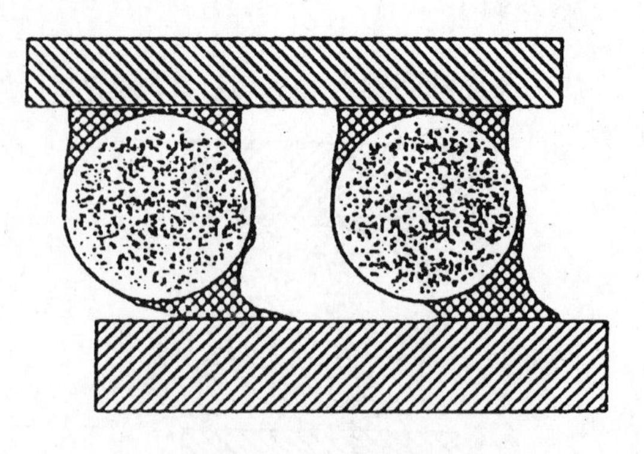

图 5-31 误对准缺陷

5.7.3 PBGA安装件的焊点可靠性试验

图5-32所示为225个焊球的全阵列PBGA安装件的断面图形(沿对角线方向)。这里将讨论在热、机械、振动条件下有关可靠性的问题。

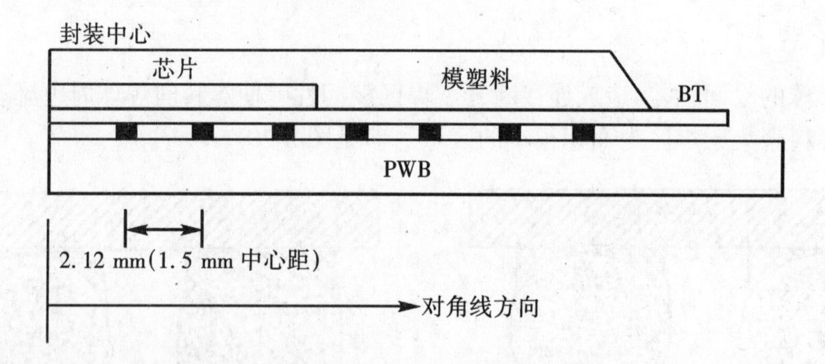

图 5-32 安装件断面图形(沿对角线方向)

1. 热应力

研究采用的芯片尺寸为10.5 mm见方,整个安装件经受0～85 ℃的温度冲击。采用了在85 ℃,施加的应力强度为20 N/mm^{2}的应力/应变曲线。具有最大应力/应变的焊点是芯片边缘下面正对的那些点。在这些焊点中,芯片四角下的焊点是最受影响的。图5-33和图5-34分别示出了沿着对角线方向累积的有效塑性应变和应力(N/mm^2)。由图中可以看出,应力、应变沿着对角线方向,随着距离芯片中心位置的距离增大而增大。中心焊点的应变为0.001 8,应力为20 N/mm^2,四角焊点的应变为0.007 5,应力为22.15 N/mm^2。过了该位置,应变、应力又随着距离芯片中心距离的增大而减小。因而,对于PBGA安装件的优化设计,焊球应放在应变、应力小的位置,避免在四角处安放。

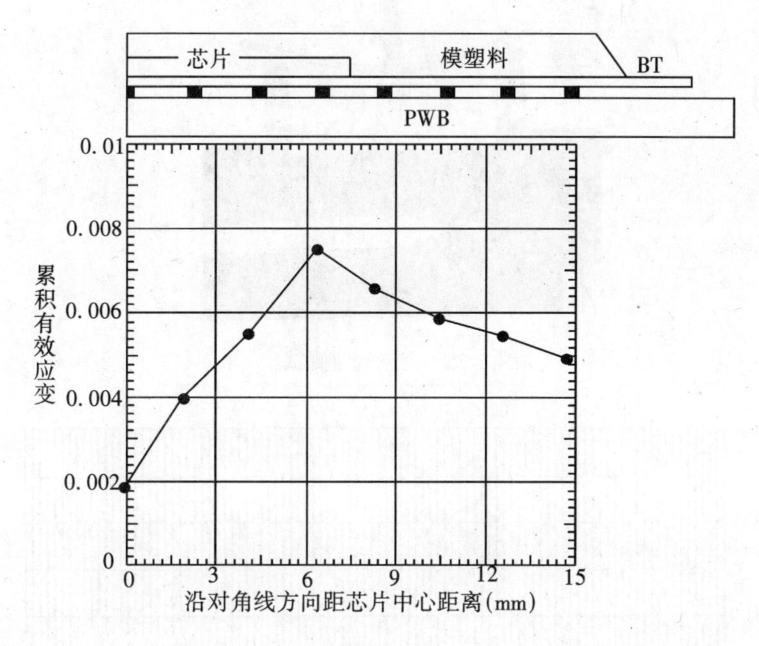

图5-33　累积有效塑性应变与距离封装中心的长度(沿对角线方向)之间的关系

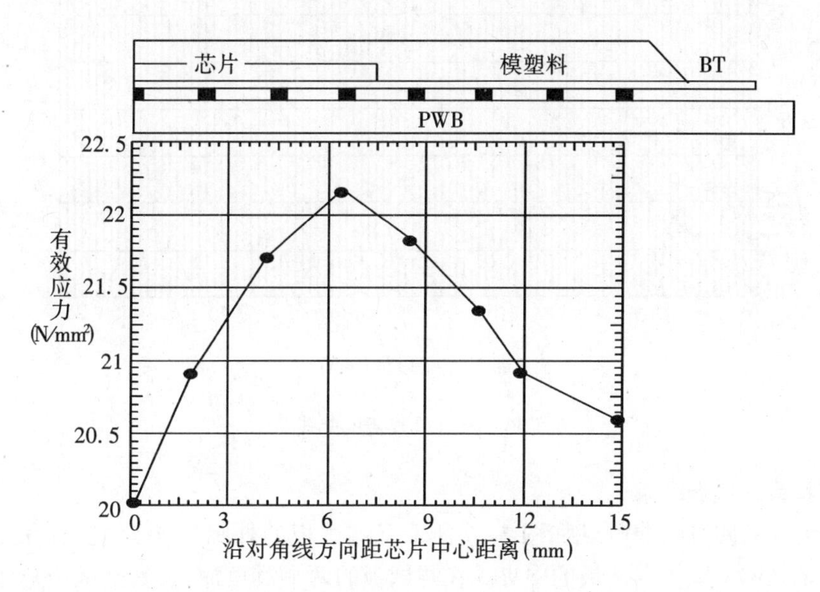

图5-34　有效应力与距离封装中心的长度(沿对角线方向)之间的关系

2. 机械应力

(1) 三点弯曲试验和结果

PBGA安装件的三点弯曲试验如图5-35所示。测试板宽为47 mm,厚为1.58 mm,跨距为152.4 mm,在板两端支撑。负载加在测试板的中央,横梁形变速度为3.81 mm/min。图5-36为带有225个焊球的PBGA安装件的负载挠度曲线。可以看出,即使挠度大于20 mm,焊点也没有失效。对这种尺寸的板,该挠度值超出了制造、运输、加工和工作条件下的挠度值。

图 5-35 三点弯曲测试

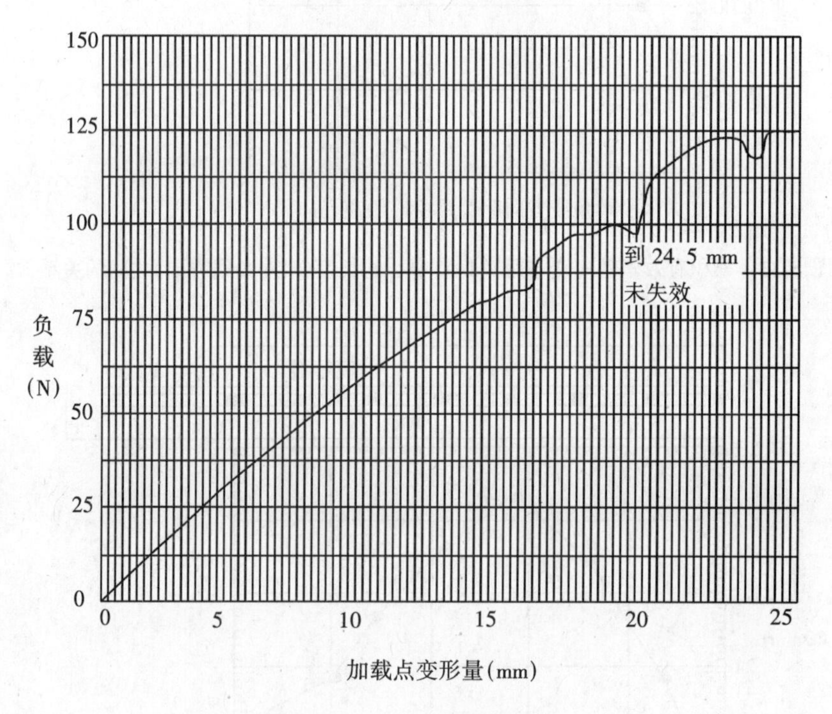

图 5-36 三点负载挠度曲线

(2) 四点扭曲测试和结果

PBGA 安装件的四点扭曲测试如图 5-37 所示。测试板的外廓尺寸为 152.4 mm × 152.4 mm × 1.58 mm,PBGA 置于测试板的中央。在测试板的两个对角加力,其余两个角作支撑用。图 5-38 为带有 225 个焊球的 PBGA 安装件的负载挠度曲线。挠度高达 24.5 mm 时,225 个焊点无失效。该挠度值远远高于制造过程中的最大值。

(3) 振动试验和结果

PBGA 安装件的板上振动试验如图 5-39 所示。它由一个受垂直方向振动器驱动的台子组成。专门设计并制造了一个试验柜,用来进行测试板的两点疲劳弯曲,参见图 5-40。试样尺寸为 80 mm。在每个测试板上只安放一个 PBGA 安装件,它和三点弯曲测试板上的试样是一样的。

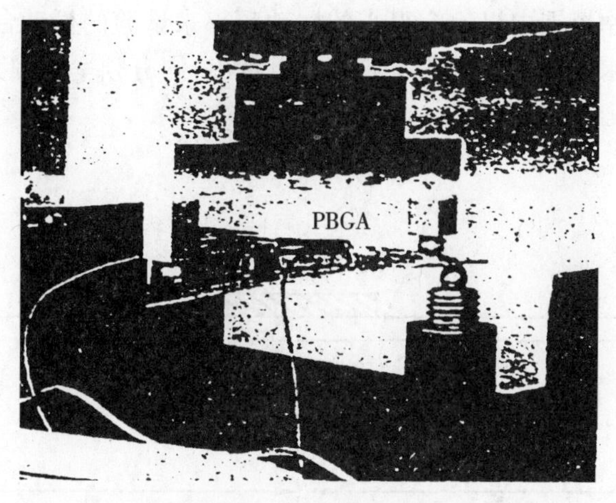

图 5-37　四点扭曲测试

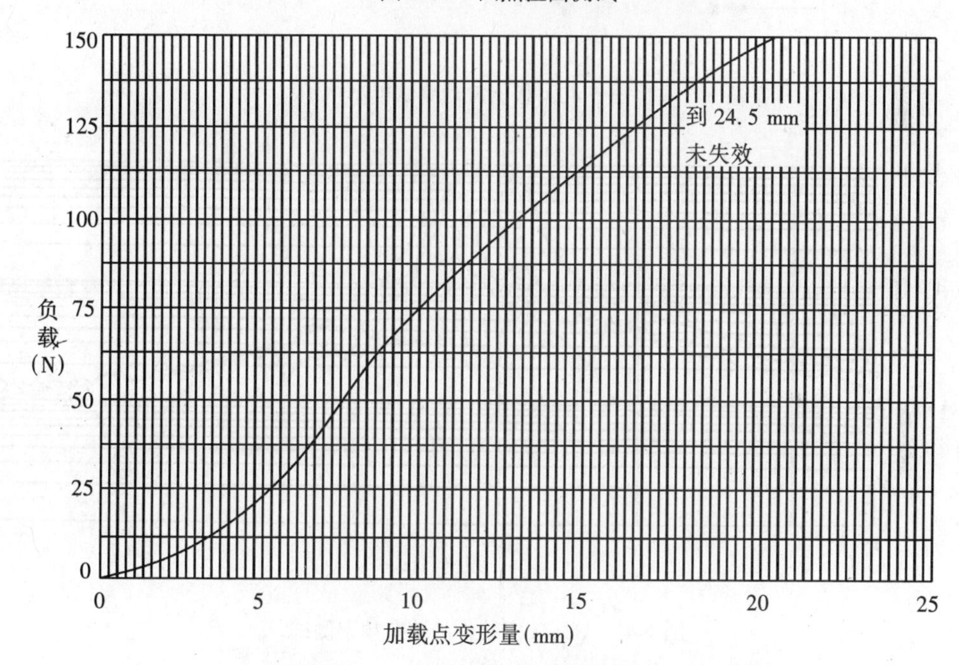

图 5-38　四点扭曲负载挠度曲线

图 5-39　板上振动实验

通过在较宽的频率范围内以一个很小的摆动频率来试验的振动台先确定 PBGA 测试板的固有频率。振动结果的测量参见图 5-41。可以看出，固有频率范围为 85 ~ 105 Hz，所测频率的平均值为 100 Hz。

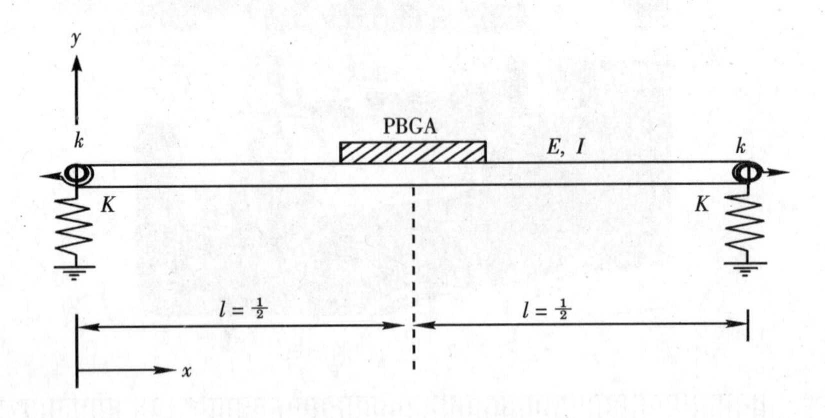

图 5-40　板上振动测试模型

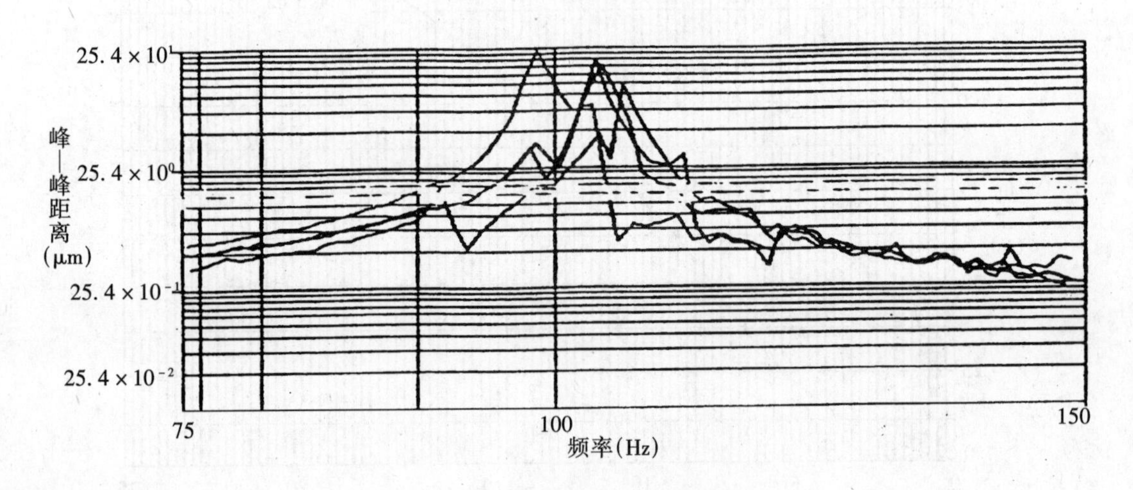

图 5-41　PBGA 安装件的固有频率测试

专门设计了振动器的激励，保证在 80 ~ 120 Hz 中以一个频率按正弦波激励。这样，PBGA 和 PWB 的平均最大激励值（峰—峰）为 3.05 mm(0.12 in)，测量结果如图 5-42 所示（四个不同 PBGA 测试板上的四个振动器）。长达 50 分钟的振动，80 mm PBGA 安装件上的焊点无一失效。图 5-43 所示为 3 小时振动后失效焊点的断面图形，可以看出，在 PBGA 安装件底面的铜和焊球之间的界面有裂纹。在测试板的长度方向，PBGA 安装件的两边有几个焊点被损坏。

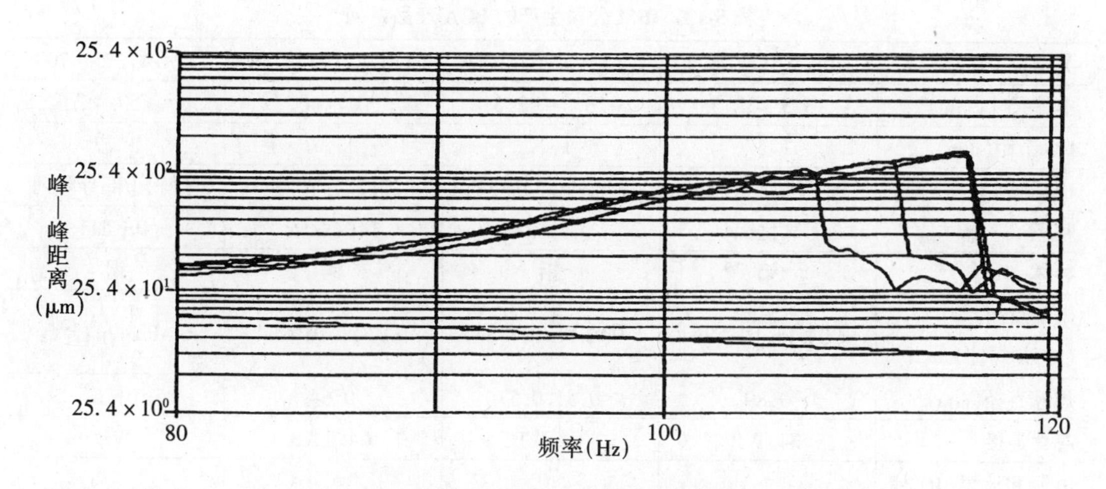

图 5-42　PBGA 安装件的强制振动

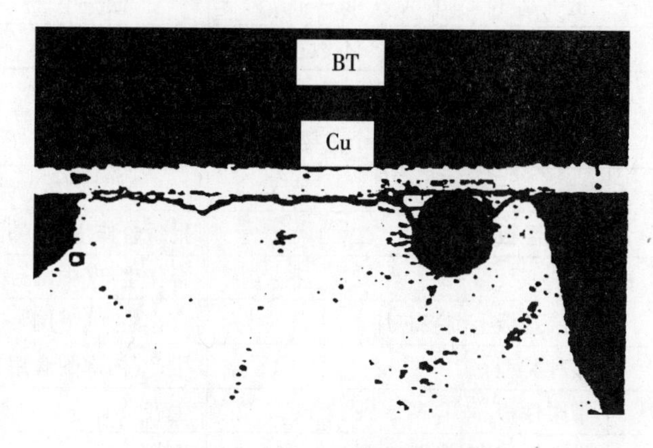

图 5-43　PBGA 焊点的失效模型

5.8　BGA 与 CSP 的生产和应用

5.8.1　概述

目前，世界上许多国家都生产、应用 BGA 和 CSP 封装件。IBM、Motorola、Citizen、LSI Logic 、Tessera、AT＆T、Amkor/Anam、Cassio、SAT、National Semiconductor、Olin 和 ASE、BULL 等公司都生产 BGA 和 CSP 封装产品。表 5-13 为 IBM 公司生产的 BGA 产品系列，表 5-14 为世界上几个主要公司生产 CSP 封装件的情况。

表 5-13 IBM公司生产的BGA产品系列

类别及 I/O 数	CBGA,196~625	CCGA,196~1089	TBGA,192~736	PBGA,225~700
本体尺寸(mm)	18.5~32.5	18.5~42.5	21~40	15~48
I/O 节距(mm)	1.27	1.27	1.27	1.27
I/O 排列	全阵列/部分阵列	全阵列/部分阵列	仅部分阵列	全阵列/部分阵列
基板	氧化铝	氧化铝	聚酰亚胺	DriClad
导体	钼	钼	铜	铜
引脚材料(焊球/焊柱)	90%Pb-10%Sn	90%Pb-10%Sn	90%Pb-10%Sn	Sn-Pb 共晶合金
焊球直径(mm)	0.89	0.51,0.57	0.64	0.76
芯片连接	C4,WB	C4,WB	C4,TAB	WB
电源和地层(P)/信号层(S)	多层	多层	仅 1S/1P	2S/2P(典型值)
功率	低—高	低—高	低—中	低—中
湿气敏感性	不敏感	不敏感	敏感	敏感

表 5-14 世界上几个主要公司生产 CSP 的情况

公司名称	CSP 特点	生产情况
Amkor/Anam	带柔性板	批量合作生产(韩国)
ASE		合作生产(中国台湾)
Citizen Watch	叠层基板上倒装芯片	合作生产(带倒装芯片工艺)
Fujitsu	多种类型	生产(内部配套用)
Hitachi Ltd.	带柔性板	生产
Hitachi Cable	带柔性板,引线框架	生产
Hyundai	带柔性板,其他	合作生产
Intel	带柔性板	生产(闪速存储器用,菲律宾)
LC Semicon	引线框架型	批量生产
Matsushita	带刚性基板	(内部配套用)
Mitsui High-Tec	带柔性板	批量生产
Siliconware	带刚性基板或柔性板	合作生产(中国台湾)
Shincon Electric	带柔性板	生产
Tessera		中间试验生产线(圣何塞,加利福尼亚)
Texas Instruments	带柔性板	生产(供应 TI 公司芯片产品)

BGA 和 CSP 的应用范围越来越广,它对电子整机产品向体积小、重量轻、高可靠和多功能方向的发展起着举足轻重的作用;特别是对便携式电子信息产品的研发与生产,其促进作用更为突出。

目前,工作站的制造商如 HP、IBM、Silicon Graphics 和 Sun Microsystems 均销售带有 BGA 的系统,是高 I/O 数封装——TBGA、PBGA、CBGA 的主要用户。IBM 的一款计算机中含有一个I/O数超过1 000的CBGA。Silicon Graphics采用带有380、480和540个焊球的TBGA和带有684个焊球的CBGA，正在研制1 657个I/O的CBGA。网络系统公司如Bay Network、Cabletron、Cisco和3Com/U.S. Robotics都已采用了各种不同的高I/O数BGA——CBGA、PBGA和TBGA。Bay Network在一个ATM交换机系统中要使用12个PBGA，每个PBGA带有465个焊球。Cabletron引进了几种采用高I/O数BGA的网络转换产品，其中，一个24端口的Internet(因特网)开关包含6个388个焊球的PBGA。

在数字摄录一体机、手持电话、笔记本电脑和存储卡等产品中，还有数字信号处理器(DSP)、专用集成电路(ASIC)和微控制器正采用CSP封装。此外，CSP在动态随机存取存储器(DRAM)和快闪存储器方面的应用也日益增多。表5-15为BGA和CSP封装件的应用范围。

表5-15　BGA和CSP封装件的应用范围

应用/市场	焊点类型				引脚数	基板	焊接方式
	材料	制造工艺	布局	节距(μm)			
汽车	Cu上加Sn-Pb,In-Pb	电镀丝印	周边阵列	250~400	10~100	陶瓷	再流焊
计算机	Sn-Pb	真空蒸发电镀	面阵列	210~250	500	陶瓷	再流焊
电子显示屏中MCM	Au,Sn-Pb	电镀	周边阵列	63.5~100	110~126	玻璃,硅	再流焊紫外光固化树脂
IC卡	Sn-Pb	电镀	面阵列	140~160	100	PWB	再流焊
计算机、通信机及IC卡	Sn-Pb	真空蒸发电镀	面阵列	250	300~500	PWB	再流焊
通信设备(含BP机)	Sn-Pb	真空蒸发	周边阵列	200	20~40	PWB,陶瓷	再流焊
		丝印	面阵列	150~200	8~40	硅	再流焊
		电镀或真空蒸发	面阵列	225~350	84~400	PWB,陶瓷	再流焊
手持电话用功率放大器	Au	电镀	周边阵列	不等	<20	陶瓷	热压焊
手表组件	Cu上加Sb-Pb	电镀丝印	周边阵列	200	13~60	PWB	压焊
摄像机显示LCD及便携式电视机	Au	柱状凸点键合	周边阵列	100~140	110~126	玻璃	导电胶
军用(FPA)	In	电镀	面阵列	100	4096	三维多层硅	再流焊
军用	In,Au,Sn-Pb	真空蒸发	面阵列	50~120	100~262	硅,蓝宝石,陶瓷	冷焊

5.8.2 典型应用实例介绍

1. CSP 在手持电话中的应用

Sharp公司于1996年8月开始批量生产CSP封装产品,主要用于便携式电子产品,如手持电话、掌上电脑、数码相机等。表5-16为Sharp公司CSP封装系列产品参数,表5-17为手持电话采用CSP后的效果,图5-44为Sharp公司CSP封装产品结构。由于将CSP用于手持电话,可以采用积木式(叠片式)多层基板,使板尺寸减小约35%,并使产品的体积和重量减小30%~44%。

表 5-16 Sharp公司 CSP 封装系列产品参数

			正 方 形		
CSP尺寸(mm)	6×6	8×8	10×10	12×12	16×16
焊球节距(mm)	0.8	1.0,0.8	0.8	0.8	0.8
引脚数	28	42,48	108	160,180	280
器件	SRAM	闪存	ASIC	ASIC	ASIC
			长 方 形		
CSP尺寸(mm)	6×8	6×10	8×10	8x11	9×15
焊球节距(mm)	0.8	0.8	0.8	0.8	1.0
引脚数	48	32	48	48,64	64
器件	闪存	SRAM	闪存	闪存	VRAM

表 5-17 手持电话采用 CSP 后的效果

	新产品(采用CSP)	老产品(未采用CSP)	效 果
产品体积(cm^3)	106	150	减小30%
产品重量(g)	117	206	减轻44%
PWB材料	FR-4+叠片(层)	FR-4	
主IC数量	CSP 5块,QFP 2块	QFP 4块,TSOP 3块	
PWB尺寸(mm)	33×92	36×130	减小35%

2. TBGA 在笔记本电脑中的应用

Toshiba公司将BGA封装技术用于Libretto系列笔记本电脑中。其中,Libretto中的ASIC采用40 mm见方、576个引脚的TBGA封装;在其他型号的笔记本电脑中,采用35 mm见方、480个引脚的TBGA。图5-45为Toshiba公司的TBGA结构。

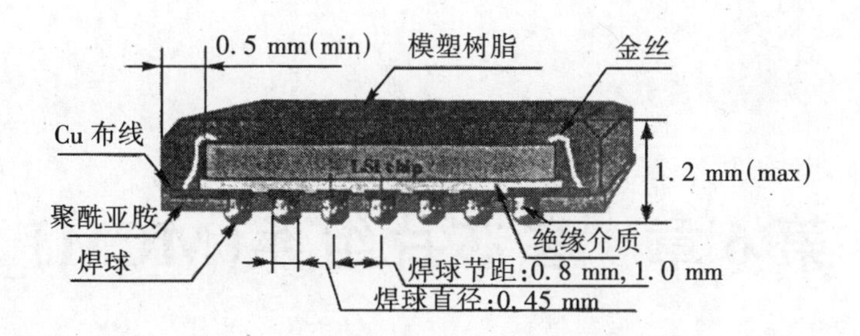

图 5-44　Sharp公司CSP封装产品结构

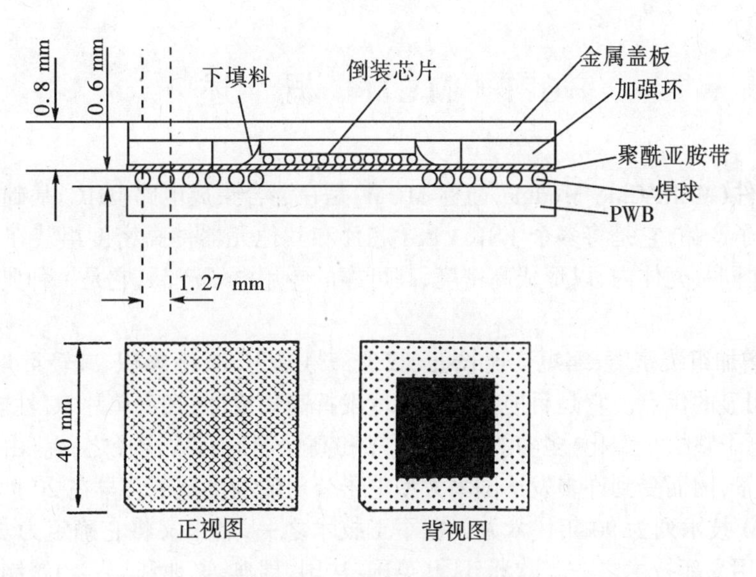

图 5-45　Toshiba公司TBGA结构

第6章 多芯片组件(MCM)

6.1 MCM 概 述

多芯片组件(Multi-Chip Module,简称 MCM)是在混合集成电路(HIC)基础上发展起来的一种高技术电子产品,它是将多个 LSI、VLSI 芯片和其他元器件高密度组装在多层互连基板上,然后封装在同一壳体内,以形成高密度、高可靠的专用电子产品,它是一种典型的高级混合集成组件。

MCM 在增加组装密度、缩短互连长度、减少信号延迟、减小体积、减轻重量、提高可靠性等方面,具有明显的优点。它是目前能最大限度发挥高集成度、高速单片 IC 性能,制作高速电子系统,实现电子整机小型化、多功能化、高可靠和高性能的有效途径之一。由于 MCM 具有广阔的发展前景,因而受到许多发达国家大型电子公司的高度重视。早在 20 世纪 90 年代初,美国就将 MCM 技术列为 90 年代六大关键军工技术之一,后来又将它确定为 2010 年前发展的十大军民两用高新技术之一。欧洲五国(英国、法国、瑞典、奥地利、芬兰)曾制定了一个三年(1992~1994年)规划,组织联合开发研究 MCM 有关方面技术。我国台湾为实施1994~1998年 MCM 技术发展规划,也投入巨资责成三大研究部门分工合作,加快开发 MCM 的步伐。日本更是走在 MCM 技术发展前列的国家,在 1995 年全世界 45 亿美元产值的 MCM 产品中,仅日本就占该产品需求量的 45%。据不完全统计,2000 年,仅日本 MCM 用 PWB 的年需求量就达到 100 万平方米,全世界 MCM 产值达到 200 多亿美元。

MCM 的研制最早是在美国、日本进行的。最早期的应用领域主要是军工/航天和计算机。可以这样说,牵引 MCM 发展的主要动力是军工/航天事业的发展;而扩大 MCM 的应用范围,使之应用并规模化发展乃是计算机近几年的蓬勃发展所促成的。最早将 MCM 用于计算机的首推 IBM 公司的热导组件(TCM),它采用 33 层高温共烧制成的 Al_2O_3 基板,尺寸为 90 mm×90 mm,组装 118 块 LSI 芯片,用于 3081 计算机。采用 MCM 的目的是为了最大限度地提高芯片性能,并减少整机的体积和重量。

在 MCM 随后发展实现的军工/航天和民用两大领域中,所涉及的产品包括军用飞机、雷达、移动通信、计算机、汽车电子、医疗电子和家用电器等。在 MCM 随后的发展中,汽车电子和计算机领域成为 MCM 最大的市场,MCM 的类型多以 MCM-L、MCM-C 为主,封装形式将由传统插装型向表面安装型转变,以充分发挥 MCM 在高速、高密度以及减小整机体积上的优势作用。

然而,20世纪90年代之前一直通过高档计算机和军事电子应用拉动MCM的发展,由于受市场规模及成本等因素的制约,MCM的发展和应用并没有达到人们预想的目标;到90年代中期,随着个人计算机、无线通信,特别是移动通信的飞速发展并进入千家万户,这些电子产品不但要求多功能、高性能、高可靠,还必须具备大众化普及所要求的低成本等,产品更趋向轻、薄、短、小,并满足携带方便的要求。显然,MCM产品在这类市场的应用缺乏性价比上的竞争力。

MCM制造商为了适应市场的需求,开始考虑另一种技术方案,即使用商用芯片,而不一味要求采用专用的大规模集成电路,以求既满足产品技术上的要求,又具有较低的成本。这种技术方案一般要求芯片数量较少,一方面可以使产品达到很高的成品率,另一方面也便于使用标准化的先进IC封装(如QFP、BGA、CSP等)。这就是通常所说的多芯片封装(Multi-Chip in Package,简称MCP)。

MCP与MCM类似,每个封装体内,也包含2个或更多的IC芯片。IC芯片大多并排放置,比单芯片封装面积大,但性价比要比单芯片封装高;也可将多个IC芯片叠层安装,再用WB将芯片互连,或埋置芯片后再布线互连,这就可大大节约基板的面积,这对对面积要求十分严格的移动通信产品非常有利。

MCP具有以下优点:

(1) 电路设计和结构设计灵活方便,可采用标准的先进封装技术(如QFP、BGA、CSP等)。

(2) 各类IC芯片都是商品化产品,不仅可以采购到,而且价格也相对较低。

(3) 由于封装体内IC芯片数有限,可保持所封装的电子产品有较高的成品率,会相应降低产品的成本。

(4) 不需增加新的设备,就可使用SMT批量生产这类MCP产品,且由于工艺成熟,制作周期短,这些都可达到降低成本的目的。

MCM仍在不断发展,是典型的可达到系统封装的高技术产品,它集中了当今各种不同的组装技术和IC技术,MCM可以更好地实现高密度组装及模块化,并可大大减小PWB的占用面积。鉴于此,本章将主要对MCM加以论述,很多论述的内容同样也适用于MCP。

下面对与MCM相关的设计、材料、组装、检测、封装、返修、应用及发展前景等作详细论述。

6.2　MCM的概念、分类与特性

至今对MCM尚无统一的定义,综合国外专家对MCM所下的定义,MCM原则上应具备以下条件:

(1) 多层基板有4层以上的导体布线层。

(2) 封装效率(芯片面积/基板面积)大于20%。

(3) 封装壳体通常应有100个以上的I/O引脚。

除了以上三个条件以外,还有一些其他附加条件,如布线密度每英寸从250根到500根,有多个 LSI 和(或)VLSI 裸芯片等。

还有人从组装(或封装)角度出发,将 MCM 定义为:两个或更多的集成电路裸芯片电连接于共用电路基板上,并利用它实现芯片间互连的组件。

MCM 可分为五大类,即 MCM-L,为有机叠层布线基板制成的 MCM;MCM-C,为厚膜或陶瓷多层布线基板制成的 MCM;MCM-D,为薄膜多层布线基板制成的 MCM;MCM-D/C,为厚、薄膜混合多层基板制成的 MCM;MCM-Si,为 Si 基板制成的 MCM 等类型。MCM 各类产品的特性差异见表 6-1。

表 6-1 各类 MCM 特性对比

类 别	制造成本	布线线宽	多层性	封装密度	电气特性	散热性	可靠性
MCM-L	A	C	A	C	C	D	C
MCM-C	B	B	A	B	B	A	A
MCM-D	D	A	C	A	A	C	B
MCM-Si	D	A	D	B	B	C	B
MCM-D/C	C	A	C	A	A	B	B

注:A 一优异;B 一较好;C 一一般;D 一较差。

下面主要从高速性能、高密度性能、高散热性和低成本四个方面介绍 MCM 的特性。

1. 高速性能

计算机在制造技术上的发展,要求 MPU(微处理器)等信息处理装置的系统工作频率不断地提高,并要达到高速化的信号传输。以 RISC(Reduced-Instruction-Set Computer,简称 RISC,称为简易指令计算机)为例,20 世纪 80 年代末,它的 MPU 工作频率为 10~20 MHz,到 90 年代中期已发展到 100~200 MHz。目前,高速化的 MPU 工作频率已达到 1 GHz 以上。在计算机的存储器方面,也在不断地缩短存取时间。目前的存取时间,有的已达到几个纳秒。影响 MPU 存储器等高速化的主要障碍是信号传输延迟。而 MCM 产品,采用多个裸芯片高密度地安装在一起,缩短了芯片之间的距离,缩短了芯片之间的传输路径长度,使信号延迟大大减少,从而使 LSI 的信号工作频率得到提高。目前,超大型计算机用的 MCM-D 可使信号工作频率提高到 250 MHz 以上。小型电脑产品(便携式 PC、台式个人 PC 等)所用的 MCM-L,也可使工作频率保持在 100 MHz 以上。

2. 高密度性能

近十年来,在计算机、家用电器、手持电话等产品中,都向着组装高密度化发展,以实现小型、轻量化。而采用 MCM 技术,是达到 LSI 的 I/O 引脚和电路布线高密度的重要途径之一。MCM 在芯片装配、多层布线电路板的制作(微细电路图形制作、互连孔加工等)、多层绝缘薄膜层制作、芯片发出热量的散热处理等方面都采用先进的高新技术和工艺。目前国内外 MCM 用多层基板技术水平如表 6-2 所示。MCM 电路图形可以实现的最小导体线宽/间距参阅表 6-2;通孔直径为 150~50 μm;全通孔直径为 300~200 μm,焊区直径为 250~150 μm;每层厚度为 100~30 μm。根据 MCM 的类型不同,在实现高密度化方面略有差异。MCM-D 制造工艺是在陶瓷(或金属)基板上,采用真空镀膜法形成一层金属薄膜;然后再加工成电路图形。由于它的导体(线路图形)厚度很小,因此导体线宽度可以实现10 μm。MCM-D在实现高密度化方面最具优势。图6-1示出了不同安装形式的导体线宽和封装效率的情况。其中,HIC和SMT的封装效率为5%~15%,COB在30%以下,MCM-L为30%~40%,MCM-C为30%~50%,MCM-D可达70%以上。

表6-2 国内外MCM用多层基板技术水平比较

		国外			国内		
		最大尺寸(mm)	最高层数	最小线宽/间距(μm)	最大尺寸(mm)	最高层数	最小线宽/间距(μm)
厚膜	厚膜多层	150×200	10	25/25	50×80	5	100/200
	陶瓷多层	245×245	100	25/25	50×50	20	150/200
薄膜布线		150×150	10	5/10	50×60	4	10/20
混合多层		225×225	23(含8层薄膜布线)	25/75	50×50	24(含4层薄膜布线)	25/75

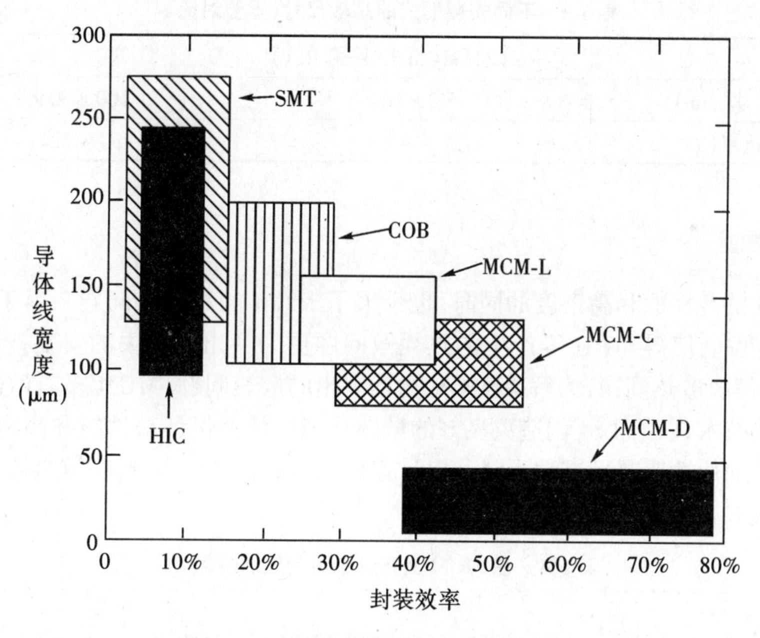

图6-1 不同安装方式的封装效率对比

具有高密度布线特性的MCM还表现在增加LSI的I/O引脚的密度方面。图6-2为MCM和其他封装技术之间电路的图形密度和LSI I/O引脚密度的变化对比。近几年新开发的MCM,在1 cm^2面积内引脚数可达到300~2 500个,达到了高密度连接。

由于MCM的封装高密度化,也使部件在外形尺寸和重量上得以减小,表6-3为不同安装形式的基板尺寸、重量对比。

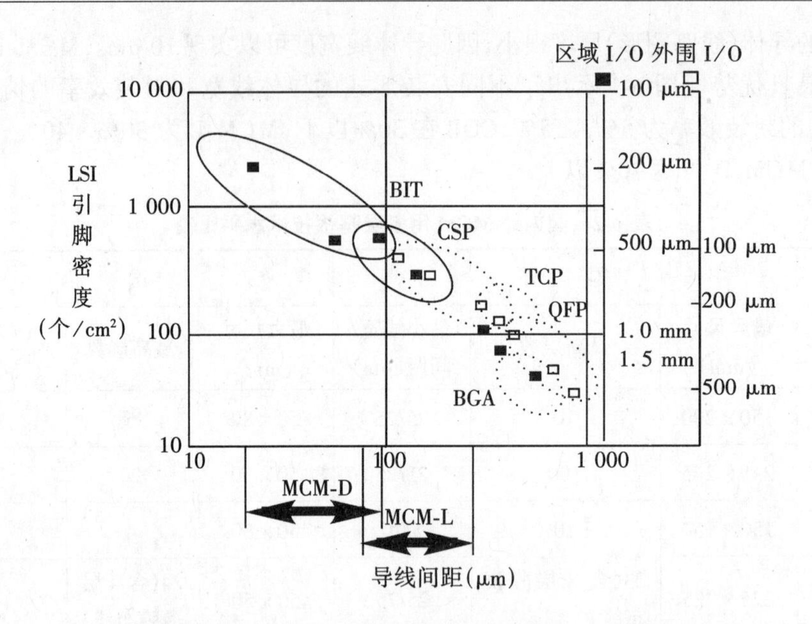

图 6-2　MCM 和其他封装技术之间的图形密度和 I/O 引脚密度比较

表 6-3　不同安装形式的基板尺寸、重量对比

	MCM（MCM-L，采用 BIT）	基　板
尺寸（mm）	40×40×7	100×60×7
重量（g）	~8	~32

3．高散热性能

在提高 LSI 的高性能和高密度的同时，也带来了 MCM 的高散热问题。由于 LSI 的大容量，电路组装密度高，使得 MPU 等产生的热耗散问题更为突出。过去的安装技术（如 SMT、COB 等）已很难解决散热问题，为解决 MCM 更加突出的散热问题，MCM 多有散热装置，并采用一些新的散热技术，以给 LSI 创造更良好的散热环境。从而保证高性能和高密度的 LSI 不至于因散热不好而使性能及可靠性下降。以计算机领域的 MCM 为例，在散热技术方面，主要的几种措施如表 6-4 所示。

表 6-4　在 MCM 上普遍采用的散热技术

大型计算机	小型计算机 （个人电脑、笔记本电脑等）
·增加散热片 ·设有导热的薄膜层或通孔 ·装有高热传导性能的材料（如金属芯有机树脂基板） ·装有缓冲压力功能的挠性散热片	·BIT 技术（结合层间通孔，用高热传导性粘合剂） ·在有机树脂基板内有导热的通孔 ·筐形散热构造

4. 低成本性能

MCM安装工艺技术比原来的一般安装技术在封装密度和组件工作频率两方面都高2~4倍的数值,因此可以实现产品相对低的成本。在开发的低成本MCM中,具有发展前景的是MCM-L。

总之,MCM可最大限度地提高并发挥电子产品、通信产品的整体性能,这就是LSI新的安装技术——MCM技术产生并迅速发展的根本原因。表6-5为MCM与SMT、THT的性能价格比较。

表6-5　MCM与SMT、THT的性能价格比较

	与SMT比	与THT比
面积减小	3~6倍	10~20倍
重量减轻	~3倍	~6倍
信号延迟改善	>2倍	>3倍
结温下降	~20 ℃	~20 ℃
可靠性改进	>4倍	>4倍
相对成本	昂贵	昂贵

6.3　MCM的设计

6.3.1　设计概述

MCM设计的目的在于设计者考虑到所采用的技术对MCM整体性能、可靠性和功率以及综合成本的影响。设计模拟分析对设计者快速评估MCM总体性能,并在尽可能的条件下作出必要的改进是至关重要的。设计模拟分析的基础在于建立合理的数学模型和应用软件。已经研究出的设计工具包括Stanford、Cornell、CMU等。随后,又有研究者提出一种新的设计模型——IMPACT,其流程图如图6-3所示。

从根本上说,MCM的设计是对给定一套物理限制参数的系统进行优化的过程。为了有效地发挥MCM技术的作用,使MCM产品具有最优化的性能价格比,在考虑MCM的设计时,必须充分把握以下几点:

1. 电性能问题

在传统的电子封装中,和互连有关的寄生参数包括采用WB技术将芯片连接到封装基板上的寄生电阻、寄生电容、寄生电感以及焊接引脚或表面安装封装件的电阻、电感、电容。传统封装中的寄生参数要比芯片直接互连产生的寄生参数大好几倍,如FCB技术封装的寄生参数比通孔插装和表面安装要低几个数量级。由信号路径产生的寄生参数的减少有利于信号传输速度的提高。免去中间级封装，采用 WB 或 FCB 技术将芯片键合到 MCM 基板上，可以实现芯片外的信号传输比芯片上还要快。总之，随着集成电路技术的发展，信号延迟减少，芯片本身运行速度大大提高，在组件和系统中，芯片外的信号延迟占组件系统总的信号延迟中的主要部分，成为制约系统运行速度的瓶颈之一。而采用 MCM 技术可大大缩短芯片外互连长度，从而减少信号延迟，最大限度地发挥大规模集成电路的电性能。

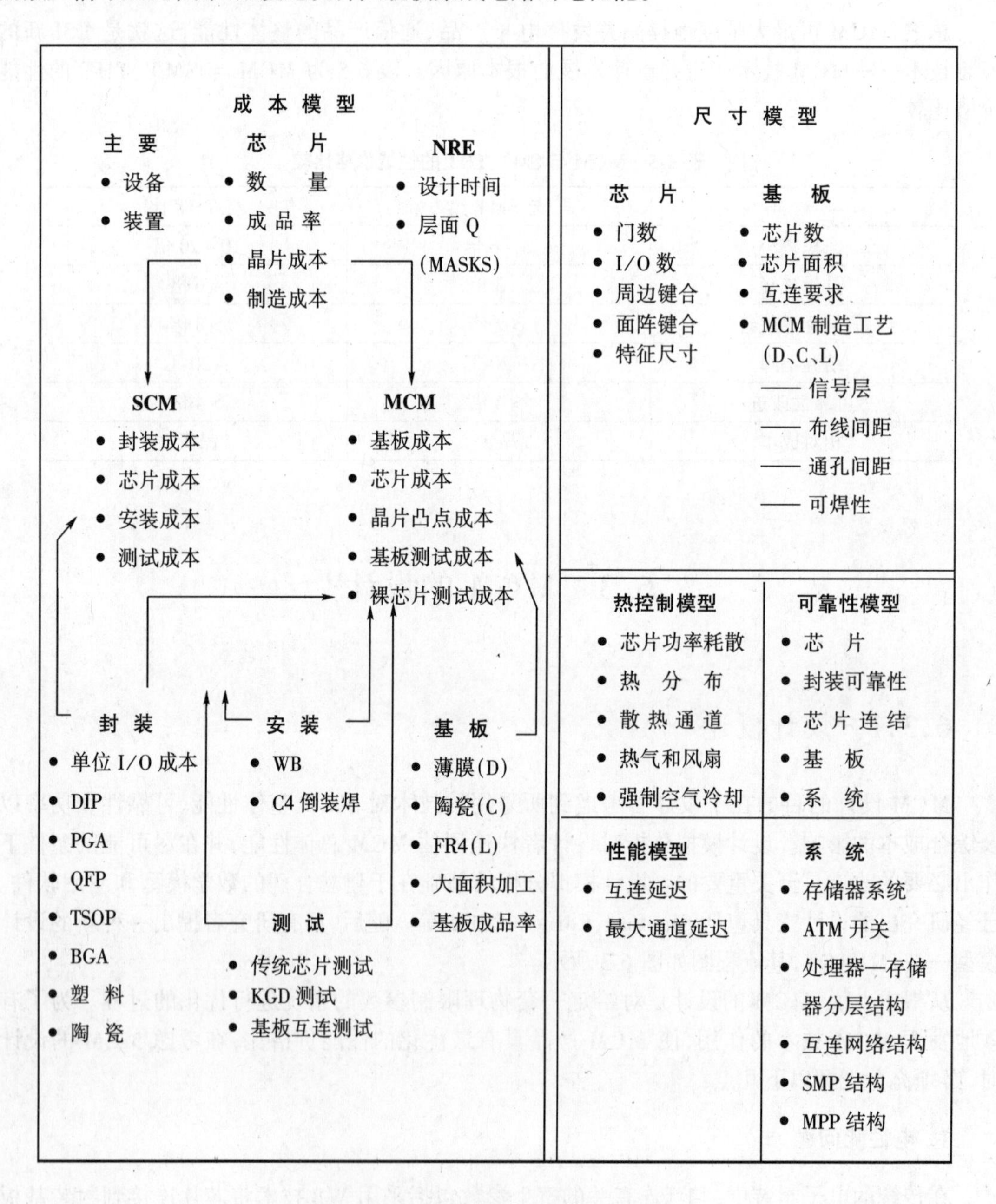

图 6-3 IMPACT 设计工具模型流程图

2. 成本问题

当MCM主要用于高性能、高速度及高可靠领域时,其成本并非是特别重要的因素。因为,当MCM用在如此小的使用范围时,应用量很小。而当MCM成为中、低档批量产品时,产品成本问题就显得重要了。据报道,MCM使用在汽车领域,在大批量生产时,的确是性能价格比好的电子产品。但MCM往往要增加一些附加的成本,例如增加裸芯片的筛选测试成本和重新布线成本。这是为了确保正常的功能发挥,为保证MCM的成品率,芯片要经老化测试后是优质芯片(KGD)。现有芯片均为周边I/O设计,而为实现重新布线面阵互连所实施的附加工艺,也要增加一些MCM成本。受MCM应用范围窄的影响,结果MCM制造中所包括的工艺、设备与其他成熟的封装技术相比,不具竞争性。工业界和学术界正积极研究,以使MCM产品在价格上和传统封装技术制造的产品相比能具有较强的竞争力,这就是后来出现的性能价格比相对高的MCP很快得以发展和应用的原因。

3. 系统成品率和可靠性问题

系统成品率是单个元器件成品率的函数。MCM的系统成品率与芯片、基板和键合工艺等参数密切相关,其中芯片的成本占MCM成本的首位。因此,往往要通过KGD方法来保证裸芯片的成品率,否则,复杂的MCM系统成品率难以保持很高。尽管裸芯片及其测试费用有时比同类封装器件的费用还要贵,但为保证MCM的成品率、性能和可靠性是值得的。据报道,C4芯片连接的可靠性(5×10^{-7})比WB的可靠性(3×10^{-6})高6倍。因此,使用C4技术可以 增加MCM的系统可靠性,而且免去了中间级封装,还消除了和元器件有关的可靠性问题。当然,也导致了其他问题,如硅芯片和MCM基板之间的热匹配问题。但可通过选择合适基板及使用环氧树脂填充,来提高C4连接的牢固性,以减小热失配引起的可靠性差的问题。

4. 功率及散热问题

元器件在MCM基板上的组装密度高产生了散热问题,因而,MCM的热设计自然就成为MCM设计中的关键内容之一。由于其特殊重要性,将在6.4节详细论述。

6.3.2　MCM的设计分析

1. 组件的尺寸和布线分析

组件的尺寸对其性能和可靠性是有影响的。组件的尺寸决定着关键的网状互连线的长度,这些长度又影响系统的电性能及长期可靠地工作。封装时芯片封装密度决定着组件的功耗密度,功耗密度决定组件如何经济有效地散热。组件尺寸还影响组件的可靠性、成品率及成本。MCM尺寸的预测一般是通过计算MCM中各个元器件(有源和无源)占据的面积来进行的。影响组件尺寸的因素除了元器件的物理尺寸外,还包括布线密度、布线能力、焊区节距、布线方式、功率密度、组件对外连接形式以及元器件的排列等。

(1) 组件的尺寸设计分析

组件的尺寸设计主要通过建立芯片和基板模型来间接分析组件的尺寸大小以及相关

问题。

① 芯片模型

芯片成本与芯片的大小、制造工艺、圆片的大小以及有关测试费用相关。芯片的尺寸可由Donath 模型确定,该模型基于 Rent 规则建立。由该模型得出下列公式:

$$R_m = \frac{2}{9}\left(\frac{7N_g^{\,p-0.5}-1}{4^{p-0.5}-1} - \frac{1-N_g^{\,p-1.5}}{1-4^{p-1.5}}\right) \times \frac{1-4^{p-1}}{1-N_g^{\,p-1}} \quad (0<p<1) \tag{6-1}$$

其中,R_m 为门节距(gate pitch)单元中平均布线长度;N_g 为门数;p 为与芯片类型及结构相关的系数。

门尺寸和芯片尺寸可以分别计算如下:

$$d_g = \frac{f_g \cdot R_m \cdot P_w}{e_w \cdot n_w} \tag{6-2}$$

$$X = \sqrt{N_g} \cdot d_g \tag{6-3}$$

其中,d_g 为门尺寸;X 为芯片尺寸;f_g 为门的平均输出数;P_w 为布线间距;e_w 为布线效率;n_w 为布线层数。

根据 Rent 规则,可得出芯片 I/O 数($N_{I/O}$)和门数 N_g 之间的函数关系如下:

$$N_{I/O} = \beta N_g^{\,x} \tag{6-4}$$

其中,x 和 β 为经验修正系数。表 6-6 给出了不同类型的四个系统对应的 x 值和 β 值。

表 6-6 不同类型的四个系统对应的 x 值和 β 值

类 型	x	β
CMOS	0.5	1.9
多功能芯片	0.434	3.2
微处理器	0.45	0.82
单功能芯片	0.21	7.0

当确定了芯片尺寸 X 后,由直径为 D 的圆片制造的芯片数 N_c 即由下列公式确定:

$$N_c = \frac{\pi D^2}{4X^2} - \frac{\pi D}{\sqrt{2X^2}} - 4 \tag{6-5}$$

和芯片上的电路类型有关,芯片成品率可由逻辑芯片成品率(Y_{logic})和存储芯片成品率(Y_{mem})的乘积求得。Y_{logic} 和 Y_{mem} 分别计算如下:

$$Y_{logic} = e^{-A_{logic} \cdot \delta} \tag{6-6}$$

$$Y_{mem} = e^{-A_{logic} \cdot \delta} + A_{mem} \cdot \delta \cdot e^{-A_{mem} \cdot \delta} + A_{mem}^2 \cdot \delta^2 \cdot e^{-\frac{1}{2}A_{mem} \cdot \delta} \tag{6-7}$$

其中,A_{logic} 为逻辑芯片面积;A_{mem} 为存储芯片面积;δ 为圆片的缺陷密度;e 为自然对数底,即 2.718。

成品芯片数(N_y)由下式确定:

$$N_y = N_c \cdot Y_{logic} \cdot Y_{mem} \tag{6-8}$$

通过简单计算圆片制造成本和芯片制造成本之和与成品芯片数量的比来确定芯片成本,公式如下:

$$P_{\text{re-testing}} = \frac{C_{\text{wafer}} + C_{\text{proc}}}{N_y} \tag{6-9}$$

② 基板模型

MCM 基板的尺寸取决于几个因素,从 MCM 制造技术类型(MCM-L、MCM-C、MCM-D 等)到 MCM 基板上的芯片数,甚至基板上的热导性等都是影响因素。

布线模型可用于确定 MCM 的基板尺寸。然而,WB 性能对基板尺寸的影响较小。限定基板尺寸的其他因素是 MCM 的 I/O 数、基板上的通孔数、MCM 上的芯片数和基板散热性能。

所有这些限定因素都表示了一个复杂的关系,设计者可通过简要地分析每个模型并确定这些限定参数来解决这一问题。

互连能力 I_c 与布线间距 P_w和布线层数 n_w 有关,可由下式确定:

$$I_c = \frac{n_w}{P_w} \tag{6-10}$$

或

$$I_c = \frac{1 + T_c}{P_v} \cdot n_w \tag{6-11}$$

其中,T_c 为每个通道内的导带数(tracks per channel);P_v 为通孔间距,对设计来说,设置与否视情况而定。

互连能力是对一个特定尺寸基板可用情况的一种基本测量。用来确定 MCM 基板尺寸的模型有三种,它们是 Seraphim 模型;Bakoglu 模型,即 Donath 模型的扩展;还有一个是 Hannemann 模型,它和 Bakoglu 模型较类似。

Seraphim 模型是极其简化的模型,根据该模型可得出基板面积的计算公式如下:

$$A_{\text{sub}} = \frac{2.25 N_c \cdot F_p \cdot N_{I/O}}{2e_w \cdot I_c} \tag{6-12}$$

其中,A_{sub}为基板面积;F_p 为芯片间距;N_c为芯片数;$N_{I/O}$、e_w 和 I_c 意义同前。

由于 Seraphim 模型是简单的,其假定条件限制了其应用范围。

Bakoglu 模型可使 MCM 基板上平均互连长度的计算以芯片间距为单位来进行,即

$$R_m = \frac{2}{9}\left(\frac{7{N_c}^{p-0.5} - 1}{4^{p-0.5} - 1} - \frac{1 - {N_c}^{p-1.5}}{1 - 4^{p-1.5}}\right) \times \frac{1 - 4^{p-1}}{1 - {N_c}^{p-1}} \quad (0 < p < 1) \tag{6-13}$$

MCM 基板面积由芯片数乘以芯片预留焊位(F_p,指封装体占基板面积折算出的边长)的平方求得:

$$A_{\text{sub}} = N_c \cdot {F_p}^2 \tag{6-14}$$

其中

$$F_p = \frac{f_c}{f_c + 1} \cdot \frac{N_{\text{mem}} \cdot R_m}{N_c \cdot e_w \cdot I_c}$$

式中,f_c 为芯片平均输出系数;N_{mem}为芯片 I/O 数和 MCM 上的 I/O 数总和。

Hannemann 模型给出基板面积计算公式如下:

$$A_{\text{sub}} = \left(c \cdot \frac{b \cdot N_{\text{mem}}}{n_w \cdot \sqrt{N_c}}\right)^2 \tag{6-15}$$

其中

$$b = \frac{n_w}{I_c}$$

$$c = \frac{f_c}{f_c + 1} \cdot \frac{R_m}{e_w}$$

式中，b 为特征尺寸系数；c 为 Bakoglu 模型和 Hannemann 模型之间的相关系数。譬如，相关系数为 3.9 时，由 Bakoglu 模型对带有 10～30 个芯片、平均输出系数为 1.5～2 的 MCM 建模，可用 Hannemann 模型进行近似计算。

MCM 基板尺寸受组件 I/O 数的影响，对于周边 I/O 分布，其计算公式为：

$$A_{sub} = \left[\left(\frac{N_{I/O}}{4} + 2\right) P_{pb}\right]^2 \tag{6-16}$$

对于面阵 I/O 分布，其计算公式为：

$$A_{sub} = N_{I/O} \cdot P_{ab}^2 \tag{6-17}$$

其中，P_{pb}为周边焊区节距；P_{ab}为面阵焊区节距。

由预留焊位限制的通孔数给出的计算公式如下：

$$A_{sub} = \frac{N_{via}}{e_v \rho_v} + A_{unusable} \tag{6-18}$$

其中，N_{via}为通孔数；e_v 为通孔效率；ρ_v 为通孔密度；$A_{unusable}$为非通孔占用的面积。

MCM 基板面积受其上芯片面积的限制。N_c个芯片要求的基板面积由下式确定：

$$A_{sub} = \sum_{i=1}^{N_c} (L_i + 2L_{bond} + S) \cdot (W_i + 2L_{bond} + S) \tag{6-19}$$

公式(6-19)针对的是 WB 互连芯片。而对凸点倒装芯片键合，键合长度 L_{bond}为零。L 和 W 分别为单个芯片的长度和宽度，S 为芯片安放位置要求的最小间距。

另外，基板的热性能也对基板尺寸有限制作用。基板必须将其上安装的芯片产生的热释放掉。受热性能限制的基板面积由下式确定：

$$A_{sub} = \frac{P_c}{\rho_p} \tag{6-20}$$

其中

$$P_c = \sum_{i=1}^{N_c} P_i$$

式中，P_c为 MCM 中芯片的总功率；ρ_p为由基板承受的功率密度。

综上所述，这些模型都从不同角度考虑了基板尺寸的设计问题，各有侧重点。在具体进行基板设计时，要综合考虑多种因素的影响，特别是主要因素的影响。

(2) 布线分析

MCM 布线的目的是利用衬底中的信号布线完成 I/O 引脚的连接。布线的方法主要有 3D 迷宫布线法、分层布线法、SLICE 布线法和四通孔布线法。

① 3D 迷宫布线法

多层 MCM 布线的一个常用方法是 3D 迷宫布线法。该方法虽然在原理上容易实现，但它存在一些问题。首先，迷宫布线最终的布线质量与被布线网的排列次序关系很大，而通常又没有一个有效的方法来决定一个好的线网排列次序。此外，由于每个线网独立地布线，因此总体优化比较困难，且布线结果往往要使用很多的通孔，而且，3D 迷宫布线法需要很长的计算时间和很大的存储空间,因为它需要存储整个的布线网格,并在其中进行搜索。

② 分层布线法

MCM布线的另一个方法是将布线层分为几个 x-y 双层,线网首先被分配到 x-y 双层,然后对每个双层进行布线。从总体上看,这种布线方法是有效的,但它必须解决几个问题。首先,我们必须在层分配前预先确定所需的层数,而目前还没有一个精确的方法可以估计所需的层数。此外,这种方法没有充分利用现有的大量布线层,这样,有些线网由于被迫在两层内布线而使用了大量的通孔,导致较差的布线结果。而对高性能的MCM设计,通孔不但增加制造费用,而且降低系统性能。因为它们电感和电容的不连续性,将引起反射。

③ SLICE布线法

SLICE布线法的基本思想是基于一层一层的平面布线原理,当它生成一层布线时,我们将未完成布线的线网端点"驱赶"到下层,然后继续对下一层进行单层布线,重复执行这一过程,直至所有的线网布完。

SLICE布线法的关键是在每一个布线层上计算出平面布线结果,并在当前布线层互连尽可能多的线网。对那些在某一层不能完成的线网,我们进行部分布线,这样它们就可在下层布线中使用较短的线来完成连接。对布线区域的扫描是从左到右的,并且一次处理一对含有端点的列对。对每一相邻的列对,计算一个最大加权不相交匹配(MWNCM),它是由从左到右的不相交边组成的,它给出一个列对间的拓扑平面布线结果。下一步是在当前列对中,根据不相交匹配边集中被选中的边进行实际布线。然后,进到下一个列对,再计算这个列对的最大不相交匹配,并进行实际布线,当到达当前层的最右边时,平面布线过程结束。接着,我们重新分布未完成线网的端点,以便它们被驱赶到下层时不会引起局部拥挤。由于平面布线是从左向右扫描的,因此影响平面布线结果的主要是水平线。为了完成垂直方向的布线,可用一限制的两层迷宫布线,它比通常的迷宫布线要快得多,每次的布线范围是衬底中的一垂直薄层,扫描方向是从左到右。下步是移去当前层中不必要的拐角和线段,提高布线质量。最后,将布线区域旋转90°,使下一层的扫描方向与当前层的相互垂直。整个计算是一个迭代过程,直到所有的线网布完。

SLICE布线法有许多优点:它的布线结果与线网次序无关,并使用较少的通孔。由SLICE产生的总线长度只偏离最优解几个百分点。与3D法相比,它们使用的层数略为多一点,但它的速度比3D法快6倍,使用的通孔数少29%,而所需的内存空间则要少得多。此外,SLICE也能处理45°的布线。当然,SLICE布线也存在一些问题。首先,SLICE布线虽然大大减少了所需通孔的总数,但难免个别线网上会用较多的通孔。其次,由于其中引入一两层的迷宫布线,既减慢了计算速度,又引入了额外的通孔。

④ V4R布线

四通孔(V4R)布线是根据Prim最小生成树法将一个 k 端口线网分解为两个 $k-1$ 端口线网。虽然最小生成树拓扑结构被用来初始化多端口线网的分解,但在V4R中有几个选项,它们允许在实际的布线过程中引入"斯坦纳点"。这样,每个线网的最终布线结果是斯坦纳树,而不是最小生成树。设每个线网都是两端线网,对每一线网 i,用 P_i 表示左端点(即具有较小列号的端点),Q_i 表示右端点。

每个线网布线使用多达5条连接线段,它们在垂直和水平方向交替出现,我们称水平线段为h线段,垂直线段为v线段。如图6-4所示,存在两种可能的布线拓扑结果,它取决于连接到左端点或右端点的线段的方向。Ⅰ类线网从左端点以左 v 短线开始,接下去是左 h 线段,主 v 线段,右 h 线段,最后以右 v 短线结束于右端点。Ⅱ类线网的拓扑结构是以左 h 短线开始,接下去是左 v 线段,主 h 线段,右 v 线段,最后以右 h 短线结束。这两种布线结构是相互“垂直”的,由于每一线网所使用的线段不超过 5 个,因此每一线网所使用的通孔最多为 4 个。

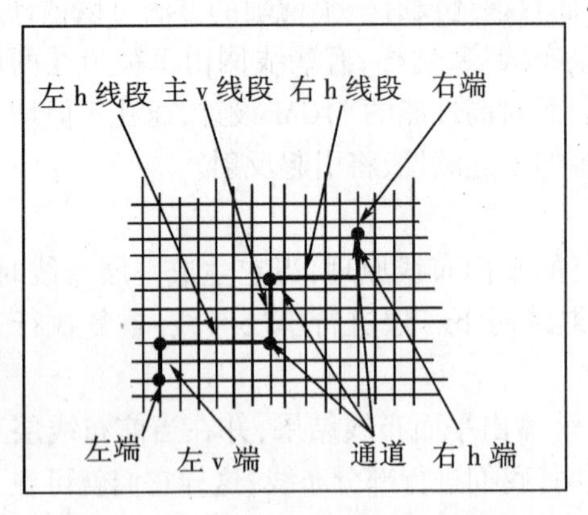

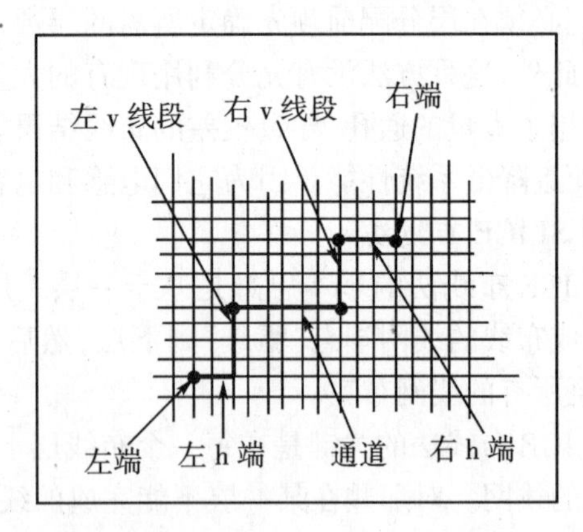

图 6-4 两种“正交”四通孔布线结构

四通孔布线的优越性在于它在线网的连线中有足够的灵活性。为了连接位于(0,0)的端点 P 和位于(m, m)的端点 Q,假设布线路径位于由 P 和 Q 确定的边界矩形范围内,则一通孔的布线给出两种可能的路径(即两种 L 型路径),两通孔的布线给出 $m+n$ 种可能的路径。然而,四通孔布线给出约 $m \cdot n \cdot (m+n)$种可能的布线路径,这在实际的使用中已足够。另外,四通孔布线允许非单调的布线路径。

V4R 法一次可布两个相邻的层,奇数层布 v 线段,偶数层布 h 线段,在对当前层进行布线时,V4R 提供一个网表,称 Lnixt,它由下一个双层中的待布线网组成。对每一双层,它从左一列一列地处理,在每一列,V4R 执行以下四步:

第一步,右端点的水平轨道分配。

第二步,左端点的水平轨道分配。

第三步,垂直通道中的布线。

第四步,延伸到下一列。

2. 组件的电学分析

由于 MCM 组件具有多功能、高速度的特点,其电特性与通常单个的芯片相差较大。MCM 组件内部的分布参数效应,即高速脉冲信号在芯片间的传输存在电磁场。由于时钟频率的提高,MCM 芯片间互连线传播的时间约和脉冲信号的时间参量(脉宽、上升沿、下降沿)相当,在这种情况下,互连线的分布参数效应和波的传播性质明显,各种封装结构将对信号的传输产生明显影响。

(1) MCM 的电磁建模

在 MCM 中,互连线将有关芯片的驱动器和接收器相连接,驱动器和接收器对 MCM 的电特性也有影响,器件建模问题已在芯片设计中解决。新的问题是 MCM 导体互连线和封装结构需建模,得出其等效电路及其相应的分布参数或集中参数参量,以便进行系统电特性分析。

电磁建模和参数提取基本上用电磁场方法,由于几何形状复杂,又有不同的介质插入其间,一般解析方法不可行,基本的解决途径是用电磁场数值计算方法,或数值方法与解析方法相结合。目前,在电磁建模方面采用静态场建模和全波场建模两种模型,前者适应于工作频率相对较低的组件,计算和分析相对简单;后者适应于高的工作频率,分析和计算相当复杂。目前的 MCM 建模,选取静态场模型已能适应要求。

(2) 互连模型

现代电子系统的互连包括两级:芯片内(在芯片内部的)互连和连接多芯片的互连(芯片之间的互连)。典型 MCM 基板上芯片之间的互连具有介电损耗小、低电阻导带(如 Cu)和导带剖面大的特性,这使得在信号延迟模型中基于线性电阻和非线性电阻产生的损耗可以忽略不计。这样,通常将芯片之间互连考虑成无损耗,用理想的传输线来建模。对于芯片内的整体互连,线性电阻不能忽略,原因是其阻值和传输线上器件的电阻值相当,甚至还大。由于对特征尺寸估计得小,对芯片尺寸估计大,芯片上布线的电阻总值变得明显。因为芯片上互连线的阻值通常反映出电感,故可作为分布电阻电容(RC)来建模。要求输出电压比输入电压提高50%所需的时间由 $0.4Y_{\text{int}}\cdot C_{\text{int}}\cdot L^2$ 来确定,其中,Y_{int}、C_{int} 分别是单位长度的电阻和电容,L 是总的互连长度。

在芯片设计中,可对基本单元电路进行电路模拟,以研究其基本功能(如逻辑门功能)及基本的电特性(如门延迟)。互连线在 MCM 中对电特性起重要的作用,必须对多导体互连线的信号时域响应特性以及互连线两侧端接单元电路的组合特性进行电路模拟,互连线的结构既可以是简单的线段,也可以是复杂的网结构或树结构。对多导体互连线段,经电路模拟后可检测延迟、波形畸变和串扰等互连效应。

① 延迟

延迟为互连线由波传播效应产生的信号时间延迟。为更逼真地进行电路模拟,在检测延迟量时,应将互连线两侧按实际工作情况与单元电路相连接,以便考虑负载的影响。当进行关键时序路径分析时,通过电路元器件的延迟和通过互连线的延迟都必须考虑。因为在 MCM 中,尤其是在高速工作状态下,互连线延迟十分明显,甚至占据总延迟的主要部分。元器件延迟一般已由供应商说明。在 MCM 设计软件中,这些延迟应包括在元器件模型内。元器件延迟与制造 MCM 所用的基板和组装方法无关。互连延迟包括建立时间和传输时间。传输时间接近光速,以每英尺多少纳秒计;建立时间随传输特性阻抗、驱动能力、信号的上升或下降时间以及传输线终端所用端接的不同而变化。

对互连线,必须用分布参数或传输线模型,并需用到材料的物理特性(方阻、介电常数、导磁率等)和版图数据(位置、宽度、厚度等)。这些参数再加上元器件延迟参数,输入偏微分方程,对电路特性进行描述。

② 波形畸变

互连线段或互连线网状结构对高速脉冲信号除产生延迟外还产生波形畸变,主要由互连线的损耗、色散特性、互连线之间的互耦、负载失配引起的反射诸因素所引起。由色散特性引起的畸变只有当信号速度非常高时才比较明显。一般来说,由反射引起的畸变较为重要。由于匹配电阻占据版图面积,故互连线两端一般直接接驱动电路和接收电路,不另加匹配电阻。这就引起两者的阻抗与互连线的特性阻抗严重失配,在信号脉冲的首部和尾部常引起较大幅度的振荡余波,必须通过观测电路模拟结果将其幅度控制在一定限度以内,以避免对接收电路误触发,造成逻辑错误。

③ 串扰

平行的传输线中的信号相互发生容性或感性耦合时,由于相互耦合的互连线具有一定的长度,分布耦合的叠加可使线间信号的耦合达到很强的程度,以致存在激励信号的互连线对无激励信号的相邻静止线产生感压,在静止线上产生强干扰信号,称为串扰(或称交叉耦合)噪声。由相邻线的信号电压感应生成电流为容性耦合;由电流变化感应生成电压为感性耦合。这些效应根据传输线之间的距离、信号线和接地面的尺寸和形状、信号的上升和下降时间、两条信号线(感应的和波感应的)端接阻抗以及材料特性如介电常数和导磁率而变化。减少串扰的最满意办法是将计算串扰的能力与使用的 CAD/CAE 布局和布线软件相结合。

(3) 同步开关噪声(ΔI 噪声)

同步开关噪声主要由电源面或接地面的寄生效应引起。当工作频率相对较低时,电源面或接地面可等效为电感;而当频率提高后,电源面和接地面则构成一个二维分布参数系统。当系统中多个驱动器同时受到激励而产生开关动作时,无论是电源面或者接地面,即可产生此类噪声。其原因是寄生参量被接入电路,当驱动器受到激励,则在输出电路中产生电流的变化 ΔI,当变化速度很快时,将在封装结构阻抗上产生明显的感应电势,尤其是多个驱动器同时开关时,ΔI 噪声经同步叠加达到很严重的程度。ΔI 噪声产生后可沿互连线传输,到达接收电路,严重时也可产生误触发而导致逻辑错误。

同步开关噪声的分析或电路模拟同样在建模的基础上进行,首先提取电源面、接地面、通孔、引脚等有关封装结构的电参数,然后与单元电路组合进行电路模拟。在工作频率较低时,所提取的参数均为电感;频率提高,接地面和电源面之间的分布参数应占优势,此时将整个系统分成场系统和路系统两部分,场系统中进行二维电磁场分析,路系统则主要包括单元电路,可以用通常的电路模拟软件进行分析,两部分的接口经适当处理后即可得出同步开关噪声的幅度和波形。

(4) 模拟基板的电特性

如果要进行精确表达现实情况的仿真,对基板的电模拟是很重要的,目前应用的基板有几种类型,并可将去耦电容器直接埋置在基板内。

用介电常数和导磁率表征各种基板材料的电特性,用方阻表征各种导体材料的电特性。电路的寄生电阻、电容、电感的实际值和延迟时间、串扰等的计算取决于底层材料的特性和其他因素,例如层的厚度、互连线的宽度、间距、层的堆叠方式(接地面是否在信号层之间,哪些层相邻等)。寄生参数值因电路不同而不同,因此对于 CAD/CAE 软件来说,提供计算特定电路的参数值的灵活性是重要的。计算所依据的数值应是可变的,它们应以容易存取、可替换、可修改的方式存储,以便相同设计可以用不同基板进行仿真,并对结果进行比较。

对于 MCM-C 和 MCM-D,设计时可以集成去耦电容器。去耦电容器是用基板中相邻面上的平行导体构成,一侧与接地面相连,另一侧与芯片的 V_{cc} 脚相连。CAD/CAE 软件应提供自动设计这种电容器的能力。

3. MCM 的物理设计

(1) 概述

物理设计是使电路或系统原理图变为直观、可操作的图形,它是在组件规范和综合信息

(元器件表、网表、工艺和材料说明以及设计约束条件等)的基础上,增加系统制造中可能用到的几何信息,包括元器件位置参数、互连尺寸和位置参数以及通孔的尺寸和位置参数。MCM设计的一般过程如下:

①产生新的焊区组和新的芯片符号。

②输出或产生并格式化一个电路图或一个网表。

③在层与层之间产生所有可能的通孔(根据设计制造规则)。

④在基板上排列芯片(符号),检查热性能和电性能,必要时反复进行排列。

⑤运行布线器,用交互式布线器或自动布线器完成布线过程。

⑥布排电源和接地。

⑦进行设计规则检查和修正。

⑧分析该设计的电学和热学特性,必要时改进器件排列和布线。

⑨将物理设计数据以规定格式传送到MCM制造厂。

(2) 器件排列和布局

器件排列可以是自动的,也可以是人工的。人工和自动相结合是目前的好方法,这需要CAD/CAE软件的支持。

排列是简明地确定组件中各个器件(芯片)相对位置的过程。排列不好将使布线困难,甚至不能布线,而好的排列则为布线打下好的基础。排列直接影响组件引出脚之间互连线段的性能。

当前很多MCM都包含ASIC,其所含内容是在设计MCM时确定的。在设计的早期阶段,特定的ASIC芯片的内容是不确定的。设计者的一项任务是划分定制的逻辑块,将每一个块设在特定的芯片上。在排列芯片时要考虑电学问题,可能需要人工方式排列芯片。一种联机信号线阻抗计算器将使关键线段的定位过程容易进行。进行人工排列芯片的另一原因是为了减少噪声问题,自动排列软件尚未完善到能确定哪些芯片相邻而不引起噪声问题。

排列芯片还要考虑制造和测试问题。拾放设备和TAB设备都存在某些限制因素,还要考虑到返修。对于能支持较高密度的芯片互连方式,应建立一套设计规则,并用排列软件来执行它。排列软件要足够灵活,可在任何一级使用自动排列程序。

(3) 信号线的布线分析

和自动排列方法一样,自动布线器尚没有在任何情况下都正确工作的能力。为减小关键线段的阻抗和串扰,常需要人工布线,然后用自动布线完成余下的连线。

已有自动布线器能支持导带宽度、长度和间距的确定,并遵守这些特性。阻抗可以控制,所以非常有用。这个例子说明MCM设计者能够确定特性或规则,并将它们存储在文件中,供当前和以后使用。在考虑控制与布局有关的时间延迟时,仅对导带的阻抗这一参数感兴趣。需要好的延迟模型,这些模型应考虑材料类型、线的长度、负载电容和驱动器阻抗。

利用规则表控制串扰和其他噪声源是更复杂的问题。要求设计者有一定经验,并总是要求人工布线和自动布线混合使用。布线器应"懂得"噪声问题,并知道如何将噪声减至最小。

在布线过程中会涉及传输线问题。为减小沿传输线阻抗的变化,连接器件与主干线的连线应尽可能地短。各信号层之间的通孔也会改变阻抗。线段的端接是一个潜在问题。其两端都必须以其特性阻抗来端接,以便最大限度地减少反射。所使用的布线软件应考虑这些问题,存取计算阻抗所必要的数据以及易于使用计算程序都是很重要的。随着MCM复杂程度的提高，所用层数在增加。布线软件必须足够灵活，能支持多层应用。

层与层之间的连接即通孔也是值得注意的。通孔包括盲孔、埋孔、阶梯式通孔、交错式通孔和螺旋式通孔。盲孔连接外信号层与内埋层，埋孔连接两个内埋层；阶梯式通孔以阶梯形式在基板中展开，一个通孔不应在另一个通孔的正下方；交错式通孔的排列，一个通孔可以在另一个通孔的正下方，它们之间至少由一个介质层隔开；螺旋式通孔与交错式通孔相似，一个通孔可以在另一个的正下方，但必须由至少两个介质层隔开。各种通孔结构的示意图见图 6-5。

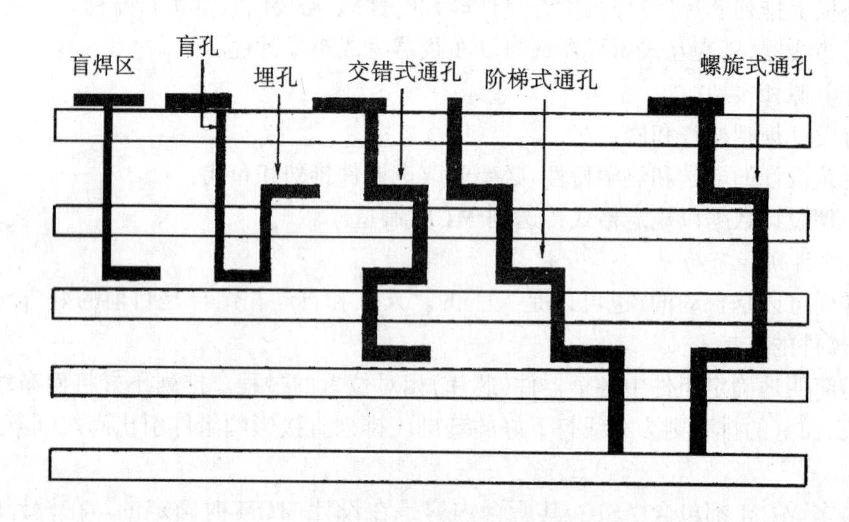

图 6-5　适合 MCM 的通孔结构

布线软件相当复杂，对于多层高密度版图，其运行时间可能很长。需要能够中断并重新开始的布线设计。能够对所有信号线进行布线的自动布线器是很重要的。但在某些情况下，自动布线软件不能完成所有线段的布线，必须配以最低限数的人工布线的信号线，这样就要求布线软件具有很好的交互性。

一般可以从一个软件商处购得若干个布线软件，对于某一特定的设计工作来说，使用某一软件可能比其他软件更有效。例如，Minter 公司的 Hybrid Station 即可提供“迷宫”(mcze)、“推开”(shore aside)、“挤过”(squeeze-through)、“劈开”(rip-up)、“改线”(reroute)和图形布线，该产品还支持关键线段的预先布线。

(4) 基板物理特性的模拟

物理设计软件必须能利用描述某些基板特性和(或)限制的数据。例如，对于信号线导体的宽度和间距就可能有许多限制。连接芯片的焊区可能要求某一确定尺寸，这一般取决于所采用的封装技术，也取决于基板的热特性。Valid Logic 在 Allegro 系统中提供了一种用户可定义材料截面的工具。该工具可容易地规定 MCM 基板每一层的编号和材料。

可能需要经常模拟一个设计在多种基板上的工作情况，当制造某一产品时，在决定采用何种工艺时，做这样的比较很重要。为支持这种能力，应该以文本文件描述基板特性，这些文件应具有增添、更改和方便定位的特性。基板技术正在迅速变化，因此应该不断改变参量的数值。

4. 组件的可靠性分析

电子系统的可靠性既取决于硬件，如集成电路、封装、互连、散热系统和电源；也取决于软件,如操作系统和应用程序。由于故障返修的费用上涨很快,几乎与电子系统成本的下降速度一样,因此对很多系统,包括廉价的消费类电子产品来说,可靠性将是一个最重要的设计目标。可靠性是一种系统特性,必须使它成为设计中的重要部分,因为在产品研制生产之后,其可靠性也就基本确定了。

一个部件或系统的可靠性可以用可靠度函数 $R(t)$来描述,表示在 t 时间它将可靠工作的概率,假定在时间0时它是可供使用的。一个系统出厂之后,如何判定该产品能否长期可靠地工作呢? 最广泛应用的可靠度函数 $R(t)$是指数函数,即

$$R_s(t)=\exp(-\lambda_c t) \tag{6-21}$$

其中,λ_c 是失效率,用单位时间失效表示;t 表示时间周期;$R_s(t)$是在时间 t 时可靠工作的概率。

系统可靠性是构成该系统或部件的可靠性的综合。非冗余系统必须使其所有部件都可供使用,以使系统的功能正常,这类系统的可靠度为

$$R_s(t)=\prod_{i=1}^{n}R_{ci}(t)=\exp(-\lambda_c t) \tag{6-22}$$

式中,$R_s(t)$是该系统在 t 时间时可靠工作的概率,$R_{ci}(t)$表示第 i 个部件(总数为 n)的可靠度。如果可靠度函数是指数的,则系统的失效率为

$$-\lambda_c=\sum_{i=1}^{n}(-\lambda_{ci}) \tag{6-23}$$

平均故障时间(MTTF)是一个系统在失效前相对于时间0的将要工作的平均时间。一个系统的 MTTF 为

$$MTTF=\frac{1}{\lambda_s} \tag{6-24}$$

可靠性分析的重点是研究失效率 λ,有几种确定各个部件和封装构件失效率的方法。为预测温度对化学反应速率的影响而研制的一些模型已被广泛用于电子系统。最流行的两个模型是 Arrhenius 模型和 Eyring 模型。这些模型采用指数的参数分布(失效率不变),一般要假定元件的占主导地位的失效机理取决于稳态指数。在这些情况下的失效率用稳态温度的指数函数来表征。

最有名的可靠性预测方法公布在 Mil-Hdbk-217 中,其中失效率预测在 Arrhenius 模型内,已经表明 Mil-Hdbk-217 模型是一个保守的绝对失效率的估算器(即它预测的失效率比实际观测到的高),但如果使用正确,可提供一个不同设计选择的可靠性的方法。

Mil-Hdbk-217 中的一个替代以统计为基础的失效率预测的方法是以物理量为基础的模型。失效物理学的方法模拟实际的失效机理,以确定失效率。

5. 组件的成本分析

在 MCM 的多种成本因素中,首要的是 IC 芯片成本,这与组装多个 IC 芯片的成本有关;其次是多层基板的成本,这与多层基板的成品率相关。此外,还有外贴元器件的成本和外壳成本等多种因素。这里,着重论述 IC 芯片的成品率对 MCM 成本的影响。

在组装 MCM 前,IC 芯片的测试及筛选往往十分困难,用这类芯片组装 MCM 时,MCM 的成品率(Y_{mcm})与 IC 芯片的成品率(Y_c)密切相关,也与组装芯片的数量(n)密切相关,一般可表示为

$$Y_{mcm}=Y_c^{\ n} \tag{6-25}$$

其中,n 为芯片数量;Y_c 为芯片成品率;Y_{mcm} 为 MCM 的成品率。

对不同的芯片 A、B、C、…,上式变为

$$Y_{mcm} = Y_{ca}{}^{n} \cdot Y_{cb}{}^{m} \cdot Y_{cc}{}^{q} \tag{6-26}$$

这里,n、m、q、…分别为芯片 A、B、C、…的数量。

图 6-6 示出了 MCM 成品率与 IC 芯片成品率及数量的关系。

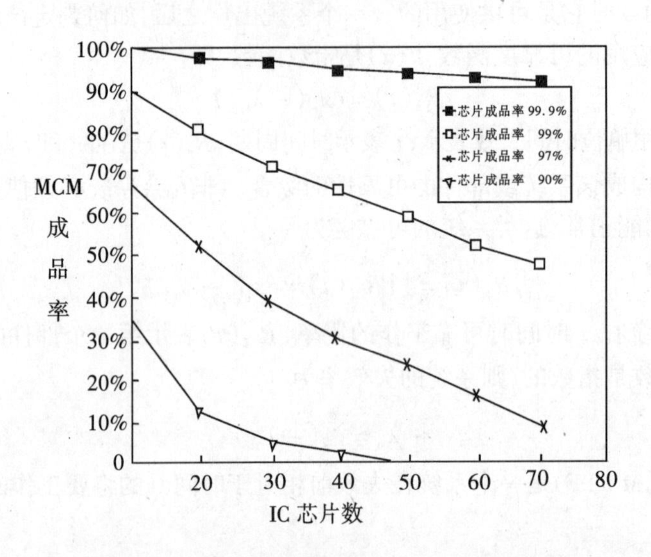

图 6-6 MCM 成品率与 IC 芯片成品率的关系

对于组装 20 个芯片的 MCM,若芯片的成品率 Y_c 为 40%,则 $Y_{mcm} = Y_c{}^n = 0.4^{20} = 1.1 \times 10^{-8}$,即 MCM 全都不合格;即使 $Y_c = 80\%$,Y_{mcm} 也只有 1%;只有当 $Y_c = 99\%$ 时,才可使 $Y_{mcm} = 82\%$。如果这 20 个芯片有几种,则 Y_{mcm} 还要降低。

Y_c 还会严重影响 MCM 的质量水平和成本,如表 6-7 所示。从表中看到,随着芯片成品率的不断提高,MCM 的质量也稳步提高,尽管芯片成本增加,但 MCM 的成本反而降低了。

表 6-7 IC 芯片成品率对 MCM 质量及成本的影响(芯片数均为 50 个)

芯片价格(美元)	IC 芯片成品率 Y_c	MCM 质量水平($\times 10^{-6}$)	MCM 成本(美元)
2	80%	105 599	1 101
3	85%	78 073	1 120
4	90%	51 345	1 132
5	94%	30 493	1 135
6	97%	15 143	1 119
7	99%	5 042	1 034
8	99.5%	2 533	1 025
9	99.9%	530	1 017

从以上所述可以看出,提高 MCM 的成品率及质量水平,降低其成本的根本途径是提高各类 IC 芯片的成品率。要提高安装芯片成品率,就要在安装前进行筛选测试,即组装 MCM 时,

使用优质芯片(KGD),其成品率在 99.9% 以上时,$Y_{mcm} \geqslant 98\%$。美国的各大电子公司,如 IBM、Motorola、Intel、National Semiconductor 等,已可大量供应分等级的 KGD(芯片的成品率为 95% ~ 99.9%),并出版了 KGD 的数据手册。这些 KGD 的测试方法主要是 TAB 法和临时载体法。而近几年出现的 CSP 可解决单芯片的 KGD 问题。

6.4　MCM 的热设计技术

随着 MCM 集成度的提高和功率密度的增加,散热技术日益成为 MCM 应用中非常重要的技术。图 6-7 示出了计算机处理器组件的功率耗散随年代变化的趋势。国外在 MCM 热设计方面已进行了大量研究工作。首先研究了一种低热阻的散热通道,通过这个通道将 IC 芯片和其他有源器件产生的热传到散热片上。研究的基础是对 MCM 热性能进行准确测量和分析,采用的方法主要是实验方法和数学分析方法。

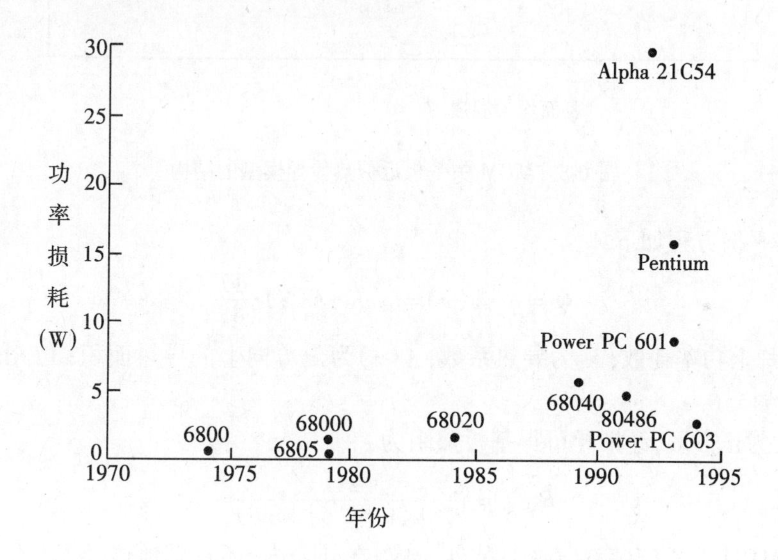

图 6-7　计算机处理器组件的功率耗散与年代的关系

实验方法可在接近组件使用条件下进行,具有精度高和数据可靠等优点。但往往仅能确定 MCM 表面和内部有限个点的温度。由于需要制造原型样品和较复杂的测量仪器,费工费时,需较长的设计周期。

数学分析方法是利用设计中 MCM 的物理参数和性能,建立热分析的物理模型和数学模型,借助计算机,对数学模型进行分析和求解,从而为设计人员改进设计方案提供参考和依据。采用三维热分析方法,可以得到 MCM 组件中的温度场内任何一点的温度数值。但由于实际 MCM 组件结构复杂,工艺参数和边界条件难以准确模拟,常对模型进行简化。

6.4.1 热分析的数学方法

芯片上耗散的热量通过连接芯片的粘接剂或者通过倒装芯片的焊料凸点传入基板。热量通过传导从芯片较高温度区域向基板的较低温度区域传导,在基板上形成的温度分布取决于基板是如何连接到下一级封装的。

基板上温度的计算是非常复杂的。常采用“近似热传导”模型进行模拟分析。假定芯片上的功率耗散为 Q,芯片为长方形,长为 a,宽为 b,向基板底部传导热量。再假定热源为稳定热源,基板温度为 T_0,扩散角为 θ,如图 6-8 所示。

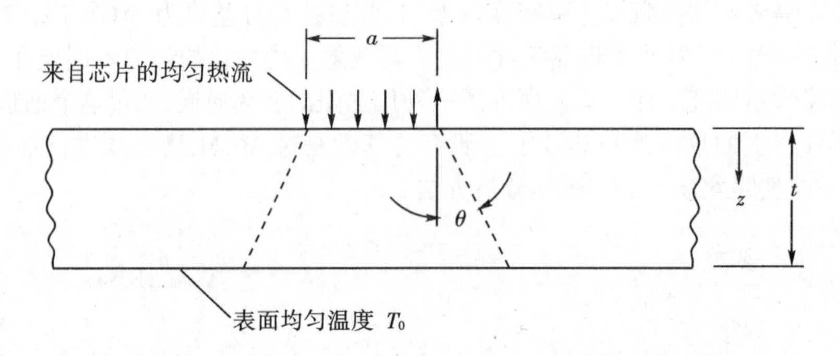

图 6-8 MCM 中基板近似热传导模型的结构

可建立热平衡方程如下:

$$Q = q \cdot A(z) = -K \cdot A(z) \cdot \frac{\mathrm{d}T}{\mathrm{d}z} \tag{6-27}$$

其中,Q 为芯片上功率耗散;K 为导热系数;$A(z)$为 z 方向上的导热面积;$\mathrm{d}T/\mathrm{d}z$ 为温度在 z 方向上的微分。

假设芯片为正方形,经推导可得基板热阻为

$$R_{\text{substr}} = \frac{2t}{K \cdot a(a + 2t + \tan\theta)} \tag{6-28}$$

实际上,MCM 基板安装在气密封装外壳内,在外壳内,还有其他传导发生。因而,厚度 t 上温度恒定、均匀是不成立的。既考虑基板又考虑外壳的热传导如图 6-9 所示。在该模型中,假定基板和外壳之间很薄的粘接界面的热阻很小。上述方程可以用于外壳。建立该方程的关键假定条件是芯片之间距离足够大,可以忽略邻近芯片功率耗散对其热效应的影响。这种假定不符合 MCM 组件的实际结构,因为 MCM 中芯片占据基板的面积是主要的。也就是说,基板上芯片之间的距离近,热扩散时彼此之间有影响。

假定每个芯片的功率耗散通过扩散角 θ 确定的体积进行扩散,则一块芯片功率耗散导致的热传到邻近芯片,开始影响其温度的最小距离 S_0 可由 $S_0 = 2(t_{\text{基板}} + t_{\text{外壳}}) \cdot \tan\theta$ 公式确定,式中,$t_{\text{基板}}$ 为基板厚度,$t_{\text{外壳}}$ 为外壳厚度。当芯片间距小于 S_0 时,热流体积就减小,如图 6-10 所示。

$\theta = 45°$的“近似”热传导模型已经广泛用于如图 6-11 所示的混合微电子组件的热设计。但是,对于 θ 值的选取缺乏理论依据。很明显,θ 值不取决于导热性。此外,利用该模型对含有间距很小的许多芯片的 MCM 进行设计是不可能的。

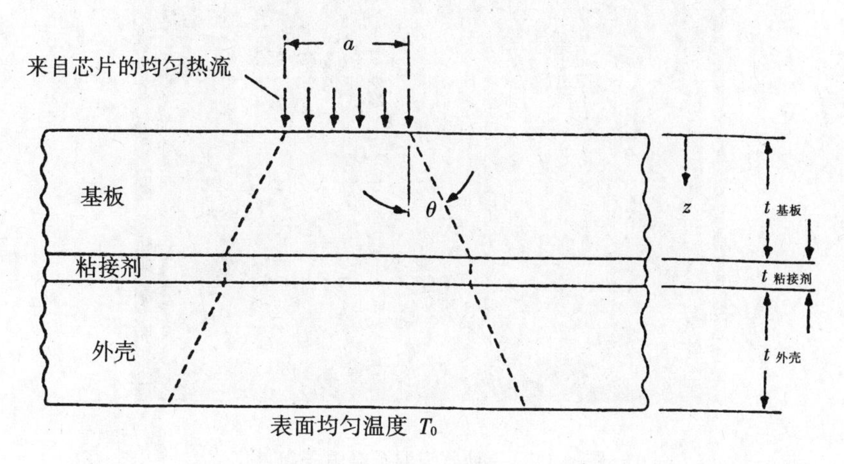

图 6-9　在气密封装外壳内,MCM 基板近似热传导模型的结构

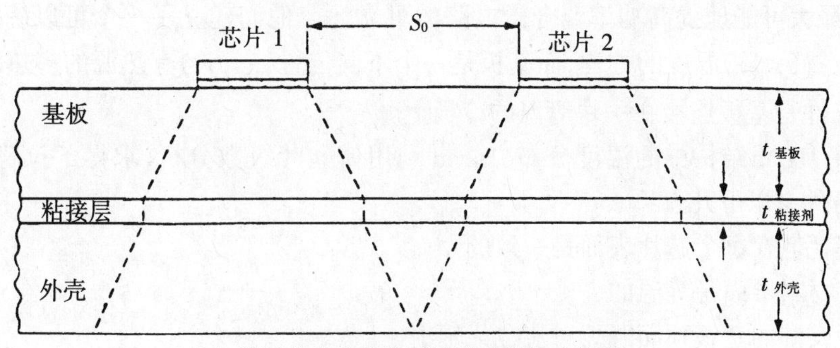

(a) 邻近芯片热扩散开始影响的最小间距

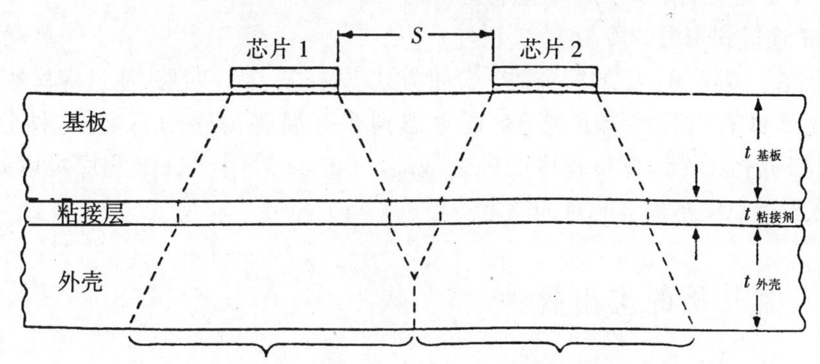

(b) 由于邻近芯片的作用,导致热传导面积减小,$S<S_0$

图 6-10　邻近芯片对热传导的影响示意图

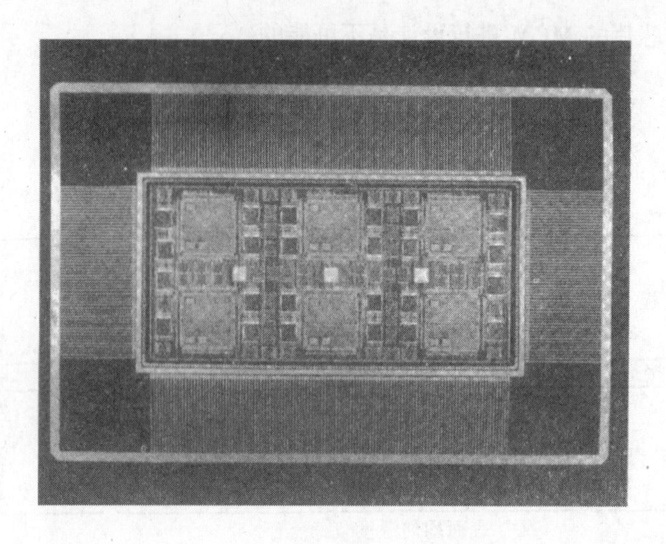

图 6-11 一种薄膜混合微电子组件

美国专家 Maly 和 Piotrowski 研究了一种优选温度敏感元件和功率耗散元件安放位置的算法规则,以最大可能地提高功率混合微电路的可靠性。他们建立了一个可以确定 MCM 基板表面任何位置(x,y)温度的方程,而基板是一个不同位置(x_i,y_i)有热源的多热源系统。该方程建立的条件是基板连接在一块等温的冷板上。

对于多层 MCM 结构中的温度分布,David 利用傅立叶级数分析,求得了拉普拉斯方程。这种分析的条件有以下几点:

(1) 功率耗散在每个芯片表面是一致的。

(2) 所有材料层面是等温的。

(3) 芯片安装的基板顶面既无对流也无辐射。

(4) 热量不通过键合引线向基板热传导。

(5) MCM 连接到恒温的冷板上。

Ellison 研究了实际 MCM 的三维数学分析方法。MCM 含有四层,通过焊丝影响热传递,基板顶面和底面都有对流冷却的影响,还考虑到非等温热传递的影响,这种分析方法是 TAMS(多层结构热分析)计算机程序的理论基础。Ellison 采用 TAMS 程序可以确定空气自然对流的正方形 Al_2O_3 基板上芯片的热阻。

6.4.2 热分析的应用软件

可用于 MCM 热分析的应用软件很多。主要分为四类:第一类是电子热控制应用制作的软件;第二类是使用分立或集中参数元件的网络热分析软件;第三类是以有限元为基础的热分析软件;第四类是 MCM 的成套 CAD 工具中的热分析软件。而使用最广泛的热分析软件是通用的网络热分析器。这些软件可处理热阻网络的复杂问题。实例有 TNETFA(瞬态网络热分析器)和 SINDA(系统改进的数值微分分析器)。SINDA 可通过佐治亚大学的 COSMIC 购买,PC 版本的 SINDA 可通过网络分析协会购买。TNETFA 用 FORTRAN Ⅳ语言写成。

6.4.3　热设计实例

MCM热设计的目的是保证MCM组件工作的可靠性。目前主要采用两种途径——气体冷却技术和液体冷却技术来进行MCM的热设计。现在又出现了气体、液体混合冷却技术,但应用很少。下面以国外主要公司的典型产品为例分别加以介绍。

1. IBM 4381处理器组件

IBM 4381处理器组件如图6-12所示。尺寸约为64 mm×64 mm×40 mm,可容纳36个TTL芯片,每个芯片内含704个电路,芯片尺寸为4.6 mm×4.6 mm,有120个倒装芯片凸点。因此,组件上的I/O引脚数为4 320个。基板材料采用32层共烧Al_2O_3,用钼金属化互连。通过882个钎焊的引脚将组件连到PWB上,PWB上安装了22个组件。

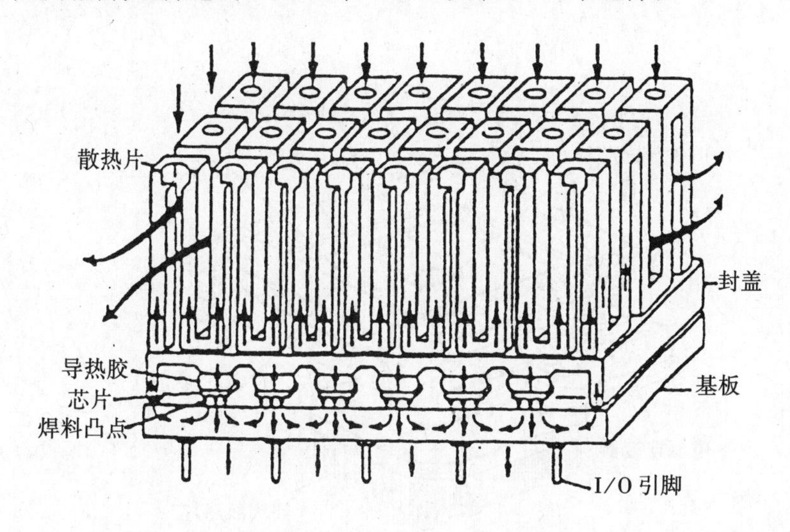

图6-12　IBM 4381处理器组件

通过1.5 mm宽的周边密封带,将陶瓷盖板连到基板上。通过0.1~0.3 mm厚的导热胶,使每块芯片和封盖相连。铝质散热片连到陶瓷盖上。将散热片上的螺旋管进行专门设计,以解决铝和陶瓷之间较大的热失配问题。高压通风系统保证平行气流吹进电路的每个器件,这样,周围空气可输送给每个器件。

热设计的目标是保证3.8 W/芯片和90 W/组件的热量散出。产生的热量大约有45%传到芯片背面,通过导热胶、封盖和散热片散出。另外30%的热量通过基板、焊料、密封剂和底座的路径散出。还有25%的热量通过基板、I/O引脚、PWB散出。单位组件上的气体流量为9.4 L/s时,芯片与空气之间热阻为17 ℃/W,其中芯片和封盖之间热阻为9 ℃/W,封盖和空气之间的热阻约为8 ℃/W。

热设计的关键参数是封盖凸台高度的尺寸控制,该尺寸决定封盖-基板以及封盖-散热片界面的导热胶厚度和焊点质量的可靠性。由于导热胶导热性较低,制造公差务必保持最小。为了减小尺寸变化和焊膏厚度变化,对封盖采用超声加工工艺。封装中采用焊膏连接结构尺寸大的元件。由于大多数热流通过这些焊点,因此,焊点的可靠性是一个重要的因数。

2. DEC VAX 9000 多芯片组件

DEC VAX 9000 计算机的多芯片组件如图 6-13 所示。组件内装 9~72 个 ECL(射极偶合逻辑)芯片。MCA(多通道存取)Ⅲ门阵列芯片具有 10K 门,360 个 I/O 引脚。STRAM(自定时随机存取存储器)芯片尺寸为 2.54 mm×2.54 mm,有 48 个引脚,可获得 1K×4 位和 4K×4 位密度。时钟分配芯片尺寸为 6.86 mm×6.86 mm,I/O 引脚数为 232 个。基板为高密度信号载体,由 9 个铜互连层组成,介质层为聚酰亚胺。信号和电源互连结构分别制作,然后连在一起。用键合到高密度信号载体(HDSC)焊区上的 TAB 焊料凸点实现电连接。最后,用 9 个螺钉将铝质杆式散热片固定到铜底板上。散热片尺寸为 102 mm×104 mm,由 600 个以上的散热圆杆组成。散热片和底板接触面无导热性化合物,整个安装面的平整度为 0.025 mm,表面光洁度为 0.2~0.4 μm。通过柔性信号连接器将 MCM 连到 PWB 上,每个组件有 800 个以上的 I/O 引脚。

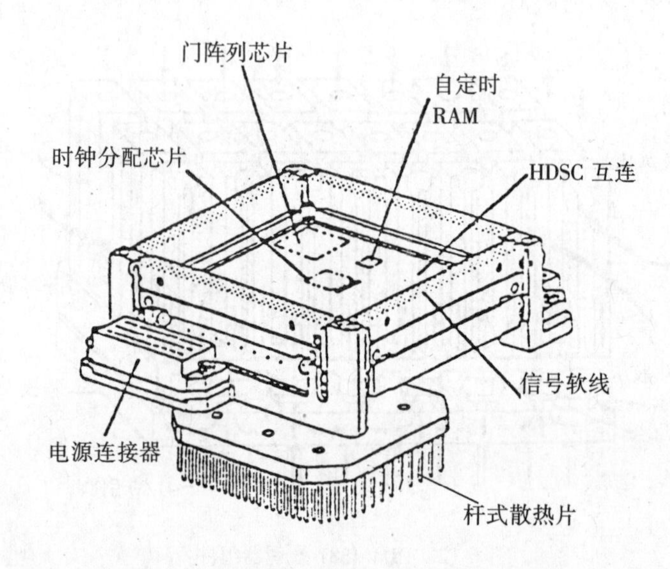

图 6-13 DEC VAX 9000 计算机多芯片组件

多芯片组件能达到最大 300 W 的功率耗散,而电路温度保持在 85 ℃以下。芯片上最大热流为 31 W/cm^2 左右。气体流量为 15 L/s,组件上被测芯片与环境之间热阻的最大值是 0.17 ℃/W。单芯片的热阻取决于组件内芯片的情况。对带有 1 个时钟芯片和 8 个门阵列芯片的组件,芯片与环境之间的热阻约为 1.5 ℃/W。对带有 1 个时钟芯片和 71 个小型 STRAM 芯片的组件,热阻为 12 ℃/W。对有 1 个时钟芯片、40 个 STRAM 芯片和 3 个门阵列芯片的组件,折算到每个芯片上热阻为 7.3 ℃/W。很明显,芯片与环境之间的热阻取决于芯片尺寸和芯片封装密度。

3. IBM 热导组件

IBM 热导组件(TCM)首先用于 3081 处理器中,如图 6-14 所示。TCM 体积为 150 mm×150 mm×50 mm,内含 100~118 个阵列芯片。3081 处理器中的 TTL(晶体管-晶体管逻辑)芯片面积为 4.57 mm×4.57 mm。通过 120 个 C4 焊料凸点连接每个芯片,可在组件上互连

12 000个 I/O 引脚,基板为33层的 Al_2O_3-10%玻璃陶瓷,钼金属化互连,1 800个 I/O 引脚钎焊到组件的背面,弹簧承载的铝质塞柱和每个芯片背面接触。塞柱保证机械柔性,以适应芯片高度的变化以及散热片和基板之间的热膨胀匹配性。

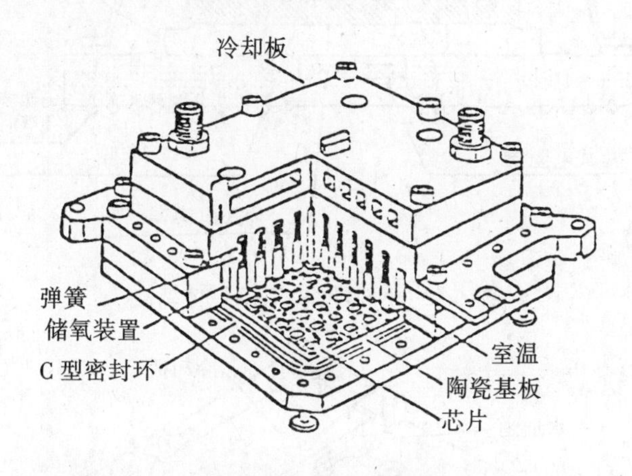

图 6-14　IBM 热导组件

通过内部聚碳酸脂,将热由安装盖传到水冷铍—铜冷却板上。内部聚碳酸脂保证组件上温度更一致。整个组件通过压缩 C 型密封环进行气密封装。接着,从背面充氦,以减小芯片—塞柱以及塞柱—封盖间的热阻。氦的导热性能约为空气的6倍。对3090处理器,采用芯片尺寸为4.85 mm×4.85 mm,对冷却系统、塞柱和封盖的设计进行改进。

3081处理器的这种设计目的在于满足4 W/芯片和300 W/组件的要求,结温在40~85 ℃之间。对3081处理器,由器件到封盖顶部测量的热阻为9.1 ℃/W。封盖和进水口之间的外热阻为每个芯片底面2.5 ℃/W。因此,总热阻为11.6 ℃/W。对3090处理器,峰值功率耗散达到7 W/芯片和500 W/组件。芯片结区—环境之间的热阻估计为8.7 ℃/W。

4. NEC SX 液体冷却组件

NEC公司用于超级计算机SX-1和SX-2的液体冷却组件如图6-15和图6-16所示。组件尺寸为125 mm ×125 mm×60 mm。整个组件分为倒装TAB载体和水冷冷却散热两部分,组件内装36个倒装TAB载体(FTC)。每个FTC含有一个1K门CML(电流开关逻辑)芯片或四个1K位CML RAM芯片。逻辑芯片尺寸约为8 mm×8 mm,额定功率耗散为5.7 W,有1 761个I/O引脚。RAM芯片的额定功率耗散为1.35 W,有52个I/O引脚。芯片均为键合在陶瓷多层基板上的倒装TAB芯片,和W—Cu盖相连。逻辑FTC尺寸为12 mm×12 mm,RAM FTC尺寸为14 mm×14 mm。36个FTC用焊料凸点连到100 mm×100 mm基板上。每个FTC有169个焊料凸点。基板为 Al_2O_3,有钨金属化电源层和接地层,聚酰亚胺为介质层,薄膜信号层制作在基板顶层。基板有2 177个I/O引脚,焊到底面,用来与PWB相连。12个组件安装在一块板上。

用安装在热传导块上的可调螺栓连接每个FTC,考虑到FTC在组件内的高度变化,每个螺栓都是独立可调的,以保证螺栓和FTC之间有合适的间隙。组件安装时,先将导热性粘接剂加到螺栓上,接着再安装组件的热传导块,最后,将水冷冷却板和热传导块相连。每个组件的最大功耗为250 W,芯片—水冷冷却板的热阻为5 ℃/W。

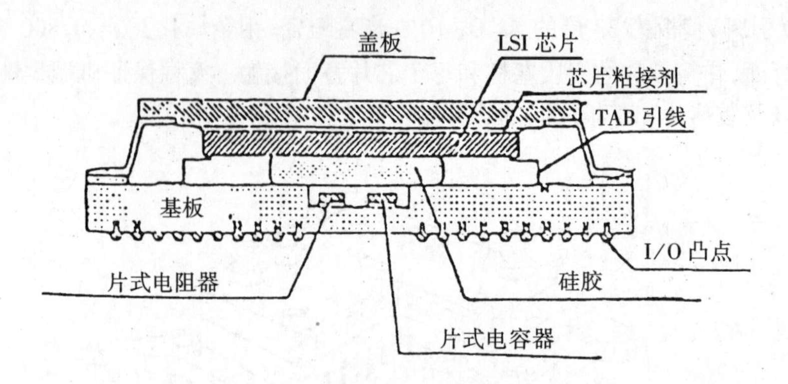

图 6-15 NEC 倒装 TAB 载体结构

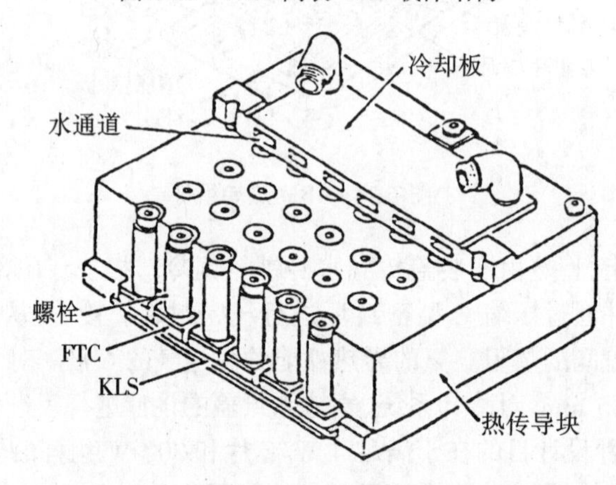

图 6-16 NEC 液体冷却组件(LCM)结构

液体冷却技术还用于 NEC SX-3/SX-X 超级计算机。SX-3 的基板尺寸为 225 mm × 225 mm,有 11 540 个 I/O 引脚。基板可装 100 个 FTC,每个 FTC 含有 60 个焊料凸点。逻辑芯片有 20K 门,485 个 I/O 引脚,功耗为 33 W。存储器芯片有 40K 位外加 7K 门,有 487 个 I/O 引脚,功耗为 38 W,组件最大功耗为 4 kW。

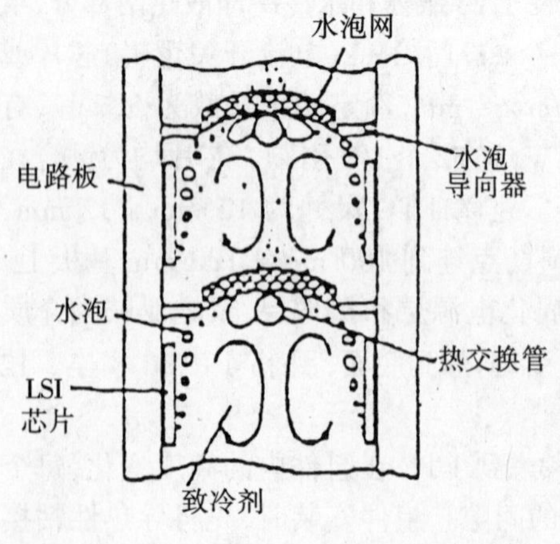

图 6-17 富士通直浸式冷却组件

对 SX-3/SX-X 计算机的设计,NEC 报道芯片结区—水的热阻为 0.6 ℃/W,比 SX-2 的设计水平提高了一个数量级。

5. 富士通直浸式冷却组件

富士通直浸式冷却设计如图 6-17 所示。采用氟化物液体的蒸发混合物冷却芯片。带有倒装芯片器件的基板面对面放置,用水泡导向器和多孔水泡网隔开。在原型组件中,每个玻璃—陶瓷基板上装有 49 个 10 mm × 10 mm 芯片。整个组件的尺寸为 180 mm × 140 mm × 35 mm,基板间距为 20 mm。在蒸汽层安装了一个水冷却热交换管,用来冷凝蒸汽;另一个管子浸在氟化物液体中。

在每个组件的功耗为1 000 W时,芯片—水的热阻为5.4 ℃/W。若无水泡和导向器,其热阻要增大3倍以上。相对置放的基板之间的间距是影响热阻的重要因素。间距小于1 mm时,由于水泡之间的相互作用离开了邻近表面,热阻开始明显增加。

6.4.4　两类冷却技术的比较

国外主要公司在MCM中采用的冷却技术比较如表6-8和表6-9所示,它们分别列出了与两类冷却技术相关的参数。由表6-8可以看出,尽管VAX 9000和MCC组件在尺寸上和液体冷却组件相当,但液体冷却组件一般比气体冷却组件尺寸大,液体冷却组件的芯片数多,I/O引脚数多。设计趋势向着大组件尺寸、大芯片尺寸和较多的I/O引脚数方向发展。这种趋势在NEC SX-2向SX-3的升级中可明显看出。SX-3的芯片数比SX-2增加3倍,组件尺寸增加4倍,芯片I/O引脚数增加8倍,组件I/O引脚数增加5倍。表6-9中第一列为芯片结区和环境之间的热阻值。不同组件的热阻值相差很大,主要原因是芯片尺寸不同造成的。例如芯片尺寸较小的组件θ_{ja}值较大。按芯片尺寸折算后的热阻值位于第二列,该参数值很好地说明了芯片上的热流情况,并反映了各技术之间性能上的细微差异。至于θ_{jacs},DEC VAX 9000 MCM具有气体冷却的最佳性能,可能是芯片直接连接到大的Cr-Cu散热片上的原因;液体冷却组件MCNC组件具有最低的θ_{jacs}值,原因是芯片的焊点直接连接到微通道式散热片上形成的。

θ_{jaapd}是按表面封装密度统一折算后的热阻,位于第三列,共两组。第一组数据根据基板面积折算;第二组数据根据整个组件面积折算,整个组件面积包括封装周围的凸缘。从芯片的互连角度看,根据基板面积折算的θ_{jaapd}是重要参数;从组件以及整个系统的角度看,根据组件面积计算的θ_{jaapd}是主要的参数。

θ_{javpd}是按体积封装密度折算的热阻。该值对垂直安装的组件进行热分析非常有用,例如表中NTT液体冷却基板的设计。

表6-8　国外主要公司MCM物理性能对比

技　术	芯片数	芯片尺寸 长(mm)×宽(mm)	组件尺寸 长(mm)×宽(mm)×高(mm)	芯片I/O 引脚数	组件I/O 引脚数
气体冷却					
AT&TAVP	3	10×10	48×30×17	330	160
ALCOA	5	11.5×10.7 8.6×6.9	53×56×17	/	/
DEC VAX 9000	9~72	2.54×2.54 6.86×6.86 9.78×9.78	127×127×50	/	>800
IBM 4381	36	4.57×4.57	64×64×40	4 320	882
三菱 HTCM	9	8.0×8.0	66×66×22	2 007	624
日立 SIC RAM	6	1.9×4.0	27×27×16	462	108
NTT	36	3.0×3.0	70×70×22	/	288

续表 6-8

技 术	芯片数	芯片尺寸 长(mm)×宽(mm)	组件尺寸 长(mm)×宽(mm)×高(mm)	芯片I/O 引脚数	组件I/O 引脚数
MCC	25	10×10	150×150×26	/	/
液体冷却					
IBM 3090	100~118	4.85×4.85	150×150×50	12 000	1 800
Honeywell SLTC	~60	/	100×100×50		240
NEC SX-3/ SX-X SX-2	100 36	8.0×8.0	240×250×60 125×125×60	48 500 6 336	11 540 2 711
富士通 VP2000	144	13.5×13.5	325×325×70	66 520	8 640
FACOM M-780	336	/	540×486×100	/	/
NTTLCS	25	8.0×8.0	85×105×3	900	/
MCNC	25	10×10	102×122×13	15 000 31 000	2 000 1 000
富士通 DICM	40	10×10	180×140×35	/	/
DEC 热管	16	6.4×6.4	76×76×38	5 104	400

表 6-9 MCM 的热性能参数比较

技 术	热 阻 θ_{ja} (℃/W)	单位芯片面积热阻 θ_{jacs} ((℃/W)/cm^2)	单位基板/组件面积热阻 θ_{jaspd} ((℃/W)/mm^2) 基板/组件	单位芯片体积热阻 θ_{javpd} ((℃/W)/(cm^3/芯片))
气体冷却				
AT&TAVP	15	15	16/72	122
ALCOA	2.8	2.3	14/17	28
DEC VAX 9000	7.3	0.98	18/27	134
IBM 4381	17	3.6	17/19	77
三菱 HICM	7.7	4.9	18/37	82
日立 SIC RAM	33	2.5	12/40	64
NTT	28	2.5	14/38	84
MCC	24	2.4	20/22	56
液体冷却				
IBM 3090	8.7	2.0	7.0/20	98
Honeywell SLIC	22.2	/	23/37	183

续表 6-9

技　术	热　阻 θ_{ja} (℃/W)	单位芯片面积 热阻 θ_{jacs} ((℃/W)/cm^2)	单位基板/组件 面积热阻 θ_{jaapd} ((℃/W)/mm^2) 基板/组件	单位芯片 体积热阻 θ_{javpd} ((℃/W)/(cm^3/芯片))
NEC SX-3/SX-X	0.6	/	3.0/3.8	33
SX-2	5.0	3.2	14/23	/
富士通 VAP2000	0.65	1.2	2.7/4.8	33
FACOM M-780	2.4	/	19/22	/
NTTLCS	3.3	2.1	5.6/12	3.5
MCNC	0.42	0.42	1.4/2.1	2.7
富士通 DICM	5.4	5.4	11/28	49
DEC 热管	3.2	1.3	7.4/12	44

6.5　MCM 的组装技术

6.5.1　概述

MCM 的组装技术是指通过一定的连接方式,将元件、器件组装到 MCM 基板上,再将组装有元器件的基板安装在金属或陶瓷封装中,组成一个具有多种功能的 MCM 组件。组装技术是制造 MCM 的几大关键技术之一,它不仅极大地影响 MCM 组件的体积、重量,而且是决定产品性能和成品率的重要因素。

MCM 组装技术包括芯片与基板的粘接、芯片与基板的电气连接、基板与外壳的物理连接和电气连接。芯片与基板的粘接一般采用导电胶或绝缘环氧树脂粘接剂完成;芯片与基板的连接一般采用 WB、TAB、FCB 等工艺。基板与外壳的物理连接是通过粘接剂或焊料来实现的;最终的电气连接通常采用 WB 完成。

6.5.2　芯片与基板的连接技术

1. 芯片与基板的粘接

MCM 中粘接芯片与基板的材料和工艺与 HIC 中的相同,粘接材料分为两大类:有机粘接剂和无机粘接剂(参阅表 6-10)。与 HIC 一样,90%以上 MCM 中使用低成本、易返修的环氧树脂粘接剂,采用焊料连接主要用于大功率电路或必须满足宇航 K 级密封要求的电路。表 6-11列出了环氧树脂与焊料连接的优缺点。目前,MCM 中广泛采用的粘接剂有两种类型:导电型和绝缘型,可配制成浆料或膜。含 Ag 导电环氧树脂广泛用来粘接晶体管、IC 芯片、电容器到基板上，以及把基板粘接到封装外壳上。导电型环氧树脂比绝缘型导热率和导电率高，这有利于芯片上的热散出去，保持低的结温。大多数情况下，粘接剂用作芯片对基板、基板到封壳的主要热通道。实际应用时，要视具体情况选择合适的粘接剂。

表 6-10　芯片粘接材料

无机粘接剂	有机粘接剂	
	热固型	热塑型
Au-Si 等共晶焊料	环氧树脂	聚酰亚胺
Ag-玻璃浆料	聚酰亚胺	
软焊料	胺基甲酸乙脂	
	热固性/热塑性混合物	

表 6-11　环氧树脂与合金焊料连接比较

环　氧　树　脂		合　金　焊　料	
优　　点	缺　　点	优　　点	缺　　点
固化温度低（150～180 ℃）	有放气危险（H_2O、NH_3 等）	导热率高，对大功率电路提供良好散热路径	处理温度高，300 ℃以上高温可能损伤焊丝和器件
批量处理成本低，可使用浆料、粘接带或预制件	有离子污染危险（Cl^-、F^-、Na^+、K^+），可能产生颗粒	预制件可买到	较高的焊料熔化温度，限制返修
在温度、压力下软化，容易返修	导电型的界面接触电阻可能随时间延长而增加		工艺不当可能会产生金属颗粒或溅射
有导电和绝缘两种	获得好的附着性需控制粘接面清洁度	不放气，电路可满足 K 级；低水气含量，要求 $<(3\sim5)\times10^{-3}$（V/V）	只有导电型

粘接剂的涂布可采用自动微量分配、丝网印制等方法。芯片和器件粘接通常用粘接剂自动微量分配方法。对于粘接基板或非常大的芯片，采用粘接膜比较适宜，在粘接大芯片的过程中，控制粘接剂流动和粘接剂厚度至关重要。芯片粘接后，通常要进行固化。

芯片与基板粘接固化后，必须进行清洗。MCM 的清洗方法通常采用等离子蒸气去垢、溶剂喷洗、溶剂浸泡以及超声清洗等。可根据具体情况选择合适的清洗方法。

2. 芯片与基板的电气连接

MCM 的芯片与基板的电气连接主要有三种方式，即 WB、TAB 和 FCB。在此基础上，芯片互连技术又不断地扩展、延伸。图 6-18 为 MCM 的几种典型的芯片互连方法，其特点可参阅本书第 2 章有关芯片互连方法的内容，这里只作简要介绍。

（1）WB（引线键合）

WB 方法（参阅图 6-18(a)）是使用热压、超声或热压超声焊把 Al 丝（Au 丝）键合或压焊到芯片和基板上相应的焊区位置。WB 有三种方法，表 6-12 列出了几种 WB 方法的比较。

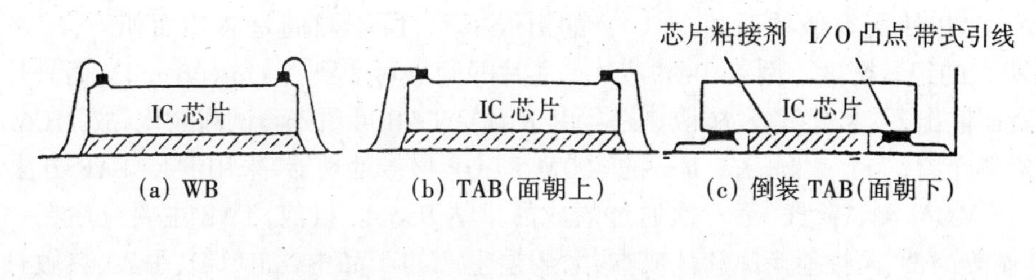

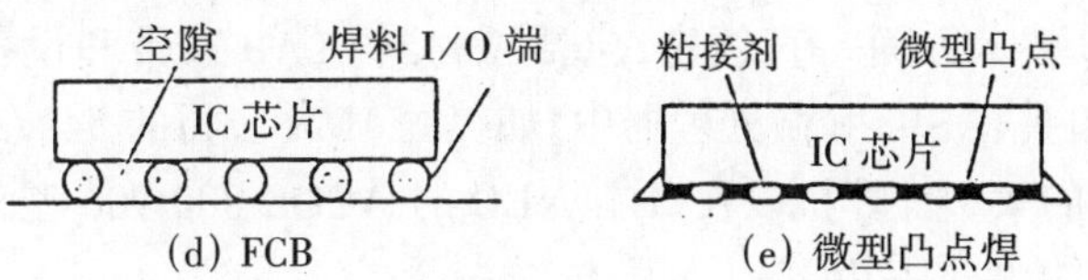

图 6-18　MCM 的几种芯片互连方法

表 6-12　几种 WB 方法比较

方　法	材　料	温　度	压　力	时　间
热压焊	Au 丝,Al 或 Au 焊区	300～400 ℃	高	～40 ms
超声键合	Au 丝,Al 或 Au 焊区	室温	低	～20 ms
热压超声焊	Au 丝,Al 或 Au 焊区	150～225 ℃	低	～20 ms

WB 是一种通用的、也是最成熟的互连方法。这种方法的优点是灵活、方便、可靠,与目前所有的芯片兼容,容易检查和返修。但是焊接多引脚器件速度慢,组装生产率低,而且焊丝较长,电感较大,芯片测试和老化困难。尽管有这些不足之处,但是,目前大多数 MCM 制造厂仍然采用这种可靠的互连方法组装其产品,如 AT&T、Honeywell、休斯、IBM、MCC、MSS、nChip 以及日本东芝等公司研制、生产的 MCM 都采用 WB 方法。所以,在芯片的互连技术中,WB 仍占统治地位。

(2) TAB(载带自动焊)

TAB(参见图 6-18(b)和(c))是通过载带连接芯片与基板,芯片与载带又通过焊料凸点进行连接。载带由聚脂、改性环氧树脂(或 PI)薄膜和 Cu 箔材料制作,在单层或多层 TAB 载带上刻蚀 Cu 导体图形。对于每一个芯片上的所有焊区,载带上有一个 Cu 箔内引线键合区与芯片上的焊区一一对应,或内引线键合区带有凸点,通过压焊将其与芯片焊区连接在一起。TAB 具有良好的电性能、热性能和机械性能,并能在组装之前预先测试和老化芯片,成品率和自动化程度高。但 TAB 投资费用高,需购置 TAB 设备。

TAB 工艺中,制作凸点、内引线焊接(ILB)和外引线焊接(OLB)是几个关键技术。凸点可做在芯片焊区上或载带上。凸点提供芯片焊区和基板焊区的紧密接触,因此,凸点的形成很重要。它一般是在 Al 金属化焊区上淀积 Au 凸点或焊料。在淀积 Au 凸点之前,先汽相淀积粘接金属层和阻挡金属层,如 Ti、Cr 或 Pd,再淀积 25～50 μm 高的导体金属 Au 或焊料。

内引线焊接和外引线焊接可使用单点焊或群焊完成。单点焊是逐点焊接,其优点是焊点精确,其不足是焊接时间长。群焊是加热芯片,可一次焊接芯片上的所有焊点,其优点是焊接速度快,但存在载带引线共面性问题。外引线焊接是通过焊料再流、热压群焊或自动单点焊实现的。东芝公司研制的 TTI-700 自动内引线键合机,对准精度达 10 μm,可达最佳焊接范围,焊接温度为 450～500 ℃,焊接时间为 1 秒。

倒装 TAB 使用类似的面朝上 TAB 的引线框架,所不同的是芯片面朝下,较之面朝上 TAB 有更大的组装密度。倒装 TAB 芯片—芯片的间隔可小到 1 mm(40 mil),而且热量直接从芯片背面散出,不经过基板,故散热好。由于倒装 TAB 可预先测试和老化,故 MCM 成品率高。据资料介绍,一个 7 mm×7 mm 的 400M ELOP 信号处理器,采用倒装 TAB 方法组装 28 个芯片,在 MCM 测试阶段,第一次通过的成品率达 95%。目前,TAB 主要应用在一些计算机、工作站等高档、高性能产品和低成本、大规模生产的产品中,如 LCD、手表、热敏打印头和助听器。日本在 TAB 技术方面一直领先,包括原材料、TAB 载带和设备。美国主要将 TAB 用在个人计算机、打印头、ASIC 和微处理器中,如美国 IBM 公司的 540、302 型工作站,个人计算机、Honeywell 公司的大型计算机以及日本 NEC 的 ACOS 800/900 型计算机等均采用 TAB 和倒装 TAB 实现 MCM 的芯片互连。

(3) FCB(倒装焊)

FCB 是将 IC 芯片面朝下放置在基板的焊料凸点上,使其与芯片上相应的焊区对准(更多是把焊料凸点做在芯片焊区上,使芯片上的焊料凸点与基板上相应的焊区对准)。然后加热焊料到熔化温度时,焊料塌陷,与基板上的相应金属焊区熔在一起。由于是芯片上的焊区直接与基板上的焊区连接,具有最短的电信号路径,互连密度高,散热好,电路产生的热直接从芯片背面散出,是最理想的 MCM 组装工艺。其不利因素是焊料凸点芯片来源较困难,不能检查内部连接的完整性,返修困难等问题,这些问题正在解决中。

倒装芯片焊料凸点(FCSB)工艺通常又称为可控塌陷芯片连接技术(C4 技术),芯片面朝下放,每个焊料凸点与基板上对应焊区对准,送到炉中进行再流焊接。FCSB 因其连接排列成面阵列,互连密度高,可靠性和成品率高,可满足 VLSI 和 ULSI 对高 I/O 数和高密度连接的要求。

由于倒装焊组装密度高,芯片可老化和测试,是一种最有发展前途的芯片互连技术。IBM 公司研制的 C4 工艺和倒装焊被用来组装计算机已有三十多年历史,最初只需较少的凸点排列在芯片四周,近几年,随着多引脚数芯片的出现和高速电路对短信号路径的需要,已研制出阵列式凸点工艺。IBM 的 MCM 设计中,每个芯片的阵列凸点已超过 760 个。据报道,2 000 个 I/O 以上的器件已研制成功。

由日本松下公司研制的微型凸点焊技术(见图 6-18(e))是 FCB 的扩展。这种互连方式是先在芯片上制作微型凸点,然后在基板上涂覆液体光敏树脂(如紫外光固化的丙烯酸脂或环氧树脂)。将芯片凸点与涂覆了光敏树脂的基板焊区对准,加压把芯片凸点和基板焊区之间的树脂挤开,并在压力下光固化树脂,使之产生的收缩压力把芯片上的微型凸点与基板上相对应的焊区连接在一起。这种连接不是焊接,只是达到“机械接触”。这种方法对基板金属化的要求较宽松,器件可老化和测试,但要求基板平整度要好。

6.5.3 基板与封装外壳的连接技术

组装了芯片和其他元件的 MCM 基板可组装在密封外壳或非密封外壳中。在金属、陶瓷密封外壳中,这种 MCM 基板安装在封装外壳底部。MCM 基板与封装外壳底部的连接有三种方法:粘接剂连接、焊接和机械固定,比较通用的是前两种。一般是用粘芯片的粘接剂连接。对于大功率 MCM,通常用 Pb-Sn 焊膏通过再流焊把多层基板焊接在封装外壳底部,实现基板与封装外壳的连接。金属焊料既起固定作用,也起散热通道作用。

MCM基板与封装外壳的电气连接是通过WB互连引线,把封装外壳上的外引脚与基板上的互连焊区连接起来。互连引线一般采用18~50 μm直径的Au、Al丝。对于大功率MCM,可采用0.1~0.5 mm直径的粗Al丝,WB后,用平行缝焊、激光焊或焊料焊接金属盖板封口,陶瓷盖板可使用低熔点玻璃直接封口陶瓷封装外壳,这样就完成了MCM的组装过程。

6.6 MCM的检测技术

6.6.1 概述

在MCM的制造过程中,要进行多级检验和电性能测试,以保证MCM的质量和可靠性。这里主要介绍三个方面的测试,即基板测试、元器件测试和成品组件测试。基板测试是在制造过程中和组装元器件之前进行的,元器件测试在组装到基板上之前进行,组件测试与故障诊断是在组装后并返修完有缺陷的元器件后,最后封装之前进行。

6.6.2 基板测试

MCM基板包含有全部元器件连接的导体布线及互连通孔,测试的目的是验证基板布线及通孔的互连和导通,监控制造过程中的质量。测试主要针对基板表面焊区上相连的电气网络,这些焊区起着电信号出入基板的连接作用。一些焊区与组装在基板上的芯片相连,另一些焊区与组件外的分立元器件相连。把一个或多个探针与基板上的焊区相接触,就可进行电气网络测试。基板上每个网络都必须进行测试,以保证网络中没有开路问题,同时与其他网络没有短路问题。测试网络的另一个目的是查明电阻值是否满足设计标准要求。测试内容还包括阻抗、信号传输延迟、串扰和高压泄漏的测量。一般来讲,每块基板都要接受开路和短路测试,即互连基板的电气特性测试。传统上对PWB和混合电路基板的开路和短路测试是采用“飞针式”测试仪和固定探针矩阵测试仪(又称针床式测试仪)进行的。探针和基板上每个焊区接触,通过测试线路两端参考接地电容量来检查开路情况。美国微组件系统(MMS)公司采用一种商用自动晶片探针仪,测试速度为每秒可测5个电容点。最新报道,现代测试仪每秒可以测量1 000个电容点,实际测试速度为每秒100个网点。IBM公司报道,在每块12 mm^2芯片焊区上每秒可测试40~50个网点,该公司自行研制的探测系统可对MCM-C互连基板上下表面的26 000个焊点同时接触,探测仪输出信号为250 V,20 mA,足以检查两个导体之间有潜在绝缘失效而引起的漏电。电容测试装置简图如图6-19所示。

双探针测试仪在电容测试功能上增加了电阻测试能力。美国BSL公司生产的双向双探针测试仪,可以对MCM基板两面进行测试。这种测试仪灵活性强,能够进行开路、短路和高阻失效的测试,适合用于测试基板焊区尺寸只有50 μm或更小的基板。

电子束测试也能用于检验互连基板的开路和短路。它基于改进的扫描电子显微镜的“电压对比”方法。电子束能短时间对准被测试的焊区,这样,电荷就在焊区上聚集,并呈现相应的特征。随后,电子束再扫描基板表面。所有和带电荷焊区相连结的焊区都呈现出和不带电荷焊区不同的特征,据此可以直接提供开路和短路的判断数据。图 6-20 为采用电子束检测基板开路、短路情况的断面示意图。

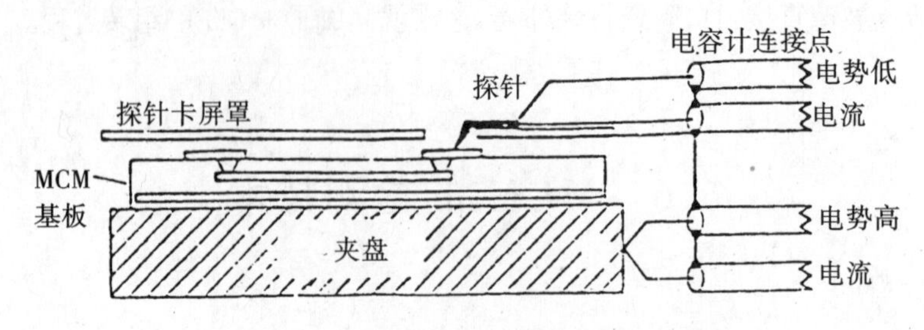

图 6-19　MCM 基板电容测试开、短路装置

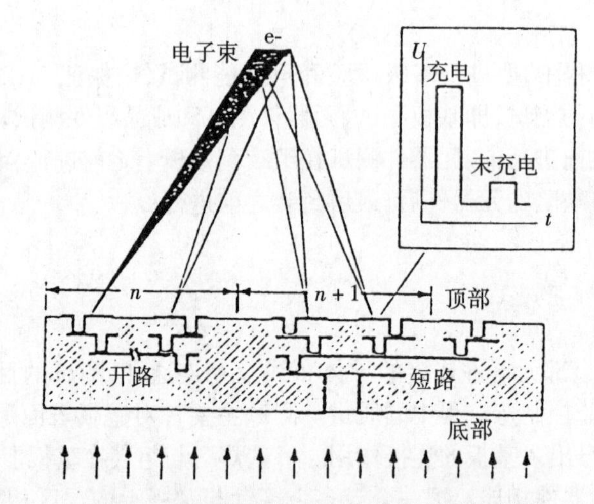

图 6-20　电子束测试 MCM 基板断面示意图

据报道,德国西门子公司研制出一种电子束测试仪,可在 30 cm × 30 cm 探测区域对焊区打出小于 25 μm 的光点,测试速度为 15 秒内 1 000 个网点。该仪器自动化程度高,操作方便。对于许多 MCM 基板,包括在 Si 和陶瓷上制作的高密度互连基板,能够在一定范围内提供测试技术的唯一方法是双探针测试仪,这种技术比较成熟。表 6-13 为适于 MCM 基板测试的各种方法比较。

表 6-13　MCM 基板测试方法比较

测试方法	典型测速(次数/秒)	需要夹具	最小特征尺寸(μm)	变形补偿	双面
固定探针矩阵	2 400	要	100	不	是
单探针	3 ~ 10	不要	50	是	不
双探针	3 ~ 10	不要	50	是	是
电子束	100	不要	< 25	是	限制

6.6.3　元器件的测试

MCM 使用的芯片质量是生产高成品率 MCM 的关键因素。生产优质芯片的工艺必须符合已制定的工艺流程,否则加工成本很高。芯片应放在自动处理装置进行老化和终测。测试裸芯片的夹具分为三类:小型固定载体,临时封装或载体,裸芯片插座。TAB就是一种小型固定载体,是裸芯片测试较成熟的方法之一。美国休斯飞机公司研制出一种可测试带状键合(TRB)的方法,其优点是加快了测试到封装的周转时间,它是一种临时封装测试方法。目前,采用的裸芯片插座与探针卡紧密相关,典型的裸芯片插座由一个带凸点的多层柔性电路组成,一边是一个金属支撑环,另一边是光刻成布线的对位框架。图6-21所示是美国MMS公司和TI公司研制的裸芯片测试和老化插座。

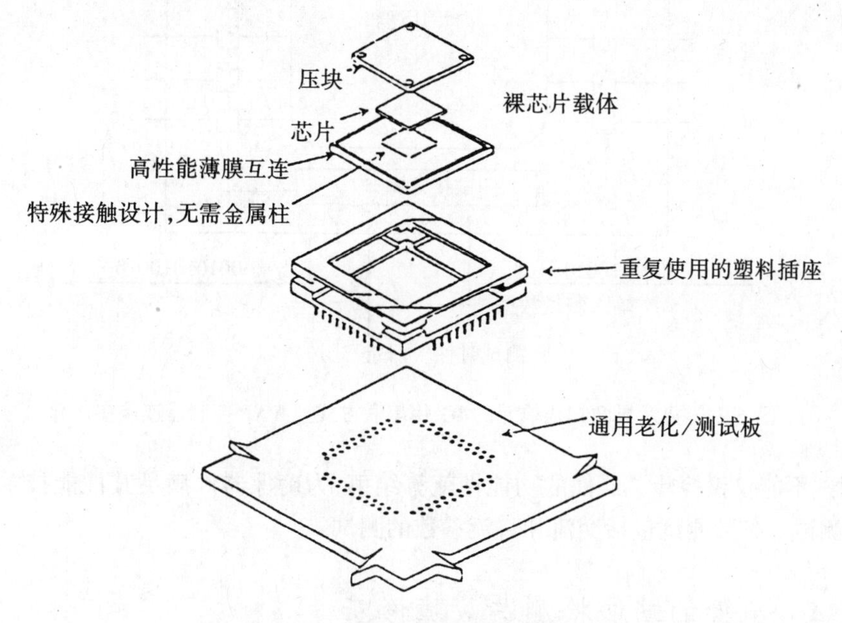

图6-21　裸芯片测试和老化插座

如果100个芯片中有一个失效,那么装配50个芯片于一个MCM中,其MCM的成品率只能达到60%左右,这还不包括在装配过程中的失效。出于对高质量芯片的需求和难以获得KGD的考虑,许多公司都在参与为裸芯片建立标准的计划。根据美国期刊《固态技术》1996年2月增刊《封装装配与试验》报道,美国电子工业协会(EIA)和美国几家标准学会(ANSI)成立了专门小组制定以KGD为重点的标准和试验方法,对设计数据、电测试数据、质量保证和可靠性条件进行了界定。

IC测试主要分为两个方面——功能测试和参数测试。在功能测试中,IC承受称为矢量的程序输入,并监控输出程序的正确性。参数测试要提供IC响应时间以及输入输出的电性能指标。测试方法主要是内建自测(BIST)、界面扫描等。

为提高IC和完整MCM的测试能力,由IEEE制定出一种被称为界面扫描的标准IEEE 1149.1,为在每个IC的I/O端增加移位寄存器提供了保证。所有移位寄存器都用串联方式连接在一起,这个电路的每一端与增加的I/O焊区相连接。图6-22是具有界面扫描单元和测试接入端口(TAP)控制器IC的结构图。界面扫描的最重要功能是在IC芯片装到MCM或PWB上之后能够简化测试,即能在所有I/O焊区不连接时的功能测试中,用于IC测试。

另一种先进的IC测试方法是内建自测(BIST)方法。其工作原理是在IC自身附加逻辑信号,目的在于演习 IC 的某些功能。BIST 可以采用多种形式,但一般来讲,外部测试仪通过 IC 焊区到 BIST 装置提供记录和控制信号。在测试完毕后,BIST 向外部测试仪报告结果。

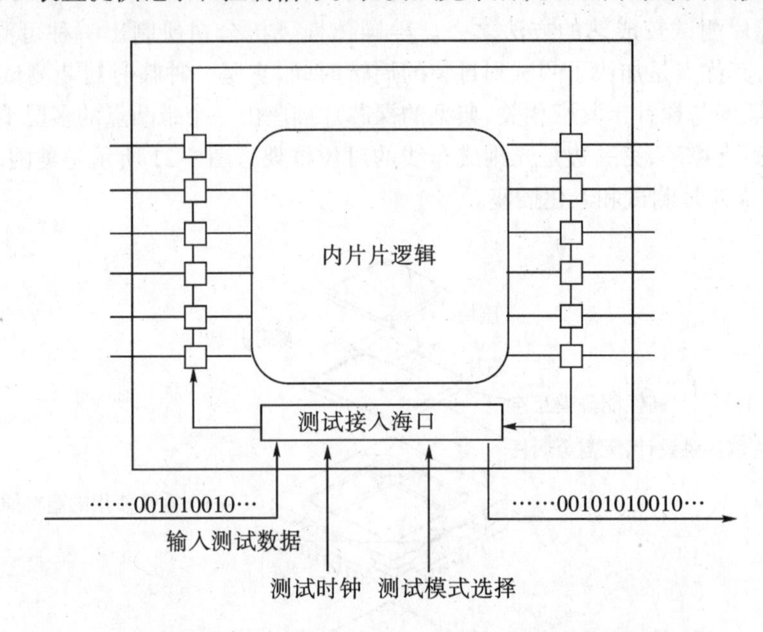

图 6-22 显示界面扫描单元的 IC,用串联方式把 TAP 控制器连接在一起

IC 测试不能仅仅检验了器件的功能性就算结束,为确保器件满足其性能技术条件,还要进行参数测试。参数测试包括交流和直流参数的测试。

6.6.4 组件的功能检测与故障诊断

1. MCM 的制造过程组装测试流程及故障分析

为了保证 MCM 的成品质量,在其制造过程中,要进行多次测试,以便尽可能早地发现并排除故障,降低成本。图 6-23 为 MCM 制造过程的测试流程。

对有故障的 MCM 组件的诊断过程是:

(1) 确认组件引脚与测试仪通道引脚正确配合,组件引脚的连续性满足设计要求。

(2) 进行界面扫描测试,以便确认元器件已安装好,布线正确。

(3) 对组件进行有限功能测试。首先可以只对所有 IC 重新调整,并检测输出状态。这时可以诊断定时误差。

(4) 如果功能测试较好,但组件不产生预期响应,就返回去用矢量发生故障的数据进行模拟,并检测模拟误差。

(5) 重新检测相关软件模拟的性能,确认硬件模拟器产生了预期响应。

(6) 如果其他地方都出现故障,只好回到原基板和电源设计上找原因,使组件确实按设计要求工作。

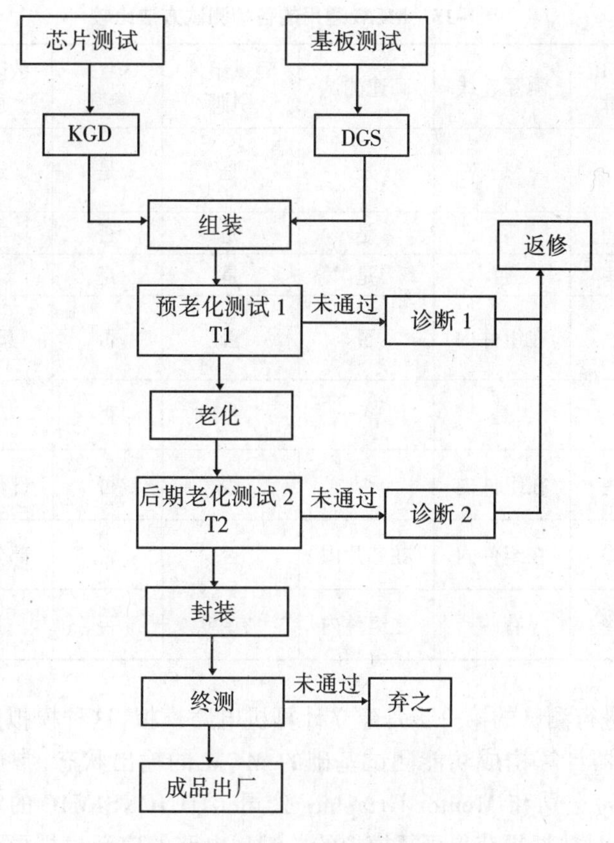

图 6-23　通用 MCM 制造过程测试流程

2. MCM 的生产测试

对于小批量的 MCM 生产来说,可以采用一个通用 IC 测试仪或电路板测试仪进行测试。对于 MCM 的大批量生产,如月产 MCM 超过 1 000 块,宜采用专用测试仪。表 6-14 为组件测试性能特征。组件测试方法的选择主要取决于所用元器件的质量及组件成品率。有限功能测试或界面扫描测试将在组装后进行。表 6-15 为 MCM 适用的各种测试方法比较。

表 6-14　组件测试性能特征

问　题	测试性能特征
信号无法进入	① 组件上加测试点 ② 组件进行 JTAG(联合测试行动组织)试验 ③ 每个主要芯片进行 JTAG 试验 ④ 信号通道上加扫描芯片
存储器芯片在逻辑芯片之后	① 逻辑芯片加旁通模式 ② 存储器芯片加自测试 ③ 加上存储测试控制逻辑

表 6-15 MCM 适用的各种测试方法比较

测试类型	测试 IC 逻辑	测互连线	高速测试	测试组件引脚	AC 参数	故障诊断层次	实际接入端口
全功能	是	是	是	是	是	逻辑	组件引脚和测试区
有限功能	有些	否	是	是	否	芯片	组件引脚
最后性能	有些	否	是	是	是	芯片	组件引脚
界面扫描:互连	否	在组件内	否	否	否	互连线	组件 TAP
界面扫描:组件引脚	否	是	否	是	否	互连线	组件引脚
界面扫描:内部扫描	有些	在组件内	否	否	否	部分逻辑	组件 TAP
界面扫描:芯片 BIST	有些	在组件内	在芯片内	否	否	部分逻辑	组件 TAP
组件级 BIST	有些	有些	在组件内	有些	否	芯片	组件引脚

对 MCM 组件进行测试的第一步是建立计算机电路模拟,这种模拟用来根据输入图形模仿电路性能。模拟器计算构成功能测试基础的 MCM 的输出状态,常见的模拟器制造商有 Cadence 公司、Verilog 公司和 Mentor Gtraphics 公司。QUICKSIMIC 的定时数据也必须包含在模拟器中,因为定时数据是获得可靠模拟的关键。电路的广泛模拟要求保证适当的故障覆盖率。

3. MCM 的筛选与测试

所有组件在通过最终电测试之后,常常要求 100%进行一系列筛选试验,这些试验大部分依据 MIL-STD-883,检查粘片、WB 或气密封装过程中可能出现的工艺缺陷。军用和民用 MCM 组件一般都要做偏压老化试验,但试验时间和温度条件差别很大,用于军工产品的条件更加苛刻。筛选试验包括恒定加速度、温度循环、机械冲击、气密性检验、颗粒碰撞噪声检查(PIND)和 X 射线检验等。这些试验以及试验规范起初用于 IC,后来修改调整,用于混合微电路,现在又作某些调整用于 MCM 试验。图 6-24 为组装好的 MCM 筛选试验验收流程。

6.7 MCM 的返修技术

6.7.1 概述

返修是 MCM 制造过程中必须重视的一个环节。尽管人们企望任何 MCM 组件不需要返修,但当前要彻底取消它是不合理的。随着工艺水平、工艺质量、大规模制造能力和自动化程度的提高,返修可以逐步取消。对于低级 MCM 的返修,常考虑的并非是成本问题,所有非功能部件作为废品来处理。然而,由于 VLSI 芯片的综合性能、尺寸和高成本等因素的影响,对高密度 MCM,特别是 MCM-D 型组件,就不能这样处理,即使采用 KGD,在安装、处理和测试中也会偶然造成故障。因此,总要考虑组件的返修,甚至还不止一次返修。

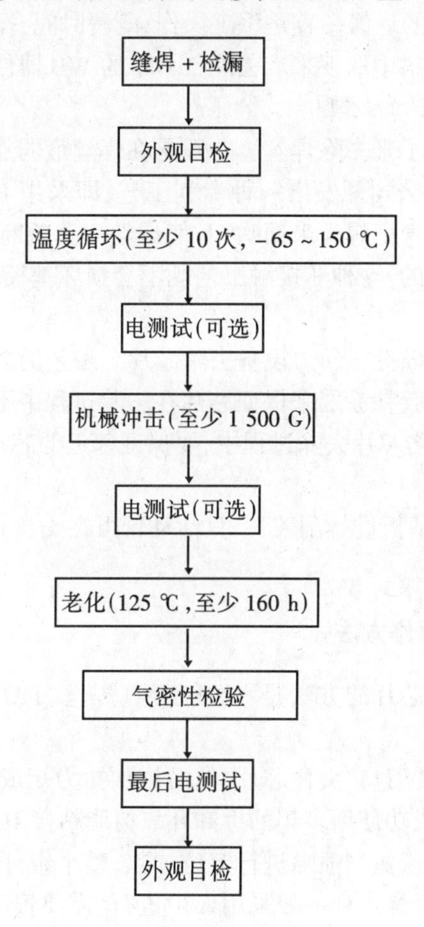

图 6-24　MCM 筛选试验流程

返修高密度 MCM 比返修混合电路要更加困难,冒的风险也更大。原因有以下几点:

(1) MCM 比混合电路单位面积含有更多、更昂贵的 LSI 和 VLSI 芯片。MCM 中的芯片面积占基板面积的比率高达 80%,甚至更高。因而,增加了已安装芯片出现失效的可能性。WB 和 WB 键合区在制造和测试 MCM 时损坏的可能性增大了。

(2) MCM 中采用的芯片较大,由于接触面积大,需要较大的力才能移动。采用较大的力移动芯片就有损坏好芯片和基板的危险。

(3) 高性能 MCM,例如 MCM-D,采用聚酰亚胺作介质层。这种材料和其他有机介质材料都比较软,较厚膜电路中采用的陶瓷易于损坏。

(4) 加热整个组件时,通过在芯片边缘上横向剪切力或扭力矩移动芯片的传统方法是危险的。原因是芯片之间间距很小,置放剪切工具极其困难。

6.7.2 返修的几种常用方法

1. WB 器件的返修方法

对 MCM 引线键合器件的返修一直是手工操作,既费时间,操作者又易出错。返修主要是把焊丝和器件从芯片粘接材料中取下来。去除 MCM 的 WB 器件有三个步骤:

(1) 去除焊丝和基板焊区的处理

过去一直是用镊子或夹子来去除焊丝。一般是在焊丝最弱点被拉断,这样既费工,又容易损坏邻近器件或基板。IBM 公司开发出一种专利工艺,即采用 Harnonicairtm 焊丝去除工具。该工艺交替喷出干空气或氮气把焊丝来回吹扫,使焊丝疲劳折断。焊丝是在压焊根部或半月形焊接处和球焊的上部断掉的,这种非接触工艺既不会损坏基板,也不会毁坏邻近器件。

(2) 芯片去除

采用一种 4200 型 Instron 拉(张)力设备去除芯片。工艺的第一步是在芯片背部胶粘一个不锈钢螺栓。需要一种最佳胶粘涂层来保证芯片在去除过程中不会破坏。理想的螺栓表面与芯片表面比例是 1:1。在缺陷芯片去除过程中,要保证邻近的芯片、焊丝和基板不会损坏。

(3) 粘片胶刮除

采用 xy 面工作台固定基板进行刮胶,一只活动臂可在 z 方向移动,臂上是一个不锈钢刮刀片,相对于基板表面 2°安装。

2. 粘接芯片和基板的返修方法

拆卸粘接剂连接的失效芯片的方法是:切断引线(焊丝、TAB 或带状线),降低粘接强度,机械分离。

采用专门设计的工业用“刀口”夹住芯片,然后施加扭力矩或剪切力,或二者兼施,移动芯片,同时加热组件。这是已成功使用多年的拆卸环氧树脂粘接 IC 的通用方法。

在芯片顶面采用热空气或氮气喷嘴进行定位加热,整个组件应在 80~150 ℃之间进行加热处理,以加速工艺过程。返修过程一般采用人工进行,需要很高的技能,以免损坏组件中其他器件。应严格控制加热过程,以免 WB 键合器件和材料的老化。

尽管这种方法已成功地用于混合微电子器件和某些 MCM 的返修,但对于高密度 MCM-D,由于其芯片之间间距太小,无法放置工具,加之热空气还会影响邻近芯片,因而,这种方法不能用于 MCM-D 的返修。在这种情况下,采用具有较高强度和较高软化温度的粘接剂将热电极粘接到芯片上,然后加热,同时施加拉力和扭力矩,如图 6-25 所示。它可以卸下 3.74 cm^2 的芯片,并可在同一安装台上对热塑型粘接剂重复安放 5 次。

对于采用传统热固性环氧树脂粘接剂连接的芯片,尽管可以通过热电极法进行拆卸,但是,为了便于拆卸芯片,许多公司正从采用热固性粘接剂转为采用热塑性粘接剂。热塑性粘接剂适合快速调整生产工艺,由于它在软化温度下可以快速软化,温度降低时又能快速固化,可以减少在受控气氛炉内的停留时间。

拆卸芯片后,粘接位置必须清洗,以消除粘接剂残余物。热塑性粘接剂的清洗比热固性粘接剂的清洗要容易。事实上,热塑性粘接剂残余物即使存在,也将和后来使用的新粘接剂一起再融合。而对于热固性粘接剂,其残余物要用尼龙刷清洗。

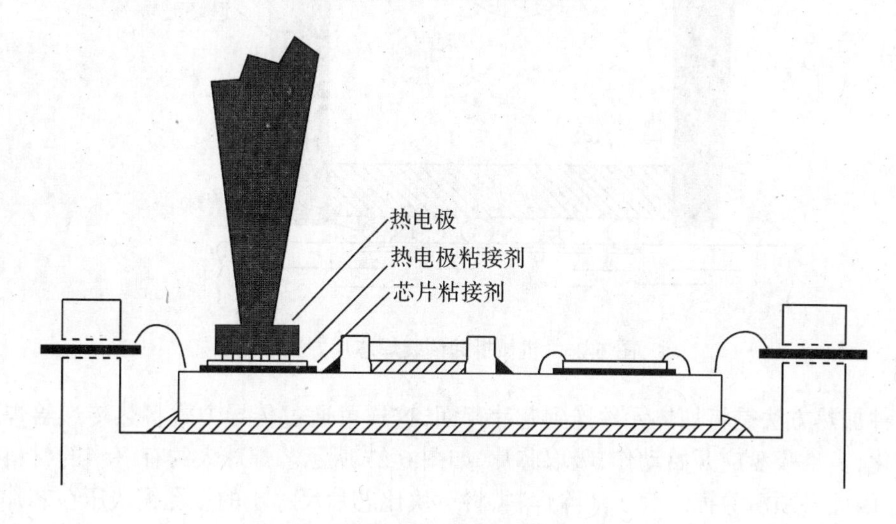

图 6-25　热电极法拆卸芯片方法

如果封装件的基板出现问题,又必须返修,在这种情况下,要先拆卸封装体中的基板。方法是先切断连接基板和封装引脚的焊丝,接着加热整个组件,并用"刀口"撬松基板。然而,这种方法危险性很大,一旦基板开裂,整个电路就报废了。Al_2O_3 基板的机械强度比硅基板高,相对适合于这一返修工艺。

3. 倒装芯片的返修方法

IBM 公司研究了通过机械方法或焊球的的局部加热熔化,很容易拆卸焊料凸点芯片。芯片拆卸后,基板焊区上的残留物通过整理工艺清除。在多次重复拆卸安放的位置,焊料堆集可能造成邻近焊区之间的短路,必须予以注意。

(1) 机械方法

用于拆卸倒装焊芯片的机械方法是用专用夹具夹住芯片两边,夹具上用聚四氟乙烯或其他聚合物材料涂覆,以避免损坏芯片,如图 6-26 所示。反复按顺时针和逆时针方向扭转拆卸芯片,尽管机械拆卸法是最简单的和最直接的方法,但对于大尺寸芯片的拆卸,由于既不能损坏邻近器件,也不能损坏基板,因而应用受到限制。对带有 300 个以上(含 300 个)焊球的芯片,由于拆卸这样的芯片需要较大的力,在拐角处易于损坏。纯粹机械方法需要芯片四周有足够的空间,而这一点常常又达不到。因此,对高密度 MCM,热拆卸法、热辅助机械拆卸法或超声拆卸法都被广泛采用。

(2) 热方法和机械方法相结合

热方法和机械方法结合起来有利于拆卸大尺寸倒装芯片,也有利于引线键合芯片的拆卸。必须定位加热,以便只熔化要拆卸芯片下的焊球。可以采用红外辐射加热或喷射惰性热气体加热。总之,热要对准芯片的背面。定位加热要特别细心,以防止熔化邻近芯片下的焊球。首先要对整个组件加热到焊球熔点下某一特定温度,然后再定位加热要拆卸芯片下的焊球。预热整个组件可减小 MCM 中不同材料之间的热梯度,降低返修时的应力。

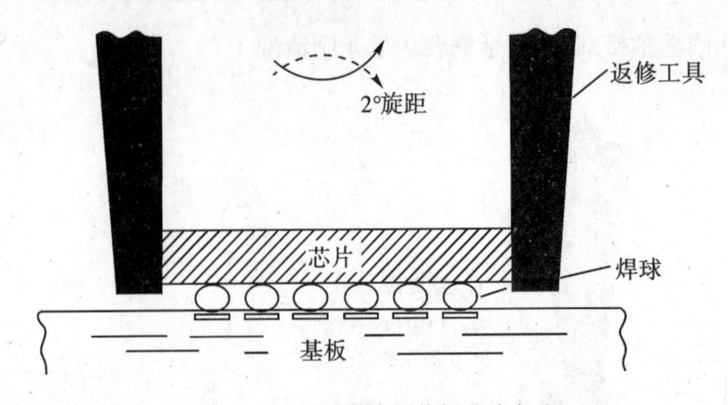

图 6-26　机械拆卸倒装焊芯片方法

另一种加热方法是将加热元件连到芯片背面，这样可通过传导方式将热传递给焊球。一旦焊球熔化，真空吸盘应开始动作，吸取芯片，如图 6-27 所示。焊球大约有一半的材料留在基板焊区上，因此必须清除掉。为了清除焊料，将一块比芯片尺寸小的多孔铜块压在芯片的位置上并加热。当焊料熔化后，焊料就移到铜块上，留下较薄的焊料层。

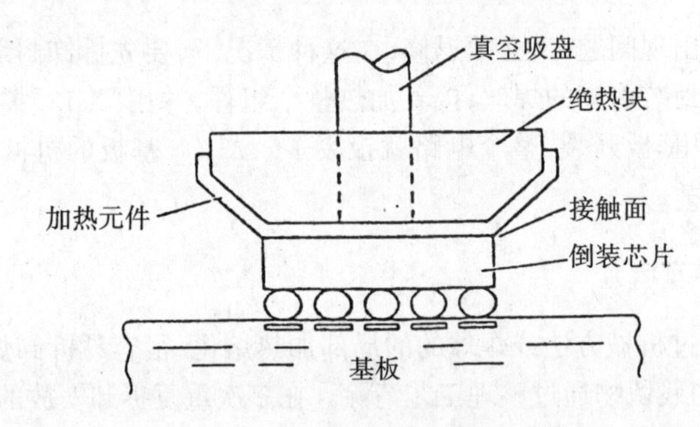

图 6-27　热传导拆卸倒装芯片法

4. TAB 连接芯片的返修方法

TAB 连接芯片的拆卸和再安装与倒装芯片以及引线键合芯片相比要困难一些。在拆卸 TAB 芯片时，必须既要克服粘接剂的粘接力，又要克服较宽的 TAB 引线的更大粘接力；而且在外引线重新键合到另一位置时，操作不方便。TAB 引线可以通过再流焊、热压焊或超声键合互连。不管芯片采用面向上键合还是面向下键合，在 TAB 键合前，都采用导热粘接剂将芯片连接到基板上。因此，芯片拆卸包括两个步骤：先从基板上拆卸 TAB 引线，然后再分离芯片。在外引线键合的拆卸中，要根据引线连接的不同方法而采用不同的技术。

在不损坏基板焊区的前提下，拆卸热压超声或热压键合的 TAB 引线是困难的。困难在于这些引线强度高（0.3～0.6 N），需要剪切力大。因此，互连基板的键合区甚至基板要冒可能被损坏的风险。该工艺包括用精密受控微型剪切工具剪切引线，有两个工艺步骤：

(1) 切断或剪断在芯片上的 TAB 引线，拆卸芯片，留下连到基板上的 TAB 外引线头。

(2) 通过带有凿刃形剪切工具的自动 WB 键合机，剪断基板上的引线头。

该工艺要求严格控制工具的高度和运行情况，要从芯片位置除去每一根 TAB 引线，但不能触及或损坏基板。参见图6-28。

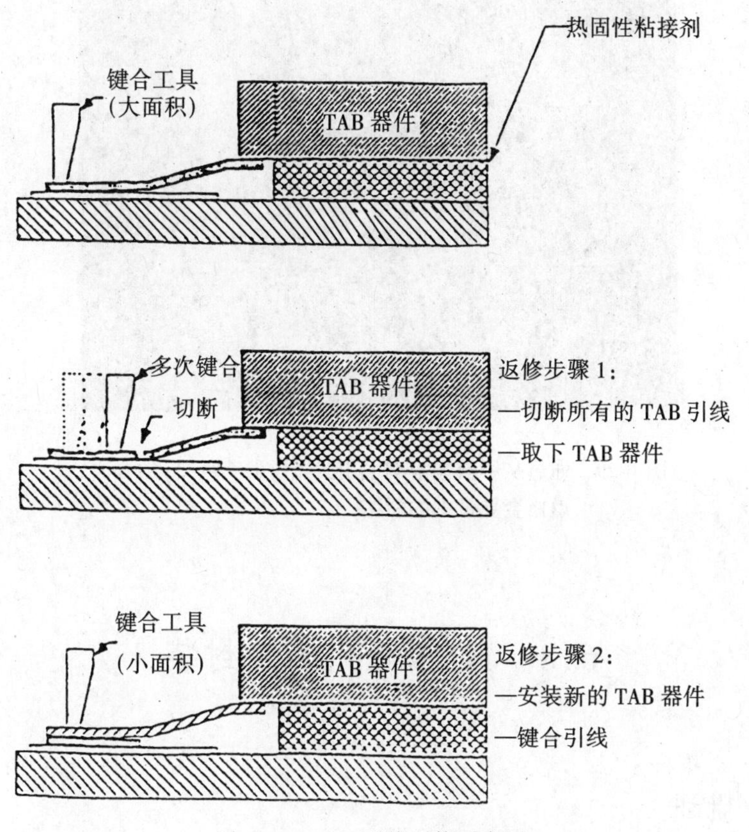

图6-28　TAB引线返修示意图

5. 导带的返修方法

由于偶尔出现光刻问题或疏忽性机械损伤,导带可能出现了断开。若损伤严重,只好报废。若损伤不大,可以采用跨接线进行电气连接。然而,采用选择金属淀积的新工艺可用来返修薄膜导带。一种独特的返修工艺包括以下步骤:

(1) 涂覆缺陷区或整个表面,涂覆材料为金属有机化合物。

(2) 干燥蒸发溶剂(涂覆材料)。

(3) 将涂覆层暴露在聚焦的激光束或电子束下,以便使金属有机化合物还原成纯金属。这样就使开路缝隙连接起来了。

(4) 清洗未暴露的涂覆层。商用金属有机溶剂,例如有机复合物,Au、Cu、Ni以及Ag的盐类化合物都可以利用。

例如,通过将甲酸铜的水性溶剂和水性甘油暴露在Nd YAG激光束下,得到Cu。这一工艺可用来返修薄膜或厚膜导带,安装前后都能采用。这样得到的单层膜厚在50~250 nm之间。若有必要,可以重复上述工艺或者采取选择性化学电镀,使膜厚增加。在金导带中,10~20 μm宽的断路缝隙,可以通过从甲酸铜溶剂中经激光照射获得的方法成功地进行修理。参见图6-29。

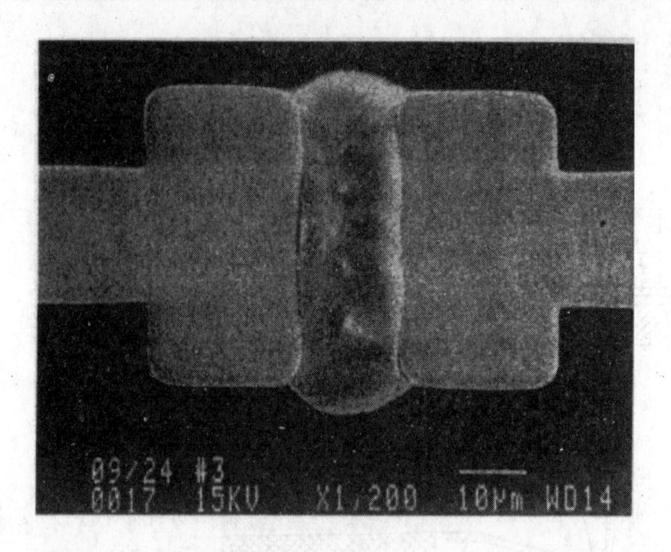

图 6-29 通过从甲酸铜溶剂中用激光照射获得 Cu 的方法返修金导带中的断路

6.8 MCM 的 BGA 封装

6.8.1 概述

早期的 MCM 通常采用 QFP 和 PGA 封装,随着 BGA 的出现与发展,BGA 比 QFP 具有许多优点,MCM 遂转向使用更为先进的 BGA 封装,这种封装称为 MCM BGA,本节中将加以介绍。

传统的 MCM BGA 封装采用模塑封装,MCM 中芯片、BGA 基板、WB 均形成于单一整体结构中,如图 6-30 所示的 AT&T 公司用于电话中的 MCM BGA 模塑封装。为了消除传统的 MCM BGA 封装中不同元器件之间的相互影响,保持良好的热匹配性能,在保持传统封装结构优点的同时,进一步提高 MCM BGA 封装的性能和可靠性,AT&T 公司又设计了一种带外壳及灌硅胶的 MCM BGA 封装结构,如图 6-31 所示。这种封装结构的设计思路是使芯片、外壳、BGA 的 PWB 和母板之间有相对的独立性,以便均可自由伸张,使热膨胀不匹配性得到充分的补偿;通过降低 MCM 元器件之间的机械"耦合",并保持良好的电气连接来实现。这种设计思路通过以下方法来实现:

(1) 采用精确的几何连接结构和高柔性的环氧树脂粘接剂将芯片和外壳连接到 BGA 的 PWB 上。

(2) 采用高玻璃转化温度(T_g)的廉价多层基板作为 BGA 的 PWB。

(3) 采用高柔性的包封剂硅胶填充,并使用保护性外壳。

BGA 外壳是为保护 WB 和芯片,并为保证测试和最后的 SMT 母板安装简便易行而设计的。模塑封装外壳本身的 CTE 约为 17×10^{-6}/℃,热畸变温度大于 200 ℃。

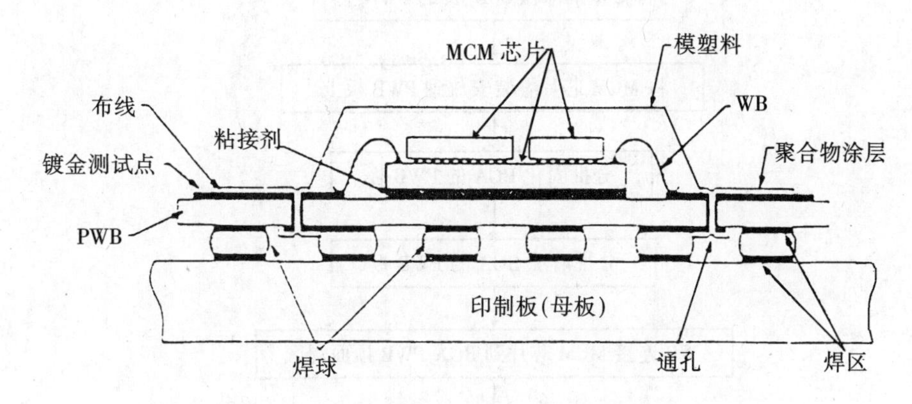

图 6-30 AT&T 公司 MCM BGA 模塑封装

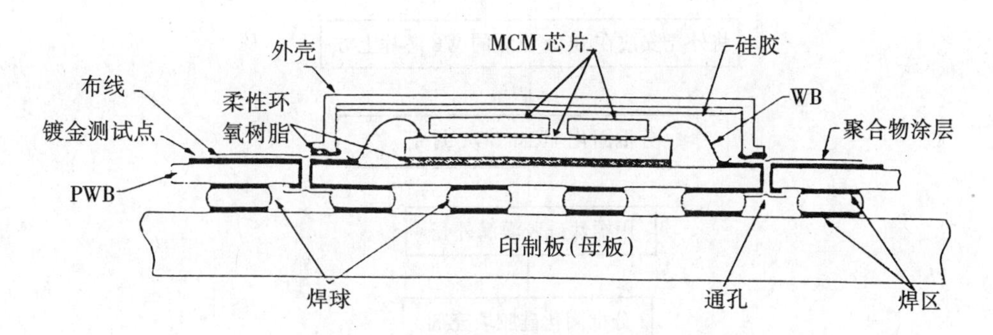

图 6-31 AT&T 公司带外壳及灌硅胶的 MCM BGA 封装结构

6.8.2 AT&T 公司带外壳及灌硅胶的 MCM BGA 工艺流程简介

带外壳及硅胶的 MCM BGA 封装工艺流程如图 6-32 所示。

首先将芯片粘接的相应图形印在 BGA PWB 格形模板上。然后将性能良好的芯片安放在 MCM 组件中的适当位置,直到所有芯片安放完毕。将放满一批后的带格子模板送炉内处理。在 150 ℃固化 10 分钟后清洗,用 WB 实现 MCM 芯片和 BGA PWB 焊区的电气连接。

使用保护性外壳和硅胶灌封,安装外壳有两种方案:

(1) 印刷粘接剂,并使外壳安放的位置合适。

(2) 将外壳粘接剂直接涂覆到每一个 BGA PWB 四周的 WB 焊区外围相应位置上,然后将外壳安放到粘接剂的“框架”中。

将外壳及定位模板在 150 ℃固化 10 分钟后安装就位。此后,每个外壳内灌满硅胶,以保护芯片和焊丝 WB。一旦所有的外壳灌封好后,再将一批 MCM BGA 模板送到炉内,在 150 ℃处理 15 分钟,以固化硅胶。

其后的工艺对于模塑 MCM BGA 封装和带外壳灌硅胶的 MCM BGA 封装两者都是相同的。它们都利用印制焊膏、再流焊工艺连接焊球。

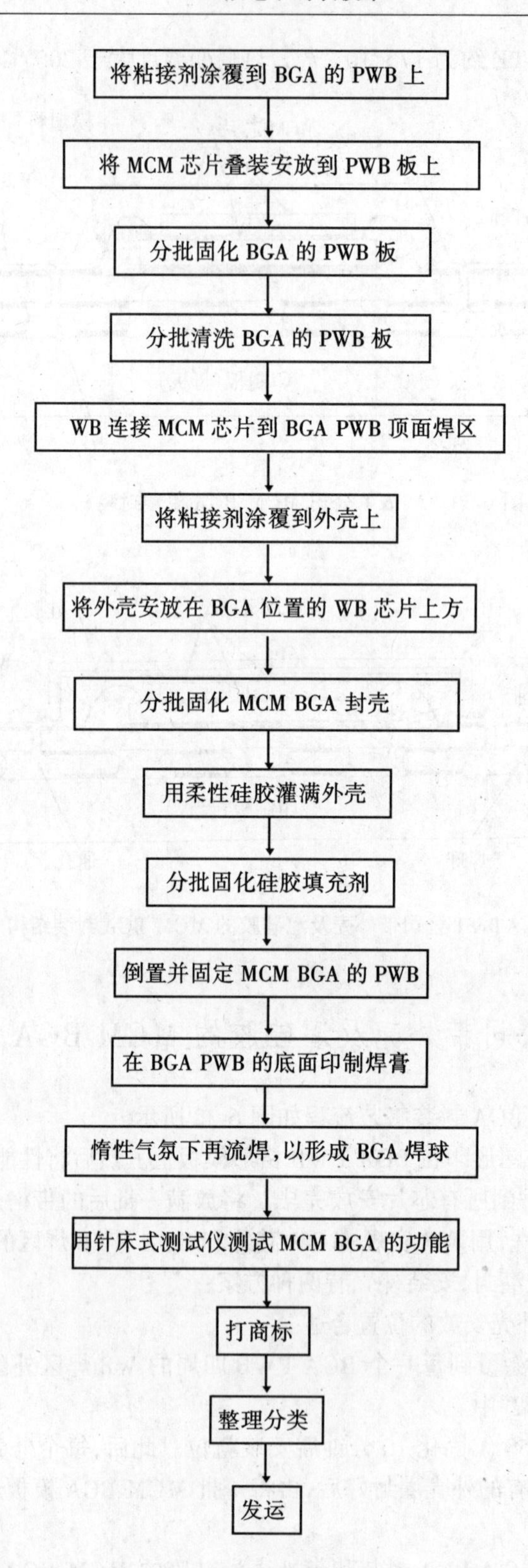

图 6-32 AT&T 公司带外壳及灌硅胶的 MCM BGA 工艺流程

6.8.3　封装中的几个问题

1. 粘接剂

粘接硅芯片和将外壳粘接到 BGA PWB 上的粘接剂是 AT&T 公司研制的绝缘性芯片粘接剂,其配方和性能是特有的。这种基于环氧树脂的粘接剂成本不高,适合民用产品,贮存期为6个月。

2. 焊球

如图6-30和图6-31所示,每个 BGA I/O 焊区都有焊球,用这些焊球将 MCM BGA 组件与母板连接起来。AT&T 公司已就焊球的材料及制作工艺申请了专利。

在包封并采用特定的超厚模板印制特有的 AT&T YD 系列 BGA 焊膏后,通过倒置 BGA 基板来连接焊球。焊膏由合金粉末和 AT&T YD 系列焊剂混合配制。AT&T 公司焊料合金有两种:单面板,采用43%Sn-43%Pb-14%Bi 的配方;双面板,采用95%Sn-5%Sb 的配方。这一技术适合于标准的表面安装技术,包括印制焊膏、安放元器件后再流焊以及冷却形成连接。

3. BGA 焊膏印制

普通焊膏采用一般模板印制,而 AT&T 公司制作 BGA 焊球的焊膏印制必须采用超厚的模板。

图6-33所示为美国克莱斯勒公司汽车发动机控制器电路,QFP 封装组件;图6-34所示为汽车发动机控制器电路,MCM BGA 封装组件。两者对比可以看出,后者用一个 MCM BGA 替代了前者的多个 QFP 封装。

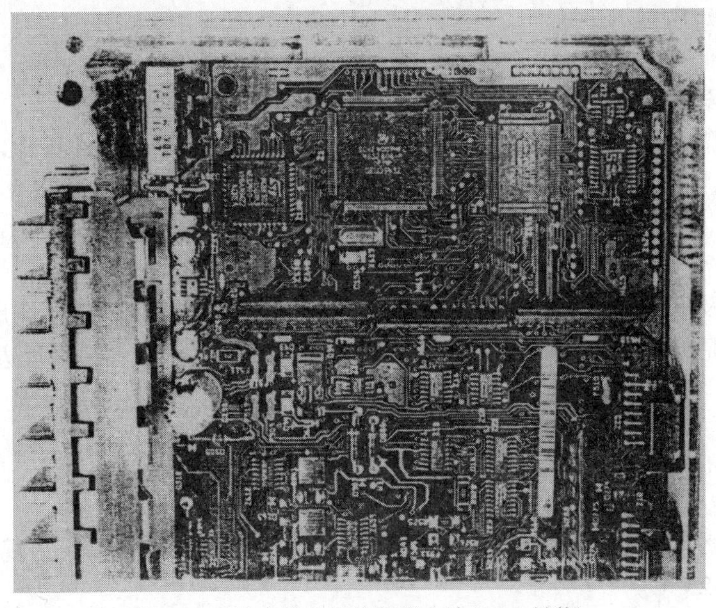

图6-33　汽车发动机控制器电路(QFP 封装)

图 6-34 汽车发动机控制器电路(MCM BGA 封装)

6.9 MCM 的可靠性

早期的 MCM 通常采用 QFP 和 PGA 进行封装,后来逐渐更多地采用更先进的 BGA 封装。传统的 MCM BGA 封装采用模塑封装,MCM 中芯片、BGA 基板、WB 均形成于单一整体结构中,其可靠性可通过对 MCM BGA 的热应变测量及全面的可靠性试验来进行检验。

6.9.1 热应变测量

AT&T 公司采用光栅干涉测量法研究了 MCM BGA 的热应变。

对传统的模塑 MCM BGA 封装,在 MCM 基板、环氧树脂模塑元器件和 BGA PWB 之间有比较牢固的连结,因此在 MCM BGA 和安装母板之间存在一定量的因 CTE 不匹配造成的应变,在 BGA PWB 板的弯曲以及远离封装结构中心的焊点部位应变更大,这些焊点处有剪切应力。而应变最为严重的部位是最靠近芯片边缘的焊点,应变达 0.15%。

对于带外壳及灌硅胶的 MCM BGA 封装,应变也是客观存在的。但研究后发现,由于这种封装的五部分是相对独立的,可自由伸张,同时又有硅胶缓冲,故在最靠近边缘的焊球没有剪切应变,而在最靠近芯片边缘的焊点只有 0.075%的应变,较传统的模塑 MCM BGA 小得多。

6.9.2 可靠性试验

经对 AT&T 公司的 MCM BGA 组件进行试验,结果表明其性能满足了规范的要求。测试温度为 -55~125 ℃。

所测试的项目包括:MIL-STD-883(方法 2002 和方法 2007)机械冲击和振动测试;MIL-

STD-883(方法 2019)芯片剪切试验;IEC695 易燃性测试;1 000 小时 THB(85 ℃,85%RH,5 V)测试;AT&T 19435ESD(5 000 V 和 1 000 V)测试;HTOB 寿命测试。此外,母板安装生产 MCM BGA 试样的热循环周期测试(0~100 ℃,72 周期/天)表明这两种 MCM BGA 封装都具有优良的连接可靠性。带外壳及灌硅胶的 MCM BGA 封装试样可以经历 4 500 次热循环而不发生失效,模塑 MCM BGA 封装试样可以经历 2 000 次热循环而不发生失效。

6.10　MCM 的应用

6.10.1　概述

MCM 的早期应用主要在军事领域,后来在汽车电子、计算机以及电子信息领域也得到了广泛的应用。未来涉及的应用范围将更加广阔,包括军用飞机、雷达、军事通信、航天设备、民用移动通信、计算机、汽车电子、医疗电子和家用电器等。

6.10.2　典型应用实例介绍

1. MCM-L/D 在笔记本电脑中的应用

Fujitsu 公司已将 MCM-L/D 用于笔记本电脑的 CPU 制造中。与原来使用 SMD 技术相比,MCM-L/D 的尺寸和重量均减为前者的 25%。

图 6-35 示出了 CPU 组件的外形图。表 6-16 对 MCM-L/D 与 SMD 的性能进行了比较。表 6-17 列出了 MCM-L/D 的可靠性试验结果。

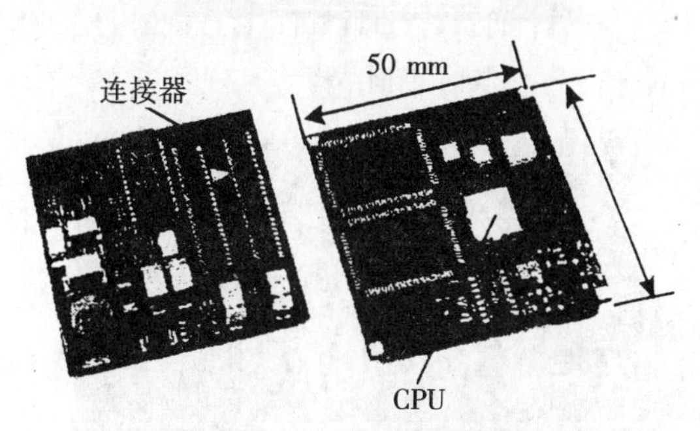

图 6-35　CPU 组件的外形图

表 6-16　MCM-L/D 与 SMD 的性能比较

	SMD	MCM-L/D
尺寸(mm)	100×100	50×50
重量(g)	104	26
板结构	8 层叠层结构	4 层叠层结构和 4 层薄膜淀积层
板厚度(mm)	1.2	0.75
线宽/间距(μm)	100/154	50/50
通孔(mm)	0.35(镀通孔)	0.2(镀通孔),0.1(激光打孔)

表 6-17 MCM-L/D 的可靠性试验结果

试验项目	条　件	结　果
温度循环	-65~125 ℃	500 次,25/25 MCM 通过
高温、高湿、偏压	85 ℃,85%RH,5.5 V	1 000 h,25/25 MCM 通过
高温储存	135 ℃	600 h,25/25 MCM 通过

2. MCM-D 在 ATM-WAN(异步传输模式-宽带网络)开关系统中的应用

国外已将 MCM-D 应用于 ATM-WAN 开关系统中。图 6-36 为 ATM 开关系统中的 MCM-D 组件图形。MCM-D 组件在硅基板上采用叠装 RAM 技术制造,以减小组件尺寸。MCM-D 组件采用 4 层硅基板、1 块 ASIC、8 块 SRAM 和 1 块 FPGA。MCM-D 组件尺寸为

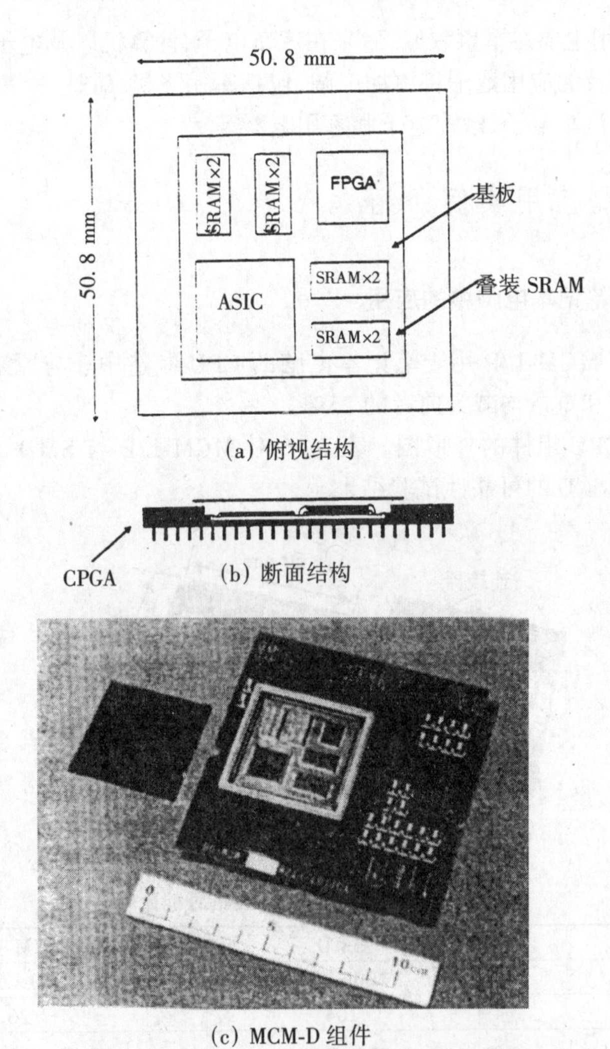

(a) 俯视结构

(b) 断面结构

(c) MCM-D 组件

图 6-36 ATM 开关系统中的 MCM-D 组件

50.8 mm×50.8 mm,比双面安装的 SMD 子板结构尺寸减小 40%。MCM-D 组件安放在 ATM 在线接口电路上,在 ATM 开关系统可实现 150 Mb/s 的信号流通量;也可以应用于 B-

ISDN(宽带综合服务数字网络)ATM 开关系统中,实现信息的高速、安全传输。

3. MCM 在各类计算机上的应用

美国国际先进技术研究计划局(DARPA)选定了两组承包商建立两个数字多芯片组件生产基地。其组件至少在 100 MHz 频率下工作。通过采用 MCM,可以使数字系统的尺寸和重量分别减小到原来的 1/10 和 1/100,可靠性提高 10 倍,系统成本降低到原来的 1/2 ~ 1/10。美国为航天飞机研制的并行处理计算机系统,由于采用了面积为 152 mm^2、运算能力为 1.25 亿次/秒的 MCM 作为处理组件,从而使整个处理系统的尺寸由原来的机框变成了一块插件,系统运算能力达 5 亿次/秒,经扩展可达到 80 亿次/秒。IBM 公司的 4300 计算机采用了尺寸为 50 mm × 50 mm 的 23 层高温共烧陶瓷多层基板,组装了 9 块 LSI 门阵列芯片,每个芯片的 I/O 数可达 121 ~ 289 个,构成的 MCM 电路组装密度比 IBM 3170 计算机印制电路板表面组装件密度提高了 40 倍。

表 6-18 和表 6-19 分别为日本和美国几家电子公司在计算机上应用 MCM 的情况。

表 6-18　日本富士通公司在各类计算机上应用 MCM 的情况

类别		芯片数(个)	LSI 总计的 I/O 引脚数(个)	功耗(W)	MCM 尺寸(mm)	备注
大型计算机 VPP300	VXU	7	24 000	109	120 × 67 × 50	使用 MCM-D
	MAC	4	11 000	35	67 × 67 × 55	
大型计算机	CPU	8	17 000	56	67 × 67 × 35	在一个 MCM 中,汇集了 38.8 百万个晶体管
地区网络计算机终端		6	1 400	12	47 × 47 × 7	采用 MCM-D、BIT,图形间距 40 μm
便携式电脑		3		6	38 × 42 × 7	是一般组件的 1/5,采用了 BIT、MCM-L

表 6-19　日本和美国几家大公司在大型计算机 MCM 方面的开发状况

厂家	MCM 类型	MCM 尺寸(mm)	RISC-MPU 的类型	组件			工作频率(MHz)	最大耗散功率(W)	电源电压(V)
				种类	引脚数	LSI 芯片数			
日本电气	MCM-C	65 × 65	VR4400	CD-PGA	179	11	75	20	3.3
三菱电机	MCM-D/C	45 × 60	32(bit)	CU-QFP	128	5	/	/	/
东芝	MCM-C	71 × 90	R4000	CD-PGA	199	12	50	26	5
	MCM-Si	71 × 89	R4000	CD-PGA	199	12	50	26	5
	MCM-D/C	61 × 68	R4000	CD-PGA	348	12	50	26	5
MMS	MCM-D	/	R3000	CD-PPGA	304	8	55	/	/
IBM	MCM-Si	54 × 54	(RISC)	/	684	9	100	/	/

第7章 微电子封装的基板材料、介质材料、金属材料及基板制作技术

本章的微电子封装基板材料、介质材料、金属材料及基板制作技术主要是围绕多芯片组件来论述的，同样适用于单芯片封装(SCP)，如BGA、CSP等，也适用于三维封装(3D)、系统级封装(SOP)等。

7.1 基板材料

7.1.1 概述

微电子行业所用的基板材料主要有金属、合金、陶瓷、玻璃、塑料和复合材料等。基板主要有以下几个功能：

(1) 互连和安装裸芯片或封装芯片的支撑作用。

(2) 作为导体图形和无源元件的绝缘介质。

(3) 将热从芯片上传导出去的导热媒体。

(4) 控制高速电路中的特性阻抗、串扰以及信号延迟。

由于基板主要有这四种功能，所以对基板的选择主要从电性能、热性能、机械性能和化学性能四个方面着手，参见表7-1。

表7-1 对基板材料的要求

电性能	高的电绝缘电阻，低的、一致的介电常数
热性能	热稳定性好，热导率高，各种材料热膨胀系数相近
机械性能	孔隙度低，平整性好，强度较高，弯度小
化学性能	化学稳定性好，制作电阻或导体相容性好

1. 电性能

首先，基板必须具有很高的绝缘电阻；其次，在暴露的各种环境中，例如高温(温度达到

200～300 ℃时)、高湿(相对湿度达到85%以上)时,具有很好的稳定性。实际应用的基板材料——氧化铝和大多数陶瓷基板都能满足这一要求。一般地,用于薄、厚膜电路的陶瓷基板具有 $\geqslant 10^{14}\ \Omega\cdot cm$ 的体电阻率。通常,陶瓷绝缘电阻在高温和(或)高湿的环境中变化不大,除非陶瓷含有其他杂质。然而,选择塑料(高聚物)基板材料需格外小心。尽管塑料的绝缘电阻开始也是很高的,但在高湿或高温条件下,其阻值会迅速下降几个数量级,这主要取决于聚合物的分子结构、材料配方以及操作时的控制程度。一般而言,陶瓷和塑料具有相反的温度系数(TCR)。

介电常数和损耗因子对高频、高速、高性能 MCM 来说,是两个主要的电性能参数。降低电容、控制特性阻抗对于工作频率大于 100 MHz 的电路的性能是主要的。互连基板是影响组件整体电性能的一个主要因素。信号延迟直接和导带材料的介电常数平方根成正比例关系,参见图 7-1。电容也和介电常数成正比例关系。

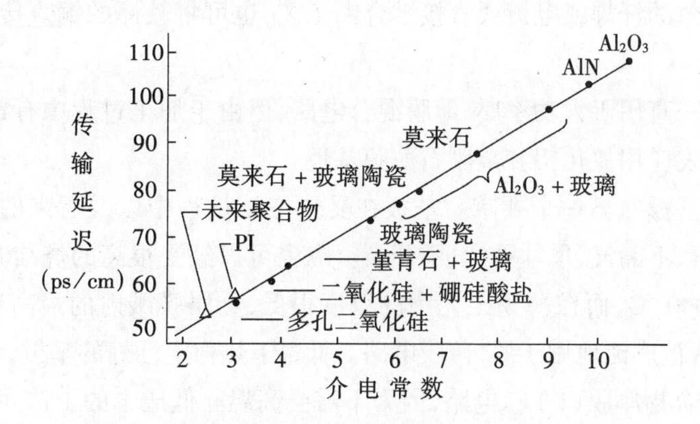

图 7-1 不同基板的介电常数和信号传输延迟的关系

因而,要求具有低介电常数(＜4)和低电容的基板和介电层。高纯度氧化铝陶瓷的介电常数相对较高,然而,随着氧化铝含量的减少,玻璃含量的增加,陶瓷的介电常数将随之减少(参见图 7-2)。

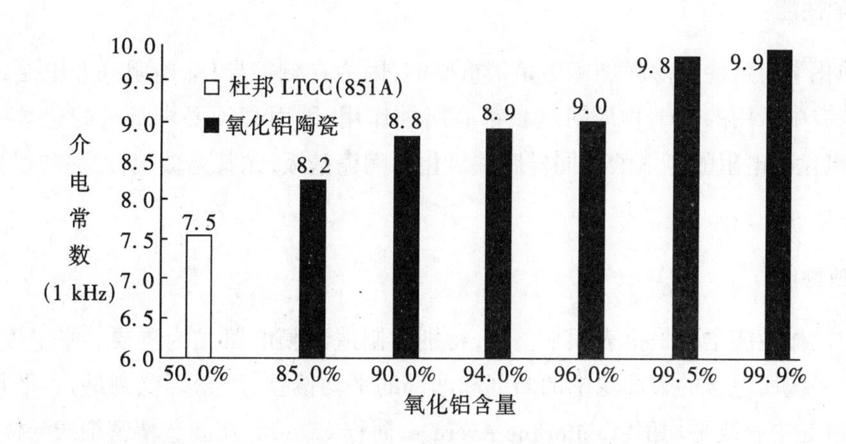

图 7-2 氧化铝陶瓷基板的介电常数和氧化铝含量的关系

介电常数 k 在 4～5 之间的氧化铝陶瓷已研制出，但是，这种材料的空隙度增加，导热性降低，强度减小。杜邦公司已研制出一种介电常数为 4～5 的低温共烧陶瓷基板，它的热膨胀系数(CTE)为 4.5×10^{-6}/℃，可用于芯片面积占基板面积比例较大的电路。

最佳的低 k 材料为高纯度的聚合物，例如聚酰亚胺(PI)，苯并环丁烯(BCB)，碳氟化合物，有机硅，三嗪(tiazinex)以及某些环氧树脂。许多聚合物的介电常数在 2～3 之间，是制造适合消费市场低成本多芯片组件(MCM-L)的理想基板材料。

2. 热性能

尽管氧化铝陶瓷的导热性较差，但对目前生产的混合电路和多芯片组件还是能满足的。对于大电流或大功率芯片应用的情况，可以利用金属、氧化铍、氮化铝、金刚石薄膜或加散热片来提高导热性。在基板设计中也采用热通道或热墙，可以直接将热传到基板或封装体底面的散热片上。通过有效的钎焊或电镀或直接键合铜工艺，也可将较厚的铜直接用于氧化铝或氮化铝陶瓷。

氧化铍多年来一直用于大功率厚、薄膜混合电路，但由于加工过程中有毒性，应用受到了限制。工业界正开发应用氮化铝和金刚石薄膜基板。

热稳定性是对基板的另一个要求。基板在受热加工过程中以及后来的 MCM 筛选试验中，必须做到不分解、不漏气、尺寸稳定、不开裂。陶瓷可以经受很高的烧结温度，在厚膜工艺中能耐受 850～1 000 ℃，而在薄膜工艺中的温度很低，金属膜溅射的最高温度为 200～300 ℃。因而，陶瓷基板被广泛地用于厚、薄膜电路。低温下热稳定性好的基板，例如聚合物，也可用于薄膜电路和聚合物厚膜(PTF)电路，因为不需要高温。低成本的 PTF 可在 125～175 ℃温度下处理，因而适合叠层基板。聚合物叠层基板包括环氧树脂、聚酰亚胺等，这些材料都具有低的介电常数，此外，还要求基板各种材料之间具有良好的热适配性能。但是和低 k 值的陶瓷相比，聚合物的导热性明显不佳。所以，电子设计人员要综合考虑，根据不同应用情况尽量选取具有较佳电性能的基板材料。

3. 化学性能

基板的化学稳定性在薄膜加工中是很重要的，因为在刻蚀导体、电阻和介电层，在清除光刻胶以及电镀中所用的化学物质对基板都有腐蚀作用，因而必须要求基板的化学稳定性好。例如，腐蚀氮化钽电阻的氢氟酸也同样腐蚀氧化铝陶瓷基板，尤其是玻璃含量高时的陶瓷玻璃组织。

4. 机械性能

基板的机械性能主要是指表面平整度，特别对制造薄膜电路尤为重要。平整度定义为任选的一条中心线所包含的表面轮廓的凸部和凹部的平均偏差(用轮廓仪测量)。平整度(或粗糙度)的度量是中心线平均值(Centerline Average，简称 CLA)。在制造精密细线导体($\leqslant$25 μm 宽)时，要求平整度$\leqslant$0.15 μm。对于精密可复制的电阻，必须要求平整的、研磨质量优良的表面。如果试图采用粗糙的陶瓷表面，例如，CLA为0.5 μm(20 μin)时，要淀积膜厚为20 nm的薄膜氮化镍或氮化钽电阻，很明显，不适合薄膜工艺。电阻图形的长度在不同的区域是不一样的，因而，阻值大小直接与长度相关，电阻图形的长度和阻值的大小都是变化的、不可预料的。电阻值为

$$R = \frac{rL}{A}$$

其中，R为电阻值；L为长度；r为电阻率；A为面积。

而且，膜的薄的区域和不连续区域常出现在薄膜的端部，形成开路和低质量的电阻。对于厚膜电阻，情况恰好相反，基板表面有一定的粗糙度，以获得一定的机械附着作用而增加附着力。假定基板的CLA为0.5 μm，厚膜电阻约12.5 μm(0.5 mil)厚，完全可以覆盖表面。

挠曲度也是影响制造薄、厚膜基板的另一个参数。挠曲度定义为基板的翘曲或拱起，或相对于平面的总偏差，它用相对于平面单位英寸的偏差值表示。挠曲度对于制造大面积基板是特别重要的，因为挠曲大的基板难以实现封装。此类基板要求较厚的粘接剂或焊料，因而降低了导热性能。基板挠曲度也影响厚膜丝网印刷，导致丝网印刷质量差。一般地，陶瓷基板的挠曲度为1~3 μm/mm(沿对角线测量)。基板的挠曲度通过研磨和抛光来降低。挠曲度和表面粗糙度的测试程序可参阅ASTMF865-84和ASTMF109-73。

对整块基板的机械强度要求较高。随着基板的尺寸增大，复合性能、形状的复杂程度增加，对它的机械强度要求越来越高。拐角或边缘裂缝处的高压力区是开裂聚集的地方。一般情况下，陶瓷强度相当高，但随着更多的玻璃加进去，抗弯强度降低，脆性增加(参见表7-2)。表7-3为主要电子封装材料的性能参数。

表7-2　基板材料的强度

材　料	抗弯强度(MPa)	杨氏模量(GPa)	泊松比	弹性强度(MPa)
99%氧化铝	570~620	276~372	0.2	214
96%氧化铝	365~400	303~310	0.21	193
HTCC	317~413	268	0.22	/
LTCC	124~193	220~303	0.23~0.26	1.38~1.72
AlN	276	269~331	0.24	/
99.5%BeO	207~241	344	0.2~0.34	137
硅	/	113	/	/
铝(6061)	276	65	0.33	310
Lanxide(MCX-622)	300	265	0.22	/
金刚石	1 000	1 000~1 048	0.148	/

表 7-3 主要电子封装材料的性能

	材料类别	熔点(℃)	电阻率($10^{-6}\Omega\cdot$cm)	介电常数	热膨胀系数($\times10^{-6}$/℃)	热导率(W/(m·K))	密度(g/cm^3)
金属类	铜	1 083	1.7	/	17.0	39.3	8.93
	银	962	1.6	/	19.7	418	10.49
	金	1 063	2.2	/	14.2	297	19.3
	钨	3 415	5.5	/	4.5	160	19.3
	钼	2 610	5.2	/	5.0	146	10.2
	铂	1 772	10.6	/	9.0	71	21.5
	钯	1 552	10.8	/	12.0	70	12.0
	镍	1 455	6.8	/	13.3	92	8.9
	铬	1 875	13.0	/	6.3	66	7.2
	钢	1 425	80.0	/	3.1	11	8.0
	可伐合金	1 450	50.0	/	5.3	17	8.3
	银-钯	1 145	20.0	/	14.0	150	/
	金-铂	1 350	30.0	/	10.0	130	/
	Au-20%Sn	280	16.0	/	15.9	57	16.9
	Pb-5%Sn	310	19.0	/	29.0	63	11.1
	Cu-W(20%Cu)	1 083	2.5	/	7.0	248	17
	Cu-Mo(20%Cu)	1 083	2.4	/	7.2	197	/
	硅	1 415	2.3×10^5	/	3.0~3.5	84~135	2.3
	铝	660	2.7	/	25.0	247	2.7
陶瓷及玻璃类	92%氧化铝	1 500$^+$	$>10^{14}$	9.2	6.0	18	3.5
	96%氧化铝	1 550$^+$	$>10^{14}$	9.4	6.4	20~35	3.8
	99%氧化铝	1 600$^+$	$>10^{14}$	9.9	6.6	37	3.9
	50%(LTCC)	850~950$^+$	$>10^{14}$	7.3~7.9	/	2.4~3.0	2.9~3.1
	氮化硅	1 600$^+$	$>10^{14}$	7.0	2.3	30	3.44
	碳化硅	2 000$^+$	$>10^{14}$	42.0	3.7	270	3.2
	氮化铝	1 900$^+$	$>10^{14}$	8.8	4.4	140~230	3.3
	氮化硼	>2 000$^+$	$>10^{14}$	6.5	3.7	600	1.9
	氧化铍	2 000$^+$	$>10^{14}$	6.8	6.8	240	2.9
	硼硅玻璃	1 075	$>10^{14}$	4.1	3.0	5	/
	二氧化硅(晶体)	/	$>10^{14}$	3.8	0.5	7	/
	CVD 金刚石	/	$>10^{14}$	5.7	0.8~2.0	1 500~2 000	3.52
塑料类	环氧树脂 Kevlar(xy面)60%	200$^+$	$>10^{14}$	3.6	6.0	0.2	/
	聚酰亚胺(晶体)(x轴)	200$^+$	$>10^{14}$	4.0	11.8	0.35	/
	环氧树脂 FR-4(xy面)	175$^+$	$>10^{14}$	4.7	15.8	0.2	1.85~1.95
	聚酰亚胺	300~400$^+$	$>10^{14}$	3.0~3.5	3~50.0	0.2	1.42~1.61
	聚苯并环丁烷	250$^+$	$>10^{14}$	2.6	35.0~60.0	0.2	1.05
	聚四氟乙烯	400$^+$	$>10^{14}$	2.2	20.0	0.1	2.15
	有机硅(高纯)	150$^+$	$>10^{14}$	2.7~3.0	330	0.157	1.05~2.5
	聚对二甲苯	室温真空淀积	$>10^{14}$	2.65	69	0.125	/

注:+表示大约温度。

7.1.2 几种主要基板材料

1. 氧化铝(Al_2O_3)

陶瓷,特别是氧化铝陶瓷被广泛用于厚、薄膜电路和 MCM 的基板。然而,依据不同的用途(厚膜还是薄膜),将采用不同等级的基板。化学成分和表面平整度是影响基板性能及成本的两个关键因素。薄膜要求基板的氧化铝含量高(≥99%),表面平整度为 CLA≤0.15 μm;否则,细线分辨率和薄膜的精密性能就达不到。相反,基板具有一定的粗糙度(CLA 为 0.5~1.25 μm)和相对较低的氧化铝含量(96%)有利于厚膜的制作,这两点保证烧结后的厚膜浆料具有良好的附着性,并可降低总成本。表 7-4 和表 7-5 给出了混合电路和 MCM 中所用的氧化铝基板的性能。

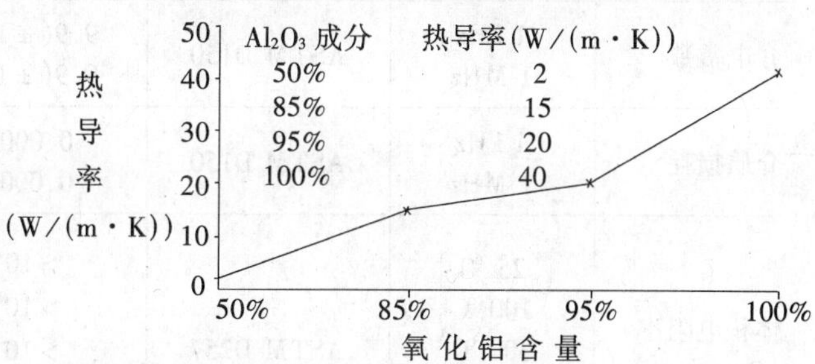

图 7-3 氧化铝陶瓷基板的导热性和氧化铝含量的关系

氧化铝陶瓷的玻璃成分一般由二氧化硅和其他氧化物组成。玻璃含量可由很高(在 LTCC 中,玻璃含量约 50%)变化到很低(在薄膜电路基板中的玻璃含量≤1%),由于玻璃的导热性很差,玻璃含量高的陶瓷的导热性在制造高密度、大功率电路时必须予以特别注意。图 7-3 示出了导热性随氧化铝含量变化的曲线。氧化铝陶瓷的介电常数受玻璃含量的影响,随玻璃含量的增加而减小。

表 7-4 薄膜电路用氧化铝基板的性能参数

性能参数	测试方法	ADS-995	ADS-996	基板 996
氧化铝含量	ASTM D2442	99.5%	99.6%	99.6%
颜色	/	白色	白色	白色
标准密度(g/cm^3)	ASTM C373	3.88	3.88	3.87
密度范围(g/cm^3)	ASTM C373	3.86~3.90	3.86~3.90	3.85~3.89
洛氏硬度(R45N)	ASTM E18	87	87	87
表面光洁度(工作面-A 面)	轮廓仪	6	3	2
平均颗粒尺寸(μm)	Intercept 方法	<2.2	<1.2	<1.0
吸水性	ASTM C373	无	无	无
透气性	/	无	无	无
抗弯强度(MPa)	ASTM F394	573	593	621
弹性模量(GPa)	ASTM C623	366	366	366
泊松比	ASTM C623	0.20	0.20	0.20

续表 7-4

性能参数		测试方法	ADS-995	ADS-996	基板 996
线性热膨胀系数（$\times 10^{-6}$/℃）	25～300 ℃ 25～600 ℃ 25～800 ℃ 25～1 000 ℃	ASTM C372	7.0 7.5 8.0 8.3	7.0 7.5 8.0 8.3	7.0 7.5 8.0 8.3
热导率（W/(m·K)）	20 ℃ 100 ℃ 400 ℃	/	33.5 25.5 /	34.7 26.6 /	35.0 26.9 /
介电强度（kV/mm）	厚度 0.64 mm 厚度 1.28 mm	ASTM D149	24 18	24 18	24 18
介电常数	1 kHz 1 MHz	ASTM D150	9.9(±1%) 9.9(±1%)	9.9(±1%) 9.9(±1%)	9.9(±1%) 9.9(±1%)
介质损耗	1 kHz 1 MHz	ASTM D150	0.000 3 0.000 1	0.000 3 0.000 1	0.000 1 0.000 1
体积电阻率（Ω·cm）	25 ℃ 100 ℃ 300 ℃ 500 ℃ 700 ℃	ASTM D257	$>10^{14}$ $>10^{14}$ $>10^{12}$ $>10^{9}$ $>10^{8}$	$>10^{14}$ $>10^{14}$ $>10^{12}$ $>10^{9}$ $>10^{8}$	$>10^{14}$ $>10^{14}$ $>10^{14}$ $>10^{14}$ $>10^{14}$

表 7-5 厚膜电路用氧化铝基板的性能参数

性能参数		测试方法	ADOS-90R	ADS-96R
氧化铝含量		ASTM D2442	91%	96%
颜色		/	黑色	白色
体密度（g/cm^3）		ASTM C373	3.72(最小)	3.75(最小)
洛氏硬度(R45N)		ASTM E18	78	82
表面光洁度(烧后 CLA)(μm)		轮廓仪	≤1.1	≤0.9
平均颗粒尺寸(μm)		Intercept 方法	5～7	5～7
吸水性		ASTM C373	不	不
抗弯强度(MPa)		ASTM C373	366	400
弹性模量(GPa)		ASTM C623	322	322
泊松比		ASTM C623	0.24	0.21
线性热膨胀系数（$\times 10^{-6}$/℃）	25～200 ℃ 25～500 ℃ 25～800 ℃ 25～1 000 ℃	ASTM C372	6.4 7.3 8.0 8.4	6.3 7.1 7.6 8.0

续表 7-5

性能参数		测试方法	ADOS-90R	ADS-96R
热导率 (W/(m·K))	20 ℃	/	13	26
	100 ℃		12	20
	400 ℃		8	12
介电强度 (kV/mm)	厚度 0.64 mm	ASTM D116	21	25
介电常数 (25 ℃)	1 kHz	ASTM D150	11.8	9.5
	1 MHz		10.3	9.5
介质损耗 (25 ℃)	1 kHz	ASTM D150	0.1	0.001 0
	1 MHz		0.005	0.000 4
体积电阻率 (Ω·cm)	25 ℃	ASTM D1829	$>10^{14}$	$>10^{14}$
	300 ℃		4×10^{8}	5×10^{10}
	500 ℃		/	/
	700 ℃		7×10^{6}	4×10^{7}

2. 氮化铝(AlN)

氮化铝和氧化铝不一样,在自然界没有天然形成的。因此,需要人工制造氮化铝,氮化铝的价格比氧化铝要贵。一般采用两种方法制造氮化铝。一种是在碳的作用下,用氮置换 Al_2O_3 中的氧,形成氮化铝,化学方程式如下:

$$Al_2O_3 + 3C + N_2 = 2AlN + 3CO$$

另一种方法是直接生成法,即

$$2Al + N_2 = 2AlN$$

尽管后一种方法被称为直接生成法,但实际上是非直接的。因为 Al 首先由铝矾土还原得到,而从天然矿物中得到的是氧化铝。

尽管氮化铝一百多年前就已问世,但随后一直未得到广泛的应用。只是到了现在,为了充分利用它的高导热性能以及和硅芯片之间良好的 CTE 匹配性能,才得到开发应用。它突出的优良性能是具有和氧化铍一样的导热性,以及良好的电绝缘性能、介电性能。氮化铝属于既具有良好的导热性同时又具有良好的电绝缘性能的为数很少的几种材料之一。此类材料还有金刚石、氧化铍和立方晶体氮化硼。氮化铝基板材料的性能如表 7-6 所示。由表中可以看出,AlN 具有以下特点:

(1) 热导率高。

(2) 热膨胀系数与硅接近。

(3) 各种电性能优良。

(4) 机械性能好。

(5) 无毒性。

(6) 成本相对较低。

目前,AlN 基板材料主要由美国、日本几家公司制造。AlN 粉的制造公司有 Dow Chemical

Co.和 Tokuyama Soda。陶瓷基板的供应商有 Carborundum, Coors Ceramics, General Ceramics, Kyocera, NTK, Sumitomo, Tokuyama Soda 和 Toshiba。国内研制并生产氮化铝陶瓷的单位有中国电子科技集团公司第 43 研究所和第 13 研究所等。

表 7-6 氮化铝基板材料的性能

机械性能（室温）	杨氏模量(GPa)	339
	剪切模量(GPa)	137
	泊松比	0.24
	维氏硬度(kg/mm^2)	200
热性能	热膨胀系数($\times 10^{-6}$/℃)	3.2(RT ~ 100 ℃) 3.7(RT ~ 200 ℃) 4.3(RT ~ 400 ℃) 4.7(RT ~ 600 ℃)
	比热(J/(g·K))	0.74
	热导率(W/(m·K))	170 ~ 190
机械性能	密度(g/cm^3)	3.25 ~ 3.26
	微结构(晶粒尺寸)(μm)	5 ~ 10
	表面粗糙度$^{+}$(μm)	0.75
	表面平整性$^{\neq}$	< 0.001
电性能	介电常数(25 ℃)	8.7(1 kHz) 8.5(1 MHz) 8.5(10 MHz) 8.3(9.3 GHz)
	介质损耗	0.000 2(1 kHz) 0.000 1(1 MHz) 0.000 1(10 MHz) 0.001 2(9.3 GHz)
	介电强度(kV/mm)	13(2.4 mm 厚)

注：氮化铝粉由 Dow Chemical 公司制造，W R Grace Co.加工。
+用树脂粘接金刚石粒子研磨后。
≠研磨抛光后。

AlN 陶瓷是非氧化物陶瓷，纯 AlN 在高温下很难致密地烧结，引入烧结助剂可以实现常压烧结。烧结助剂的作用是：首先，与 AlN 粉表面的 Al_2O_3 成分在烧结过程中反应，形成低熔点的复合氧化物，产生液相包围 AlN 颗粒，达到润湿、粘贴、拉紧表面活化的目的，使坯体致密化；其次，液相均匀分布在 AlN 晶界三相点附近，形成氧的陷阱，捕集 AlN 的氧，冷却时偏析在三相点处，使 AlN 晶粒相互接触，故能提高热导率。

在 AlN 粉中加入一定量的烧结助剂，同时加入溶剂、分散剂，球磨混合均匀后，再加入粘合剂，加压成形得到 AlN 生坯。然后在空气中 500 ~ 600 ℃排胶，氮气氛中 1 800 ℃左右常压烧结，获得 AlN 陶瓷。其工艺流程如图 7-4 所示。

AlN 的热导率、热膨胀系数和介电常数随温度的变化分别如图 7-5、图 7-6 和图 7-7 所示。

AlN 生坯也可以用流延法制作，制成后，就可冲孔印制金属化图形，还要进行层压、排胶和共烧，形成多层氮化铝陶瓷基板。这种多层氮化铝基板的设计指南参阅表 7-7 和图 7-8。

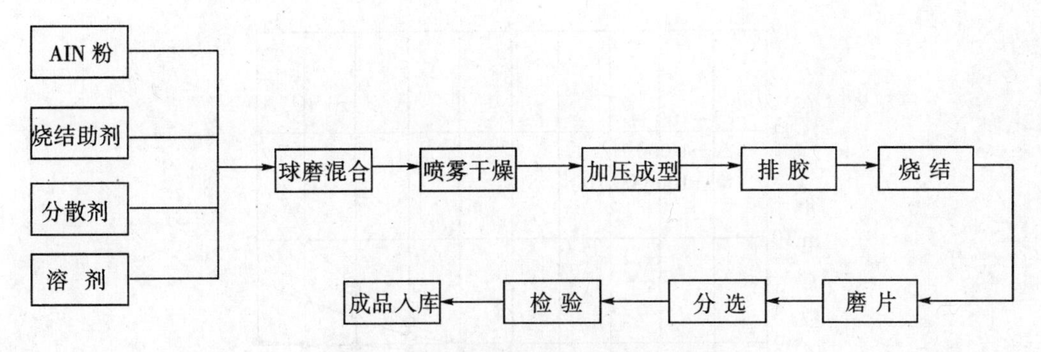

图 7-4　AlN 基板制造工艺流程(加压法)

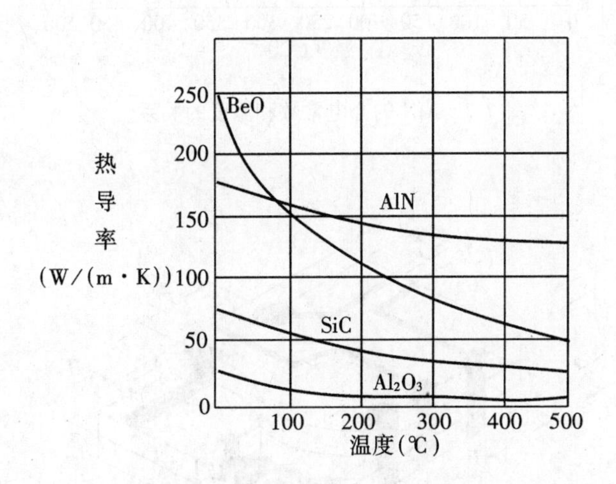

图 7-5　AlN 与 BeO、SiC 以及 Al_2O_3 的热导率和温度的关系

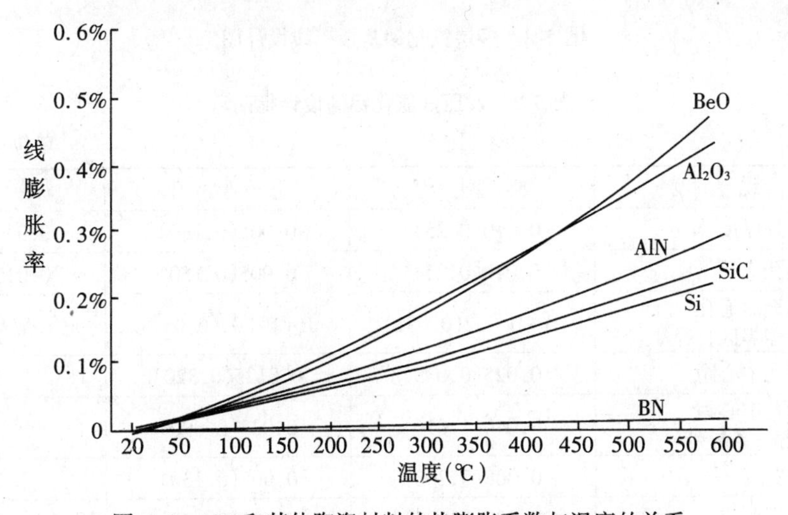

图 7-6　AlN 和其他陶瓷材料的热膨胀系数与温度的关系

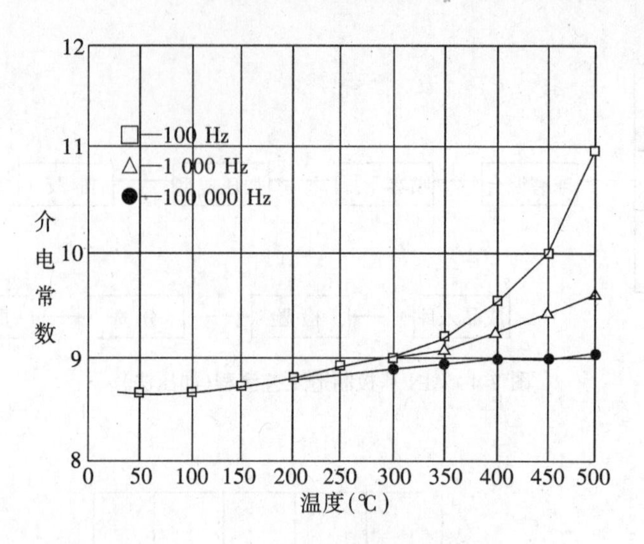

图 7-7　AlN 的介电常数和温度的关系

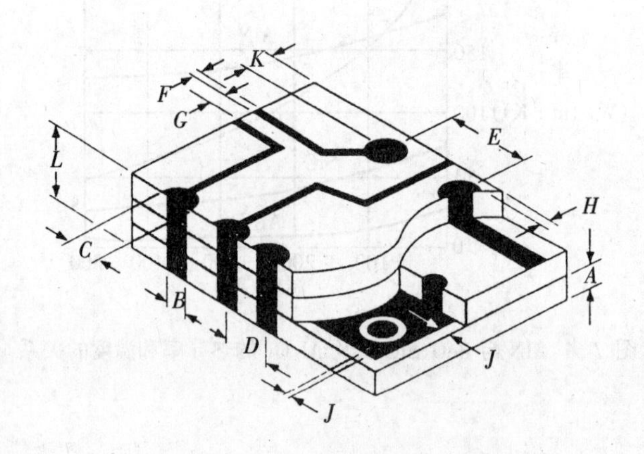

图 7-8　多层氮化铝基板布线设计图

表 7-7　加压法氮化铝的设计指南

单位：in(mm)

代码	说　明	典 型 值	最 小 值	最 大 值
A	瓷片厚度	0.010(0.254)	0.005(0.130)	0.030(0.762)
B	通孔直径	0.010(0.254)	0.005(0.130)	0.015(0.380)
C	填充后通孔覆盖焊区直径	B+0.002(0.051)	B+0.002(0.051)	N/A(不详)
D	通孔中心距	0.025(0.635)	0.0125(0.320)	N/A
E	通孔中心距(含一条导带)	0.040(1.016)	0.027(0.690)	N/A
F	线宽	0.008(0.203)	0.005(0.130)	N/A
G	线间距	0.008(0.203)	0.005(0.130)	N/A

续表 7-7

代码	说　明	典 型 值	最 小 值	最 大 值
H	表面金属化图形和边缘距离	∥0.030(0.762)	∥0.020(0.510)	N/A
I	埋后金属化图形和边缘距离	⊥0.000	⊥0.000	N/A
J	焊区或通孔周围绝缘环宽度	0.015(0.380)	0.008(0.203)	N/A
K	通孔中心线到陶瓷边缘	0.035(0.890)	0.030(0.762)	N/A
L	密封通孔的深度	0.030(0.762) (0.012 直径)(0.30)	0.025(0.635) (0.012 直径)(0.30)	/
M	封装尺寸	5×5(127×127)	N/A	6.2×6.2(157×157)
N	层数	5	N/A	10
O	金属化	/	方阻 15 m·Ω/口	N/A

注:通孔直径 < 0.010 in(0.254 mm)时,不要求容差;通孔直径 ≥ 0.010 in(0.254 mm)时, *x*-*y* 容差为 ±0.1%典型值。

3. 有机多层基板材料

用于多芯片组件(MCM-L)的消费品市场的产品采用玻璃—增强型塑料多层基板材料作为多层互连基板。塑料多层基板材料其实并不是新的,它自 20 世纪 60 年代初即开始使用;只是到了今天,由于电视机、收音机、计算机、电子玩具等产品的大量生产,PWB 才得以大量应用。这些成熟的工艺和用于 MCM 的工艺之间的主要差异在于细线分辨率和布线密度的等级不同。在传统印制电路板中,封装后的元器件被焊到板上,一般不需要两层以上的布线层;事实上,通过制作双面板,采用镀通孔将元器件和另一面连接起来是可以实现的。这类板通常采用 500 μm(20 mil)或更大的线宽和间距。对于 MCM,多个 IC 裸芯片被互连到多层 PWB 上。光刻工艺的水平应用到最大限度,以保证互连图形适应 IC 裸芯片互连要求。总体上,包含用于顶面两层的细线图形,可以获得不大于 150 μm(6 mil)的导体线间距。

广泛用于消费品市场的多层基板材料是玻璃或增强型带有覆铜层的环氧树脂或聚脂。军用、航空和工业应用的多层基板材料包括环氧树脂、聚酰亚胺、BT 树脂(Bismaleimide Triazine,简称 BT)、氰酸酯带玻璃的增强型碳氟化合物、石英、纤维材料和覆铜板。这些材料的性能参见表 7-8 和表 7-9。

表 7-8　有机多层基板材料的电性能和物理性能

材料类型	T_g (℃)	介电常数		传输延迟 (ps/cm)	吸水性 (含水量)	铜撕裂强度	
		树脂	带 E-玻璃			25 ℃ (lb/cm^2)	200 ℃ (lb/cm^2)
标准 FR-4 环氧树脂	135	3.6	4.4	70	0.11	1.71	0.88
高性能 FR-4 环氧树脂	180	2.9~3.6	3.9~4.4	66	0.04~0.20	1.40~1.71	1.16~1.22
聚酰亚胺	220	3.4	4.3	69	0.35	1.32	1.24
双马来酰胺	195	3.1	4.0	67	0.40	1.35	0.81

续表 7-8

材料类型	T_g（℃）	介电常数		传输延迟（ps/cm）	吸水性（含水量）	铜撕裂强度	
		树脂	带 E-玻璃			25 ℃（lb/cm^2）	200 ℃（lb/cm^2）
氰酸酯	240	2.8	3.7	64	0.39	1.24	0.98
碳化硅	190	2.6	3.4	61	0.02	0.78	0.78
聚四氟乙烯	16	2.1	2.5	53	0.01	1.55	1.24

表 7-9 增强型多层基板材料的电性能和物理性能

材料类型	CTE（$\times 10^{-6}$/℃）	介电常数	密度（g/cm^3）	介电常数（含氰酸盐酯）	传输延迟（ps/cm）
E-玻璃	5.04	6.2	2.58	3.7	64
S-玻璃	2.34	5.2	2.46	3.5	62
D-玻璃	2～3	3.8	2.14	3.2	59
石英	0.54	3.8	2.5	3.2	59
芳香族聚酰胺	-4	4.1	1.44	3.4	62
聚四氟乙烯	0.1	2.1	1.46	2.4	52

4. 共烧陶瓷基板材料

基于氧化铝的高温共烧陶瓷（HTCC）和低温共烧陶瓷（LTCC）材料都可用作 MCM 的互连基板，而 LTCC 比 HTCC 具有工程制作和设计上的优点，就使得 LTCC 更适合于制造高性能的 MCM。HTCC 与 LTCC 之间的主要差异在于玻璃含量不同。对于 HTCC，玻璃含量较低，大约在 8%～15%之间；而 LTCC 含有较高的玻璃含量，大于或等于 50%。生瓷带中玻璃含量的这一差异导致烧结温度不同，这又影响所用金属导体的类型不同。对于 HTCC，只有难熔的金属，例如钨（W）或钼（Mo）在还原性气氛中烧结才适合 1 200～1 600 ℃的烧结温度。然而，对于 LTCC，金（Au）、银（Ag）、铜（Cu）和钯银（Pd-Ag）导体浆料适合在较低温度 850～950 ℃烧结。LTCC 较低的烧结温度，以及可以在空气中烧结的性能，有助于工程技术人员在共烧结构内设计和集成无源元件（例如电阻、电容、电感）。LTCC 中的玻璃含量降低了它的介电常数，这有利于制作高速电路。遗憾地是，玻璃同时也降低共烧陶瓷的机械强度和导热性能。由于这些原因，大多数 LTCC 基板常要求粘接高强度支撑材料，开设热通道或热墙，以便将元器件上的热转移到散热片上。

LTCC 生瓷带由杜邦公司研制，现可由多家公司购买到。LTCC、HTCC 和普通厚膜电路基板的性能比较参见表 7-10 和表 7-11。

表 7-10　LTCC、HTCC和普通厚膜电路基板的性能比较

项　目		LTCC	HTCC	普通厚膜电路基板(96%氧化铝)
物理性能	CTE(300 ℃)($\times10^{-6}$/℃)	7.9	6.0	6.4
	密度(g/cm^3)	2.9	3.6	3.7
	挠曲度(μm/mm)	1~4	1~4	1~2
	粗糙度(μm)	0.22	0.50	0.36
	热导率(W/(m·K))	$3\sim5^{+}$	14~18	$20^{\neq}$
	抗弯强度(MPa)	152	276	317
	烧结后每层厚度(μm)	90~250	127~500	$13\sim25^{\S}$
尺寸容差	长度和宽度	±0.2%	±1.0%	N/A
	厚度	±0.5%	±5.0%	N/A
电性能	绝缘电阻(100 V,DC)	$>10^{12}$	$>10^{12}$	$>10^{12}$
	击穿强度(kV/mm)	>40	>28	>40
	介电常数(1 MHz)	7.1	8.9	9.3

注：+16~20带有通孔,多层印制介质特性；≠基板特性；§印制介质特性。

表 7-11　低温共烧基板(Du Pont 845)的性能

项　目		性能指标
电性能*	介电常数(5 kHz~5 GHz)	≤4.8
	绝缘电阻(Ω)(100 V,DC)	$>10^{12}$
	击穿电压(V)(25 μm厚试样)	>500
物理性能	CTE($\times10^{-6}$/℃)(25~300 ℃)	4.5
	密度(g/cm^3)	2.4(>95%理论密度值)
	挠曲度$^{+}$	满足安装要求
	粗糙度(μm)	0.50~0.62
	热导率(W/(m·K))	2.0
	抗弯强度(MPa)	240

注：*典型性能是基于实验室试验,采用推荐的处理程序。

+由基板烧结后的安装指定的共烧叠层的弯度。

5. 硅基板材料

硅是一种可作为几乎所有半导体器件和集成电路的基板材料。虽然以硅晶片作为基板的高密度多芯片互连基板已经研制出来,但将单芯片硅加工技术扩展到包括许多电路功能的圆片级集成时遇到了困难。这是由于单片集成电路返修能力差,成品率低。作为另一用途,硅作为基板,它采用薄膜多层工艺形成互连,在混合电路中,将未封装的裸芯片互连到基板上。单晶硅具有平滑研磨面,在150 mm跨度内,平整度为60 μm。硅作为基板材料,除了具有实用

性好、成本低的特点外，与其他基板材料相比，还具有以下优点：

(1) 通过热氧化硅表面，形成二氧化硅，将隔离电容成批制作并集成在硅基板中。在MCM电路中，电容集成后可减少顶层芯片键合面积的20%，这样，就可以互连更多的IC芯片。电容成批制造，除了增加IC密度外，还降低和片式电容有关的购买、检测、处理和安装成本。互连数量减少，也改善了可靠性。

(2) 电阻和有源器件也可在硅中单独制作。

(3) 通过高掺杂(高导电性硅基板)，硅基板可以起接地层的作用，免去金属化。

(4) 硅基板和硅IC芯片完全匹配。

(5) 硅的热导率比氧化铝陶瓷高得多。据报道，硅的热导率在85～135 W/(m·K)之间，取决于硅的纯度及晶体结构。

(6) 硅易于用铝或其他金属进行金属化，但在个别情况下必须用粘接媒介材料。

采用硅作为MCM基板也存在一些问题。其中，硅的抗弯强度比氧化铝低，在淀积厚的介质层和金属化层后产生较大的弯曲和翘曲。硅材料的机械强度低，加工时要倍加小心，以免开裂或损坏。对于大的基板，在封装过程中，还要考虑机械强度和散热问题。减少基板翘曲的几种方法包括采用厚的硅晶片，采用与硅相匹配的介质材料，在晶片双面淀积介质材料和金属。

6. 金刚石

金刚石是一种适合于大多数高性能微电路的理想材料，它具有最高的热导率(单晶天然Ⅱλ型金刚石的热导率超过2 000 W/(m·K)，电阻率 $>10^{13}$ Ω·cm)、低的介电常数、高的热辐射阻值和优良的钝化性能。它也是已知材料中最硬的和化学稳定性最好的材料。自从采用等离子体或电弧对碳氢化合物和氢气进行激活形成薄膜或厚膜基板的无压、低温工艺发明以来，人们又对人造金刚石发生了新的兴趣。等离子体辅助化学汽相淀积(CVD)、微波等离子体CVD、直流电弧喷气、热线圈和其他低压方法已经开始研制，可将甲烷、乙炔或其他碳氢化合物气体转化成单晶和多晶金刚石。大量的处于单原子状态的氢阻止石墨的形成，人们发现在制作高纯度金刚石膜时，慢速淀积是必要的。

理论上，采用CVD方法制作的金刚石价格不昂贵，原因是采用的材料相对低廉。然而，由于淀积速率低，即使淀积几微米厚的膜所要求的时间也很长，能量消耗大，最终产品的成本仍较高。金刚石成本受其质量的影响，而质量又受其热导率的影响。甚至低质量金刚石的导热性也仍然高于大多数金属的导热性，因此，对于每种应用都要在成本和导热性之间作出综合分析，加以权衡。增加淀积速率或减少基板温度会使金刚石热导率低，色泽暗淡。金刚石的质量一般通过Raman频谱来测量，测量中可以将金刚石晶体结构和石墨结构区分开。据Norton Diamand Film报道，当采用该公司专利技术——电弧喷气工艺时，可在高淀积速率下制作高质量的金刚石。Norton Diamand Film公司可生产出直径为100 mm(4 in)、厚度为0.4 mm(16 mil)的金刚石晶片。该晶片呈半透明状，热导率为1 400 W/(m·K)。表7-12为采用CVD方法生产的金刚石和其他基板材料性能的比较。

表 7-12　采用 CVD 方法制作的金刚石和其他基板材料性能的比较

	采用 CVD 方法制作的金刚石基板	BeO	AlN	氧化铝（96%）	铜
热导率（100 ℃下）（W/（m·K））	1 300 ~ 1 500	200 ~ 250	170 ~ 200	18 ~ 20	400
热扩散系数（cm^2/s）	7.4 ~ 10.9	0.67	0.65	0.05	1.2
热膨胀系数（$\times 10^{-6}$/℃）	0.8 ~ 2.0	6.4	4.5	8	18.8
耐热冲击（相对于 BeO）	926	1	2.1	0.07	/
介电常数	5.2	6.7	8.8	8.9	/
电阻率（Ω·cm）	$10^{12} \sim 10^{14}$	10^{14}	10^{13}	10^{13}	1.6×10^{-6}
击穿强度（kV/mm）	350	34	51	34	/
密度（g/cm^3）	3.5	3.0	3.3	3.7	8.92
杨氏模量（GPa）	1 000	310	269	359	/

随着多芯片组件的进一步研制，金刚石晶片和涂层在二维和三维高密度组件的热量传递耗散方面越来越重要。GaAs IC 的散热困难，但如果将其安装于金刚石基板上或金刚石散热片上，GaAs IC 的工作很正常，温升比在氧化铝基板上低得多。人们正致力于优选粘结剂、制作大尺寸的基板（直径高达 15 cm）、增加淀积速度、降低淀积温度的工作，以扩大金刚石在电子产品上的应用。

7.2　介质材料

7.2.1　概述

用于 MCM 多层互连基板的层间介质材料必须具有良好的工程特性和制造特性，参见表 7-13。由于单一材料无法满足这些要求，必须针对具体应用环境和表 7-13 中所列诸要求进行综合分析和权衡。主要采用两大类介质材料：有机（聚合物）材料和无机材料（陶瓷）。这两类材料都以薄膜或厚膜形式涂覆上去。

有机材料以薄膜或增强叠层的形式分别用于 MCM-D 或 MCM-L。在少数情况下，一些薄膜无机氧化物介质，例如二氧化硅也用于 MCM-D。以氧化铝为主的陶瓷介质广泛用于 MCM-C 基板。氧化铝陶瓷生瓷带在高温共烧和低温共烧工艺中需要，只不过成分不同。

表 7-13　MCM 介质要求的性能

工　程　特　性	制　造　特　性
低介电常数和损耗系数	材料成本低
绝缘电阻高（即使在高温高湿条件下）	加工成本低
出气率低	设备成本和维护成本低

续表 7-13

工 程 特 性	制 造 特 性
吸水性低	固化/加工温度低
热稳定性好	形成通孔容易
热导率高	易于平面化
固化/烧结时开裂倾向小	通孔蚀刻率高
CTE 适配芯片材料	环境安全
应力低(无气孔)	可重复印制厚膜,材料利用率高
和金属化区粘结强度高	加工大面积区域的性能好,能自动化加工

7.2.2 几种介质材料

1. 薄膜介质材料

薄膜有机聚合物在现代电子行业中具有很大的作用。有机聚合物用作印制电路安装件、混合电路和芯片器件的保护涂层;作为电气绝缘、柔性电缆、电容和小固定体的保护层;近来又作为多层介质材料用于 MCM。具有低介电常数($\leqslant 4$)的聚合物一般用来制造高速数字和模拟电路,通称为高密度多芯片互连(High-Density Multichip Interconnect,简称 HDMI)或高密度互连(High-Density Interconnect,简称 HDI)基板。这类互连基板主要用于 MCM-D 组件。薄膜互连在基板底面上,例如在氧化铝或硅衬底上,通过淀积有机介质、蚀刻通孔、金属化、光刻图形金属区,并反复进行这些工序来完成。介质层的厚度从 2 μm 到 25 μm 不等,取决于聚合物的介电常数以及电路所要求的电容和阻抗特性。

由于聚酰亚胺(PI)具有优良的电性能、热稳定性和机械稳定性,因而作为高性能介质材料广泛应用。PI 成功用于军事、航天和商用电子产品的时间已逾 30 年。PI 的综合性能好,加之制造商和供应商的技术支持有力,服务好,已得到人们的广泛认可。一种具有良好特性,同时又具有成本低、加工步骤少的聚合物材料是人们所希望的。下面就着重介绍薄膜介质材料——PI。

PI 作为高性能电绝缘材料,特别是在高温应用场合,已经使用多年。PI 广泛用于印制电路板的单层和多层叠层材料,用于 IC 的电路绝缘,芯片的保护性涂层,应力释放涂层以及用于存储器 IC 的 α 粒子阻挡层。尽管市场上有几百种 PI,但只有几种能满足 MCM 用层间介质材料的要求。在介质材料所要求的许多性能中,以下几种性能是关键的,在选择和确定时必须予以重视,即介电常数、吸水性和 CTE,这三个指标值都必须低。表 7-14 所示的 9 种 PI 中,只有三种牌号的关键性能指标值是低的。然而,最终的选定常取决于其他参数,如工艺性能和成本,这就导致折衷方案。分子结构、性能和加工条件不同的三种 PI 都可从市场购到。按固化机理可分为:

① 缩合固化(Condensation-cured);

② 加成固化(Addition-cured);

③ 光固化(Photo-cured)。

表 7-14 9种聚酰亚胺的三个关键性能指标

聚酰亚胺类型	介电常数 (×1k/25 ℃)	CTE ($\times 10^{-6}$/℃)	吸水性
Ciba Geigy 293	3.3	28	4.48%
Du Pont 2525	3.6	40	1.36%
Du Pont 2555	3.6	40	2.52%
Du pont 2574D	3.6	40	1.68%
Du Pont 2611D	2.9	3	0.34%
Hitachi PIQ-L100	3.1	3	1.56%
Hitachi PIX-L100	3.4	5	0.55%
National Starch Thermid EL	2.8	5~10	0.7%
Toray SP-840	3.4	30	1.55%

(1) 缩合固化聚酰亚胺

广泛用于 MCM 基板的聚酰亚胺通过缩合机理固化,利用加热脱水,沿着聚合物链形成环化亚胺结构,例如,应用树脂、酰胺酸聚合物等,这一工艺称为亚胺化反应(Imidization)。化学家称利用缩合固化的聚酰亚胺为 PMDA-ODA,原因是它由苯均四酸二酐(Pyromellitic Dianhydride,简称 PMDA)和 ODA(Oxydianiline,简称 ODA)合成。聚酰胺酸或聚酰胺酯化树脂,用作聚酰亚胺原材料,必须逐步加热,首先蒸发溶剂(一般是 Nmethyi Pyrrolidone, 简称 NMP),然后加热到 425 ℃,完成全部的亚胺化反应。通过排出两个分子(在聚酰胺酯化条件下为乙醇),使这些树脂转变成聚酰亚胺,每个聚合物都重复这一过程,参见图 7-9。据报道,聚酰胺脂化原材料具有更好的溶解性能,便于控制反应速度和固体含量。固化时释放的乙醇比聚合物酸中产生的水对金属的腐蚀要小。由这两种原料生产的聚酰亚胺的性能比较参见表 7-15。

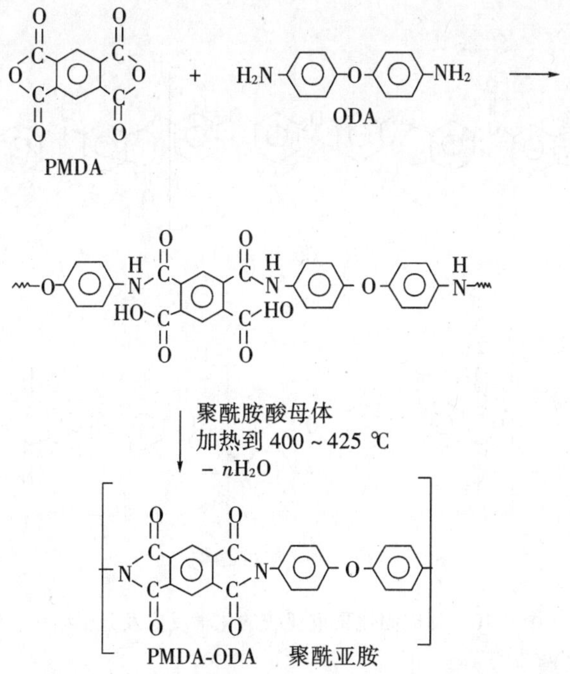

PMDA + H_2N-⟨○⟩-O-⟨○⟩-NH_2 (ODA) ⟶

聚酰胺酸母体
加热到 400~425 ℃
$-nH_2O$

PMDA-ODA 聚酰亚胺

图 7-9 缩合固化聚酰亚胺的化学反应及分子结构

表 7-15　由聚酰胺酯化原料和聚酰胺酸原料生产的聚酰亚胺膜的性能

材料性能	聚酰胺酯化原料	聚酰胺酸原料
杨氏模量(GPa)	3.1	3.3
极限强度(MPa)	230	265
延伸率	115%	80%
热膨胀系数($\times10^{-6}$/℃)	29	32
涂覆应力(MPa)	21	20
玻璃转变温度(℃)	380	380
介电常数(50%RH)	3.3	3.4

(2) 加成固化聚酰亚胺

第二类聚酰亚胺是通过加成固化机理固化的。这类聚酰亚胺基于聚酰亚胺齐聚物(小分子量先聚合物),在齐聚物中,亚胺化反应已经完成。齐聚物含有乙炔化官能团(—C≡CH)。在不脱水或排出其他不需要的化合物条件下,该官能团受热时进入“头—尾系统连接”,形成长链大分子量的聚合物,参见图 7-10。特定的乙炔聚酰亚胺首先由美国休斯飞机公司的研究人员合成,后经申请批准由 National Starch and Cherical Corp. 销售,商标为 Thermid。据报道,这类聚酰亚胺,不像缩合固化类聚酰亚胺,在不需要阻挡层金属的条件下,与铜不起反应。

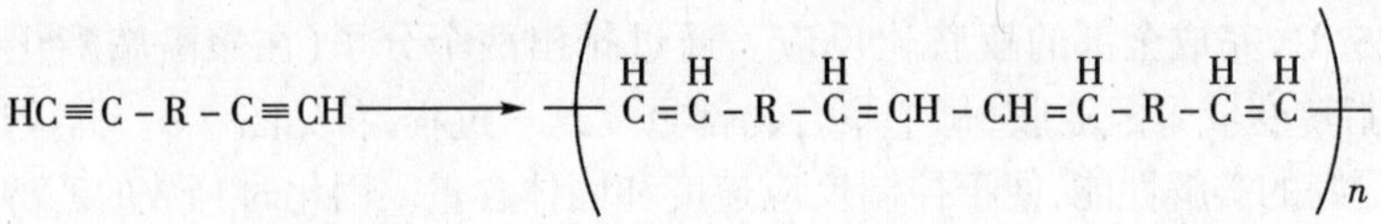

$$\mathrm{HC{\equiv}C-R-C{\equiv}CH} \longrightarrow \left(\mathrm{\overset{H}{C}=\overset{H}{C}-R-\overset{H}{C}=CH-CH=\overset{H}{C}-R-\overset{H}{C}=\overset{H}{C}} \right)_n$$

(a) 反应机理

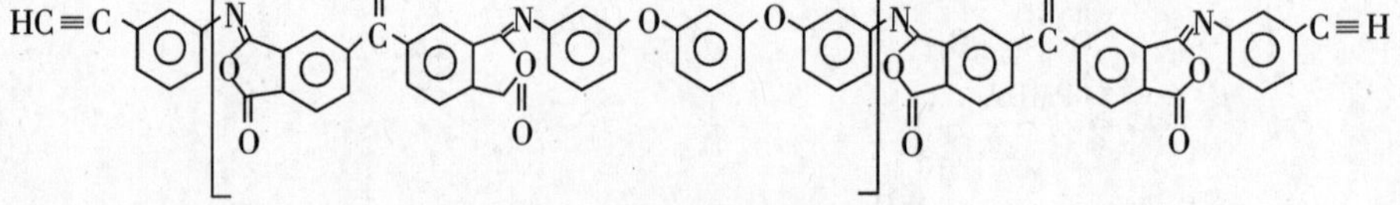

(b) 一般 PI 结构

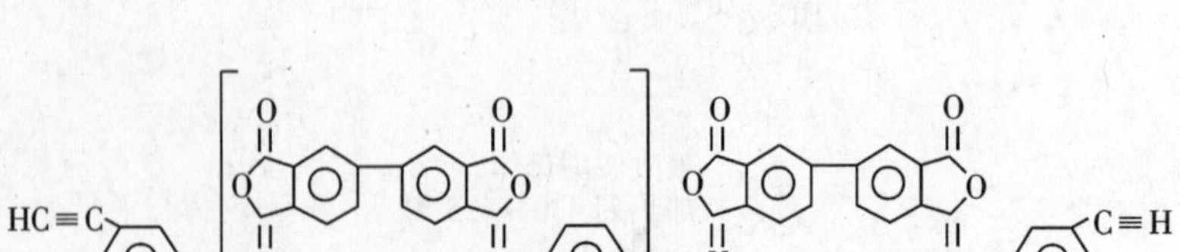

(c) 低应力 PI 结构

图 7-10　加成固化聚酰亚胺的化学反应及分子结构

(3) 光固化聚酰亚胺

光固化聚酰亚胺具有类似光刻胶的特性,因而又称为光敏聚酰亚胺,它可以通过掩膜使之暴露在紫外光下固化。光固化聚酰亚胺比通常的聚酰亚胺具有成本低、快速处理的优点,制作通孔所要求的工艺步骤减少 75%。参见表 7-16 和图 7-11。第一个光敏聚酰亚胺于 20 世纪 70 年代后期由 Siemens 公司研制,但是最近几年才进行了改进和重新配制,以满足层间介质材料的要求。大多数光固化聚酰亚胺是负反应的,比如,暴露在紫外光下这些材料交联并固化。这类化合物中最基本的聚酰亚胺分子结构已合成为光反应的不饱和脂化群(例如丙烯酸)和增光剂。在最终的高温固化/聚胺化步骤,一旦涂覆区被照光,光反应脂化群就被损坏(烧光),脂化群的分解和逸出导致涂层开裂(已报道的达 60%),产生应力,通孔边缘结构机械性能变差。第二个光固化机理含有离子盐结构,这也是光反应性的。这些涂层已降低了开裂,并大大改善了机械性能,尽管较厚介质层(20 μm)的分辨率变差。所有负性反应聚酰亚胺涂层的缺点是要求使用有机溶剂制作通孔。除了这些不足外,许多公司(Boemg、NTT、NEC、Toshiba 和 Mitsubishi)都成功地应用光敏感性聚酰亚胺制作高密度多芯片互连基板。许多公司也正在开发正性反应的聚酰亚胺,一旦这些材料得到通用,就可通过采用对环境无害的含水溶剂代替挥发性有机溶剂制作图形。非光敏性聚酰亚胺(Du Pont PI-2611)和光敏性聚酰亚胺(Du Pont PI-2741)的性能参见表 7-17。

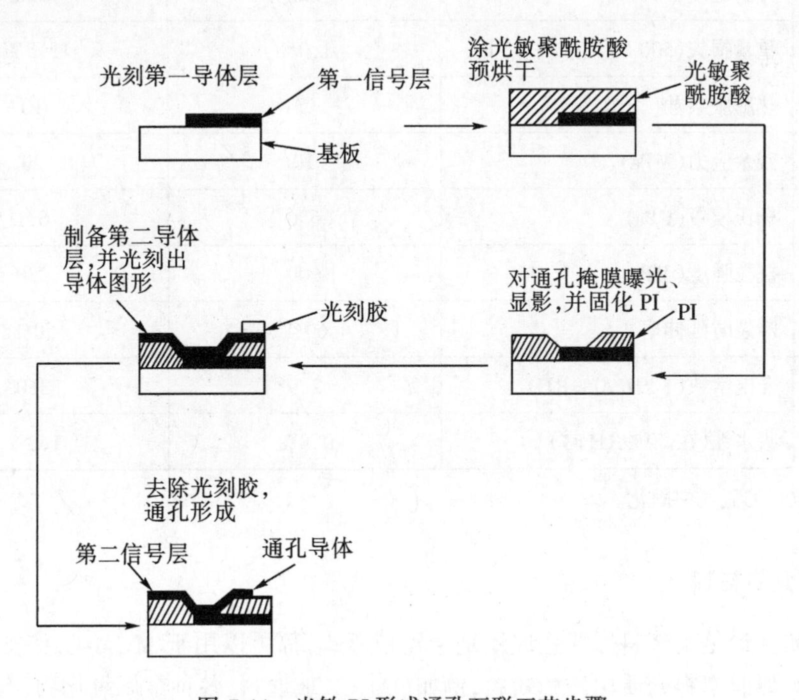

图 7-11　光敏 PI 形成通孔互联工艺步骤

表 7-16　采用光敏介质减少通孔制作工艺步骤

序号	非光敏 PI	光敏 PI
1	涂覆聚酰胺酸	涂覆聚酰胺酸
2	局部亚胺化	直接光刻
3	蒸发/溅射金属层后固化聚酰胺酸	制作(形成通孔)
4	涂光刻胶	固化聚酰胺酸

续表 7-16

序号	非光敏 PI	光敏 PI
5	光刻	蒸发/溅射金属层
6	制作通孔窗口	刻蚀金属通孔
7	在金属上腐蚀通孔图形	
8	除光刻胶	
9	激光打孔或等离子腐蚀 PI 通孔	
10	蚀刻掩膜金属	

表 7-17 Du Pont 光敏性和非光敏性聚酰亚胺固化膜性能

性能指标		非光敏感性(PI-2611)	光敏感性(PI-2741)
热性能	玻璃转化温度(℃)	350	365
	分解温度(℃)	620	620
	重量损失(500 ℃,空气中,2 h)	1.0%	1.5%
	热膨胀系数($\times 10^{-6}$/℃)	5	10
	残余应力(MPa)	10	20
机械性能	杨氏模量(GPa)	6.6	6.1
	抗拉强度(MPa)	600	330
	断裂时延伸率	60%	50%
电性能	介电常数(1 kHz,0%RH)	2.9	3.0
物理性能	吸水性(在 50%RH 时)	0.8%	1.2%

注:在 400 ℃氮气中固化。

2. 厚膜介质材料

厚膜介质无论是由浆料形式生成还是生瓷带形式,都可以用于 MCM-C,作支撑基板的层间介质材料。厚膜浆料介质由陶瓷粉料,例如氧化铝、玻璃料、各种金属氧化物、有机粘接剂和溶剂混合而成。用于共烧陶瓷的生瓷带主要由同样的混合物成分组成,只不过玻璃含量较高;聚合物粘接剂使生瓷带在加工、干燥后具有橡胶状特性。不同厚度的陶瓷生瓷带都可买到,并可以控制烧结收缩后的最终厚度,因此,可以制作带有数千个通孔、高达 60 层的结构。生瓷带在层压、烧结前易于一片片处理、加工和检查。

LTCC 作为一种互连基板的 MCM-C 工艺,具有突出的优点,在成本和性能方面它介于 MCM-L 和 MCM-D 之间。LTCC 较之 HTCC 的关键优点是它与低阻值导体——纯金、银、铜的适配性好。LTCC 低的烧结温度和可在空气中烧结的特性也可以将多层导体布线结构和电阻、电感和电容集成在一起。由金属氧化物组成的这些无源元件在 HTCC 的高温和还原气氛

条件下烧结将被完全还原,反应过程如下:

$$XO + H_2 \rightarrow X + H_2O$$

$$XO + C \rightarrow X + CO$$

$$2C + O_2 \rightarrow 2CO$$

$$XO + CO \rightarrow X + CO_2$$

其中,XO 可以是 $BaTiO_3$ 和 RuO_2。

大多数氧化物由氢还原或由碳还原,这种情况将由烧结后生瓷带的有机粘接剂中产生。一氧化碳(CO),作为另外的还原剂,也可以由碳、氧不完全反应中产生,或由碳还原金属氧化物产生。在空气中烧结,氧以氧化物形式存在。然而,在高温还原气氛中,这些氧化物部分或全部还原。即使在惰性氮气中烧结,也有还原的危险,因为 CO 会从有机粘接剂的分解中产生。

LTCC 生瓷带可从多家公司购得,这些公司包括 Du Pont、Ferro 和 ESL。LTCC 介质的性能参见表 7-18。

IBM 公司已研制出一种基于堇青石玻璃陶瓷的低温共烧介质材料,它由 18% ~ 23% 的氧化铝、50% ~ 55% 的氧化硅、18% ~ 25% 的氧化镁、0 ~ 3% 的五氧化二磷和 0 ~ 3% 的氧化硼组成。这种烧结材料具有比较低的介电常数,CTE 和硅接近,适用铜金属化。据报道,它的性能指标为:密度为 2.62 g/cm^3,抗弯强度为 210 MPa,介电常数为 5.2,CTE 为 3×10^{-6}/℃。它可以在 1 000 ℃以下烧结,并和铜在惰性气氛中共烧,烧结后铜的电阻率为 3.5 $\mu\Omega \cdot cm$。

表 7-18　LTCC 性能比较

性能参数			Du Pont 951 标准应用	Ferro A6 微波应用	开发中
物理特性	抗弯强度(MPa)		340	130	/
	密度(g/cm^3)		3.1	2.5	1.8
	热稳定性(℃)	间歇式	650	850	/
		连结式	250	300	/
	尺寸公差		±0.2% ~ 0.5%	±0.2% ~ 0.5%	±0.025 mm
	挠曲度		0.001	0.001	/
	CTE($\times 10^{-6}$/℃)		5.5	6.5	~3
	热导率(W/(m·K))		3	2	16 ~ 20
设计容量	线宽(μm)		≥100	≥100	50
	间距(μm)		≥200	≥200	100
	最多层数		50	50	~100
	层厚(μm)		100	100	<75
			150	/	/
			225	/	/
	通孔直径(μm)		≥100	≥100	50
	最大部件尺寸(mm)		125	125 ~ 400	/
	布线密度(cm/(cm^2·层))		25	25	100

续表 7-18

性能参数			Du Pont 951 标准应用	Ferro A6 微波应用	开发中
电性能	介电常数		7.8	5.9	<3.0~10.0
	插损(db/cm)	1 GHz	0.2	0.08	/
		10 GHz	/	0.18	/
	线电阻(Ω)		30~80±5%	30~80±3%	/
	击穿电压(V/层)		>4 000	>4 000	/
	线电阻率(mΩ/□)		3~8	1.5~5	<0.3
	线电容(pF/cm)		<3.0	/	/
	线电感(nH/cm)		~3	/	/

3. 其他介质材料简介

在这里只介绍 BCB。苯并环丁烯(Benzocyclobutene,简称 BCB)树脂由 Dow Chemical 公司开发研制,是一种有前途的强聚合物系列产品,它可用于高速 MCM 的内层介质、平板液晶显示器的涂层,以及 GaAs 集成电路的内层介质。据报道,与聚酰亚胺 Cyclotere 3022 聚合物相比,丁二烯硅氧烷双苯并环丁烯(DVSbis-BCB,以下简称 BCB)树脂具有更好的平面性(在单通道上>90%)和低的吸湿性(<2%),在<300 ℃的温度条件下能够快速固化,以及具有良好的电性能。DVSbis-BCB 的电性能是聚合物涂层中最好的,它的介电带数在 10 kHz 下为 2.7,并在频率变化到 40 kHz、温度由 -150 ℃变化到 250 ℃时基本保持不变。它的损耗系数也很低,在 1 kHz 下为 8×10^{-4};频率高达 1 GHz 时,只增加到 0.002。与大多数聚酰亚胺不同的是,由于 DVSbis-BCB 的吸水性低,以及硅氧烷结构的憎水性,使它具有优良的电性能,且可以在潮湿的条件下继续保持。其他电性能和物理性能参见表 7-19。

表 7-19 DVSbis-BCB 的电性能和物理性能

性能指标	数值
抗弯强度(MPa)	3 278
杨氏模量(MPa)	2 340
玻璃转化温度(℃)	>350
氮气中温度稳定性(℃)	350
击穿电压(V/cm)	4.0×10^{6}
体电阻(Ω·cm)	9.0×10^{19}
介电常数(10 kHz~10 GHz)	2.7~2.6
损耗系数(10 kHz~10 GHz)	0.000 8~0.002
吸水性(24 h 蒸汽)	0.23%
热膨胀系数(25~300 ℃)($\times10^{-6}$/℃)	65
折射率(589 nm)	1.56

BCB 树脂可以通过加热和别的辅助方法来固化,不需要接触剂、硬化剂或其他配料。因

而，像缩合固化聚酰亚胺一样。BCB固化的机理和动力学原理比较复杂，包括乙烯树脂双键合和环丁烷环形填料的热开环，以形成游离基(团)，这些游离基团再联成长链、大分子聚合物。与聚酰亚胺相比(400～425 ℃)，它的固化温度比较低(200～300 ℃)。利用这一主要特性，可用于热敏感部件，例如扁平显示器或其他微电路产品。通过红外分光镜和涂层在空气中加热时产生的淡黄色污斑可以证明固化涂层有氧化的倾向，因此应在惰性气氛，例如干燥的氮气中完成固化过程。最近，Dow Chemical公司宣布了BCB光固化工艺，这是基于DVSbis-BCB和复芳烃化合物光交合链媒剂反应的一种配方。据报道，用于膜厚为5.6 μm、导体线宽和间距为16 μm的产品已问世。

在薄膜电子产品中，BCB树脂处于B级状态(局部聚合)，形成易于溶解在多种有机溶剂中的小分子聚合物。不同质的固体量达到62%的溶液是可能的，粘度可以调整以控制厚度和平整性。树脂涂层一般通过三甲基苯旋涂方法处理。

7.3 金属材料

金属材料在MCM中有许多功能，其中两个主要的功能是互连器件的电导体和将器件上的热传出去的热导体。其他的功能包括用于器件连接的WB或TAB的焊区；用于芯片和基板的粘接剂或焊料连接的焊区；散热片；电阻材料和用于片式电容的电阻性接触；电阻和晶体管等。MCM金属化所要求的工程特性和制造特性列于表7-20中。金属化可分为基本和辅助两种，亦可分成薄膜和厚膜两种。基本金属化起电气和导热作用，例如，构成信号线的导带、接地端、电压(功率)输出端、通孔互连、热沉和散热片。辅助金属化作为扩散阻挡层、粘接助剂、腐蚀和氧化阻挡层以及将器件连接起来的媒体，例如焊料。

表7-20　MCM金属化要求具备的特性

工程特性	制造特性
电导率高	材料成本低
热导率高	设备及维护成本低
与介质及基板的CTE匹配性好	材料及设备的利用率高
与介质的粘接性好	易于重复制作
抗金属迁移和电迁移	细线和窄间距易于加工，图形制造性好
抗扩散	抗氧化和腐蚀
易于键合	
易于焊接	

7.3.1 基本薄膜金属化材料

广泛用于MCM-D互连基板的基本金属化材料是Cu和Al。铜具有优良的电性能和导热性能，价格便宜；通过溅射、真空蒸发、化学镀、电镀易于加工。许多年来，铜已成为环氧树脂和聚酰亚胺印制电路板的标准导体。铜的缺点是其化学活性和腐蚀性，但在实际中，这些问题可以通过对外暴露区镀金或用焊料涂覆来加以解决；另一个缺点——高温时随着时间的延长而扩散到聚酰亚胺介质中,这已通过采用扩散阻挡层金属例如 Cr、Ni、Ti 来包封内部铜来克服,或者通过采用对扩散不敏感的介质材料来克服。

尽管铝的电性能、导热性能不及铜,但是,多年来半导体制造商已将铝用于 IC 的制造,并积累了成功的经验,因而,铝的应用也十分广泛。铝易于用溅射和蒸发来淀积,适合聚酰亚胺和其他介质材料,并不要求阻挡层。铝的价格低,适合采用超声键合铝丝进行器件的连接。

金在满足所有 MCM 要求方面,作为基本金属化层和辅助金属化层都是理想的。然而,用金制作多层基板的所有导体成本太高。因此,金只淀积在电路的顶层,以保护下面的导体层免受腐蚀,并使该层易于和芯片连接,例如 WB 键合和 TAB 连接。在薄膜结构中,金首先在粘附层金属如 Cr、Ti 上溅射一薄层,厚度约为 100 ~ 200 nm,然后通过电镀加厚到几个微米,并光刻顶层焊区图形。金具有优良的电性能和导热性能,化学稳定性极好。

镍的电性能和导热性能比铜、铝、金要差得多,一般不用于基本导体层的制作。然而,在某些 MCM 的设计中,镍用于通孔填充。例如,Alcoa 公司采用化学镀工艺,镍填充在固化聚酰亚胺中已被蚀刻的通孔中。通孔在聚酰亚胺中蚀刻后,采用化学镀工艺进行填充。该工艺中的基本导带线,最初由 AT&T 公司研制。镍特别是镍-铬合金常用来制作精密薄膜电阻。例如,镍铬电阻被光刻制图,并和薄膜导体一起集成。

银是所有金属中电性能和导热性能最好的,但是在细线工艺(导带间距小)电路中不能使用纯银,原因是在潮湿的环境中及高温大电流下银有迁移的特性,这样,就会出现离子杂质和小的偏压。即使有百分之几的氯化物离子和小到 1 V 的低压,也已表明银的迁移会造成线间距为 127 μm 的电路中短路。钯-银、铂-银合金可以防止银的迁移;而用高纯度的聚合物或无机物涂覆电路可以避免水汽接触银表面,也可防止迁移。

MCM 中用于薄膜金属化的金属材料参见表 7-21。

表 7-21 MCM 中用于薄膜金属化的金属材料

金属(合金)名称		元素符号	电阻率 $(\times 10^{-6}\,\Omega\cdot\mathrm{cm})$	CTE $(\times 10^{-6}/^{\circ}\mathrm{C})$	热导率 $(\mathrm{W}/(\mathrm{m}\cdot\mathrm{K}))$	熔点 $(^{\circ}\mathrm{C})$	淀积方法
基本金属化	铜	Cu	1.67	16.5 ~ 17.6	393 ~ 418	1 083	A,B,E
	铝	Al	2.65	23	240	680	A,B
	金	Au	2.35	14.2	297	1 063	A,B,D,E
	银	Ag	1.62	19.7	418	961	A,B,E
	镍	Ni	6.9	13.3	92	1 453	A,B,D,E
辅助金属化	铬	Cr	13 ~ 20	6.3	66	1 890	A,B,D,E
	镍	Ni	6.9	13.3	92	1 453	A,B,D,E
	钛	Ti	55	10.0	22	1 675	A,B,C
	钛-钨	Ti-W(10%)	5.5	4.5	178	3 415	A
	钯	Pd	10.8	11.0 ~ 12.0	70	1 552	A,B,C,D,E
	铂	Pt	10.6	9	73	1 769	A,B,C,D
锡-铅焊料		Sn-Pb (60%-40%)	15 ~ 17	24.5	51	183 ~ 190	E,F

注:A—溅射;B—真空蒸发;C—电子束蒸发;D—Metalloorganic Decomposition;E—电镀;F—再流焊。

7.3.2　辅助薄膜金属化材料

当然，在MCM的制造过程中，只使用基本的金属化是人们所希望的。然而，在许多情况下，必须进行辅助金属化，以促使基本金属化和基板及介质层的粘接，保护基本金属化层免受腐蚀、氧化或金属迁移，作为扩散阻挡层在不同材料之间起作用。Cr、Ni、Ti、Ti-W和Pd都可用来满足这些要求。Sn-Pb焊料和其他焊料也用来提供一个合适的表面，以满足倒装芯片焊料连接、TAB焊料连接和表面保护。

Cr和Ni，采用溅射或电镀的方法，被广泛用作阻止铜向聚酰亚胺扩散的阻挡层。扩散现象以及Cr或Ni在阻止扩散方面的特性得到许多研究者的研究和报告。溅射Ti-W(10%Ti)在阻止扩散和增强粘接方面都是有效的。

众所周知，Ti在促进Au和其他表面，例如陶瓷、塑料的结合时是一个非常好的粘接层。含有10%～15%Ti的合金层能够在Al和Au之间起到良好的扩散阻挡作用。

7.3.3　基本厚膜金属化材料

通过在已烧成的陶瓷基板或生瓷带上进行丝网印刷并烧结导体或电阻浆料来完成厚膜金属化。浆料是由金属、玻璃料、有机粘结剂、运载剂和其他添加剂组成的多相混合物。烧结后的导体没有薄膜真空淀积金属固有的最佳电性能，原因是残余氧化物和其他成分成为烧结后导体的一部分。金、银、金或银与钯或铂组成的合金厚膜导体浆料性能优良，可从市场购买到。MCM中所用的基本厚膜金属化材料的性能如表7-22所示。钯或铂的添加降低膜的导电性。钯和铂的体电阻率大约是金的5倍，是银的6～7倍。W、Mo和Mo-W浆料是高温共烧陶瓷互连基板的基本金属化材料。尽管它的导电性不如金、银和铜那样高，但只有这些金属才适合高温烧结陶瓷。

表7-22　MCM中采用的基本厚膜金属化材料的特性

烧结导体浆料	元素符号	方阻(mΩ/□)	线分辨率(μm)
金，不含玻璃料	Au	1.5～6	75～125
金，含玻璃料	Au	1.8～7	100～125
金，混合型	Au	2.0～7	75～100
金-钯	Au-Pd	5.0～9	125～200
金-铂	Au-Pt	30～80	125
铜，不含玻璃料	Cu	1.0～1.5	125
铜，含玻璃料	Cu	1.5～2.5	125～175
铜，混合型	Cu	1.0～2	125
银	Ag	1.0～3	125～200
银-钯	Ag-Pd	32～40	150～200
银-铂	Ag-Pt	15～25	125～200
银-钯-铂	Ag-Pd-Pt	30～60	150～200
钨	W	8～15	75～125

7.3.4 辅助厚膜金属化材料

难熔金属,例如钨、钼和钼-锰常用作 HTCC 电路中的基本金属化材料,它们虽不易腐蚀,但也不易键合,如何提高这些材料较低的导电性也是人们期望解决的问题。为了达到既易键合又提高导电性的目的,人们常在顶层金属如 W 或 Mo 层上再镀上一层易于焊接的金属。常用方法是采用化学镀或电镀镍后镀金,这样处理以后很适合 WB、焊料连接和钎焊,同时也具有优良的防腐性能。

其他辅助金属化的浆料,用以保证顶层金属和 WB 及 TAB 的匹配性。辅助金属化导体浆料也能被有选择地丝网印刷在焊区上。厚膜导体的焊料涂层也被用来连接表面安装元器件。

7.4 几种典型基板的制作技术

7.4.1 厚膜多层基板的制作技术

厚膜多层基板有两种类型:一种是导体—介质的纯互连系统;另一种是有电阻器(电容器)的导体—介质—阻容系统。前者具有互连 WB 区、通孔和引出端,其表面可组装各种元器件或 IC 芯片,构成厚膜 MCM,后者在顶层印制电阻器和电容器(或在层间埋置电阻器或电容器),最后再组装各种元器件和 IC 芯片,构成厚膜 MCM。

厚膜多层工艺的主要优点是工艺简单,成本低,投资小,研制和生产周期短。其缺点是导体线宽、间距、布线层数及通孔尺寸受到丝网印刷的限制。厚膜导体的典型线宽/间距为 254 μm(10 mil),导体布线层数一般为 2~5 层,最高达 10 层。如果使用微细网眼的丝网和专门配方浆料,导体线宽可达 50 μm(2 mil)。

图 7-12 所示为常规厚膜多层基板制造的工艺流程。首先在烧结过的 Al_2O_3 陶瓷基板上丝网印刷导体浆料图形,烘干后,在 850 ℃左右温度烧结。接着,印刷介质绝缘层,通过有通孔图形的掩膜印刷介质的同时形成通孔和绝缘层。为避免针孔,介质层要印二次,干燥后在 850 ℃左右烧结。然后重复印刷、烧结第二导体层和第二介质层……直至达到所要求的层数为止。层间互连是通过金属化通孔实现的。通孔直径为 152~254 μm(6~10 mil)。在印刷下一层导体浆料时,导体浆料填充通孔。对于 3 层或 3 层以上导体层,为保证表面平整性和提高成品率,可使用单独的通孔填充步骤。

除丝网印刷工艺以外,厚膜浆料还可采用直接描绘方法涂布,而不需要诸如丝网这类印刷工具,采用直接描绘方法制作样品和生产中小批量电路周期短。

直接描绘技术能产生精确的线宽和间距,使用 Au 浆料,导体线宽可达 100 μm(4 mil)。用 Pd-Ag 或 Ag 浆料,导体线宽可达 150 μm(6 mil)。

直接描绘技术的主要优点是制作新样品快、周期短;对基板表面平整性要求宽松,而且淀积电阻的阻值误差小,减少了调阻工作量。这种技术适合于新品、军品开发研制以及中小批量生产。这种工艺仅是作为丝网印刷工艺的补充,而不能替代它。

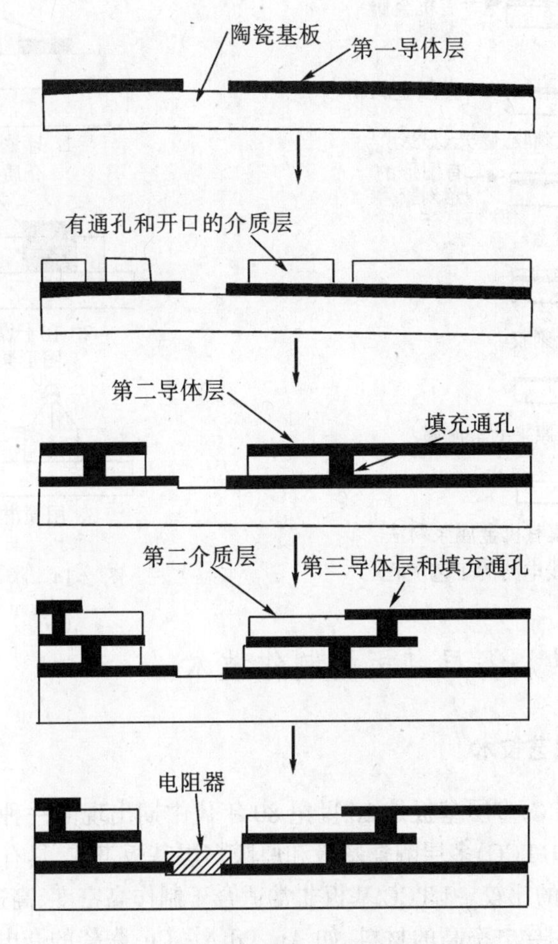

图 7-12　厚膜多层基板的制造工艺

英国 Kons 公司已研制出光刻的 Au 导体浆料,用于细线厚膜工艺,线宽达 10 μm。该公司还研制出可丝网印刷的细线金浆料,导体线宽达 50 μm。

杜邦公司推出的 Fodel 型光敏浆料 7~9 μm 烧结厚度的导体线宽/间距达 25 μm/50 μm,通孔尺寸达 75 μm,光敏介质的最小通孔尺寸达 25 μm。此外,还可以使用有机金属浆料产生细线图形。

图 7-13 所示是使用有机金属分解和图形电镀形成细线电路的工艺过程。Au、Ag、Pd 和 Ni 等金属都可从它的有机盐或混合物中淀积出来。

除常规的通过丝网掩膜在印刷介质层的同时形成通孔外,杜邦公司又推出一种创新的厚膜介质通孔工艺——扩散成形。它是在低粘度浆料形成的介质层上,用有通孔图形的掩膜印刷一种含有增溶剂的专门浆料,在介质上面形成点状图形。在干燥过程中,增溶剂扩散到下面介质中,使其溶化,形成通孔图形。然后用喷淋水冲洗所形成的通孔,最小达 100 μm(4 mil),典型的为 150~300 μm(6~12 mil)。这种通孔与 Ag、Au、Pd-Ag 浆料兼容。其工艺流程参见图 7-14。

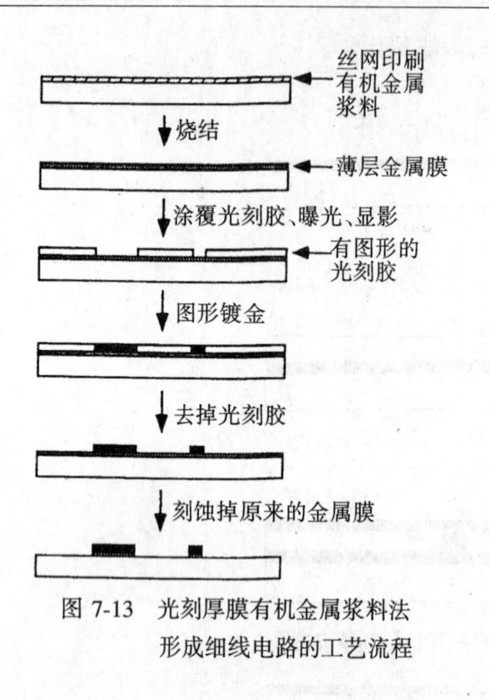

图 7-13　光刻厚膜有机金属浆料法形成细线电路的工艺流程

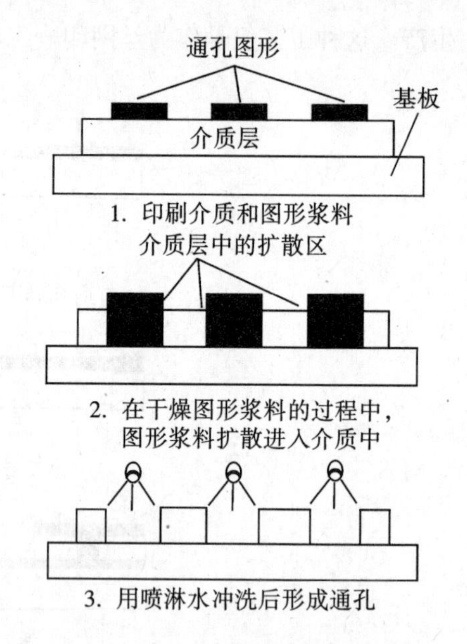

图 7-14　扩散成形通孔的工艺过程

7.4.2　低温共烧多层基板的制作技术

1. 常规 LTCC 的工艺技术

低温共烧陶瓷(LTCC)多层基板是 20 世纪 80 年代中期出现的一种比较新的多层基板工艺,较之高温共烧陶瓷(HTCC)多层陶瓷基板和厚膜多层基板工艺,具有许多优点。表 7-23 列出了两种共烧陶瓷技术的比较。LTCC 基板非常适合于制作高密度、高速 MCM。它的主要优点是烧结温度低,可使用导电率高的材料,如 Au、Pd-Ag、Cu;陶瓷的介电常数低(可低到4.0),信号传输速度快,可提高系统性能;可埋入阻容元件,增加组装密度;投资费用低,可利用现有的厚膜设备和工艺,只需添置程控冲床设备和层压机。

表 7-23　HTCC 和 LTCC 的比较

项目		HTCC	LTCC
电性能	导体电阻(mΩ/□)	15(W)	5(Au),3(Ag)
	介电常数	9.7	4.0~8.0
	介质损耗	<0.000 3	0.000 3~0.002
	击穿强度(kV/mm)	22	>40
	体电阻率(Ω·cm)	$>10^{14}$	10^{14}
	厚膜电阻器	无	有
热/机械性能	热导率(W/(m·K))	15~20	2.0~5.0
	CTE($\times10^{-6}$/℃)	6.5	5.0~8.0
	抗弯强度(MPa)	9	3~5
	密度(g/cm^3)	3.7	2.9

续表 7-23

项目		HTCC	LTCC
物理性能	导体宽度(μm)	≤125	≤125
	通孔尺寸(μm)	100~150	100~150

低温共烧多层陶瓷基板是通过在陶瓷中添加玻璃含量来降低烧结温度的，因此可使用导电率较高的厚膜导体，如 Au、Pd-Ag、Cu。电阻材料有 RuO_2、玻璃浆料及 $Ru_2M_2O_3$（M 为 Pd、Bi 等）等材料，如杜邦公司的 DP1800、DP1900、5900、6000 系列电阻材料。

LTCC 基板的制作方法与 HTCC 基板类似，所不同的是可内埋电阻器、电容器和电感器等无源元件，构成多功能基板，其制作工艺流程见图 7-15。

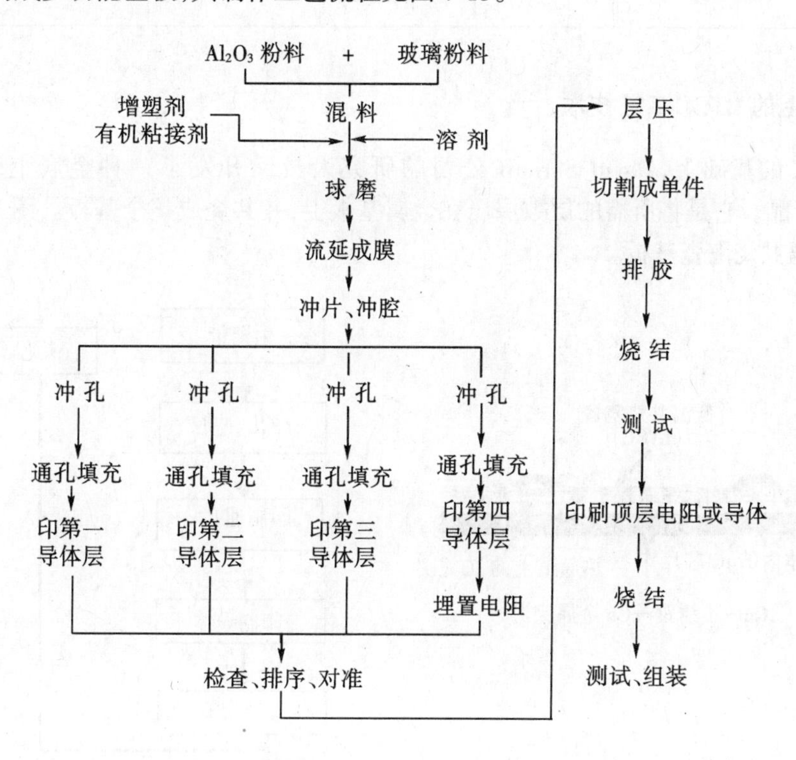

图 7-15　LTCC 基板工艺流程

目前，LTCC 生瓷带已商品化，杜邦公司、Ferro 公司、ESL 公司等均有商品化的 LTCC 生瓷带出售。表 7-24 为市售 LTCC 基板材料的性能。采用现成的商品化 LTCC 生瓷带制作 MCM 多层基板，可省去制作生瓷带的步骤，进一步缩短 MCM 的制作周期。

表 7-24　市售 LTCC 生瓷带的性能

性能	DP951	ESL D101CT	Ferro A6
收缩率(x, y)	12.7±0.2%	12±1%	15±0.2%
收缩率(z)	15±0.5%	~18%	26.5±1%
烧结密度(g/cm^3)	3.1	3.16	2.5
抗弯强度(MPa)	152	175	170

续表 7-24

性　能	DP951	ESL D101CT	Ferro A6
CTE($\times 10^{-6}$/℃)	5.8	7.1	7.0
颜色	蓝	非纯白	非纯白
介电常数(1 MHz 时)	7.8	8～9	5.9
绝缘电阻(Ω)(100 V, DC)	$>10^{12}$	$>10^{12}$	$>10^{12}$
击穿强度(kV/mm)	>40	>72	>40
厚度(μm)	114 165 254	115～140 135～185	127

2. 金属上的 LTCC 工艺技术

在 LTCC 的基础上，David Sarnoff 公司的研究人员又开发了一种金属上玻璃—陶瓷(LTCC-M)产品。它是将所需的层数层压在金属基板上，并共烧成整个基板。图 7-16 所示为金属上的低温共烧陶瓷基板。

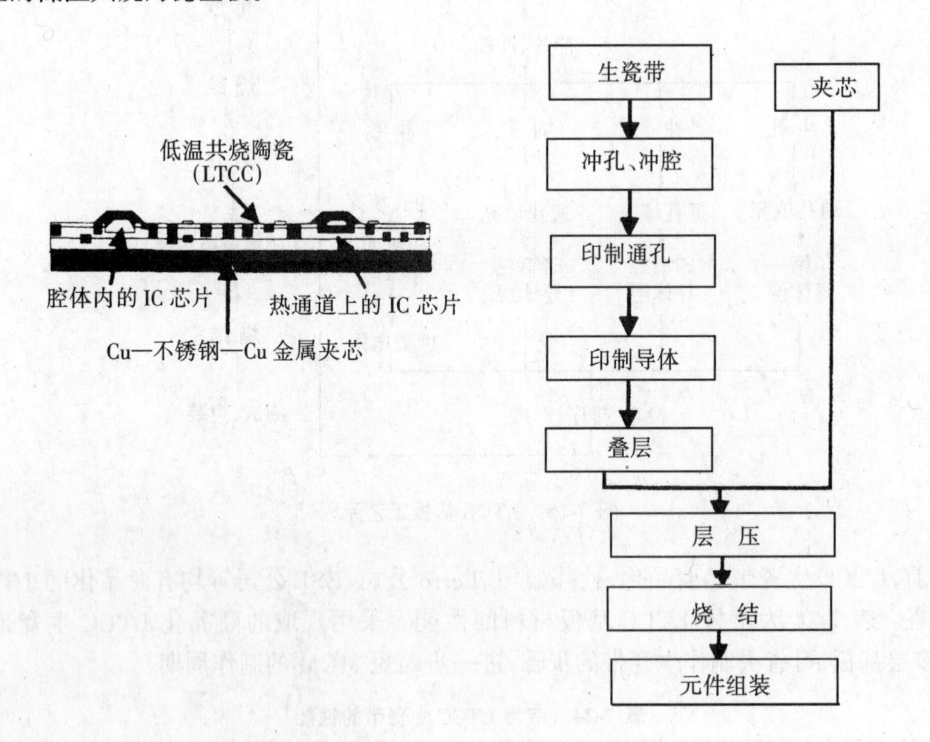

图 7-16　金属上的低温共烧陶瓷基板

制备该基板的工艺流程示于图 7-17 中。与常规共烧陶瓷相比，这种制造方法的优点列于表 7-25 中。最值得注意的特性是零收缩率，对该工艺来说，这是本征特性，因为整个工艺过程中玻璃—陶瓷是焊接到金属芯材上的。该基板的热导率会大大增强，在那些需要更高热耗散的应用场合，芯片可背面焊接到金属芯材上，然后引线键合到基板金属上。建议采用银导体，因为它的导电率高，且在空气中烧结周期短。

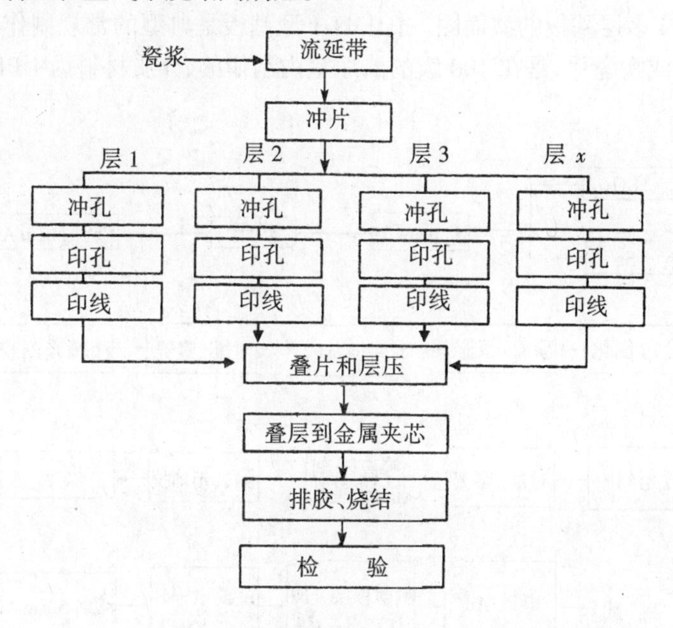

图7-17　金属夹芯的低温共烧陶瓷（LTCC-M）基板工艺流程

表7-25　几种技术的比较

	PWB	MCM-L基板	MCM-D基板	LTCC	LTCC-M基板
布线密度（cm/cm^2）	65	200	800	800	300～600
热导率（Cu的百分比）	0.01	0.01	10	0.1	30
埋在内部的无源元件	只有电阻器	只有电阻器	只有电阻器	电阻器和电容器	电阻器和电容器
	有限范围	有限范围	有限范围	成品率低	很宽的范围
	成本高	成本高	成本高		成品率高
强度	高	高	适中	适中	高
大尺寸工艺	是	是	刚开始	不	是
元件组装灵活性	良好	良好	差	良好	好
组装焊能力	好	好	好	好	好
与Si或GaAs的CTE匹配	差	差	良好	好	好
成本（$\$/in^2$）	0.95	3～6	10～50	3～5	1～5

7.4.3　薄膜多层基板的制作技术

1. 典型工艺技术

薄膜多层互连基板作为互连密度相对最高的基板，是采用真空蒸发、溅射、化学汽相淀积（CVD）、电镀和涂覆等成膜工艺以及光刻、反应离子刻蚀（RIE）等图形形成技术，在绝缘基板上制作相互交叠的互连导体层和介质层,从而构成多层结构。

图7-18和图7-19分别为美国休斯飞机公司的HDMI(高密度多层互连)-1型基板的制作流程和5层Al—PI多层基板的截面图。HDMI-1型基板是典型的常规制作工艺,基板为直径150 mm的硅圆片或陶瓷片,是在100级的洁净室内制作的,介质材料为DPPI-2216,导体材料为Al。

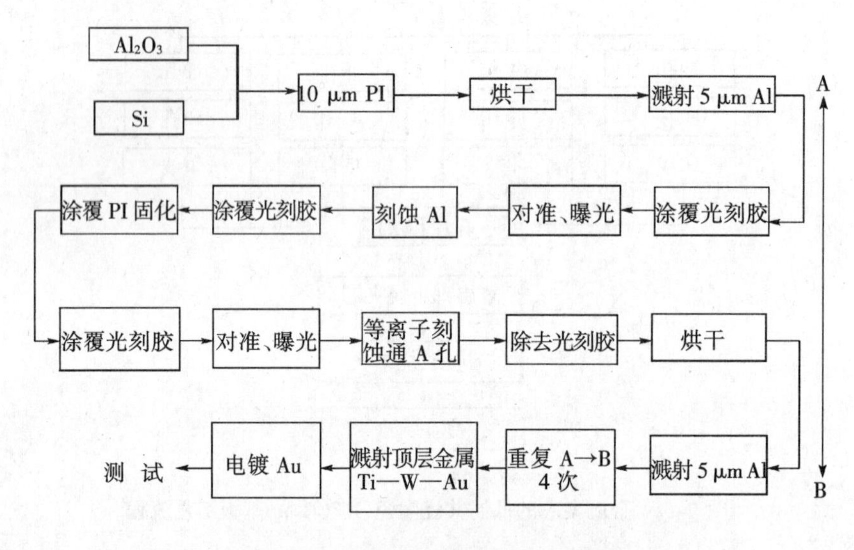

图7-18 HDMI-1型基板的制作流程

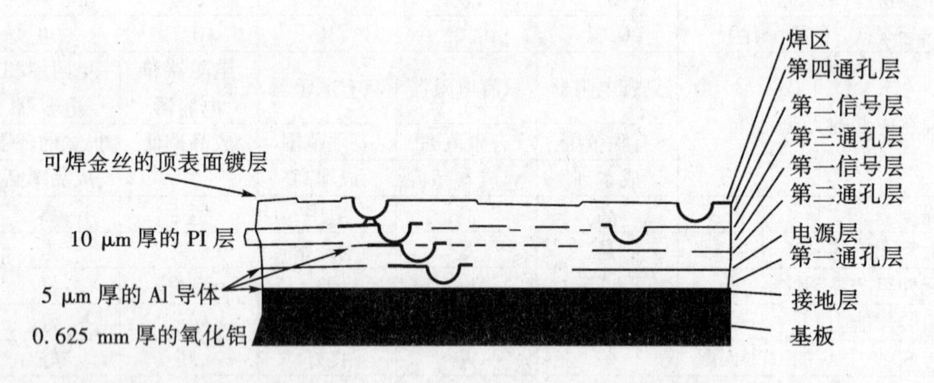

图7-19 5层Al—PI互连层的HDMI-1型基板截面图

HDMI-1型薄膜多层基板的导体线宽为25 μm,间距为75 μm,有5层导体布线层。对于大多数数字电路,只需5层导体布线层:一层接地层,一层电源层,两层信号层和用于安装互连芯片的顶层。表7-26和表7-27分别为HDMI-1基板的主要设计参数和HDMI-1基板的主要电性能参数。

表 7-26　HDMI-1 基板的主要设计参数

项	目	标准情况	特殊情况
基板	材料	硅或氧化铝	氮化铝
	晶片尺寸(mm)	150(直径)	/
	基板尺寸(mm)	4.57×4.57,4.57×9.65	9.65×9.65
导体	材料	铝	铜
	方阻(mΩ/□)	6	3
	线宽(μm)	25	25
	间距(μm)	75~100	56~60
	层数	5	7
	顶层金属	钛-钨/金,钛-钨/镍/金	铝
介质	材料	聚酰亚胺	/
	厚度(μm)	5~10	/
	介电常数(1 MHz 下)	2.9	/
	介质损耗(1 MHz 下)	0.000 3	/
	热膨胀系数($\times10^{-6}$/℃)	3	/
	热稳定性	至 500 ℃	/
	漏气性(150 ℃,1 000 h)	$<5\times10^{-3}$水	/
	通孔直径(μm)	35	15

表 7-27　HDMI 基板的主要电性能参数

电性能参数	SIG1	SIG2
电容(pF/cm)	1.5	1.0
电感(mH/cm)	3.2×10^{-3}	4.0×10^{-3}
特性阻抗(Ω)	50	64
电阻(Ω/cm)	3.6	3.3
近端串扰(50 μm 间距,35 PsT_R)	2.6%	5.0%
远端串扰	2.3%	3.8%

此外,还出现了一些其他的技术,如覆盖工艺(Overlay)和聚合物 HIC 技术(PolyHIC)。常规多层薄膜基板是先制作互连层,后组装芯片。而覆盖工艺则不同,是先在基板上粘接芯片,然后在芯片顶部制作多层互连结构,又称为后布线技术。覆盖工艺是美国通用电气公司(GE)研制的一种高密度多层互连工艺,它不需要 WB、TAB 或 FCB。这种高密度互连工艺(HDI)的工艺流程和基板剖面图如图 7-20 和图 7-21 所示。GE 公司研制的这种覆盖工艺高密度互连工艺是将所有芯片用 ULTEM 乙炔聚酰亚胺热塑粘接剂一次粘接到预先制作的凹形腔的陶瓷基板上,并用同样的芯片粘接剂把 Kapton 薄膜粘贴到芯片顶部作为介质层,然后用准分子激光器打孔形成通孔。介质表面是用溅射、电镀法金属化,用激光光刻形成导体图形;再涂覆和固化 PI、激光打孔、金属化、光刻形成第二导体层图形;再重复涂覆和固化 PI、通孔形成、金属化、光刻工艺,直至所需层数为止,这样得到的是一个薄膜多层互连层做在芯片上面的高密

度互连结构。典型的线宽和间距为 25 μm 和 50 μm,通孔直径为 25 μm。这种高密度互连工艺的优点是所有芯片互连一次完成,不需要传统的 WB、TAB 和 FCB,可实现更高的互连密度;互连通路短,电感减小,电性能和热性能好;制作样品和中小批量生产周期短。

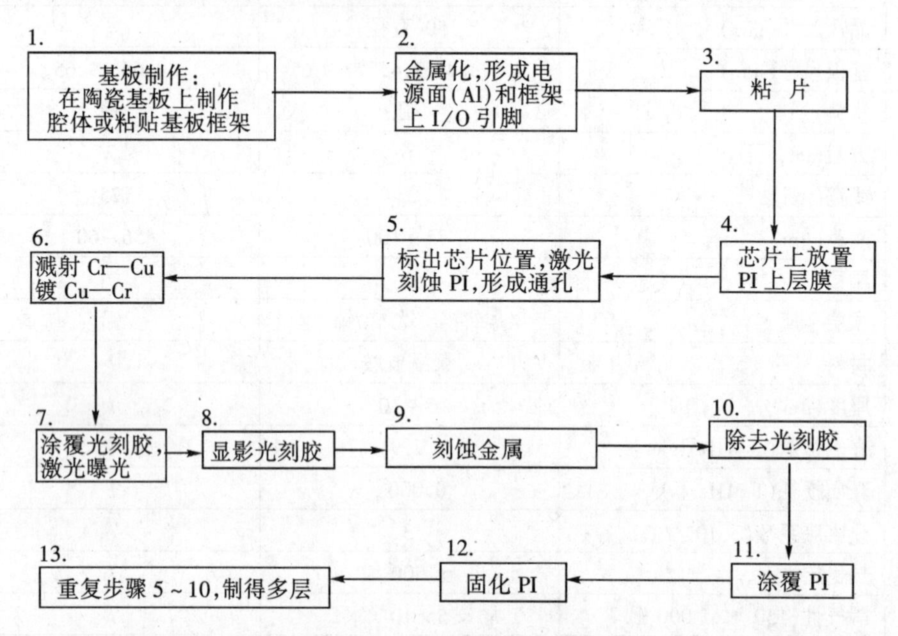

图 7-20 GE 公司的 HDI 工艺流程图

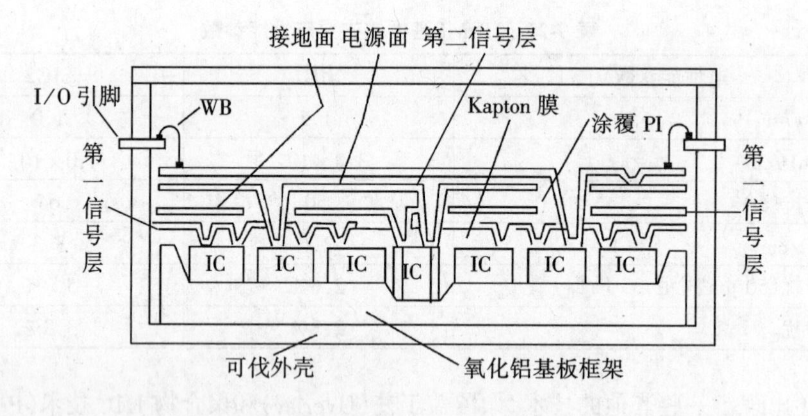

图 7-21 GE 公司的 HDI 工艺基板剖面图

PolyHIC 薄膜多层工艺是 AT&T 公司研制的聚合物 HIC 工艺,其特点是使用光敏 PI 作介质层,简化了通孔形成的诸多步骤,多个小的互连基板可同时一次制作,是一种低成本、大批量生产工艺。其制作方法与常规工艺相似。在 PolyHIC 工艺中,介质厚度为 25 ~ 50 μm,导体线宽为 50 ~ 100 μm,通孔直径为 75 ~ 100 μm。AT&T 公司已采用这种工艺来批量生产通信电路。

2. 层间互连技术

薄膜多层基板的层间互连是通过金属化通孔和金属柱通孔实现的,层间互连结构如图7-22所示。

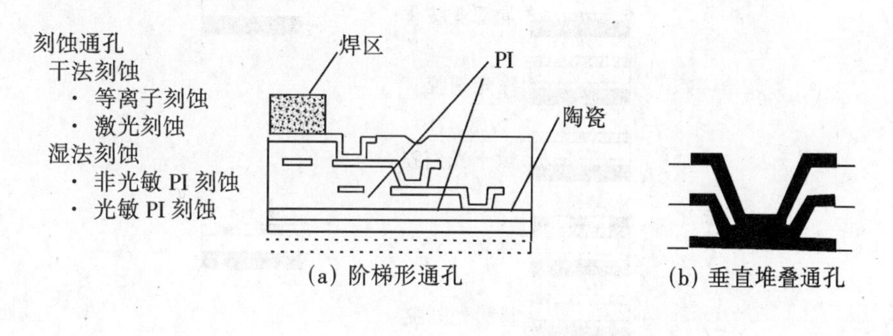

(a) 阶梯形通孔　　(b) 垂直堆叠通孔

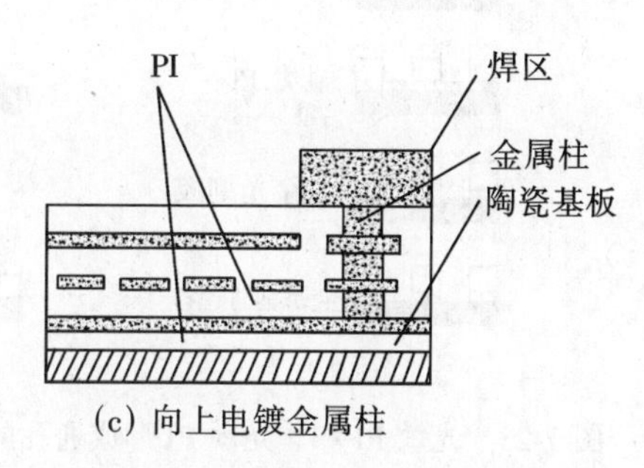

(c) 向上电镀金属柱

图 7-22　薄膜多层基板的层间互连结构

(1) 金属化通孔

通孔刻蚀有干刻蚀和湿刻蚀两种,前者包括等离子刻蚀和激光刻蚀,后者使用光敏 PI 和非光敏 PI。无论干刻蚀还是湿刻蚀,都需要使用光刻胶,通过曝光、显影等工艺来确定通孔图形。使用光敏 PI 介质材料,直接形成通孔可简化工序。因光敏 PI 中包含一种光敏剂,它能在曝光时使聚合物变成光交联聚合物。图 7-23 示出了光敏 PI 和非光敏 PI 工艺的比较。使用光敏 PI 的不利因素是固化时 PI 收缩比较大,高达 50%,造成通孔边缘及通孔斜面边缘的 PI 堆集和 CTE 增大。激光刻蚀是使用聚焦激光束在选择区域使介质挥发掉。

通孔形成后必须金属化,通孔金属化是通过蒸发、溅射淀积 Al、Cu、Au 或其他金属,在淀积导体层的同时完成通孔金属化。在多层结构中,通孔可形成阶梯式和垂直堆叠式几何形状,最细的通孔直径为 35 μm 或更小。

(2)金属柱通孔

薄膜多层基板中另一种立体 z 方向互连方法是电镀实心金属柱,即在导体层的通孔位置向上电镀 Cu 柱,然后涂覆、固化介质、抛光表面,使金属柱顶部露出,再淀积下一层金属形成金属柱。金属柱通孔的优点是能产生垂直互连,不仅可靠性高,而且可作为散热通道,有利于高密度布线。

AT&T 公司在其先进的 VLSI 封装系统中,采用了金属完全填充通孔实现层间互连,通孔采用溅射、镀 Cu 之后,用 Ni 填塞,形成完全填充的金属通孔。

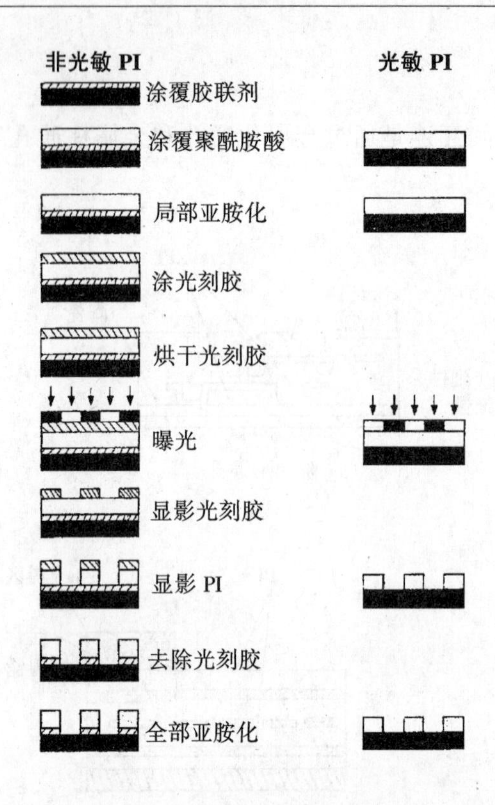

图 7-23　光敏 PI 和非光敏 PI 形成通孔的工艺比较

7.4.4　MCM-C/D 的基板制作技术

1. MCM-C/D 的基板结构

为发挥厚、薄膜基板工艺的综合优势，常常制作形成 MCM-C/D 混合结构，MCM-C/D 基板的结构如图 7-24 所示。在 MCM-C/D 多层基板中，薄膜多层布线层是做在共烧陶瓷（HTCC

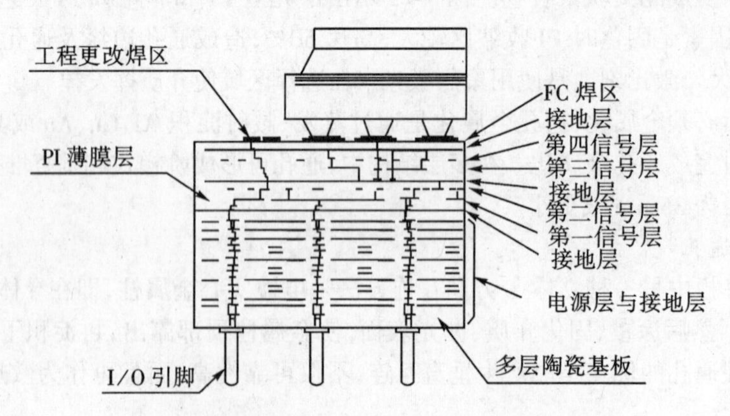

图 7-24　混合型多层基板（MCM-C/D 基板）的结构

或 LTCC）多层基板上的。对于要求高速度、高性能计算机应用的 MCM，一般多采用 LTCC 多层基板与薄膜多层基板相结合的 MCM-C/D,因 LTCC 介电常数小,介质损耗小,信号传输速度快。而 AlN 高温共烧多层基板上薄膜多层布线结构适合于组装密度高、性能高、功率大的 MCM。混合多层基板中,多层陶瓷作为接地层和电源层,薄膜多层常作为信号层和接地层。

2. 混合多层基板(MCM-C/D 基板)的工艺流程

参见图 7-25。

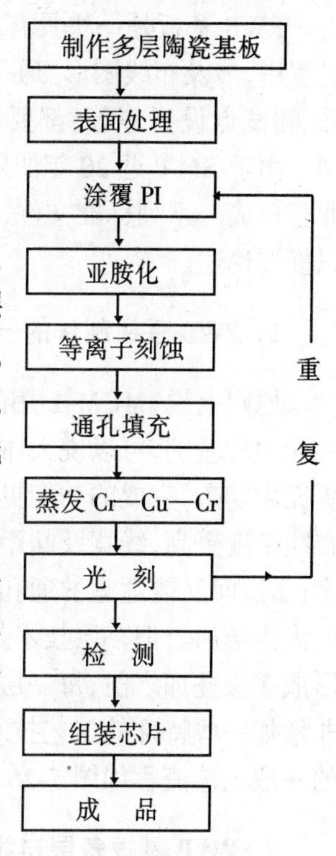

图 7-25　混合多层基板的工艺流程

3. MCM-C/D 基板的制作实例

NEC 公司的 SX-3/SX-X 计算机的 MCM 是典型的 MCM-C/D,其基板由 15 层共烧陶瓷(Al_2O_3)多层基板和 8 层薄膜导体布线层组成(参见图 7-24)。共烧多层基板中的布线层为电源层和接地层。8 层薄膜布线导体中有 3 个接地层、4 个信号层和 1 个顶层焊区。薄膜多层为 Cu/PI 结构,基板尺寸为 225 mm × 225 mm,Cu 导体线宽、间距为 25 μm 和 75 μm,PI 层厚为 20 μm,通孔直径为 15 μm,薄膜布线表面层上粘接有 100 个芯片,采用倒装 TAB 焊接。

IBM 公司的 ES9000 计算机的 MCM 是由 63 层低温共烧玻璃—陶瓷—Cu 基板和两层薄膜 Cu 导体层组成的,LTCC 基板由堇青石玻璃—陶瓷材料和 Cu 导体组成,在 950 ~ 1 000 ℃烧结的堇青石玻璃—陶瓷材料与 Cu 导体兼容,而且 CTE 与硅接近,介电常数为 2.5。为满足 ES9000 的 MCM 高组装密度、信号快速传输和散热的需要,共烧陶瓷中设计了较多的接地层、电源层和信号层。共烧陶瓷基板上的两层 Cu 导体布线层由 PI 介质隔离,第一个 Cu 金属化层由连接基板表面 Cu 通孔的大焊区组成,第二个 Cu 金属化层为再分配层,外面涂覆 PI 层,用激光刻蚀法在端头形成焊区。该组件尺寸为 127.5 mm × 127.5 mm,其上安装 120 个芯片,采用 C4 技术焊接在薄膜互连结构上,有的芯片包含有 648 个凸点。薄膜多层布线基板顶层有与芯片凸点对应的焊区,电路产生的热直接从芯片背面通过铜柱和簧片传到水冷热交换器上。该基板有 28 个信号层,陶瓷多层布线导体线宽、厚度为 89 μm 和 25 μm,线间距和通孔间距均为 450 μm。薄膜布线线宽、线间距为 28 μm 和 55 μm,布线厚度为 5.5 μm。该 MCM-C/D 体现了电、热和机械性能的优异组合,这种技术可用在未来的电子系统中。

第三个 MCM-C/D 的例子是 NTK 公司的 MCM 组件,该组件使用 10 cm × 10 cm Al_2O_3 高温共烧多层基板,层数为 20 层,导体线宽为 100 ~ 200 μm(4 ~ 8 mil),通孔直径为 200 μm(8 mil)或更大。导体材料是典型的难熔金属材料,其方阻为 10 ~ 15 mΩ/□;共烧陶瓷顶部制作了 4 ~ 6 层薄膜 Cu—PI 层,10 ~ 15 Ω/□的 TaN 薄膜电阻器可集成在薄膜结构内,Cu 层厚度为 6 ~ 10 μm,PI 层厚度为 25 μm。导体线宽为 25 μm,间距为 50 μm。PI 的 CTE 为 20×10^{-6} ~ 70×10^{-6}/℃,介电常数为 3.2(1 MHz 时),通孔直径为 30 μm,间距为 100 μm,高达 5 000 个 I/O 引脚钎焊在陶瓷基板底部。

7.4.5 PWB的制作技术

PWB基板是一块具有复杂布线图形及组装各种元器件的载体,用于MCM-L中。在制作过程中,涉及布线图形、通孔、元器件焊区布局及其形状、规格、尺寸以及导线与焊区的连接关系、测试点设置等等,都要遵循一定的原则和规范,这些均与一般SMT使用的PWB基板相同。由于SMT近20年的发展已非常成熟,PWB基板的设计技术已有大量的专著,在国内外业已形成一系列标准文件,所以有关这方面的内容不再赘述,对制作PWB基板的工艺技术也只择要论述。

1. PWB基板制作的一般工艺流程

原则上说,MCM-L用的PWB基板的制作工艺与普通的PWB基板并无大的差别,可以说大体相同。只是MCM-L用的PWB基板电路布线更庞大复杂,完成的功能更多,性能要求更高等,因此相应的PWB基板的布线密度更高,线宽及间距更小,图形尺寸要求更精密,基板层数叠加更多,多层间又需适宜的通孔连接起来,无疑会使PWB基板的制作工艺难度大为增加。但多层技术是建立在单层PWB基板制作基础之上的,在未形成多层叠加之前,每一层也就如同一般PWB单层板一样,叠加起来,无非增加一些特殊的工艺技术,主要是通孔及其连接技术。PWB基板制作的一般工艺流程如图7-26所示。

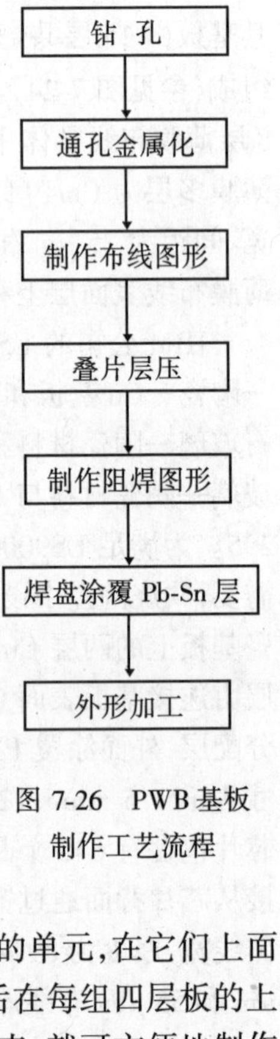

钻 孔 → 通孔金属化 → 制作布线图形 → 叠片层压 → 制作阻焊图形 → 焊盘涂覆Pb-Sn层 → 外形加工

图7-26 PWB基板制作工艺流程

2. PWB基板多层布线的基本原则

为了减少或避免多层布线的层间干扰,特别是高频应用下的层间干扰,两层间的走线应相互垂直;设置的电源层应布置在内层,它和接地层应与上下各层的信号层相近,并尽可能均匀分配,这样既可防止外界对电源的扰动,也避免了因电源线走线过长而严重干扰信号的传输。图7-27就是根据这些基本原则形成的PWB多层基板的结构及布线走向。

从图7-27中还可以看出,任何多层板的电源层和接地层都是最基本的单元,在它们上面和下面的敷铜板(不腐蚀出布线图形)层压就构成了最基本的四层板,然后在每组四层板的上下两层,根据具体电路制作出两层信号层,这样每四层一组再叠加层压起来,就可方便地制作成任意层数的PWB多层基板。事实上,国际上正是以四层板的层压方式生产内层图形(电源层及接地层)为定型设计的敷铜板,从而达到了标准化、批量化、高质量、低价格的要求。

3. PWB基板制作的几项新技术

近几年,由于以LSI、VLSI为基础,以电子计算机为核心的信息技术的高速发展,各种新型的电子封装如BGA、CSP、DCA等层出不穷,使各种电子整机得以轻、薄、小型化,特别是个人计算机、手持电话正走向千家万户,各种IC卡的需求不可限量。加上SMT的长足进步,这些都促使PWB基板(插板/插卡)向薄型、超薄型多层板方向发展。薄型、超薄型PWB多层板一般为4~20层,厚度在0.3~2.0 mm之间,所有的内层厚度可薄到0.02~0.05 mm,最厚为

0.127 mm。这类PWB基板都是与细线条、窄间距、微小孔径等紧密结合的，使其加工制作具有许多特殊性，这就出现了许多新工艺、新技术，下面择要加以介绍。

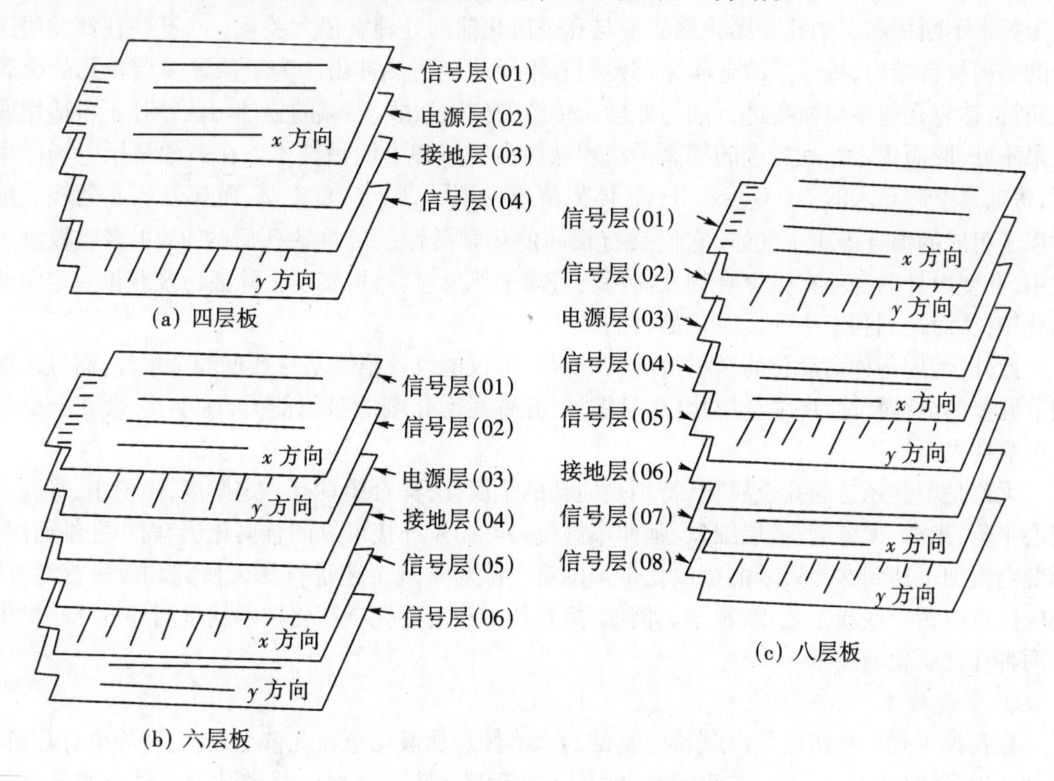

图7-27 PWB多层基板结构及布线走向

(1) 薄和超薄铜箔的采用

常规的PWB多层板使用的Cu箔厚度多为18 μm或35 μm，而先进的PWB多层板往往使用厚度在18 μm以下的薄Cu箔，如9 μm甚至5 μm的厚度，这是由PWB多层板的细线条和窄间距(达0.10 mm甚至0.08～0.05 mm)所决定的。这样细的线条、窄的间距，试想在光刻过程中假如正好线条上形成数微米的针孔，腐蚀线条时因有侧向腐蚀，厚Cu箔待深度腐蚀透，侧向也差不多断条了，这会使阻抗大为增加，给传输性能和可靠性都会带来严重的后果。而薄Cu箔则不然，因侧向腐蚀小，线条的一致性会大为提高。

对于更小的线宽(如0.05～0.08 mm)要求，除了采用薄或超薄Cu箔以外，对Cu箔的结构及制作方法也有要求。由于电镀的Cu箔晶粒结构是竖式圆柱形状，所以刻蚀时刻蚀剂会顺相垂直“切割”Cu箔，使细线的侧壁陡直；而滚轧退火Cu箔的晶粒结构则是卧式圆柱形状，因而具有抗刻蚀的特性，由于刻蚀时的速度不一致会造成锯齿状线条。

(2) 小孔钻削技术

由于PWB多层板有孔径小、密度高、定位精度高的特点，对小孔钻削技术提出更高的要求，必须采用数控机床高速钻削、冲孔和激光打孔三种成孔方式。对于厚度不超过0.1 mm的内层基片，因设有埋孔，从成本考虑，大多采用冲孔和激光打孔的方法，而层压后的通孔多采用数控钻孔完成，以有利于保证薄型多层板的加工质量。

(3) 小孔金属化及深孔电镀技术

由于孔径小,板厚孔径比及孔深不断加大,孔的金属化难度也随之增加,因而要求相应的加工技术不断提高。小孔金属化的质量与孔金属化前的处理有很大关系。小孔往往涉及层压板的多层材料结构,每一层的金属化都要附着牢固才能耐热冲击。为了保证多层板孔的金属化质量,钻完孔的多层板要进行油污处理。传统的使用强酸、强碱的去油污法往往不再适用或效果不好,取而代之的是先进的等离子法和碱性高锰酸钾去油污技术。在高频高压电场作用下,将抽真空后充入的 N_2、O_2 或 CF_4 气体离解成为离子、电子、自由基、游离基团和紫外线辐射离子组成的混合等离子气体,它们具有很高的化学活性。若将钻孔后的 PWB 多层板放入其中,孔壁内外的各种有机聚合物及油污与等离子体反应,就可实现去除油污及获得一定凹蚀的孔壁,从而达到利于小孔金属化的目的。

此外,利用各种商品化的基材清洗、调节剂,不仅能改善绝缘基材孔壁的亲水性,而且还能调节孔壁的电荷特性,增强金属化(化学镀)时孔壁对活化剂的吸附能力,使小孔、微孔金属化的可靠性大为提高。

无论是埋孔还是通孔金属化,特别是通孔的金属化,都希望具有一定厚度,阻值小,且孔壁镀层平整、光滑、无结瘤、镀层细致、延伸率高(≥24%)及连接可靠的金属化层,而小孔细而深,无疑会给加工达到这些要求的金属化带来困难。除对常规工艺进行深入研究和改进提高外,还应注重应用一些新工艺、新技术。例如,黑孔技术和直接孔金属化技术就是国外近几年推出的两种孔金属化新技术。

① 黑孔技术

黑孔技术是一种将以导电碳粉为基础的水溶性悬浊液均布在孔壁上,使孔壁导电,以获得均匀电镀层的新工艺。其工艺流程是:钻孔→去毛刺→清洁→水洗→整孔→水洗→黑孔→抗氧化处理→水洗→烘干→全板电镀。

美国 Olin 公司已率先将该项新技术所需的各种溶剂全部商品化,并发展成为全自动化生产线,极大地提高了生产效率。同时得到美国电子电路互连封装协会(IPC)的认可,使其进入高可靠印制板的加工领域。

② 直接孔金属化技术

直接孔金属化(Direct Metalligation System,简称 DMS)技术,是先用含高锰酸钾的溶液对非金属孔壁进行氧化处理,使其吸附一层 MnO_2,然后再用有机单分子催化或活化处理,使孔壁均匀地涂覆一层有机单分子膜,接着浸入稀酸(稀 H_2SO_4)溶液中,完成氧化聚合反应,就得到含盐类的高分子导电膜,这层导电膜具有完成全板电镀 Cu 的导电能力。DMS 技术的工艺流程是:钻孔→去毛刺→整孔→水洗→微蚀→水洗→氧化→水洗→催化→固着→水洗→全板电镀。

(4) 精细线条的图形刻蚀技术

传统的 PWB 多层板布线图形刻蚀技术是用粘贴厚的干膜抗蚀剂后进行光刻,腐蚀出布线图形的,由于膜厚及工艺的限制,这种分辨率较低的干膜抗蚀剂只能制作 0.15 mm 以上的布线图形。而制作线宽及间距更小的精细线条的光致抗蚀剂应具有更高的分辨率,而液体光敏抗蚀剂和电沉积光敏抗蚀剂就能弥补干膜抗蚀剂分辨率不够高的弱点,以高分辨率刻蚀出精细线条的布线图形,液体光敏抗蚀剂能在大规模工业生产中分辨并刻蚀出 0.10 mm 的精细布线图形,而电沉积光敏抗蚀剂更可分辨并刻蚀出 0.05~0.08 mm 的更精细布线图形。

为刻蚀好精细布线图形,板面的前处理也是非常重要的。用浮石研磨技术代替含磨料的尼龙针刷磨,能获得更加均匀细致的板面粗化处理表面,以有利于刻蚀细线条。此外,更加先进的电化学清洗和粗化前处理新工艺,可进一步提高板面处理质量及生产效率。

为提高光敏抗蚀剂的分辨率,缩短光化学反应的诱导期,这类曝光机常带有光度积分仪,以便有效地控制曝光量。还需采用大功率曝光灯,以提高光化学反应的激发效率。有的还带有平行光入射曝光装置,大大减少了热效应对曝光质量的影响,可进一步提高曝光的精度。

(5) 真空层压技术

层压板的每层间都有一层半固化粘接剂,在加热加压时,半固化粘接剂中的低分子挥发物及吸附的气体都要逸出,在一般条件下层压,难免有少量的挥发物或气泡滞留在层间,影响多层板的平整度,并产生缺胶、分层及树脂流动引起的层间电路错位等缺陷。而采用真空层压技术,不仅可使层压时的压力明显降低(仅为传统工艺的1/4~1/2),而且因在真空状态下,加热加压的低分子挥发物及气泡更易于排出,且树脂的流动阻力减少,能更均匀地流动,从而使层压的板厚偏差可明显减小。对制作精细布线图形的薄型和超薄层压板,真空层压技术尤显重要。

(6) 先进的表面涂覆处理技术

由于多层层压板,特别是薄型和超薄型层压板的表面组装密度很高,又多为表面贴装的薄形或窄间距的SMD,如TQFP、TSOP、BGA、CSP等,既要求PWB的焊区平整度高(平面性好),又要求其可焊性好,还要避免窄引脚间焊接的桥连。因此,对PWB层压板的表面进行特殊处理就显得十分重要。这些特殊处理主要有高平整度的可焊层涂覆处理技术、助焊剂涂覆处理技术及阻焊剂涂覆处理技术等。

① 可焊层涂覆处理技术

要达到电镀Pb-Sn焊料涂覆的高平整度,用一般的红外热熔法由于Pb-Sn熔化时的表面张力,使之焊区中间厚而边缘薄,用热风整平技术可以满足贴装焊接较大节距焊区SMD的需要,但对于0.5~0.3 mm的窄节距焊区SMD,就难以满足高平整度及焊料量精确的要求。而在焊区位置上采用化学镀或电镀方法镀取0.1~7 μm厚的Pb-Sn或Ni-Au层,就能达到高平整度及定量精确的焊层且可焊性好的要求,许多薄板制造商正在大力开发中。

② 助焊剂涂覆处理技术

为了达到良好的焊接效果,预涂覆助焊剂是必不可少的。这类助焊剂应耐高温,至少经焊接温度的冲击仍有良好的可焊性,它是一种既助焊、防氧化又起绝缘三重作用的耐高温材料,显然,一般的松香助焊剂已难以担此重任。这种有三重作用的耐高温材料,大多属烷基咪唑类的水溶性稀溶液有机化合物。用浸涂的方法,就可获得0.3~0.6 μm均匀膜厚、焊接性能很好的这类助焊剂。其具有工艺简单、易于控制、成本低、操作环境好等优点,所以在国际上有了迅速的发展和应用,日本、美国的一些最大的PWB厂都建立了自动化的生产线,我国也有许多厂家采用了这类助焊剂,也有的厂家开发生产了这类助焊剂。

③ 阻焊剂的涂覆处理技术

在SMT中,为了防止窄引脚节距的SMD焊接过程中出现桥连现象,必须在焊区间涂覆一层阻焊剂。由于焊区节距小,两相邻焊区间距往往小于0.10 mm,使用传统的丝网印制法已难以胜任,光敏阻焊干膜由于膜层较厚,容易在SMD的引线与焊区间形成支点,引起焊接时出现元件竖起的“石碑”效应。为此,高精密的PWB多层板普遍采用液态光致成像阻焊剂

(LPSR)工艺。涂覆 LPSR 可用丝网印刷或流延法(也称垂帘、帘式法),后者生产效率高,适于大规模生产,但设备费用高。涂覆后需经烘烤,去除阻焊剂的挥发成分,成为干膜后,经曝光、显影去除金属焊区上的阻焊剂,就制出所需的阻焊膜图形。最后阻焊剂再经光固化、热固化处理,就可获得高性能的阻焊膜。应用这种 LPSR 工艺在工业上已能制作出 0.07 mm 高分辨率的阻焊膜图形。

4. PWB 面临的问题及解决办法

(1) PWB 面临的问题

PWB 面临的主要问题有以下几点:

①随着电子设备的小型化、轻薄化、多功能、高性能及数字化,SMC/SMD 也相应薄型化,引脚节距日益缩小,新的 IC 芯片封装形式如 BGA、CSP 和 MCM 的使用将更为流行,裸芯片 DCA 到 PWB 上也更为普遍。所有这些都要求 PWB 技术必须更新,以适应高密度组装的需求。

②传统的环氧玻璃布 PWB 板的介电常数较大(一般$\geqslant 6$),导致信号延迟大,不能满足高速信号的传输要求。

③当前低成本的 PWB 基板的布线主流间距为 0.20 ~ 0.25 mm(2.54 mm 网格间过 2 ~ 3 线),而要制作 0.10 mm 以下的线条及间距和更小通孔,不但价格昂贵,成本高,而成品率也难以保证。

④传统 PWB 基板的功率密度难以承受,散热是一个问题。

⑤制作传统 PWB 板面临严重的环境污染问题,要求应尽量使用对环境污染小的基板材料。这就对新的 PWB 设计制作增加了难度。

⑥根据市场的需求动向,应设法减少 PWB 的层数,而又要提高 PWB 的组装密度,并力求简化设计及工艺过程。

⑦PWB 还面临其他一些问题,如高精度的焊膏涂覆,焊剂耐热性,防止环境污染及开发新材料、新工艺等。

(2) 解决 PWB 问题的新技术

为解决 PWB 面临的以上问题,已研制开发了一些新工艺、新技术,如关键的小通孔加工方法,正在探讨使用化学方法或激光技术。通常在 PWB 上形成 50 μm 线宽和间距均采用光刻法,而如今采用激光直接成像(Laser Direct Imaging,简称 LDI)技术,通过 CAD/CAM 系统控制 LDI 在 PWB 涂有光刻胶层上直接绘制出布线图形。这样,可通过提高劳动生产率,缩短设计和生产周期,由设计到制造的全过程实现自动化来保证产品的质量。

下面介绍一种由日本松下公司提出的一整套解决 PWB 问题的方案,称之为完全内部通孔(All Inner Via Hole,简称 ALIVH)技术。这种技术能达到 PWB 密度高、层数少、设计简化、工艺简单、可靠等目标,基本解决了当前 PWB 面临的许多问题。

ALIVH 技术实质上是一种 PWB 的组合加厚布线技术,是由印刷电路板厂家和原材料厂家共同合作研制开发的新技术。其布线宽度/间距可缩小到 50 μm 以下,从而可实现精细布线图形的制作,每层布线板薄片上通孔直径可缩小到 150 μm 以下。

①ALIVH 的设计

ALIVH 的设计思想在于将 PWB 的层间完全采用统一的内部通孔(Inner Via Hole,简称

IVH)结构,其关键技术有三个部分,如图 7-28 所示。

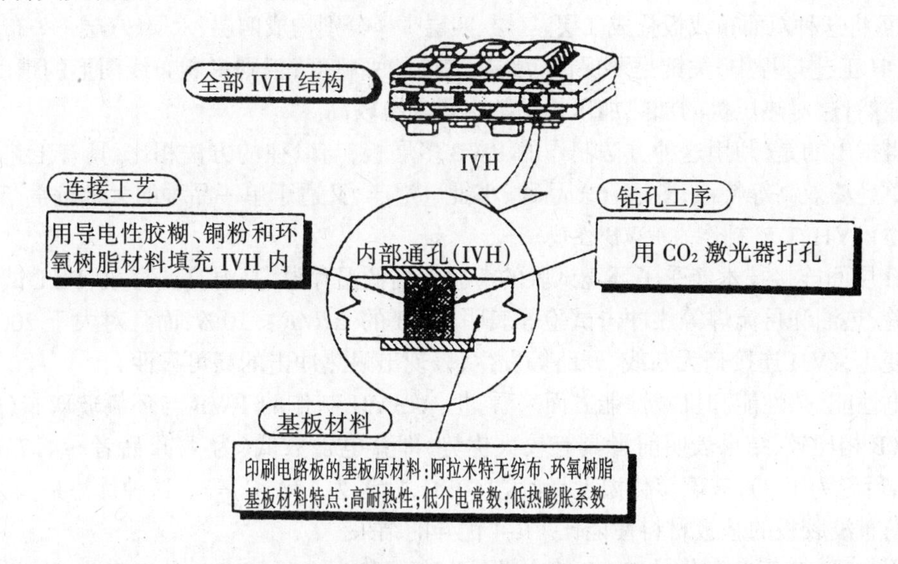

图 7-28　ALIVH 结构

(a) 层间连接材料

利用 Cu 粉、环氧树脂和固化剂,研制出一种无溶剂型的导电胶糊。在由激光钻出的细孔里填充这种导电胶糊,再在预浸胶糊的孔两侧面贴上 Cu 箔,然后用热压机对工件加压、加热,使孔内外各处的导电环氧树脂固化,并将两侧的 Cu 箔牢牢固定,实现"Cu 铆钉"结构型的导通连接。这种 IVH 结构的导通电阻低于 1 mΩ,与电镀通孔连接的导通电阻相当。

(b) 微细孔的激光钻孔法

制作微细 IVH 孔,采用脉冲振荡型 CO_2 激光器钻孔机,它比常规的钻孔方法加工速度高出 10 倍,并且加工更精细。

(c) 绝缘基板材料

作为 ALIVH 技术的绝缘基板材料,要求具有便于激光加工性和高耐热性,所以采用阿拉米特无纺布。这种材料用作 MCM 的布线基板材料令人瞩目。在 ALIVH 工艺过程中,对阿拉米特无纺布要先进行浸胶预处理,这相当于 FR-5 型的耐热性环氧树脂。

② ALIVH 的工艺技术

ALIVH 技术的主要工艺流程如图 7-29 所示。首先将阿拉米特无纺布浸渍在环氧树脂中,形成 110 μm 厚的浸胶布薄板,再利用 CO_2 激光器钻孔机钻孔,孔径平均为 150 μm。然后在孔内填充由 Cu 粉和环氧树脂调成的胶糊状导电胶。紧接着浸胶布板两面,张贴上 18～35 μm 厚的 Cu 箔。通过热压机对覆 Cu 板进行加热、加压,树脂固化,就成了双面覆 Cu 板。其后再进行涂胶、

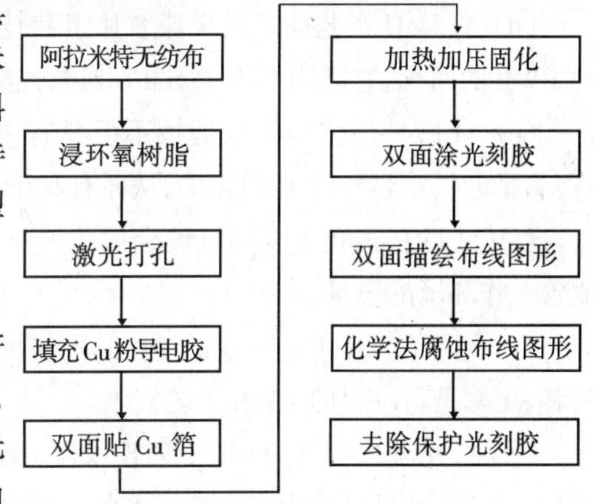

图 7-29　ALIVH 工艺流程

激光布线图形、化学腐蚀等步骤,就可获得带有 IVH 的双面布线板。在此基础上,根据电路的总体设计,可将这种双面布线板叠成二层、三层、四层……分别构成四层、六层、八层……布线板。在 ALIVH 工艺过程中,关键是要保证布线板表面的平整度,否则影响布线图形的精度和组装质量。显然,这对热压机的加热加压板平整度要求也较高。

值得指出的是,利用这种方法制作的 PWB 多层板,与以往的方法相比,具有工艺流程短、加工简单且功效高等特点,既适合多品种、小批量生产,又适于单一品种的大批量生产。

③ ALIVH 工艺制作的 PWB 性能

IVH 层间连接技术经受了环境试验的考验。高低温存放、高温高湿存放、PCT 试验、温度循环试验、热油和再流焊等热冲击试验等表明,IVH 的 $\Delta R/R < 10\%$,而且对大于 200 ℃的环境温度变化,IVH 连接毫无断线、开路等发生,表现出耐热冲击的高可靠性。

从电性能、热性能和机械性能方面来看,把 ALIVH 制作的 PWB 与环氧玻璃布(FR-4)制作的 PWB 相比较,结果表明前者具有较大优势,即介电常数低(为 4.1,后者≥4.7),密度低(为 1.4,后者为 1.9),玻璃转化温度高(达 160 ℃,后者为 130 ℃)等。这种优势是因为用阿拉米特无纺布浸胶板的基板材料性能比 FR-4 优异的结果。

利用 ALIVH 工艺制作的 PWB 的大批量生产规范为:四层 PWB 的厚度为 0.4 mm,六层 PWB 的厚度为 0.65 mm,IVH 孔直径为 150 μm,IVH 通孔上下顶盘的直径为 360 μm,最细布线线宽为 60 μm,最小导体间距为 90 μm。

④ 对 ALIVH 工艺技术的评价

根据各种试验检测结果,对 ALIVH 工艺技术可作如下评价:

(a) 与传统的电镀金属化孔型 PWB 相比,在同样的设计线宽、同样的 SMC/SMD 及组装技术条件下,用 ALIVH 工艺制作的 PWB 可节约板面积 50%。

(b) 以六层板为例,在相同的面积下,传统 PWB 重量可观,而 ALIVH 工艺制作的 PWB 的重量只有 34 g,真正成为轻量化的 PWB。

(c) ALIVH 不但工艺流程短,而且便于自动化设计,CAD 的自动布线率可达 70% ~ 100%。设计周期可由 30 天缩短为 10 天,从而大大提高了功效。

(d) ALIVH 工艺技术适于裸芯片组装技术的应用,可实现高密度的电路组装,极大地节约 PWB 的面积,它既能适用于 SMT 基板,也适用于裸芯片组装用基板,如图 7-30 所示。

(e) ALIVH 工艺制作的基板不但具有更薄、更轻、更小的特点,还便于采用多种屏蔽措施,满足电磁兼容性(EMC)要求,从而有利于提高电子产品的电性能。

(f) ALIVH 避免了采用电镀金属化通孔工艺,从而可大大减少工艺对大气环境的污染,改善工作环境的质量。

(g) 用 ALIVH 工艺制作的 PWB,不但可以用于母板,而且也能用于 BGA、CSP 和 MCM 封装,堪称是新一代的 PWB 工艺技术。

松下公司开发的 ALIVH 工艺技术自 1996 年成功地用于手持电话领域以来,深得用户好评与青睐,其产品已成为当今市场上的主流产品。ALIVH 工艺技术的实用化,正推动新型微电子封装技术的飞速发展。

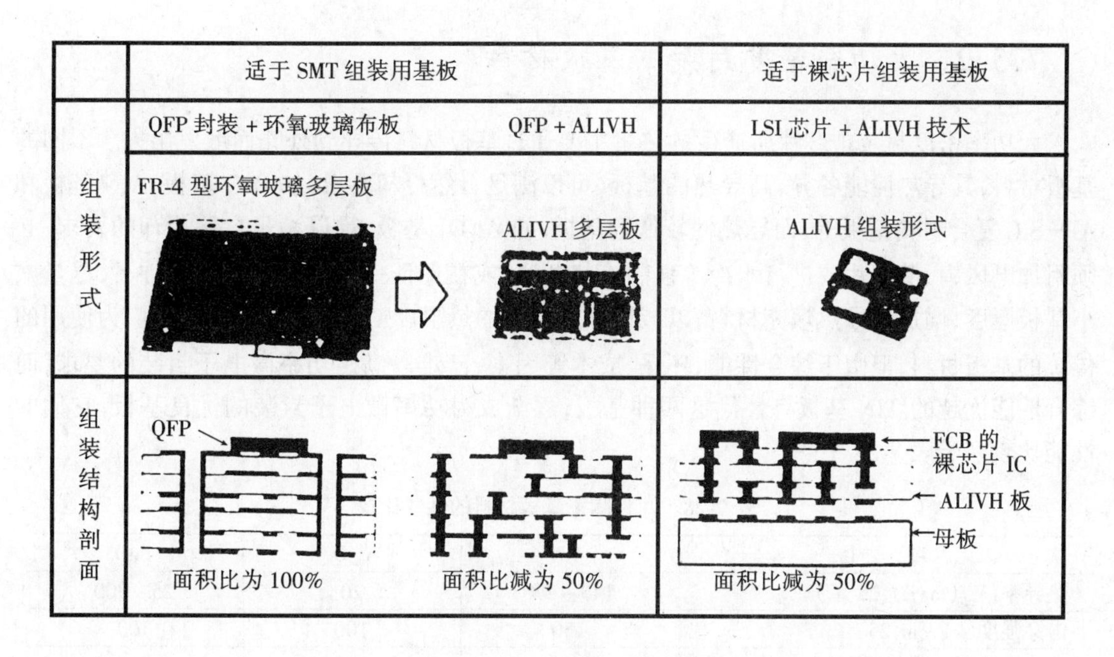

图7-30　ALIVH组装新工艺

7.5　大功率密度封装基板及散热冷却技术

7.5.1　概述

功率微电子封装一般是对含有功率半导体器件如金属氧化物半导体场效应晶体管(MOSFET)或绝缘栅双极晶体管(IGBT)的电路而言的,如今还包括了含有Si功率器件和GaAs功率晶体管及ASIC的功率电路。而随着电子装备的日益小型化、多功能化,LSI、VLSI不但集成度越来越高,而且基板上各类IC芯片的组装数及组装密度也越来越高(如MCM),也就是说,功率密度(输出功率/单位体积)越来越大。20世纪80年代末的功率密度为2.5 W/cm^3(40 W/in^3),而90年代已达6 W/cm^3(100 W/in^3)以上。如何将产生的大量热量散发出去,这是电子装备在一定环境温度条件下能长期正常工作的保证,也是对电子装备的可靠性要求。在这类功率电路的电参数设计、结构设计及热设计三部分中,热设计显得更为重要。因为热耗散的好坏直接影响着电子装备的电性能和结构性能,甚至可引起重要电性能失效和结构的破坏。统计分析表明,电子产品失效中,由热引起的失效所占比重最大,为55%,其余20%失效为振动,10%为潮湿引起失效,6%失效为尘埃造成。由此可见,解决好热耗散是功率微电子封装的关键。此外,现代功率微电子封装除要承担热耗散外,还必须具有与Si、GaAs相匹配的热膨胀系数(CTE)以及强度高、重量轻、工艺实施性好、成本较低等特点。要解决这些问题,满足这些性能的基板是关键。因此,大功率密度封装基板越来越受到行业的重视。

7.5.2 大功率密度封装的基板材料

大功率密度封装中芯片所产生的热量主要通过基板材料传导到外壳而散发出去。不同的基板材料,其导热性能各异,高导热的基板,可以满足自然冷却要求,如 BeO 基板、AlN 基板和 Al—SiC 复合材料基板等;而导热性较低的基板,如 Al_2O_3 基板,难以满足自然冷却的要求,必须附加电风扇、散热片或进行水冷等强制冷却办法,或在保证一定的机械强度条件下,尽量减小基板厚度,增加高导热填充材料,以减小热通道上的热阻。Al_2O_3 和 BeO 基板是广为使用的传统的基板材料,但由于综合性能、环保、成本等因素,已难以满足功率微电子封装的要求,而综合性能优越的 AlN 基板将替代这两种基板,逐渐成为功率微电子封装的优良基板,它们的性能比较列于表 7-28 中。

表 7-28 几种陶瓷基板材料的性能比较

项 目	AlN	Al_2O_3	BeO
热导率(W/(m·K),25 ℃)	140～270	20	25～300
击穿强度(kV/cm,25 ℃)	150	100	100
介电常数(1 MHz,25 ℃)	8.8	8.5	6.5
介质损耗($\times 10^{-4}$,1 MHz,25 ℃)	5～10	3	5
体电阻率(Ω·cm,25 ℃)	$>10^{14}$	$>10^{14}$	$>10^{14}$
热膨胀系数($\times 10^{-6}$/℃,25～400 ℃)	4.3	7.3	8
抗弯强度(N/mm^2)	200～400	200	150
密度(g/cm^3)	3.3	3.9	2.9
毒性	无	无	有

从表 7-28 可以看出,单就重要的导热性而言,AlN 基板远高于 Al_2O_3 基板,比 BeO 略低。但 AlN 的热导率随温度变化缓慢,而 BeO 却随温度的升高而急速下降。而对于作为功率微电子封装基板,器件通常结温为 125 ℃或更高,在温度接近 100 ℃时,二者的热导率已很接近。温度更高些,AlN 的热导率反而优于 BeO,实验也得到证实,在工作温度接近 100 ℃时,170 W/(m·K)的 AlN 基板与 260 W/(m·K)的 BeO 基板传热效果相同。

再从结构上来看,AlN 陶瓷在简化结构设计、降低总热阻、提高可靠性、增加布线密度、使基板与封装一体化及降低封装成本等方面,其应用于功率器件具有优势。AlN 陶瓷的 CTE 又与 Si 接近(参见图 7-6),这样各类 IC 芯片和大功率器件就可以直接附着在 AlN 基板上,而不需加过渡片,不仅简化了工艺,也能有效地避免由热失配引起的失效,从而提高了电子部件的可靠性。此外,AlN 的抗弯强度也明显优于 BeO,所以 AlN 陶瓷封装可以更薄更轻,也更坚固可靠。AlN 陶瓷生产过程中无毒害,具有良好的环保优势,其生产成本较 BeO 低 1/3,因此有比 BeO 明显的价格竞争优势。

尽管 AlN 具有优良的物理性能、机械性能,但是它的相对价格目前仍较高,再加上它不易加工成复杂形状,限制了其使用范围,难以满足新一代电子产品的要求。所以,研制开发出既具有优良的物理、机械性能,又具有容易加工、工艺简单、成本低廉、适应环保要求的新型微电子封装材料是各国竞相追求的目标。这里介绍一种已能全面满足如上要求的最具有发展前景的新型金属基复合材料(MMC)——Al—SiC微电子封装材料,它尤其适于功率HIC、微波毫米波单片电路(MMIC)、MCM和大电流功率模块的功率封装应用。

SiC颗粒作为增强材料具有性能优异、成本低廉的优点,其CTE为4.7×10^{-6}/K,与Si的CTE最为接近,热导率为80~170 W/(m·K),弹性模量达450 GPa,密度为3.2 g/cm^3;Al作为基板材料,具有高导热(170~220 W/(m·K))、低密度(2.79 g/cm^3)、价格低廉和易于加工等优点,其缺点是CTE较高。但形成Al—SiC复合材料后,却能发挥出Al和SiC各自的优点,又克服了各自的缺点,所以能表现出综合的优异性能。表7-29和表7-30给出了Al—SiC与其他封装材料各种性能的比较。

表7-29　Al—SiC与其他封装材料物理性能的比较

材　料	组　分	密度(g/cm^3)	CTE($\times10^{-6}$/K)(25~150 ℃)	热导率(W/(m·K))
Al—SiC	Al+50%~67%SiC	3.0	6.5~9	160
AlN	98%纯度	3.3	4.5	200
Cu—W	W+11%~20%Cu	15.67~17.00	6.5~8.3	180~200
Cu—Mo	Mo+15%~20%Cu	10	7.0~8.0	160~170
Al—Si	60%Al+40%Si	2.53	15.4	126
可伐合金	Fe—Ni—Co	8.1	5.2	11~17
Cu		8.96	17.8	398
Al		2.70	23.6	238
Si		2.30	4.2	151
GaAs		5.32	6.5	54
Al_2O_3		3.60	6.7	17
BeO		2.90	7.6	250

表7-30　Al—SiC与其他封装材料的电性能、机械性能比较

材　料	电阻率(μΩ·cm)	抗弯强度(MPa)	极限抗拉强度(MPa)	弹性模量(GPa)
Al—SiC(70%)	34	270	192	224
Al	2.9	/	90	70
Cu	1.7	/	207	110
钢(4140)	22	/	450	207
可伐合金	49	/	551	138
Cu—W(10%Cu)	/	970	/	367
Al_2O_3	/	344	/	380
AlN	/	345	/	345

从表7-29可以看到,Al—SiC的热导率约为可伐合金和Al_2O_3的10倍,与Si、Cu—W相当。Al—SiC的CTE与GaAs相近,值得称道的是Al—SiC的CTE可以通过SiC的加入量来调节,从而可获得精确的热膨胀系数匹配,使相邻材料界面应力降到最小,这就可以将大功率的芯片直接安装到Al—SiC基板上,而不用担心它们的失配应力问题。在密度上,Al—SiC与Al接近,还不到Cu—W的1/5,在那些对重量敏感的应用领域(如航空、航天等)具有很大优势。

从表7-30可以看到,Al—SiC的电阻率虽然比许多金属(如Al、Cu等)高得多,但比常规的

可伐封装外壳又低许多。但是,Al—SiC 具有优异的机械性能,其弹性模量是 Cu 的两倍,抗弯、抗拉强度也很好,因此可保证封装结构的牢固性和具有一定的伸缩性。同时,优异的机械性能也有利于散热,因此 Al—SiC 基板可以做得更薄一些,从而减小了热阻。与陶瓷不同,Al—SiC 具有抗裂性,因为它是采用浇铸渗透工艺制成的,表面覆有一层薄薄的 Al,起到抑制裂纹沿表面扩散的作用。Al—SiC 的抗振性能也很理想,含 75% SiC 的 Al—SiC,其减振比可达 5.867×10^{-3},是 Al 的两倍,在航空、航天电子设备中用它作芯材的标准电子组件(SEM)的共振频率提高到 600 Hz,比使用 Cu—W 时高一倍,这对使用在强烈振动环境下的大尺寸封装显得尤为重要。

Al—SiC 复合材料的制作方法简便易行,用于电子封装的高掺量 Al—SiC 复合材料,国际上普遍采用浇铸渗透工艺。即先将一定配比的 SiC 粉和粘接剂用压制、流延或铸模法制作烧结成型为预制件,再将其装在石墨浇铸模内,并放上 Al 块,置于配有抽真空系统的特殊容器中。抽真空后对成型的 SiC 预制件连同石墨浇铸模一同加热,到达高于 Al 熔点的浇铸渗透温度后,开始加压,于是熔化的 Al 就在加热加压下先渗入铸模间隙,继而渗入预制件中,这一过程只需几分钟就可完成。随后进入冷却程序,脱模后的 Al—SiC 复合件不需机械整修即可根据不同的需要进行电镀或阳极氧化等后续加工。更新的工艺可不需抽真空及加压就可制成 Al—SiC 复合件,此称无压渗透法。其基本原理是利用 SiC 预制成型的多孔性,依靠毛细管作用,将液态 Al 由 SiC 的表面渗入其内部,自动完成 Al 的渗透。为防止 Al 的氧化,工艺过程中需在氮气保护下进行,而且,制成的复合物性能及尺寸精度都很好。显然,这种无压渗透法比抽真空加热加压法更为简单。

利用如上两种方法,不仅能达到净形状加工目的,还可达到同步制作封装外壳的目的。即将封装的引脚组件、环框、陶瓷基板和 SiC 预制件一起装入浇铸模内,一同进行 Al 浇铸渗透,Al 合金作为中间物与各封装部件发生界面反应,从而形成各部分之间的密封连接。用这种同步方法制作的封装,其漏速可小于 1×10^{-3} Pa·cm^3/s(He),并具有很高的可靠性。

7.5.3 大功率密度封装的基板金属化技术

功率微电子封装基板金属化技术,对于通常使用且已成熟的 Al_2O_3、BeO 等基板的金属化这里不再论述,现就具有巨大应用潜力的 AlN 金属化技术作一些介绍。

自 20 世纪 70 年代日、美等国研制开发出 AlN 基板后,20 世纪 80 年代中期又对它的实用性金属化进行了研究,目前各种金属化的 AlN 陶瓷基板正走向实用化阶段,并已推出商品化的 AlN 陶瓷金属化系列产品。国内自 80 年代中期也开展了对 AlN 陶瓷以及金属化的全面研究,中国电子科技集团公司第 43 研究所和第 13 研究所等都是国内开展这项研制开发最早的单位。自 1994 年完成了 AlN 基板薄膜金属化研究开发之后,目前已可小批量供应金属化的 AlN 基板产品。

已研究出的 AlN 基板金属化技术有:厚膜金属化、薄膜金属化、化学镀 Cu 金属化及直接敷 Cu(DBC)金属化等,表 7-31 列出了这几种金属化技术的比较。

表 7-31　AlN 基板金属化技术比较

金属化方法	金属化材料	方电阻 (mΩ/□)	附着强度 (kg/mm²)	优　缺　点
厚膜金属化	Pd-Ag	20	1.5	可焊性好,但方阻高,需专门配制浆料
	Au	3	1.7	键合能力强,但可焊性差
	Cu	2	2.0	可焊性好,导电率高,但表面易氧化
	Mo-Mn	30	1.8	耐高温,但方阻大,需电镀 Ni
薄膜金属化	Ti—Cu—Ni—Au 或 Ta_2N—Cu—Ni—Au	2	3	可焊性好,易键合,可靠性高
化学镀 Cu 金属化	Cu	1~2	2.5	导电性好,但表面易氧化
DBC 金属化	Cu	0.06	1.0	导电性好,但附着强度较低

从综合性能比较来看,薄膜金属化性能最好,可靠性最高。以 Ti—Cu—Ni—Au 多层金属化膜为例,Ti 为粘附层,因为 Ti 这类活性金属与 AlN 陶瓷间能发生固态置换反应,实现金属与 AlN 的高粘附强度。虽要在一定的温度下进行,但可通过基板加热或成膜后的热处理来实现。由于 Ti 的电阻率与强度高,为减少串联电阻和层间应力,Ti 层不宜太厚,有 100 nm 厚就可以了。Cu 为导电层,可大大降低多层金属化复合膜的方阻,可达到 2 mΩ/□,Cu 层应较厚,一般在 700 nm 左右。表面层为 Au,其性能稳定、不氧化,易键合,且导电、导热性能好,因价格昂贵,不宜过厚,大于 500 nm 即可。但 Au、Cu 在 Pb-Sn 中的溶解度高,焊接时,很易被 Pb-Sn 溶掉,下面直接与 Ti 接触,形成焊接不良,所以在 Au 与 Cu 间应增加一层扩散阻挡层,如 Ni、Pd、Pt。Ni 与 Au、Cu、Ti 的粘附性均好,且易焊接,Ni 不仅在 Pb-Sn 中的溶解度比 Au、Cu 小得多,而且在 Au 中的扩散速度又比 Cu 低得多,所以既容易与 Pb-Sn 焊接,又能阻挡易氧化的 Cu 向 Au 中扩散,以免造成焊接质量下降问题,且 Ni 的性能价格比也较 Pd、Pt 为高。为保证复合膜长期在较高温度下工作的可靠性,作为阻挡层金属,Ni 要足够厚,一般在 1 000 nm 以上。

Ti—Cu—Ni—Au 多层金属化层的成膜与一般的薄膜工艺相同,典型的膜层厚度为:Ti 为 100 nm,Cu 为 700 nm,Ni 为 1 000 nm。由于阻挡层 Ni 厚度达 1 000 nm,能起良好阻挡作用,这种复合膜,即使在 150 ℃,经过 1 000 h,与 Pb-Sn 的焊接拉力强度仍在 30 N/mm² 以上。如果 Ni 层较薄,在长期高温下不足以抵挡 Cu—Au 向 Sn 中的快速扩散,部分 Sn 将与粘附层 Ti 接触,故拉力强度大为降低。而较厚的 Ni 阻挡层向 Sn 中的扩散缓慢,所形成的 Ni—Sn 金属化合物代替了快速形成合金化合物的 Cu—Sn 化合物,不致使 Sn 与粘附层 Ti 接触,所以焊接牢固。

7.5.4　大功率密度封装的散热冷却技术

要解决功率封装问题,关键是要能把芯片产生的大量热量散发出去。因为多数情况下热量散发主要是靠热传导完成的,所以首先选择高导热性能的基板及封装材料;再就是应发展、提高和改善功率封装的散热冷却技术,即根据热耗散量及热传导途径,通过严格计算,设计并采取必要的散热冷却方式,使功率封装件保持在一个允许的恒定温度范围,从而保证电子装备稳定可靠地工作。

散热冷却方式一般有自然风冷、强制风冷和水冷三种。为达到更好的散热冷却效果,功率封装还往往加装散热片,再配合强制风冷,能大大降低功率封装热通道上的热阻,如图 7-31 所示。

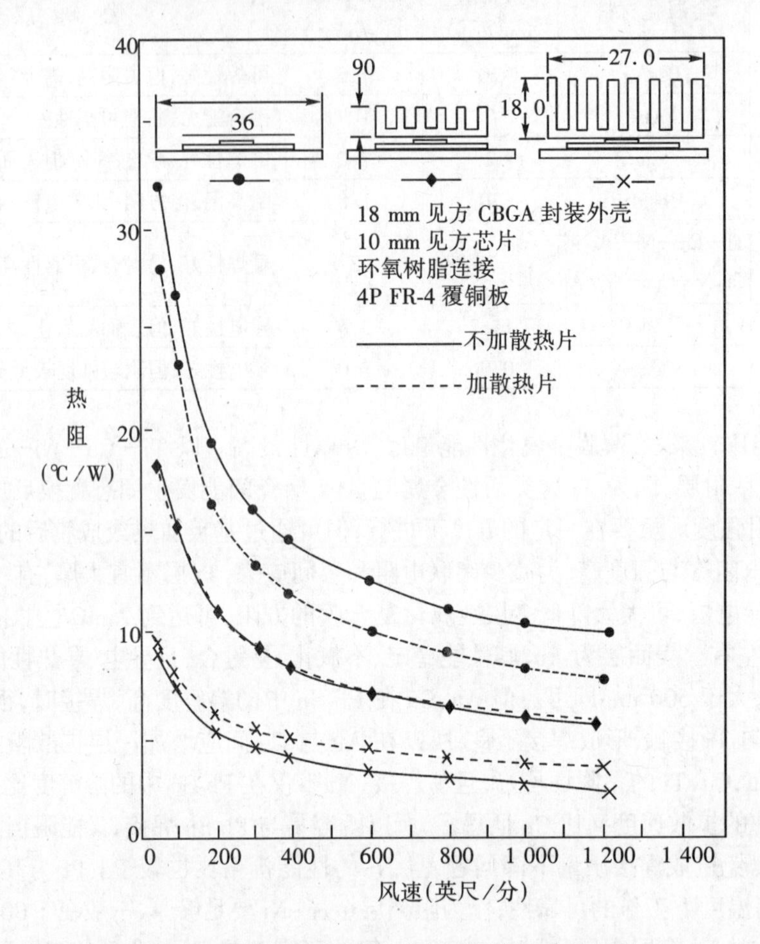

图 7-31 封装热阻与加装热沉及强制风冷的关系

微电子技术发展到 MCM 阶段,由于多功能、高密度、高速度工作,功率耗散密度必然大,散热冷却技术显得尤为重要。例如,IBM 生产的用于 ES9000 型超级计算机的新型 MCM-C/D,有 63+2 层布线(厚膜+薄膜),共安装 121 个芯片,组件的 I/O 有 2 772 个,功耗高达2 000 W,用加装散热片并强制风冷已很难把产生的大量热散发出去,所以必须采用水冷散热方式才行。而另一个类似产品,功耗为 600 W,用强制风冷散热方式。前者的体积却比后者的体积小几倍。现在大功耗的电子封装已构成一个完整的机械式部件,电子器件所占空间只是其中的一小部分,而散热冷却的机械部分所占含量大大提高,当然,技术难度也相应增大,成本也提高了。

图 7-32 所示是加装散热片的 Si 基板 3D-MCM 结构,图 7-33 所示是利用 AlN 的高导热性可不加散热片的叠层 3D-MCM 结构。美国在 1992 年还成功地开发出超导 MCM,接着日本也开发成功超高速的超导 MCM,不但时钟频率高达 1.2 GHz,工作速率比传统的 MCM 高 10 倍,而且功耗可降低 2~3 个数量级。利用超导布线的零电阻,可使布线线宽及间距窄到 2 μm,能将通常 60 层布线减少到 4 层超导布线,极大地简化了 MCM 的制作工艺。

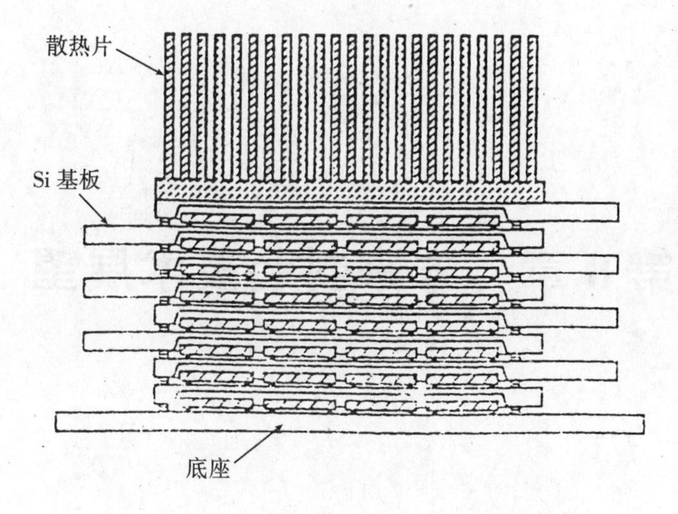

图 7-32　加装散热片的 Si 基板 3D-MCM 结构

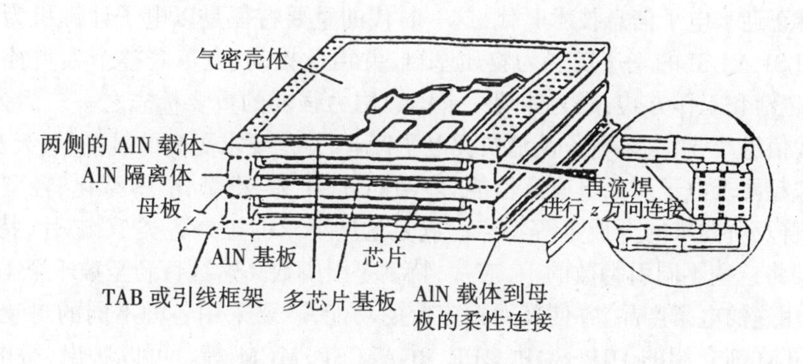

图 7-33　AlN 基板 3D-MCM 结构

第8章 未来封装技术展望

8.1 概 述

当今,全球正迎来电子信息技术时代,这一时代的重要特征是以电子计算机为核心,以各类IC,特别是LSI、VLSI的飞速发展为物质基础,并由此推动、变革着整个人类社会,极大地改变着人们的生活和工作方式,成为体现一个国家国力强弱的重要标志之一。因为无论是电子计算机、现代信息产业、汽车电子及消费类电子产业,还是要求更高的航空、航天及军工产业等领域,都越来越要求电子产品具有高性能、多功能、高可靠、小型化、薄型化、轻型化、便携化以及将大众化普及所要求的低成本等特点。满足这些要求的正是各类IC芯片,特别是LSI、VLSI芯片。要将这些不同引脚数的IC芯片,特别是引脚数高达数百乃至数千个I/O的IC芯片封装成各种用途的电子产品,并使其发挥应有的功能,就要采用各种不同的封装形式,如以上各章节均作了详细介绍的DIP、SOP、QFP、BGA、CSP、MCM等。可以看出,微电子封装技术一直在不断地发展着,如图8-1所示。

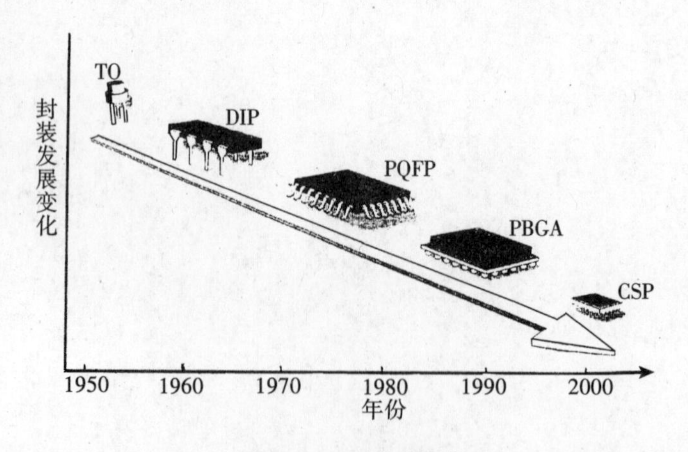

图8-1 IC封装的演化

现在,IC产业中的微电子封装测试已与IC设计和IC制造一起成为密不可分又相对独立的三大产业。而往往设计制造出的同一块IC芯片却采用各种不同的封装形式和结构。今后的微电子封装又将如何发展呢？根据 IC 的发展及电子整机和系统所要求的高性能、多功能化、高频、高速化、小型化、薄型化、轻型化、便携化及低成本等，必然要求微电子封装向如下方向发展，参见图 8-2。

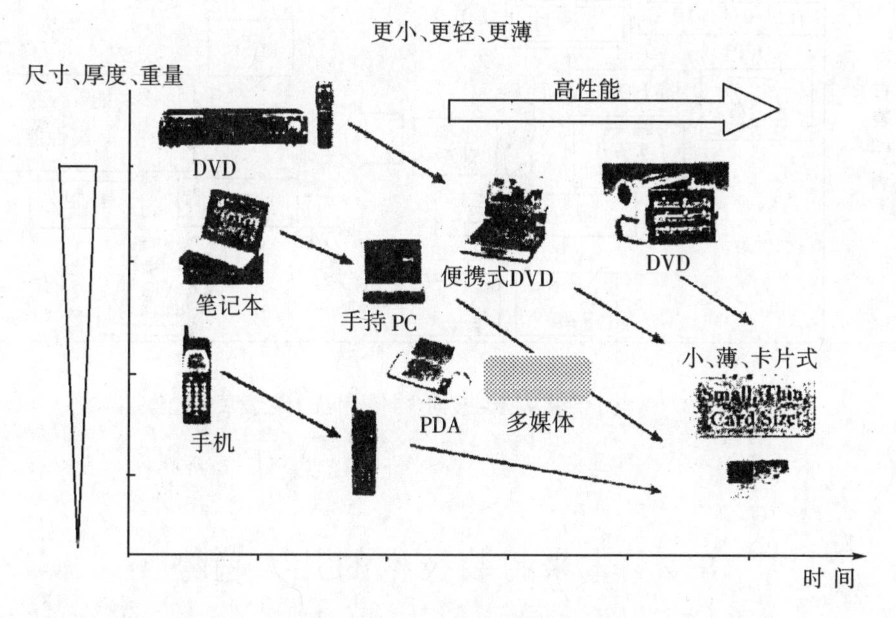

图 8-2　各种电子整机的发展趋势

对微电子封装的要求为：

(1) 具有的 I/O 数更多。

(2) 具有更好的电性能和热性能。

(3) 更小、更轻、更薄，封装密度更高。

(4) 更便于安装、使用、返修。

(5) 可靠性更高。

(6) 性能价格比更高。

具体来说，在已有先进封装如 QFP、BGA、CSP 和 MCM 等基础上，微电子封装将会出现如下几种趋势：微电子封装将由有封装向少封装和无封装发展，如图 8-3 所示。芯片直接安装(DCA)技术，特别是其中的倒装焊(FCB)技术将成为微电子封装的主流形式。至今的单芯片封装和多芯片封装都是二维(2D)的，今后将在 2D 的基础上发展三维(3D)封装技术，以期实现电子整机的系统功能。通常一部电子整机中的有源元器件与无源元器件比例为 1/10 ~ 1/50，有的还更高，为了满足整机性能、功能及可靠性等需要，无源元件的集成化就成为今后迫切需要解决的问题。为了使基板上的组装密度更高，正在向细线宽、窄间距布线的多层互连基板方向发展。有了如上各种封装的发展作基础，再随着相关的电子材料及相关工艺技术水平的提高，就可以将传统的三级封装(一级芯片封装→二级基板上封装→三级母板上封装)“浓缩”成单一的封装层次，称为单级集成模块(SLIM)，将使这种微电子封装完成庞大的“系统”功能。

下面对未来几类封装技术作详细论述。

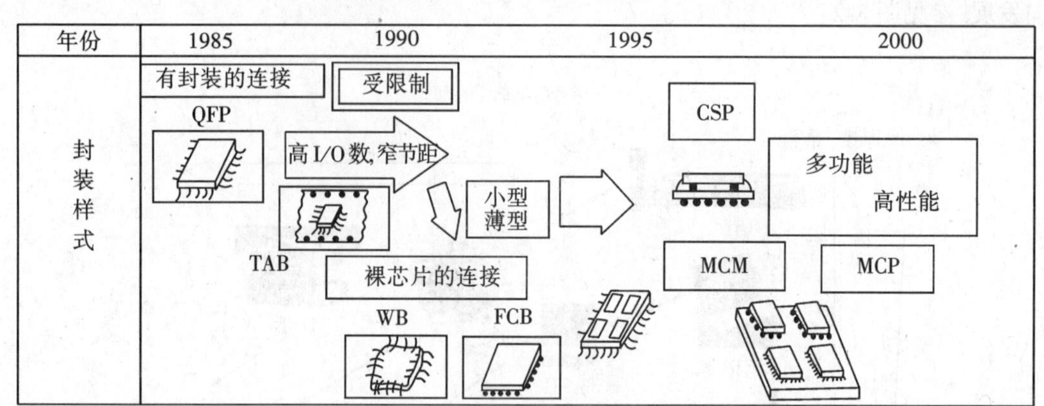

图 8-3 微电子封装从有封装向少封装和无封装发展的趋势

8.2 未来封装技术的几大趋势

8.2.1 DCA(特别是 FCB 技术)将成为未来微电子封装的主流形式

DCA 是基板上芯片直接安装(Direct Chip Attach,简称 DCA)技术,其互连方法有 WB、TAB 和 FCB 技术三种,DCA 与互连方法相结合,就构成板上芯片(COB)技术。在第 2 章中更多强调它们的芯片互连功能,并进行详细论述,这里我们再从微电子封装的角度来进行一些考察,看看 DCA 特别是其中的 FCB 何以能成为今后微电子封装的主流形式。

1. 各类封装存在的普遍问题

就封装的功能而言,封装主要是能使芯片顺利完成信号传输、散热、机械支撑和保护芯片免受外界环境侵蚀等,以便能使芯片长期可靠地工作。但封装带来许多便利的同时,也带来种种弊端。最明显的是许多封装如 DIP、SOP、QFP 等的封装很大,而芯片却很小,往往封装比芯片大数倍,甚至数十倍。这样,安装时又无疑占据很大的基板面积,造成组装密度低,使电子整机的体积、重量难以减小;同时,封装要消耗大量的各种原材料,再加上设备投资、制作工艺等成本,使封装的器件成本必然增加;再有,由于封装延长了信号传输的时间,不利于电路高速性能及其他性能的发挥等。直到 20 世纪 90 年代国际上先后开发出 BGA 和 CSP 后,这些封装的普遍问题才得以较好地解决。

2. DCA 的发展及广泛应用

当前,在 DCA 技术中,WB 仍是主流,但其比重正逐渐下降,而 FCB 技术正迅速上升。预测表明,1996~2001年间,DCA器件的总产量将从1996年的19亿只增加到2001年的37亿只,年均增长15%。而FC的发展更加引人注目,据报道,1998年全球电子产品上使用的FC就有8.99亿块,约占当年600亿块IC产量的1.5%。此后FC的使用量预计年增长率可达48%,远远高于IC产量的增长,到2001年已有29亿块使用FCB技术进行组装。

FC用量的剧增是由于高性能整机和移动通信产品的广泛应用。FC常常以两种形式出现,即倒装焊在封装内,称为封装内FC(FCIP);或直接倒装焊在母板上,称为板上FC(FCOB)。表8-1是这两种FC应用的情况,可见应用领域十分广泛。

表8-1　FC在FCOB和FCIP中的应用情况

FCOB(板上FC)	FCIP(封装内FC)	
	SCP(单芯片封装)	MCM(多芯片组件)
手表、汽车、HDD(高清晰显示器)、平面板驱动器、寻呼机、手机、智能卡、医疗电子	摄录一体机、微机、SRAM、DVD、PC和局域网开关上的ASIC	超级计算机、巨型机、服务器、工作站、笔记本电脑、PDA(个人数字助理)

3. DCA技术的优越性

DCA特别是FCB技术所以能获得如此广泛的应用,并受到各方普遍的欢迎,是由于它具有如下优越性:

(1) DCA特别是FC是"封装"家族中最小的封装,实际上是近于无封装(又称零级封装)的芯片。以FC为例,要说有一点"封装",也只是在制作面阵焊料凸点时,对其进行与芯片周边焊区连接布线改造时所需涂覆的1~2层有机介质[通常为聚酰亚胺(PI)],并不扩大IC芯片的面积(参见第5章微小模塑型CSP的工艺技术)。这对那些要求不断限制体积的便携式产品,如移动通信的手机,使用FC最能减少电路板实用面积,所以对这些产品用户无疑具有非常大的吸引力。

(2) 传统的WB只能利用芯片周围的焊区,随着I/O数的增加,WB引脚节距必然缩小,从而给工艺实施带来困难,不但影响产量,也影响WB质量及电性能。因此,高I/O数的器件不得不采用面阵凸点排列的FC。而且,焊料凸点还有自对准效果,可在细小节距下实现高质量和高产量FCB。

(3) 通常的封装(如SOP、QFP)从芯片、WB、引线框架到基板,共有三个界面和一个互连层,而FC只有芯片—基板一个界面和一个互连层,从而引起失效的焊点大为减少,所以FCB的组件可靠性更高,这在严酷条件下(如汽车发动机控制单元)使用FC及FCB所显示的高可靠性已得到证实。

(4) FC的"引脚"实际上就是凸点的高度,要比WB短得多,因此FC的电感非常低,尤其适合在射频移动电话,特别是频率高达2 GHz以上的无线通信产品中应用。

(5) 由于FC可直接在圆片上加工完成"封装",并直接FCB到基板上,这就省去粘片材料、焊丝、引线框架及包封材料,从而降低了成本,所以FC最终将是成本最低的封装。

(6) FC及FCB后可以在芯片背面直接加装散热片,因此可以提高芯片的散热性能,从而FC很适于功率IC芯片应用。

通过以上对DCA及FCB优越性的分析,可以看出DCA特别是FCB技术将成为未来微电子封装的主流形式应是顺理成章的事。

4. DCA 当前存在的不足及解决办法

DCA 特别是 FCB 技术也存在一些正在克服中的问题,如高 I/O 引脚的 FC,要对其进行筛选及测试以达到优质芯片(KGD)尚有困难,需要解决对应每个小节距的面阵凸点老化测试夹具问题,WB 也同样存在这样的问题。从技术角度这一问题是能够解决的,就要看从应用的成本来说是否能够接受。

再如,FCB 后为提高可靠性,需要在 FC 及基板中间加填充料,这可使芯片、基板和焊点的 CTE 失配减至最小,以减小应力和应变。而这一步骤往往花时间较长,与 SMT 生产线不相适应。当前解决的办法可以是通过改善填充料的流动性和缩小固化时间,以压缩填充时间。也可以制成用于填充的有机膜,预先制作在基板或 FC 上,当 FCB 再流时一并完成填充固化操作,这样的填充方法就与 SMT 完全兼容了。

5. DCA 芯片可望提高可靠性

为了防止大气环境(如水汽、Cl^-、Na^+ 等)对 IC 芯片的侵蚀,往往要把芯片密封在陶瓷封装或金属外壳封装中,如前面各章节所介绍的 DIP、CQFP、LCCC、CBGA 等。这些气密性封装的作用主要是使芯片达到“与世隔绝”的目的,也使芯片便于测试,还起到传输信号及保护芯片的作用。DCA 的裸芯片是否也能达到全密封的效果呢?近几年正在做这方面的研究工作,并取得了明显效果。我们使用芯片的目的是应使其电性能达到长期、稳定可靠地工作。而由于芯片的不完善性,往往要对其进行某种形式的封装。但在解决某一问题(如与大气环境隔绝)的同时,又增加了芯片的工艺复杂性及成本,也使体积、重量、所占基板有效面积均增加等。由于电子整机微小型化及高密度组装技术的需要,出现了可以把芯片直接安装到基板上,即所谓芯片直接安装技术(DCA),而 FC 及 FCB 技术更成为 DCA 发展的主流。但芯片不完善问题依然存在,如无法保证经最终 Si_3N_4 钝化的芯片表面没有一个针孔,也无法保证 DCA 后芯片上焊点周围钝化层的微裂纹等,这些都会因钝化层局部失效而难免大气中水汽的侵入及 Cl^-、Na^+ 的侵入。

芯片密封技术的研究可望解决如上所述的问题。该方法的要点是在 IC 芯片制作的最后钝化阶段用新的材料涂覆及使用多层金属化系统,使 IC 的表面既能抵御水汽、Cl^-、Na^+ 的侵入,又能使金属布线层不受侵蚀。具体工艺实施是:第一步将含有 SiO_2 的聚合物,用涂覆法制作在已钝化过的圆片上,然后装在高纯 N_2 保护的石英管扩散炉中,在 400 ℃有机物燃烧,挥发物随 N_2 逸出,于是在钝化层表面形成平整的 SiO_2 层。由于含 SiO_2 聚合物涂覆时具有流变性,所以钝化层所有的裂缝及针孔均会充满。接着,使用增强型等离子化学汽相淀积方法(PEVD)淀积一层无空洞的氢化非晶碳化硅膜(α-SiC:H),并光刻出引脚焊区窗口。这层薄膜能耐各种化学腐蚀及吸湿(包括能抵挡水汽及 Cl^-、Na^+ 的腐蚀),还具有较强的抗机械划伤能力。由于 α-SiC:H 膜的 CTE 比 Si 稍大,而且是低的压应力,使这种膜的抗开裂能力很强。第二步是用连续溅射方法淀积高可靠的多层金属化层——Ti—W—Au 层,再光刻出压焊区。Ti—W 具有扩散阻挡层的作用,以免 Au 与 Al 间形成 Au—Al 间的脆性化合物。在此基础上,还可以制作出焊料凸点(参见第 2 章芯片互连有关焊料凸点的制作方法)。

这种结构的 IC 芯片通过可靠性试验,证明了经如上密封涂覆的器件(为测试方便,往往将这种芯片装入陶瓷开盖封装或塑封件中)的可靠性与通常气密性封装的可靠性类似,经封装的这种芯片,其塑封对器件的可靠性贡献很小。

对这种DCA器件试验测试后也未出现物理变化,老化试验没有导致凸点机械强度及电连接性能降低。虽然温度循环和盐雾试验造成了焊料凸点机械性能降低,但未发现凸点界面的腐蚀。若将类似样品的温度循环试验移入液体—液体中进行,则焊料凸点的强度未见降低。该试验结果说明了芯片涂覆层及多层金属化层的有效性。

8.2.2　三维(3D)封装技术将成为实现电子整机系统功能的有效途径

1. 概述

三维(3D)封装技术(以下简称3D)是国际上近几年正在发展着的电子封装技术,它又称为立体微电子封装技术。3D已成为实现电子整机系统功能的有效途径。

各类SMD的日益微型化,引线的细线宽和窄间距化,实质上是为实现 xy 平面(2D)上微电子组装的高密度化;而3D则是在2D的基础上,进一步向 z 方向,即向空间发展的微电子组装高密度化。实现3D,不但使电子产品的组装密度更高,也使其功能更多、传输速度更高、相对功耗更低、性能更好,而可靠性也更高等。

与常规的微电子封装技术相比,3D可使电子产品的尺寸和重量缩小数十倍。表8-2示出了TEXAS公司的3D存贮器与其他技术组装的存贮器的重量和体积对比,从中可看出3D的突出优点。

表8-2　3D存贮器重量和体积与其他封装的对比(单位:cm^3/Gbit)

	类　型	容　量	分立元器件	2D	3D	分立/3D	2D/3D
重　量	SRAM	1 Mbit	1 678	783	133	12.6	5.9
		4 Mbit	827	249	41	21.3	6.1
	DRAM	1 Mbit	1 357	441	88	15.4	5.0
		4 Mbit	608	179	31	19.6	5.0
		16 Mbit	185	69	11	16.8	6.2
体　积	SRAM	1 Mbit	3 538	2 540	195	18.1	13.0
		4 Mbit	1 588	862	145	10.9	5.9
	DRAM	1 Mbit	2 313	1 542	132	17.5	11.6
		4 Mbit	862	590	113	7.6	5.2
		16 Mbit	363	227	113	3.2	2.0

实现3D,可以大大提高IC芯片安装在基板上的Si效率(即芯片面积与所占基板面积之比)。对于2D-MCM情况,Si效率在20%~90%之间,而3D-MCM的Si效率可达100%以上。由于3D的体密度很高,上、下各层间往往采取垂直互连,故总的引线长度要比2D大为缩短,因而使信号的传输延迟也大为减小。况且,由于总的引线长度的缩短,与此相关的寄生电容和寄生电感也大为减小,能量耗损也相应减少,这都有利于信号的高速传输,并改善其高频性能。此外,实现3D,还有利于降低噪声,改善电子系统的性能。还由于3D紧密坚固的连接,有利于可靠性的提高。

3D也有热密度较大、设计及工艺实施较复杂的不利因素,但随着3D技术日益成熟,这些不利因素是可以克服的。

2. 3D 分类及实现 3D 的主要途径

3D 封装主要有三种类型,即埋置型 3D、有源基板型 3D 和叠层型 3D。实现这三类 3D,当前主要有如下三种途径:一种是在各类基板内或多层布线介质层中“埋置”R、C 或 IC 等元器件,最上层再贴装 SMC/SMD 来实现立体封装,这种结构形式称为埋置型 3D;第二种是在 Si 圆片规模集成(WSI)后的有源基板上再实行多层布线,最上层再贴装 SMC/SMD,从而也构成立体封装,因基板是有源的,这种结构形式称为有源基板型 3D;第三种是在 2D 的基础上,将每一层封装(如 MCM)上下叠装互连起来,或直接将两个 LSI、VLSI 芯片面对面“对接”起来或背对背封装起来,从而实现立体封装,这种结构形式称为叠层型 3D。叠层型 3D 又有叠层封装芯片、叠层裸芯片和叠层圆片(wafer)之分。通过以上三种途径实现的 3D,美、日、西欧的电子公司都有许多典型的电子产品推出,本章将分别列表介绍这些公司及其 3D 电子产品的特点。

3. 各类 3D 简介

(1) 埋置型 3D

埋置型 3D 出现于 20 世纪 80 年代,它不但能灵活方便地制作成埋置型 3D,而且还可以作为 IC 芯片后布线互连技术,使埋置 IC 的压焊点与多层布线互连起来,这就可以大大减少焊接点,从而可提高电子部件封装的可靠性。

这种埋置型 3D 又有开槽埋置型和多层布线介质埋置型两类,如第 2 章的图 2-47 所示。在 HIC 的多层布线中埋置 R、C 和 IC 芯片的布线基板顶层仍可贴装 SMC/SMD,构成更高组装密度的 3D-MCM 结构。显然,这类结构的功率密度也很高,所以,这类基板多为高导热的 Si 基板、AlN 基板或金属基板。图 8-4 是以 AlN 为基板,在多层布线介质间埋置 IC 芯片的 3D-MCM 结构。其制作方法与一般的多层布线技术类同,只是要在埋置芯片的压焊区位置光刻出窗口并与布线金属互连,然后再进行上一层介质制作和金属布线,最上层仍可贴装 SMC/SMD,完成更加复杂的 3D-MCM 结构。

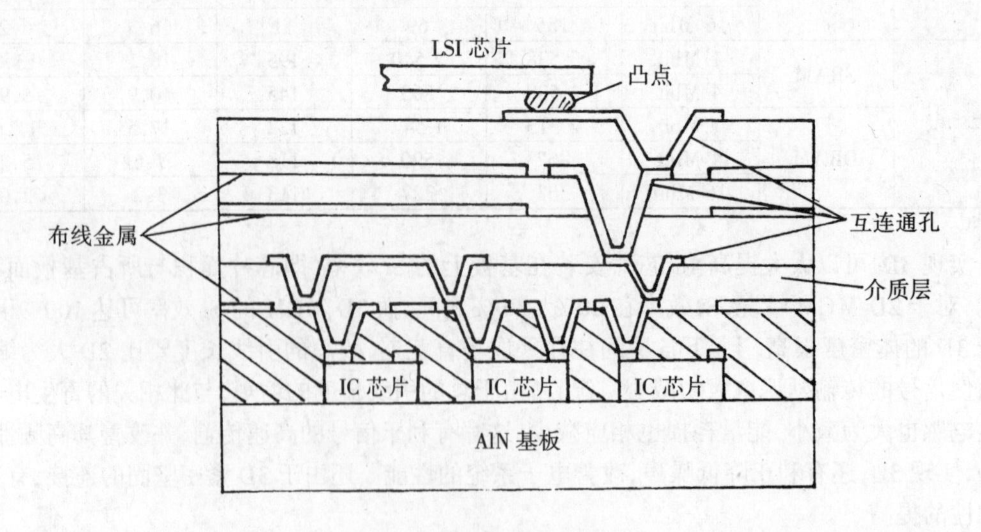

图 8-4 埋置型 3D-MCM 结构

(2) 有源基板型 3D

自从 IC 芯片出现以来,人们就梦寐以求地试图将一个复杂的电子整机甚至电子系统都集成在一块大的 Si 圆片内,成为圆片规模 IC(WSI)。今天的有些 VLSI,如 CPU、DSP 和摄录一体机等中的 VLSI,就是一个小电子系统,可以说已部分实现了 WSI 的功能。但人们并不满足,要把具有大量有源器件的 Si 作基板,在上面再多层布线,顶层再贴装 SMC/SMD 或贴装多个 LSI,形成有源基板型的 3D-MCM,从而以立体封装形式达到 WSI 所能实现的功能。

无论是一个大尺寸的复杂 IC 作为 Si 基板还是以 WSI 作为 Si 基板进一步实现 3D,其关键是要解决有源 Si 基板的成品率问题,最终体现出成品率所决定的成本、价格、性能是否能达到用户接受的程度。解决这些问题的办法,一是降低 Si 有源基板的复杂性和集成度,二是对重要或关键的部分增加足够的冗余设计,以保证有源基板的成品率,达到适中的成本、性能和价格。图 8-5 所示是一个典型的有源基板型 3D-MCM 的结构。

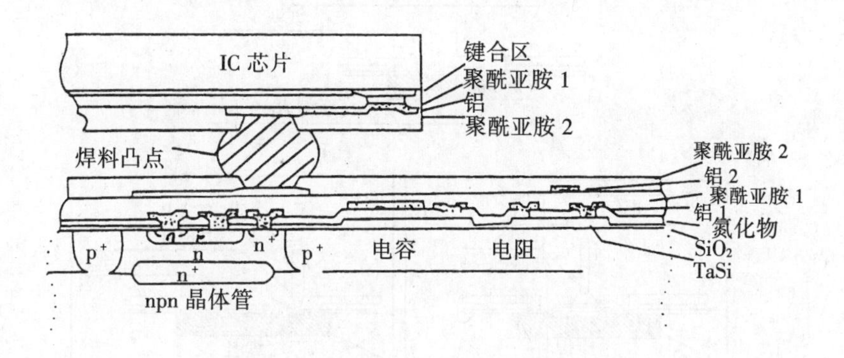

图 8-5　有源基板型 3D-MCM 的结构

制作有源 Si 基板的工艺技术与一般的 IC 工艺技术相同,上层贴装 SMC/SMD 或 LSI 芯片的组装工艺也与常规的组装工艺相似。可以看出,有源基板型 3D-MCM 可以利用一般半导体 IC 工艺方法,从而可实现大规模工业化生产,并随着半导体工艺技术的发展而不断提高。这样的结构,可达到应力完全匹配,从而使电子产品有更高的可靠性。

(3) 叠层型 3D

叠层型 3D,是将 LSI 和 VLSI 芯片、2D-MCM,甚至 WSI 或者已封装的器件,无间隙地层层叠装互连而成。这类叠层型 3D 是应用最为广泛的一种,其工艺技术不但应用了许多成熟的组装互连技术,还发展应用了垂直互连技术,使叠层型 3D 结构呈现出五彩缤纷的局面。下面简要对各种叠层型 3D 的工艺技术加以介绍。

① 简单的芯片叠层型 3D 结构

最简单的叠层型 3D,是在多层 PWB 的双面用芯片直接安装(DCA)技术贴装 LSI、VLSI 芯片,如图 8-6 所示,应用了 WB、TAB 和 FCB 互连技术。

图 8-7 和图 8-8 是分别将两个 LSI 或 VLSI 芯片面对面“对接”或背靠背叠装互连塑封起来,这样所形成的 3D 结构,工艺简便易行,具有很大的灵活性和适用性。

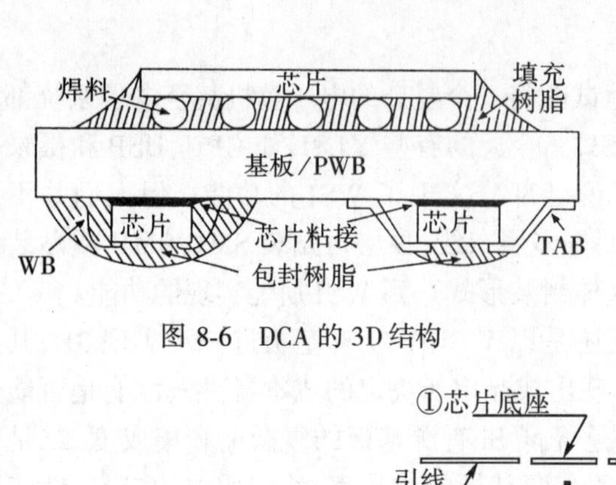

图 8-6 DCA 的 3D 结构

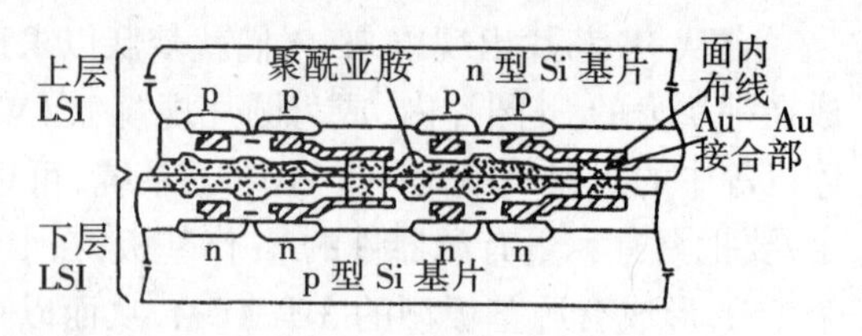

图 8-7 两个 LSI 芯片面对面“对接”的 3D 结构

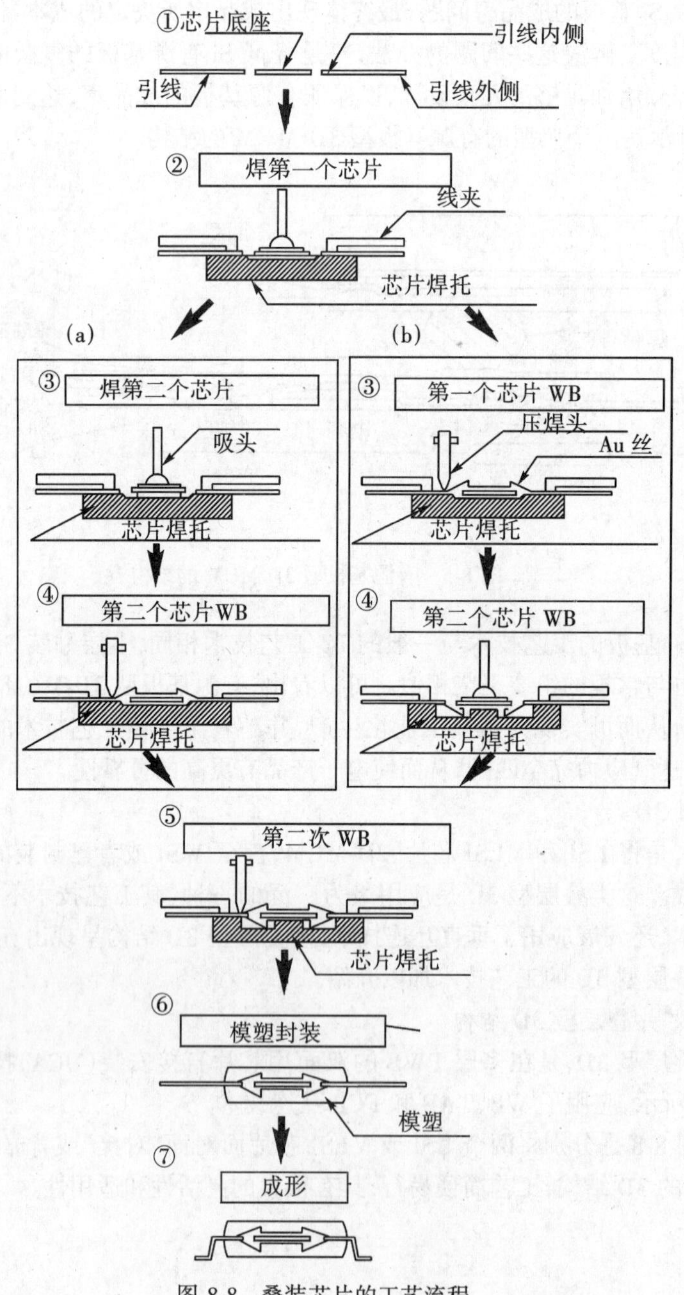

图 8-8 叠装芯片的工艺流程

图 8-9 是不同类型的 IC 芯片叠装后用 WB 互连所形成的 3D 结构,常规的工艺就可实施。这种结构在当今的小型手机中应用已较普遍。据报道,2002 年国际上已能叠装四个芯片。

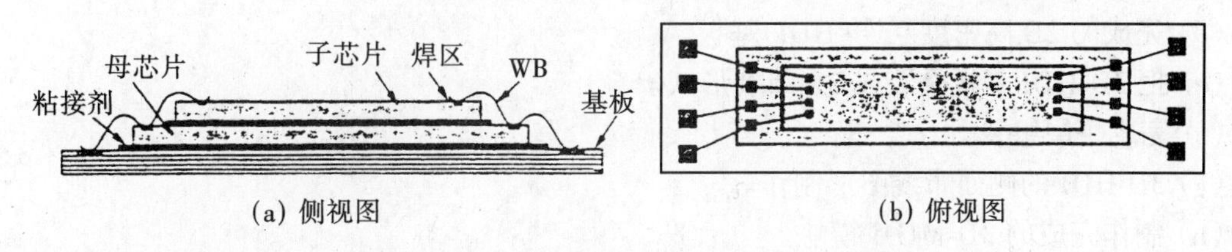

图 8-9　子、母芯片叠层用 WB 互连的 3D 结构

图 8-10 是应用 FCB 技术叠层光电子显示器件的例子。

② 复杂的多芯片叠层 3D 结构

更加复杂的叠层多个芯片或已封装的器件构成的 3D 结构,关键是要解决好叠层后的垂直互连问题。一种方法是在每层基板的周围侧面制作互连的金属化层,然后将叠装后的基板侧面金属化层用引线条或金属侧板层层焊接互连起来;另一种方法是将每层基板穿孔并使其金属化,再将金属化孔上形成低熔点的凸点,然后各基板层层叠装,用低熔点的凸点层层互连起来,或者在各层通孔间焊接垂直引线将各层垂直互连起来;第三种方法是利用 C4 技术,在每层基板的周围形成有足够高度的低熔点 C4 凸点,芯片或基板层层叠装后用再流焊的方法将各层间互连起来。也可在基板的侧面制作出 C4 凸点,完成垂直互连。还有其他的垂直互连方法,如 TAB 法、微弹簧桥法、微型纽扣法等,下面将分别进行介绍。

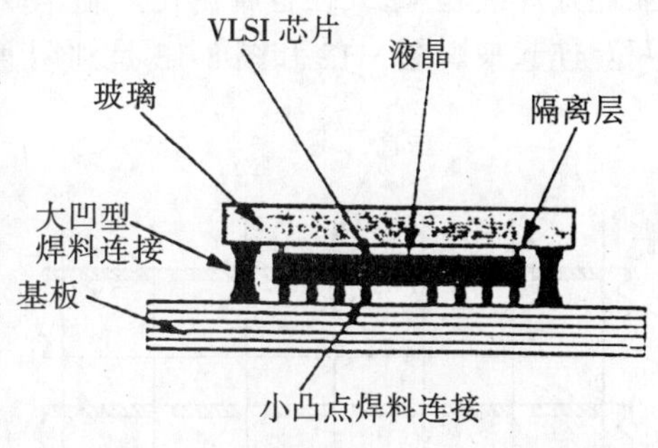

图 8-10　用 FCB 叠层光电子显示器件

(ⅰ) 层间侧板垂直互连法

叠层后层间侧板垂直互连法也叫侧面高密度互连法(HDI)。图 8-11 就是这种层间侧板垂直互连法的实例,其典型工艺步骤是:

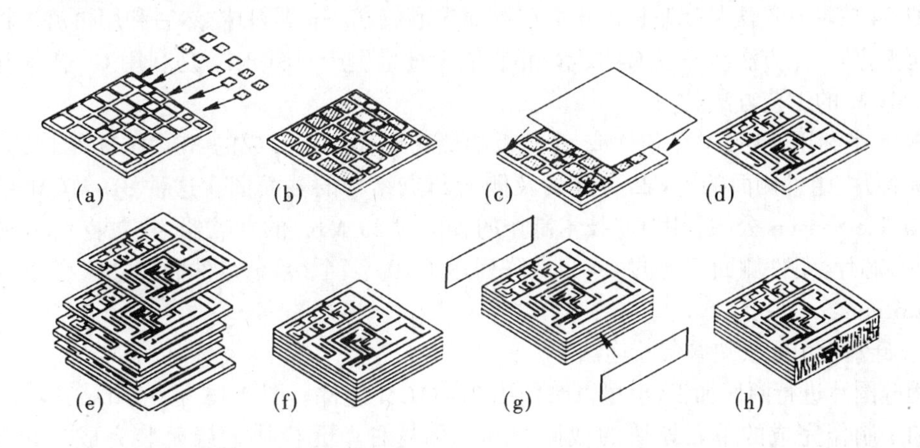

图 8-11　侧板垂直互连完成 3D-MCM 的工艺流程图

(a) 在 2D 基板上放置 IC 芯片。

(b) 制作完成的 2D-MCM 基板。

(c) 制作互连的布线金属图形。

(d) 完成的 2D 高密度互连(HDI)基板。

(e) 把 2D-HDI 基板叠装成 3D 组装形式。

(f) 完成叠层组装。

(g) 3D-HDI 的侧面布线图形制作。

(h) 制作完成的 3D-MCM 模块。

(ⅱ) 层间通孔垂直互连法

这种方法要在每层基板上开许多通孔,并将其金属化,叠装后,要在层间通孔穿入垂直引线互连并焊接起来;或在金属化孔上制作成低熔点的凸点,层层叠装后,利用再流焊使凸点把层间互连起来。图 8-12 和图 8-13 是利用通孔金属化垂直引线互连的例子。

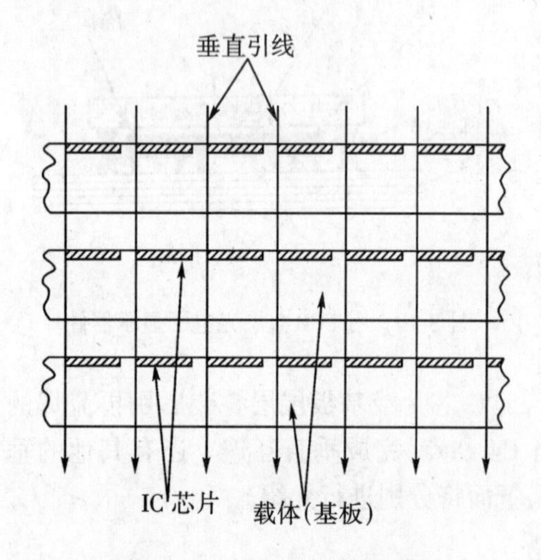

图 8-12 3D-WSI 结构截面图

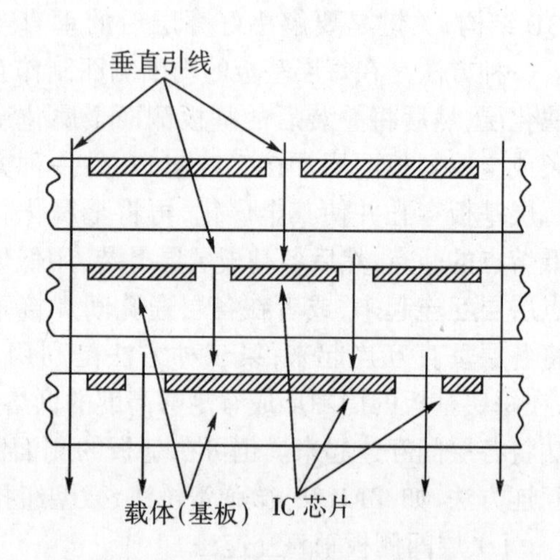

图 8-13 3D-MCM 结构的截面图

(ⅲ) C4 技术互连法

这种 C4 技术互连法是在基板的正面或侧面先形成 Pb-Sn 焊料球,然后利用再流焊将叠层间互连起来,其工艺方法与一般 C4 技术相同,适于批量生产。图 8-14 是利用 C4 技术互连法制作 3D-MCM 的工艺方法。

图 8-15 是利用 C4 技术在芯片或 Si 基板的侧面制作凸点形成的 3D-MCM 结构,分别为 3D-MCM 照片、组件侧面的 C4 凸点阵列及侧面凸点结构的截面图。这种 3D-MCM 结构是 IBM 和 Irvine Sensors 公司利用 C4 技术制作的容量为 20 Mbit 的存贮器,共立装 40 ~ 50 个 4 Mbit 的 IC 芯片,组件侧面互连的 C4 凸点阵列达 1 400 多个,整个组件的尺寸只有 20 mm × 13 mm × 6 mm。

(ⅳ) 硅基板单元模块叠层互连法

利用硅圆片进行两面加工,也可以制作出 3D-MCM 组件。图 8-16 是在 10 cm(4 in)圆片的两面加工制作完成的单元模块的截面图和利用这种单元模块七层叠装完成的全硅 3D-MCM 存贮器组件的照片。

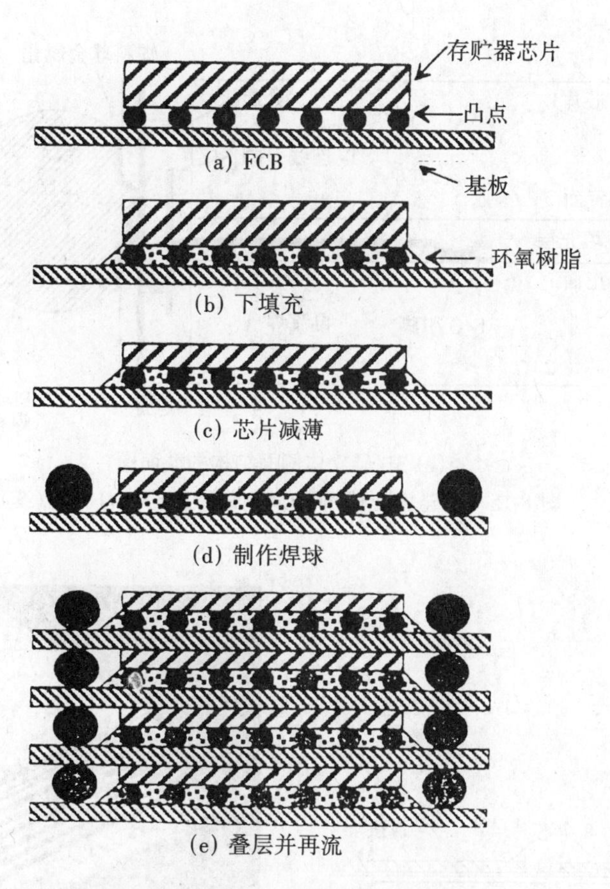

图 8-14　C4 技术互连制作 3D-MCM 的工艺方法

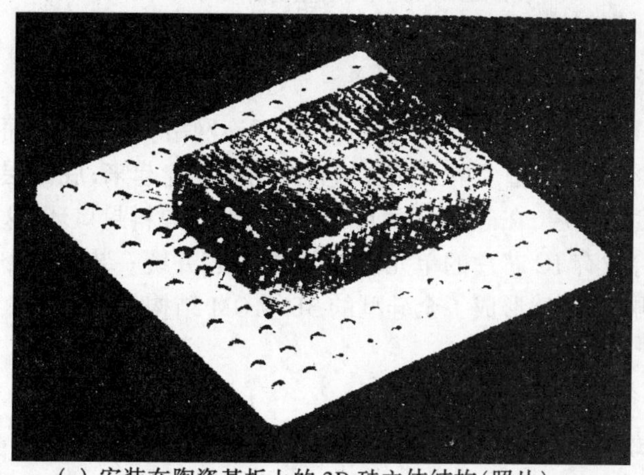

(a) 安装在陶瓷基板上的 3D 硅立体结构(照片)

(b) 3D 硅立体侧面的 Pb-Sn 焊料凸点阵列(照片)

图 8-15　在硅基板侧面用 C4 制作的 3D-MCM 结构

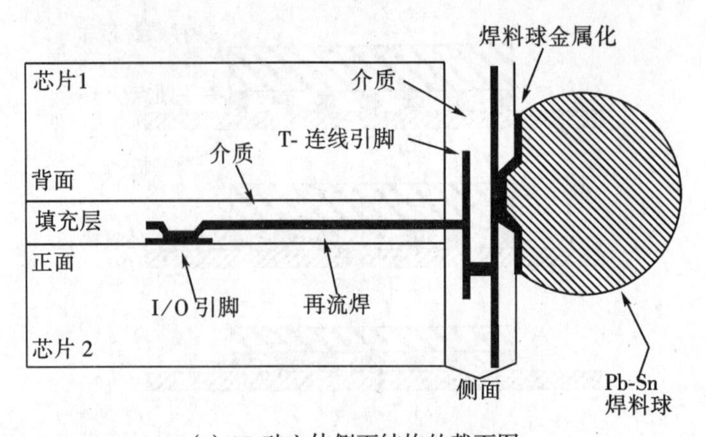

(c) 3D 硅立体侧面结构的截面图

图 8-15 在硅基板侧面用 C4 制作的 3D-MCM 结构(续)

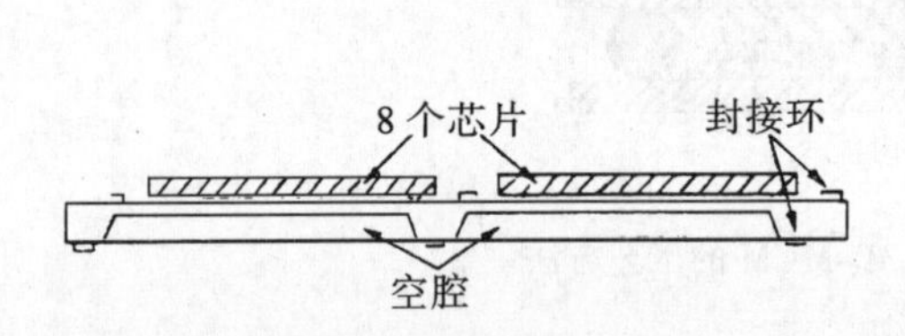

(a) 硅基板单元模块的截面图

(b) 由单元模块七层叠装而成的 3D-MCM 照片

图 8-16 由单元模块叠装制作的 3D-MCM

对硅基板单元模块要进行双面加工,顶面层是多层布线的 Cu—PI 互连网络,布线层厚而宽,以使电阻尽可能小;8 个芯片是利用 C4 凸点与每个单元模块的布线网络互连起来;底面层是用各向异性腐蚀法刻蚀出具有固定角度的空腔,在硅的台面上下预先制作好焊料封口环,这样就加工完成了硅基板单元模块。然后将载有 IC 芯片的单元模块层层叠装,并统一装在一个硅基板上,最上层也用硅基板覆盖,通过再流焊,就形成了全硅型的 3D-MCM 结构。

(Ⅴ) 其他垂直互连法

其他垂直互连法多种多样,下面简要介绍几种。

图 8-17 是利用 TAB 引线的垂直互连法,一种连接在 PWB 上,另一种连接在引线框架上,芯片间可用树脂填充。

图 8-18 是薄膜金属 T 型互连法,芯片的表面溅射薄膜金属,而 I/O 引到芯片的侧面一边,看上去像一个个 T 型连接。

图 8-19 是三种用焊料在叠层的一侧垂直互连的方法,同时叠层也综合使用了 TAB 和 C4 技术。

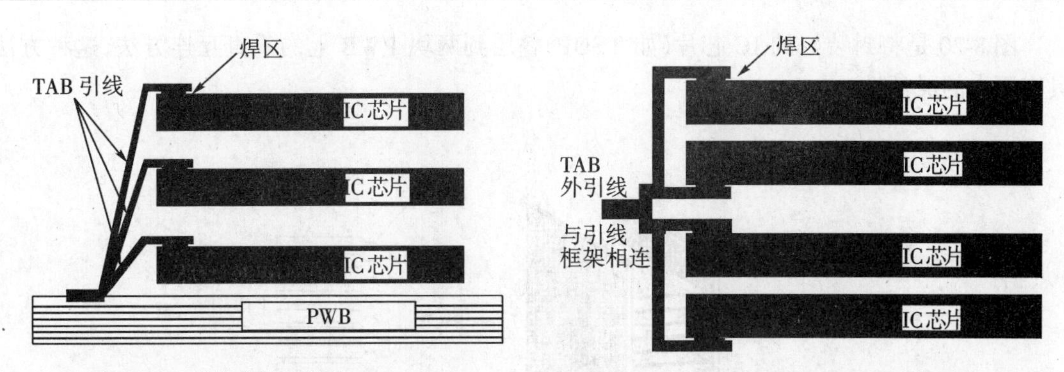

(a) TAB 引线芯片叠装在 PWB 上　　(b) TAB 引线芯片叠层在引线框架上

图 8-17　TAB 引线叠层垂直互连法

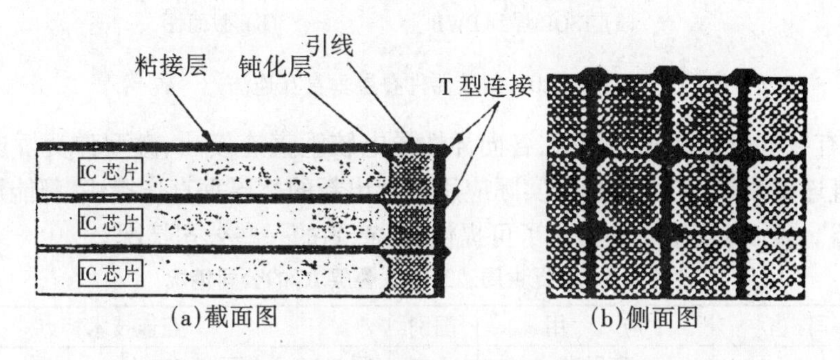

(a)截面图　　(b)侧面图

图 8-18　薄膜金属 T 型连接

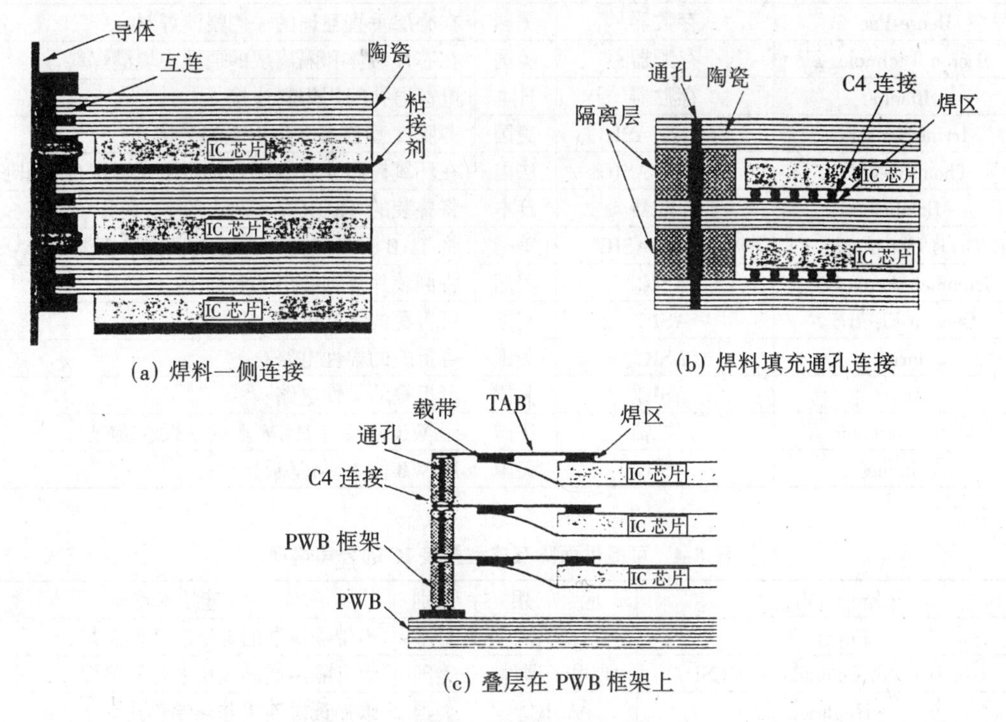

(a) 焊料一侧连接　　(b) 焊料填充通孔连接

(c) 叠层在 PWB 框架上

图 8-19　焊料在叠层的一侧垂直互连

图 8-20 是将封装好的 IC 芯片(如 TSOP)叠层到两块 PWB 上的垂直互连方法,这种方法具有更大的灵活性。

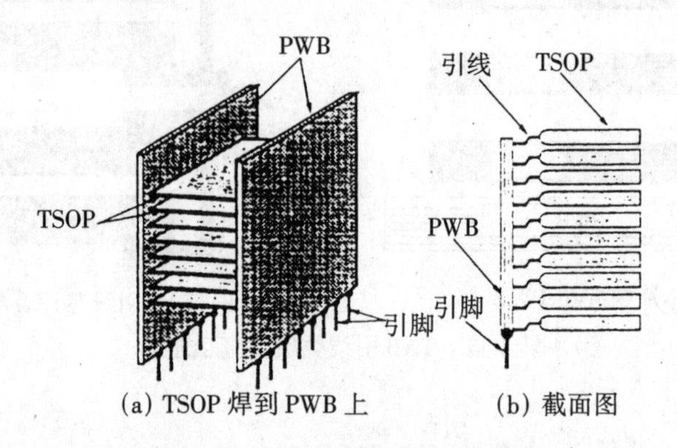

(a) TSOP 焊到 PWB 上　　(b) 截面图

图 8-20　封装器件叠层垂直互连法

此外,还有导电橡胶垂直连接法、各向异性导电胶垂直连接法、微型弹簧桥连接法和柔性引线折叠垂直连接法等,还可以根据实际应用设计出新的叠层垂直连接法,都能形成 3D,这里不再一一介绍。表 8-3 至表 8-6 给出了可提供 3D 产品的一些公司情况。

表 8-3　可提供周边互连型叠层 IC 的公司情况

公　司	应　用	国别	互连技术特点
Matsushita	存贮器	日本	用 TAB 叠层到 PWB 上
Fujitsu	存贮器	日本	用 TAB 叠层到引线框架上
Dense-Pac	存贮器	美国	在叠层垂直互连的一侧浸渍焊料
Micron Technology	存贮器	美国	在芯片载体和隔离层的通孔中填满焊料
Hitachi	存贮器	日本	电镀通孔间用焊料连接
Irvine Sensors	存贮器/ASIC	美国	薄膜 T 型连接并溅射金属导体
Thomson-CFS	存贮器/ASIC	法国	在环氧树脂立方表面直接用激光制作布线图形
Mitsubishi	存贮器	日本	将叠装的 TSOP 焊在两边的 PWB 上
Texas Instrument	存贮器/ASIC	美国	将 TAB 引线焊到 Si 基板的凸点阵面上
Grumman Aerospace	ASIC	美国	将倒装片焊到叠层的侧面上
General Electric	ASIC	美国	可折叠的柔性电路
Harris	ASIC	美国	可折叠的柔性电路
Mcc	ASIC	美国	可折叠的柔性电路
Matra Marconic	存贮器	法国	用 WB 直接与 MCM 上的基板连接
Voltonic	ASIC	美国	用 WB 使 IC 与基板连接

表 8-4　可提供面阵互连型叠装 IC 的公司情况

公　司	应　用	国别	互连技术特点
Fujitsu	ASIC	日本	不带隔离层的叠层芯片倒装焊
University of Colorado & UCSD	光电子器件	美国	带有隔离层的叠层芯片倒装焊
Hughes	ASIC	美国	微弹簧桥连接并开导热孔

表 8-5　可提供周边互连型叠层 MCM 的公司情况

公　司	应　用	国别	互连技术特点
Matsushita	存贮器	日本	焊料引线叠层 MCM
General Electric	ASIC	美国	叠层薄片的一边用 HDI 薄膜互连
Harris	存贮器	美国	城堡式互连
CTS Microelectronics	存贮器	美国	城堡式互连
Trymer	导航系统	美国	在叠层垂直互连的一侧浸渍焊料

表 8-6　可提供面阵互连型叠层 MCM 的公司情况

公　司	应　用	国别	互连技术特点
Raytheon(E-systems)	ASIC	美国	利用绒毛状塑料介质纽扣并填充基板的通孔互连
Technical University of Berlin	ASIC	德国	用具有导电性的合成橡胶互连
AT&T	ASIC 和多个微处理器阵列	美国	柔性的各向异性导电材料互连
Hughes	ASIC/航空电子	美国	用开导热孔的微型弹簧桥互连
Motorola	尚无应用	美国	在基板层间上、下用焊料球互连
Micron Technology	存贮器	美国	用带有填充孔的 Si 大圆片叠层互连
Lockheed	ASIC/信息处理机	美国	用带有填充孔的 Si 大圆片叠层互连

4. 微波 3D 封装技术

对于射频(RF)、微波(MW)及毫米波领域,由于频率高、功耗大,电子封装不仅要考虑传输延迟问题(如高速数字电路),还要考虑电路的损耗如信号串扰和接地噪声等问题。随着频率的增加,单片微波集成电路(MMIC)的封装与互连变得越来越困难。MMIC 芯片与封装外壳的不适当互连,可能会导致严重的低通不连续性,这主要是由焊接回路的温度补偿和分布电容造成的。因此,严格控制封装与互连的尺寸公差及焊点尺寸对于弥补这些不连续性显得十分重要。对于现在通用的封装材料及封装结构,可以用于 GHz 范围的单片微波封装,它们的比较列于表 8-7 中,而微波高密度互连(MHDI)则可以达到 60 GHz。

表 8-7　几种微波封装的比较

封装类型	制作技术	封装器件	I/O 类型	最大功耗(W)	最高频率(GHz)
SOT	塑封	晶体管	引线框架	0.25	4~5
SOIC	陶瓷	MMIC	引线框架	0.25	20~28
SOIC	塑封	MMIC	引线框架	0.25	4~5
SOIC	塑封	MMIC	引线框架和“热靴”	3.5	4~5
SOIC	预塑封	MMIC	引线框架和“热靴”	3.5	4~5

金刚石薄膜基板以其高热导率可首选作为大功耗器件的互连基板,如典型的塑封器件只允许最大功率为 1~2 W,必须改用陶瓷封装,而使用金刚石薄膜基板的塑封器件则可允许功耗 15 W,其成本只有陶瓷封装的一半。

出现于 20 世纪 70 年代的 MMIC 具有尺寸小、重量轻、性能好及可靠性高等优点,一问世就获得广泛应用。但在很长一段时间内主要应用在军工系统上,如相控阵雷达、火箭与导弹制导及电子对抗等系统,并取得很好的效果。90 年代以来,包括语音、数据、图文与图像通信的大发展，如蜂窝式个人通信、低轨道卫星移动通信、无线局域网、环球定位卫星系统、卫星直播电视和多点多址分布系统等；还有智能交通系统包括车上移动通信、环球卫星定位、道路交通监测、汽车防撞毫米波雷达等商业市场的旺盛需求，促使 MMIC 在这些领域更加广泛地应用与发展，MMIC 可大批量生产，价格大幅度下降，使其获得更大的市场。市场的大量需求必然引起生产厂家的激烈竞争，又促使 MMIC 技术不断提高，近几年又相继出现了异质片混合微波 IC(HMIC)、多层微波 IC 和三维微波 IC(3D-MMIC)。以下对这几种微波 IC 的封装技术作简要介绍。

图 8-21 是无源 HMIC 的剖面图，也是一种低成本、可批量生产的 SMT 型微波电路制作技术。

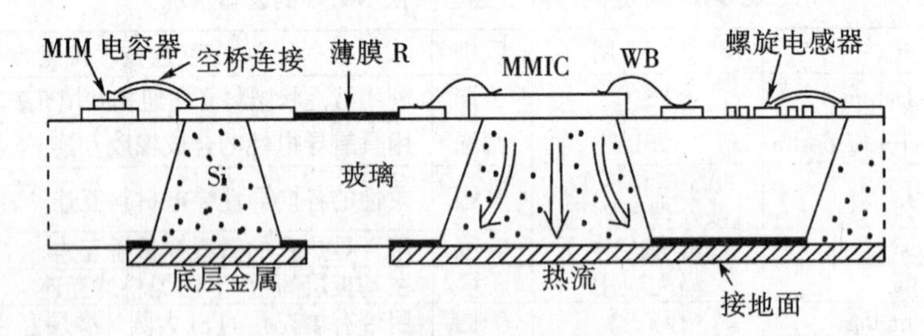

图 8-21　无源 HMIC 剖面结构

这种 HMIC 的基板是由无源 Si 和玻璃组成的低损耗基板，Si 底座的一面作为高频接地面，另一面贴装 SMC/SMD。

由于 Si 的导热性能好，因此 MMIC 贴装的器件和 IC 能达到高功率。而玻璃则绝缘性能高，用作基板不但损耗小，而且介电常数低($\varepsilon \approx 4.1$)，在玻璃上还可以利用薄膜工艺加工制作薄膜螺旋电感、叉指和金属—介质—金属电容(MIMC)及各种薄膜电阻等。这种 HMIC 具有成本低、性能高、工艺重复性好等优点，是经实践证明很适合批量制作低成本微波电路的一种有效方法。今后 HMIC 将采用多层 PI 布线和 FCB 技术，向光电电路方向发展。

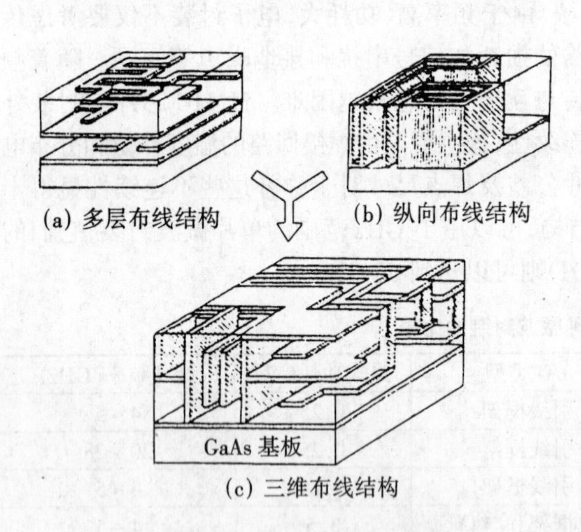

(a) 多层布线结构　(b) 纵向布线结构

(c) 三维布线结构

图 8-22　3D-MMIC 的结构

图 8-22 是多层布线的 3D-MMIC，是小型化、高集成化及低成本的新型 MMIC。

这种新型结构，以半导体(Si 或 GaAs)作基板，其上用低介电常数的聚酰亚胺(PI)作为绝缘介质，用薄膜及光刻方法进行金属布线，然后再多次涂覆 PI、多次进行金属布线，就可获得多层布线结构的 MMIC，如图 8-22(a)所示。再应用薄膜、光刻及反应性离子刻蚀工艺形成纵向垂直布线，从而制作出 3D-MMIC 结构。这不但实现了微波电路的小型化，而且还能很好地处理微波领域布线间的电磁兼容和屏蔽问题，可以构成多功能的微波电路和无源器件，如图 8-22(b)、(c)所示。

更为先进的 3D-MMIC 是主片—从片组合式微波电路，即在主片上集成有源器件阵列，再用不同的多层立体布线组成的无源元件和连线构成的从片与主片组合，就可形成不同用途的 3D-MMIC，使其成为 ASIC，这是 MMIC 的一个重要发展。图 8-23 就是由日本 NTT 公司开发出的主片—从片式 3D-MMIC 的基本结构图。制作的微波电路采用了 GaAs 金属—外延半导体场效应晶体管（MESFET），芯片边长为 1.78 mm，频率为 20 GHz，芯片的栅宽为 100 μm，栅长为 0.3 μm，f_T 为 23 GHz，f_{max} 为 80 GHz，是一台包括三级可变增益放大器、镜像抑制混频器和压控振荡器，共使用 22 个晶体管的单芯片接收机。该机在 17～24 GHz 条件下，增益为 15 db（镜像抑制比 > 20 dB），电压为 4 V，功耗为 50 mW，噪声系数为 5～6 dB。

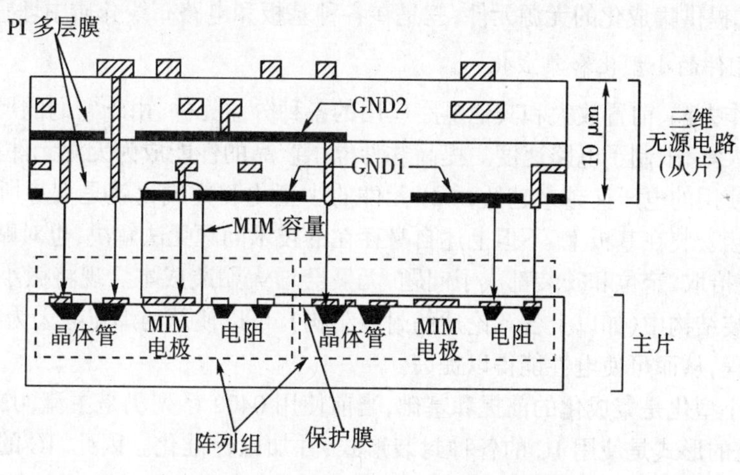

图 8-23　主片—从片式 3D-MMIC 结构

8.2.3　无源元件将走向集成化

1. 无源元件面临的困难

在微电子封装世界中，无源元件如同浩瀚的大海。特别是随着计算机、移动通信以及多媒体产品的普遍应用，作为支持硅 IC 所必需的无源元件用量更是越来越大。1996 年全球的无源元件总量已达到 8 800 亿只，而绝大部分都是分立元件，真正集中在一种封装中的集成无源元件只占 2.6%。

各种电子系统所用无源元件与所用有源器件的比例，典型值为 10:1，某些无线电通信系统中的比例可高达 50:1。特别在当今的蜂窝电话、数码相机、寻呼机和计算机等一类的数字化产品中，无源元件所占比例更大。模拟及数字化系统的高速增长对无源元件的消耗十分巨大，而这些分立的无源元件将占用 PWB 40%的面积，不论 BGA 的 I/O 数增至多高，其 30%～50%的焊点均是属于无源元件的。

无源元件市场很大，而面临的问题也很多，主要表现为：

①使电子封装效率限制在 20%以下。

②使电路性能难以提高。

③必须使每块电路单独封装。

④必须安装在电路基板上。

⑤焊点众多,这是造成焊点失效乃至电子部件失效的根源。

2. 实现无源元件集成化的途径和方法

为了解决如上问题,达到提高封装效率、改善电性能、消除单个封装工艺、电路基板上不再组装分立元器件和提高可靠性的目的,主要措施有三个。一是将无源元件小型化及集成化,并封装在统一的封装结构中;二是将主要的无源元件(电阻、电容、电感)朝半导体芯片化发展,即将元件制作在 Si 芯片上,如当前的 Si 片电阻网络、Si 芯片电容等,再以 MCM-L、MCM-C 和 MCM-D 的形式提供集成化的无源元件;三是在各种基板和电路布线介质中埋置无源元件。

(1) 无源元件的小型化和集成化

传统的用作去耦、前置放大和其他电路应用的各种分立元件,由于它们的尺寸问题及所用元器件间距太大等,限制了电路速度。提高这种电子产品的性能成为无源元件集成的驱动力,而电子部件所使用的电压又越来越低,所以元件的小型化和集成化就是大势所趋。若将微小型化的元件直接安装在基板上,不但上述自身存在的技术问题无法解决,也对贴装机的精度要求大大提高,使拾取、定位和安装都成了问题,无疑会增大贴装成本。现将微小型化的元件集成在统一的封装结构中(如以上各章论述的封装结构),可以使总的焊点数大为减少,也缩短了元件布线总路程,从而可使电性能得以提高。

元件的微小型化是集成化的前提和基础,当前使用 0402 系列仍是主流,0201 系列也日渐增多;而集成化的形式是使用 IC 的各种封装形式,并加以标准化。因此,IC 的各种封装布线设计及制作技术同样适用于无源元件集成化。但无源元件集成化对设计也有制约,最主要的是目前使用的集成无源元件,要求所有元件值是相同的才集成到一起,这对数字电路并不困难,因为数字电路使用相同元件的频率很高;但对模拟电路,因使用相同器件的频率较低,使无源元件的集成化设计变得困难。

(2) 无源元件在 Si 基板上集成化

应用最早的厚薄膜电阻器及其网络是在陶瓷基板上用厚薄膜方法制作的,常封装成单列直插式或 SOP 型等封装形式。目前制作这种电阻及电阻网络的最佳工艺是在 Si 基板上淀积薄膜。其工艺方法是利用半导体及薄膜工艺,先将 Si 圆片氧化成一定厚度致密无针孔的 SiO_2 介质层,然后依次将电阻材料、导体材料及保护介质溅射/蒸发到 SiO_2 介质层上,经多次光刻,刻蚀出所需的电阻网络、导体及介质图形,用激光法调整所需的阻值。待所有芯片电阻都调整过阻值后,对 Si 圆片划片,就成为电阻网络了。可将这种芯片单独封装(目前有 50 种以上),也可以设计成规模更大及集成度更高的电阻网络,将多个类似的"芯片"贴装在 PWB、陶瓷或 Si 基板上,分别构成 MCM-L、MCM-C 和 MCM-D,从而使无源元件的集成化达到很高的水平。

在 Si 片上制作薄膜电阻网络,其电阻材料首推氮化钽,阻值精度可达 $\pm 0.05\%$,电阻温度系数(TCR)可达 $5 \times 10^{-6}/℃$。

用薄膜法还可制作薄膜电容器,其容量可达 1 ~ 300 pF。有些公司目前已提供集成的电阻、电容及二极管网络产品。

对今后集成无源元件的性能要求如表 8-8 所示,而当前研制开发的现状如表 8-9、表 8-10 和表 8-11 所示。

尽管当前集成无源元件还面临设计、标准化及成本等方面的诸多问题,但对其大量的市场需求将进一步促进集成无源元件的发展。而最先采用新型集成无源元件技术的将是大批量应用的场合。芯片尺寸封装(CSP)的工艺技术将成为集成无源元件的优选技术，而开发圆片级的CSP更有望达到减少工序、大大降低成本的目标。

表 8-8　集成无源元件的性能及要求

年　份		1995	2000	2005
封装效率		40%	60%	80%
未经调阻的电阻精度		±20%	±10%	±5%
电容量 C(nF/cm²)		25	100	200
高频电感	容量 L(nH)	10～100	10～500	10～100
	电荷量 Q(C)	>20	>35	>50
	频率 f(GHz)	>1	>2	>3
功率电感	容量 L(μH)	1～10	1～100	1～1000
	电荷量 Q(C)	>5	>10	>10
	电流 I(A)	>1	>5	>10

资料来源:《Advancing Microelectronics》1997年7/8期。

表 8-9　电容器集成技术比较

研究单位	材　料	方　法	最大 ε_r	最大 C(nF/cm²)
Conell University	聚合物/陶瓷纳米复合材料	胶体分散法	40	
TPL Industries		表面处理		25
3M Corporation		辗轧工艺		10
GeorgiaInst. of Tech.		胶体法	74	22
IBM		通用混合法	47	
Ormet Corporation		干膜/涂覆	40	4
University of Arkansas/Sheldahl	Ta_xO_y	阳极氧化法	22	110
GE, Sheldshl, ASU, RPI		DC磁控溅射		200
GE	金刚石			25
Fujitsu	Ba(Zr, Ti)O_3	溅射	146	
AVX Corporation	PbZT	溶胶-凝胶法		
Du Pont	玻璃陶瓷	MCM-C		
Intarsia	Al_2O_3	MCM-D		50
Georgia Inst. of Tech.	$PbTiO_3$, $Pb_xLa_{1-x}TiO_3$	MOCVD	500 000	400
	TiO_2		38	110
Advanced Technology Materials	BST	MOCVD		3 000
Massachusetts Inst. of Tech.	高介电常数聚合物	电镀	300 000	

资料来源:同表8-8。

表 8-10　电阻器集成技术比较

研 究 单 位	材　料	方　法	阻值范围(Ω/□)	TCR(×10⁻⁶/℃)
Intarsia	Ta_2N	溅　射	10～100	
Boeing			20	
NTT				±100
GE			25～125	−75～100
Ply	Ni-P合金	电　镀	25～250	
AT&T Bell Labs.	Ta-Si	DC溅射	10～40	
Sheldahl	Cr-Si	溅　射		−40
L. Gore and Associates	Ti-W	溅　射	2.4～3.2	
Aerospace	Ni-Cr	溅　射	35～100	
Georgia Inst. of Tech.	Ni-P, Ni-W-P	电　镀	10～50	

资料来源:同表8-8。

表 8-11 电感器集成技术比较

研究单位	材料	方法	电感(nH),电荷量(C),频率(GHz)
Livermore Labs.	电镀 Cu,Al_2O_3 芯	3D 线圈	$L=8, Q=12, f=2$
摩托罗拉	电镀 Cu	芯片上	$L=4, Q=20, f=1.5$
Intarsia	镀 Cu		$L=5\sim50$
University of Arkansas	Cu 布线	溅射	$L=137$
GE	Cu 布线,8 μm 厚	电镀	$L=6\sim229, Q=30$
Georgia Inst. of Tech.	聚合物铁氧体芯	电镀	$L=600, Q=15\sim17, f<1$ MHz

资料来源:《Proceedings of '99 International Symposium on Electronic Packaging》。

(3) 在基板内或基板上的多层布线介质层内埋置无源元件

这既可达到无源元件集成化,也可达到提高封装密度的目的,也是多层互连基板今后发展的方向。有关内容将在下一小节论述。

8.2.4 基板中埋置无源元件是多层互连基板的发展方向

当进行基板多层布线时,在不断缩小布线线宽、间距及通孔直径的同时,还可将无源元件埋置在基板中或基板上的多层布线介质层(如 PI)中,从而能大大提高电子部件的封装密度。另外,埋置无源元件法也是无源元件集成化的重要手段。

当前,基板中或基板上布线介质中埋置无源元件的方法有三种。一是厚膜埋置法,二是薄膜埋置法,三是 PWB 制作埋置法。典型的厚膜埋置法是在低温共烧陶瓷多层基板(LTCC)中埋置无源元件,即将需埋置的无源元件先用厚膜浆料印制法与布线导体一起制作在各层的生坯陶瓷片上,每层都开出互连通孔并金属化。再将各层叠层和层压,而后烧结,就成为无源元件埋置型的 LTCC 多层基板了(参见第 7 章有关 LTCC 部分)。典型的薄膜埋置法是将无源元件埋置在薄膜布线 PI 介质层中,即用溅射/蒸发或其他淀积薄膜的方法,将布线金属和无源元件先淀积在陶瓷或 Si 基板上,然后分别刻出布线金属图形和薄膜无源元件图形。接着涂覆 PI 并光刻出互连通孔,再分别淀积布线金属和无源元件,并光刻出布线金属图形及薄膜无源元件图形……依次类推,就制成了多层布线介质层中埋置无源元件的薄膜多层基板了(参见第 7 章有关薄膜多层基板部分)。

多层 PWB 中埋置无源元件的工艺技术已开发成功,以美国 Merrimac 工业公司的"多种混合"封装工艺技术为例,该工艺技术是一种适合蜂窝电话手机及基站使用的低成本埋置无源元件 PWB 制造技术。"多种混合"PWB 是由聚四氟乙烯(PTFE)叠合而成,各层均覆 Cu 箔并刻蚀出布线图形及薄膜法淀积的无源元件图形,各层制作互连通孔并金属化,然后叠层。在叠层压制时不用粘接剂或预浸处理,而是利用同种 PTFE 的加热加压熔合法制成。而表层涂层工艺包括 Cu 焊区上电镀 Ni—Au 和浸 Sn-Pb 焊料。为了防止发生电磁干扰(EMI),PWB 的四周还应有起 EMI 屏蔽作用的电镀金属,还要总体接地。

这种 PWB 中的埋置无源元件法,用薄膜法制作的电阻器精度可达 10%,比分立元件有更高的功率耗散能力,最小线宽为 0.076 mm,最小镀孔直径为 0.127 mm,尺寸精度达 12.7 μm。

8.3　系统级封装——新世纪的微电子封装技术

实现电子整机的系统功能,通常有两种途径。一种是系统级芯片(System On Chip,简称 SOC),即在单一的芯片上实现电子整机的系统功能;另一种是通过封装来实现电子整机的系统功能,称为系统级封装(System On a Package,简称 SOP;或 System In a Package,简称 SIP),下面分别加以介绍。

8.3.1　各类系统级封装简介

1. 系统级芯片(SOC)

随着电子整机向多功能、高性能、高可靠、高速度、低功耗、小型化和便携化发展,对 LSI、VLSI 的要求越来越高。随着 IC 设计技术和工艺水平的提高,IC 的集成度越来越高,到了 20 世纪 90 年代后期,出现了一块 IC 芯片就能集成一个电子整机系统功能的 VLSI(集成度高达 10^8 ~ 10^9 个晶体管/芯片),称为系统级芯片(SOC)。这种 SOC,可以在一块 IC 芯片(通常尺寸在 35 mm × 35 mm 以上)整体实现数字电路、模拟电路、RF、存贮器等多种功能电路,使其综合实现图像处理、语音处理、通信规约、通信功能及数据处理等各种功能。但 SOC 也遇到了需要全新的系统设计思路、硬件软件协同设计、低功耗设计、设计复用(IP 核)、设计验证技术等一系列难题,致使 SOC 的投资大、成本高、投放市场的周期长等,使中、小型设计公司以及 SOC 的用户都难以承受。

2. 系统级封装(SOP 或 SIP)

IC 封装公司根据电子整机系统发展的需要,通过将 LSI、VLSI 芯片及其他电子元器件(包括分立元器件和埋置元器件)再封装起来(如用 BGA、CSP 等),以此完成不同电子整机的系统封装。这种能实现电子整机系统功能的封装技术就称为系统级封装技术,相应的产品就叫做系统级封装产品。与 SOC 相比,SIP 的优势如下:

①大都采用商用元器件,因而产品制作成本低。

②产品进入市场的周期短,且风险小。

③可采用混合组装技术安装各类 IC,如 CMOS 电路、GaAs 电路、SiGe 电路等,还可安装各类无源元件,封装内部的元器件间可采用 WB、FCB、TAB 互连。

④产品可采用混合设计技术,不论是模拟的还是数字的,这就给设计者带来很大的灵活性。

⑤封装内的元器件集成向 z 方向发展,从而可提高封装密度,减少封装基板面积。

⑥"埋置型无源元件"可以集成到各类基板中,可避免使用大量的分立元件。

图 8-24 示出了几种简单的 SIP 的封装结构。

目前,世界许多大型电子公司都在研发 SIP 技术及产品,富士通公司于 2002 年初成功开发了一种新型 SIP 技术"CS Module(Chip Size Module)",即芯片尺寸模块,与原有模块相比,可将封装面积缩小约 30%,厚度约减小 65%。该新产品中使用了将裸芯片厚度减少到 25 μm 的技术与叠层芯片技术。

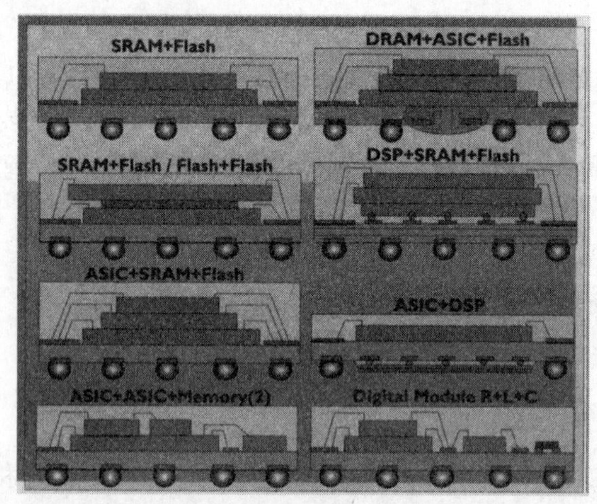

图 8-24 几种 SIP 的封装结构

在这一技术中,通过保护膜在裸芯片上层叠芯片。芯片间不使用 WB 连接,而是采用了铜布线互连。所有组装工序均在圆片状态下进行。在圆片上使用芯片键合(Chip Bonder)安装芯片时的安装精度为 ± 5 μm。将圆片上的多个芯片的间隙用树脂填充并打磨平滑后,再进行芯片间布线。布线图形的形成同样使用光刻及蚀刻技术。另外,还可以使用这一制造工艺加工电感和电容,也可以埋置到模块中。

使用该技术,富士通公司试制出了面向高档用途的配备 2 个逻辑元件与存储单元的模块。芯片上,布线间距为 40 μm,芯片厚度为 50 μm,模块的最大厚度在 0.65 mm 以下。

3. 单级集成模块(SLIM)——一种典型的系统封装技术

所谓单级集成模块(Singal Level Integrated Module,简称 SLIM),就是将各类 IC 芯片和器件、光电器件和无源元件、布线、介质层都统一集成到一个电子封装系统内,它所完成的是庞大的"系统"功能。这种新型的电子封装结构,是将原来的三个封装层次(一级芯片封装—二级插板/插卡封装—三级母板封装)"浓缩"成一个封装层次,如图 8-25 所示,这就能最大限度地提高封装密度。与以往的各类封装相比,SLIM 的功能更强、性能更好、体积更小、重量更轻、可靠性更高,而成本将会相对较低等。

这种 SLIM 的设计思想是 20 世纪 90 年代后期首先由美国佐治亚理工学院 PRC 封装研究室主任 Rao R. Tummala 教授提出并带领实施的。该研究室现有美、欧等各国的 49 个公司成员,每年投资达数千万美元对 SLIM 进行研制开发,计划 2008 年完成。目标完成后,SLIM 在封装效率、性能和可靠性等方面将提高 10 倍,尺寸和成本均有下降。到 2010 年,PRC 要实现的目标是布线密度达到 6 000 cm/cm^2,热密度达到 100 W/cm^2,元件密度达到 5 000/cm^2,I/O 密度达到 3 000/cm^2。

特别需要指出的是,这种 SLIM 的封装效率(所有 Si 芯片面积/基板面积)可高达 80%以上,而相应的 DIP 只有 2%,QFP 才 7%左右,BGA 在 20%上下,CSP/MCM 可达 45%左右,图

8-26就是各种封装的进展及封装效率的对比。其中的SCIM(Single Chip Integrated Module)为单级集成模块,即SOC。

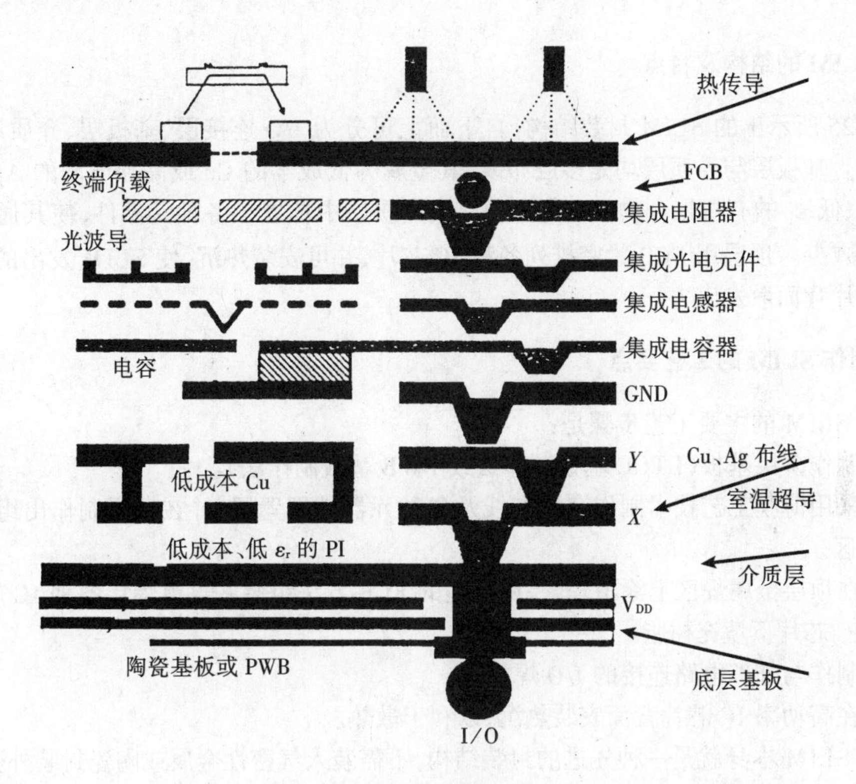

图 8-25　单级集成模块(SLIM)

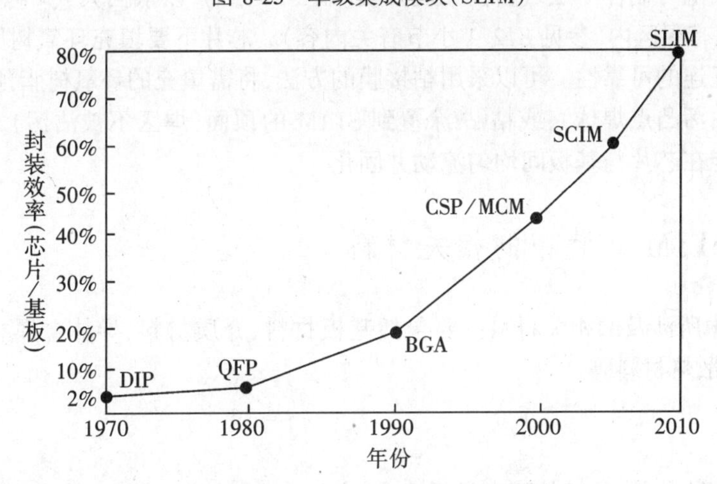

图 8-26　各类封装的发展及封装效率的比较

SLIM的封装效率之所以能达到如此高的程度,一是由于各种分立元器件都埋置于基板或介质中,故无需再占用基板表面积;二是因为无源元件集成化以及薄膜微细布线层结构便于各种IC芯片能在基板顶层用倒装焊(FCB)方法紧靠在一起。SLIM技术的实现是各种电子材料、基板和各种先进的工艺方法及封装技术等共同发展的结果。

8.3.2 SLIM 的工艺技术

1. SLIM 的结构及特点

图 8-25 所示出的 SLIM 封装结构，自下而上可分为 I/O 连接层、基板层、介质层、组装层和散热层。基板层与介质层均是多层布线，其金属为低成本的 Cu 或高导电率的 Ag。介质层为低成本、低 ε_r 的有机聚合物(PI 或 BCB)，该介质层中埋置了各种元器件，使其通常很多的焊点大为减少。顶层用 FCB 紧密排列各种 IC 芯片，并可安装热沉，使 SLIM 发出的热量大部分能从芯片背面散发出去。

2. 制作 SLIM 的工艺要点

制作 SLIM 的主要工艺步骤是：

(1) 制作多层基板(LTCC 基板制作法或 PWB 基板制作法)。

(2) 采用薄膜工艺技术制作介质布线及各种元器件埋置层，并在顶层制作出组装用的布线金属焊区。

(3) 在顶层金属焊区上涂覆焊膏，用合适的 FCB 方法组装并再流焊接各种 IC 芯片，必要时，进行 IC 芯片下填充树脂。

(4) 制作与外部电路连接的 I/O 焊料球。

(5) 在高功率 IC 芯片背面安装热沉，以利于散热。

这种 SLIM 本身就是一种先进的封装结构，不需装入气密性金属或陶瓷封装外壳中，因为各种 IC 芯片表面上可制作一层气密性无机薄膜(如 α-SiC:H)，以抵挡大气环境(如水汽、Cl^-、Na^+、K^+ 等)浸入有源区内(参见 8.2.1 小节有关内容)。芯片下要填充环氧树脂，以减小互连应力，提高芯片互连的可靠性。可以采用粘接膜的方法，将需填充的环氧树脂预先粘贴在芯片的表面(但不能沾污凸点焊球)，或粘贴/涂覆到 SLIM 的顶面(焊区不被沾污)，随着再流焊过程，填充树脂就能在芯片与基板间均匀流动并固化。

8.3.3 SLIM 封装中的相关材料

SLIM 封装中所涉及的相关材料主要包括基板材料、介质材料、导体金属材料、倒装焊的互连材料及基板散热材料等。

1. 基板材料

对基板材料及所制作基板的要求是低成本、大尺寸、弹性模量较高、热膨胀系数低、光洁度好、薄而平整等。满足这些要求的基板材料既有金属和陶瓷类无机物，也有目前正在使用及正在开发中的有机物。金属基板材料主要有 Al、Cu、Cu 合金、Ag 和可伐合金；陶瓷基板材料主要有 HTCC 和 LTCC；有机基板材料中目前正在使用的有酚醛纸、复合材料、标准双官能环氧树脂、FR402 四功能环氧树脂、BT 环氧树脂、氰酸脂、PI 等，正在开发中的还有聚四氟乙烯(PTFE)、芳香族 PI(ARAMID)及液晶聚合物等。

2．下一代电子封装的介质材料及导体金属材料

对下一代电子封装的介质材料要求列于表 8-12 中。

表 8-12　对介质材料的主要要求

材料特性	工艺实施
高的电能性 高的可靠性 高玻璃转化温度 T_g 低热膨胀系数(CTE) 低应力 低吸湿性 低成本 可生产性	低成本 可形成 5～20 μm 大面积均匀薄膜 可形成直径为 10～25 μm 的大量微通孔 Cu 金属化布线可用湿法工艺 平整度满足多层结构要求

满足这些要求的介质主要是各种高分子聚合物，如大量的 PI 类、环氧树脂类及 BCB(苯并环丁烯)，这些都早已成功应用并各具特色。如环氧树脂成本低，可以涂覆；BCB 的 ε_r 低，而且在基板上易形成平整膜层；PI 则具有良好的高温特性。

对于导体金属材料的主要要求是电、热、机械性能好，易于大面积加工，而且成本低，还要与介质的粘接性好等。因此，满足这些要求的首选导体金属依然是 Cu。从介质—导体金属各方面的性能及生产性综合考虑，今后将大力发展 PI—Cu 薄膜技术。

3．倒装焊(FCB)技术及其互连材料

由于 FCB 技术已成为今后裸芯片 DCA 的主流形式，也是 SLIM 的 IC 芯片互连的主要手段，所以 FCB 技术及其互连材料更显得重要。这些材料主要包括 Sn-Pb 焊料类、无铅焊料类、导电胶及各向异性导电胶(ACF)类，如表 8-13 所示。

表 8-13　FCB 互连材料

焊料类	无铅焊料类	导电胶	ACF
95%Pb-5%Sn 97%Pb-3%Sn 37%Pb-63%Sn	Sn-Ag 系 Sn-Bi 系 Sn-Zn 系	环氧树脂—Ag、Ni、Cu 球	环氧树脂—Ag、Ni、Cu 球

(1) Pb-Sn 焊料的历史任务终将完成

Pb-Sn 焊料在电子工业中所以能长期沿用，是因为它有着许多优良的焊接特性。焊料中的 Sn，在焊接过程中，由于冶金反应，能与母材金属形成合金而达到牢固焊接，Pb 却无这种功能；但 Pb 加入 Sn 中后，就能具备两者都不具备的优良特性。例如：

①可降低熔点，便于焊接。Sn 的熔点为 232 ℃，Pb 的熔点为 327 ℃，而 37%Pb-63%Sn 焊料却只有 183 ℃，这就给焊接操作带来方便，焊接时元器件受热冲击小，还利于在不耐高温的 PWB 上焊接。

②能大大改善机械性能。因为 Sn 的抗拉强度为 15 N/mm^2，Pb 的抗拉强度只有 14 N/mm^2，

而 Sn-Pb 焊料的抗拉强度可高达 40 ~ 50 N/mm^2。剪切力也是如此，Sn 和 Pb 分别为 20 N/mm^2 和 14 N/mm^2，而 Sn-Pb 焊料的剪切力增为 30 ~ 35 N/mm^2，而且焊接后这个值会变得更大。这样，机械性能就得到很大改善。

③可降低表面张力，有利于焊料的润湿性。焊接时希望焊料的润湿性要好，也即要求焊料的扩散性要好。而随着 Sn-Pb 焊料中 Pb 的增加，焊料的表面张力将逐渐下降，这有利于焊料的流动，从而提高了焊料的扩散润湿性，改善了焊接能力。

④可提高抗氧化能力，利于焊接。焊料中的 Sn 在焊料温度下易于氧化，而加入 Pb 后，可增加抗氧化能力，减少 Sn 的氧化量，从而又有利于焊料与母材金属的焊接。

但 Sn-Pb 焊料中的 Pb 是人们熟知的有毒金属，因 Pb 在人体内积累会引起 Pb 中毒，对发育中儿童的健康影响尤甚。

随着电子工业的飞速发展，Sn-Pb 焊料的用量大增，而这些大量含有 Sn-Pb 的电器设备、制品使用后终被废弃，大部分埋入地下。这些 PWB 上的 Pb 遇雨后成为易溶于水的状态，特别是遇酸雨更加速 Pb 的溶出，污染了地下水及土壤，形成日益突出的环境问题。尽管 Sn-Pb 焊料有如上许多优点，但焊料无铅化将是解决日益突出的环境问题的必由之路。

(2) 研制开发中的无铅焊料

要想以无铅焊料代替长期使用的 Sn-Pb 焊料，就要使无铅焊料具有如下特性：

①要对环境无污染，对人的毒性小。

②熔点温度要接近 Sn-Pb 焊料的熔点，应在 200 ℃上下。

③要有良好的导电性能及维修性能，还要有足够的强度及可加工性。

④可使用现有焊接设备，还要有较好的润湿焊接性能。

⑤原材料来源充足，成本低等。

为满足如上要求，目前对无铅焊料的研制开发一般都是在原有的 Sn 基合金系（如 Sn-Ag 系、Sn-Zn 系及 Sn-Bi 等）的基础上（如表 8-14 所示），添加某种金属元素或者调整金属间比例。在这方面虽取得许多进展，但仍存在一定的问题，如表 8-15 所示。

表 8-14　现有无铅焊料成分及熔点

熔点(℃)	焊料组成	熔点温度(℃)
120 ~ 180	50%Sn-50%In	118 ~ 125
	42%Sn-58%Bi	139
	60%Sn-40%Bi	139 ~ 170
180 ~ 200	91%Sn-9%Zn	199
220 ~ 230	96.5%Sn-3.5%Ag	221
	99.3%Sn-0.7%Cu	227

表 8-15　无铅焊料的优良特性、存在问题及解决办法

焊料合金系	优良特性	存在问题	解决措施
Sn-Ag 系	·耐热疲劳性优越 ·蠕变性好 ·熔化温度区域窄 ·拉伸强度高(为 Sn-Pb 焊料的 2 倍)	·熔点高(221 ℃)	·降低焊料熔点 ·提高元件、基板的耐热能力

续表 8-15

焊料合金系	优良特性	存在问题	解决措施
Sn-Zn 系	·熔点为 199 ℃,与 Sn-Pb 共晶焊料接近 ·熔化温度区域窄 ·拉伸强度高 ·蠕变性好	·易氧化,因而湿润性差,焊膏保存性差	·在惰性气氛中焊接 ·由合金化控制 Zn 的氧化 ·添加破坏氧化膜的元素
Sn-Bi 系	·熔点低于 Sn-Pb 共晶焊料 ·拉伸强度高 ·蠕变强度好	·熔化温度区域宽,易出现金属偏析 ·合金硬而脆,加工性差 ·因偏析,热疲劳性差	·改良助焊剂 ·由合金化控制固液共熔区域 ·控制冷却速度 ·先解决 Bi 自身的延展性问题

(3) 导电性粘接剂的进展

导电性粘接剂通常包括导电胶及各向异性导电胶(ACF)两类,都是在环氧树脂中添加定量的导电微粒如 Ag、Ni、Cu 等,用加热、UV 和加压方法进行固化,使导电粒子连接各种电极而导电。而导电胶与 ACF 的区别在于导电粒子的含量及电极间的互连方法,导电胶通常用 Ag 粉加入树脂中,其含量高,通常在 85%以上,可以连接 IC 芯片凸点与基板上的电极,经加热或 UV 固化而形成凸点—电极间的牢固连接。而 ACF 除加入 Ag 粒子外,还可加入 Ni、Cu 粒子,或者将树脂小球镀覆这几种金属而形成金属粒子球。金属粒子或粒子球金属的含量多为 15%以下。当加热加压时,芯片凸点与基板电极间就连接了金属粒子而导电(与基板垂直方向),而基板平面上(x,y)的金属粒子因不接触、不连续而不导电(参见第 2 章各向异性导电胶一节)。

导电胶粘接剂虽已达到实用化,但尚存在许多不足,如导电性差,与焊接相比接合强度低,工艺步骤多,成本高,不能维修及难以使用现有焊接设备等。这类方法只能作为一定使用领域中 IC 芯片凸点与基板电极间的互连手段,远不能替代 Sn-Pb 焊料的焊接方法。

4. 下一代散热材料

由于 SLIM 埋置众多元件,再加上贴装的高 I/O 的 LSI、VLSI 芯片的集成度日益提高,其信号高速传输问题及高功率密度所引起的更大热流耗散问题就变得突出起来。对这种封装不但要求材料具有高导热性,还要求材料具有很低的介电常数,以及低成本和高可靠等。但高导热及低介电常数往往在同一材料中不可兼得,这就使传统的通过基板耗散芯片热量的办法难以奏效,必须考虑从芯片背面散热问题。而 FCB 的方法正好有利于从芯片背面安装热沉,达到传导热量的目的。这样一来,基板材料和介质材料应着重考虑低的介电常数及良好的机械性能,以满足信号的高速传输,并兼顾热量传导,而大量的热流将通过芯片背面导出。

8.3.4 SLIM 面临的研究课题

SLIM 的提出及实施是各种电子材料、电子封装及相关的工艺技术发展的必然结果,也是正在飞速发展的信息技术广泛应用的迫切要求。SLIM 结构中的各种单项技术均已成熟,并不断推出新的产品大量面市,但要把各种技术综合起来应用于 SLIM 中,达到较高的实用化水平，今后还面临着许多重要的研究课题，例如：

(1) 多层基板，首推低温共烧陶瓷基板(LTCC)的研究。

(2) 低成本、低 ε_r 的多层 PI 介质及其 Cu 布线基板的研究。

(3) 基板或介质层间元件的集成化埋置技术研究。

(4) 低成本制作 IC 芯片凸点及其 FCB 的研究。

(5) SLIM 设计及结构的综合工艺技术的研究。

(6) 与 SLIM 相关的新材料的研究。

(7) SLIM 的可靠性研究等。

以上面临的课题所涉及的学科范围广，工艺技术要求高，难度大，是一门综合性很强的高科技系统工程。利用原有各种工艺技术，并不断创新、提高，终将达到 SLIM 的高水平要求，SLIM 有望成为新世纪头十年中最先进的微电子封装技术之一。

8.4 圆片级封装(WLP)技术将高速发展

8.4.1 概述

通常，IC 芯片的 Al 焊区是分布在芯片周边的，这是为了便于 WB 和 TAB 焊接。随着集成度的日益提高，功能的不断增加，其 I/O 引脚的 Al 焊区数越来越多(数百至数千个)，芯片周边的焊区尺寸和节距越来越小，有的还要交错布局；但当焊区尺寸和节距均小于 40 μm 时，TAB 焊接是不成问题的，但 WB 就十分困难了。于是，I/O 数更高的 IC 芯片周边焊区必然要向芯片中心转移，后来就发展成为焊区面阵排列的 IC 芯片，如 FC 那样。

20 世纪 90 年代中后期，日本首先开发后在全球迅速发展的 CSP 竟多达数十种，但基本可归结为以下几类，即柔性基板 CSP、刚性基板 CSP、引线框架式 CSP、焊区阵列 CSP、微小模塑型 CSP、微型 BGA(μBGA)、芯片叠层型 CSP、QFN 型 CSP、BCC 和圆片型 CSP 等。各类 CSP 竞相发展，特别是在通信领域呈供不应求之势。尤其是其中的圆片型 CSP，因其可在通常制作 IC 芯片的 Al 焊区完成后，继续完成 CSP 的“封装”制作，使其成本、性能及可靠性等较前几类具有潜在的优势。至今国际上大型的 IC 封装公司都纷纷投向这类 CSP 的研制开发，该封装称为圆片级 CSP(WLCSP)，又称作圆片级封装(Wafer Level Package，简称 WLP)。

除 WLP 外，其他各类 CSP 都需先将一个个 IC 芯片分割后，移至各种载体上对芯片 WB、TAB 或 FCB，最后还要模塑或芯片下填充才可完成 CSP 的制作过程。模塑既可以是单个模塑，也可以是芯片连接好整体模塑再切割，但都工艺复杂，又不连续，因而成本、质量也各不相同。

而在 IC 工艺线上完成的 CSP，只是增加了重布线和凸点制作两部分，并使用了两层 BCB 或 PI 作为介质层和保护层，所使用的工艺仍是传统的金属淀积、光刻、蚀刻技术，最后也无需再模塑等。这与 IC 芯片制作完全兼容，所以，这种 WLP 在成本、质量上明显优于其他 CSP 的制作方法。预计 WLP 将在今后几年内发展成为 CSP 的主流已是大势所趋，特别在中、低 I/O

数的CSP制作中,WLP发展更具优势。

8.4.2 WLP的工艺技术

WLP的关键工艺如下:一是在IC的最终 Si_3N_4 钝化完成后,只露出芯片周边的Al焊区,这时要将周边Al焊区引向芯片的中间呈面阵(或部分面阵)布局的新焊区,以适应CSP的表面安装焊接(通常节距为0.8~0.4 mm),新、老焊区采用多层金属化(参见第2章表2-8)连接起来,此称重布线技术;二是在新的面阵焊区上制作焊料凸点,该凸点就是CSP的引脚。典型WLP的工艺流程如图8-27所示,制作完成的WLP局部结构如图8-28所示。

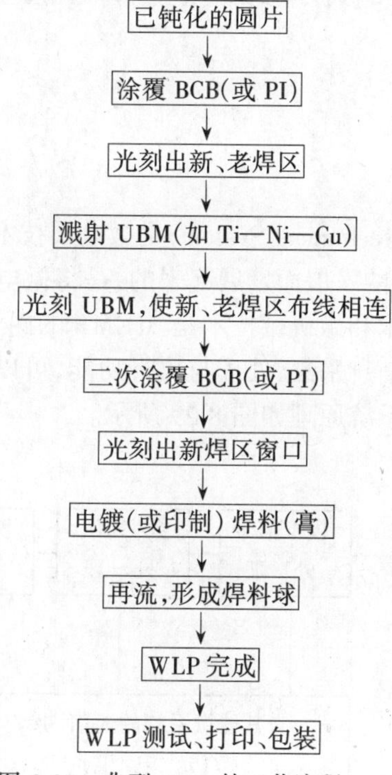

图8-27　典型WLP的工艺流程

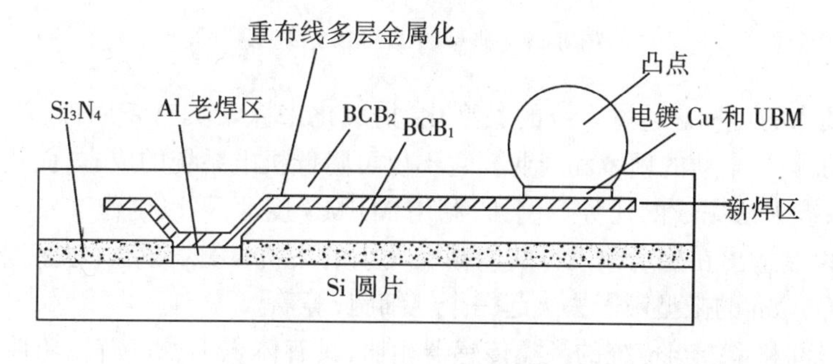

图8-28　WLP局部结构示意图

需要指出的是,重布线溅射的凸点下金属(UBM)(如Ti—Ni—Cu)中的Cu应有足够的厚度(如数百微米),以便与焊料凸点连接时具有足够的强度,也可以电镀加厚UBM上的Cu层,甚至成为 Cu 柱(100 μm)。

焊料凸点制作可采用蒸发法、化学镀法、电镀法、置球法和焊膏模板印制法等(参见第 2 章有关凸点制作法)。当前仍以电镀法使用最多,2000 年约占所有凸点制作的 70%(含 Au 凸点制作);其次是蒸发法(高 Pb),约占 22.5%;再次为焊膏模板印制法,约占 5.5%。但焊膏模板印制法制作焊料凸点,因其制作简便、自动化程度高、成本较低,从而在今后几年会快速增长,预计至 2005 年,该制作法将上升为第一位,可达 42.3%;其次是电镀法,为 29.7%。

8.5 微电子机械系统(MEMS)封装技术正方兴未艾

8.5.1 概述

MEMS(Micro-Electro-Mechanical System)是微电子技术的拓展与延伸,它是随着 IC 微细加工技术和超精密加工技术的发展而发展起来的,是将微电子和精密机械加工技术融为一体的系统。可以说,微电子技术和微机械技术是 MEMS 的两大基础技术。它集各种传感器、控制器和执行器于一体,具有信息采集、处理与执行功能,可以说是一种智能化的微型光机电一体化系统。典型的 MEMS 系统原理如图 8-29 所示。

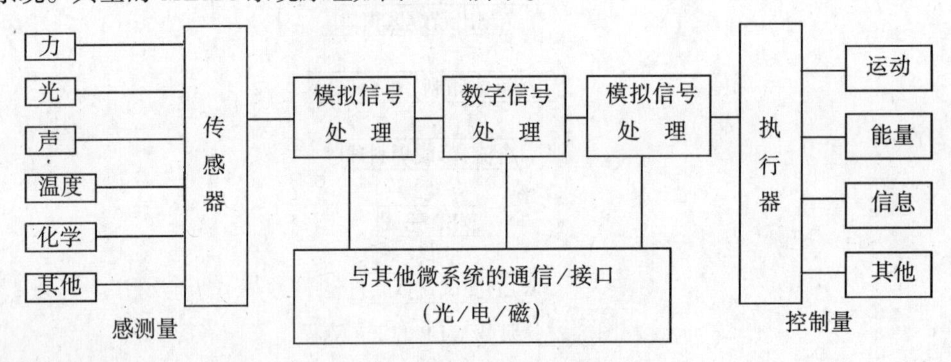

图 8-29 典型的 MEMS 系统示意图

MEMS 技术的目标是通过系统的微型化、集成化来探索具有新原理、新功能的元件和系统,从而开辟了一个全新的领域和产业。它不仅可降低机电系统的成本,而且还可以完成通常大尺寸机电系统无法完成的任务。例如,利用 MEMS 技术,可以制作 3 mm 大小能够开动的微型汽车,可以制造出在磁场中飞行的如蝴蝶大小的飞机,深入敌营中去搜集情报;甚至可以制成尖端只有 5 μm 的微型镊子去夹起一个红细胞,等等。

MEMS 器件和系统与传统的各类传感器相比,具有体积小、重量轻、功耗低、成本低、可靠性高、性能优异、功能强及适于批量生产等优越性,可望在航空、航天、汽车、生物医学、环境监控、军事及几乎人们所接触到的各个领域中都具有十分广阔的应用前景。

8.5.2 MEMS 的制作技术

目前,MEMS 的制作技术主要有三种。第一种是以日本为代表的微机械加工方法,即利用大机器制造小机器,再用小机器制造微机器;第二种是以德国为代表的 LIGA 技术,它是利用 X 射线光刻技术,通过电铸成型和塑铸成型的深层微结构方法;第三种是以美国为代表的利用化学刻蚀或集成电路工艺技术对 Si 材料进行加工而形成 MEMS 器件,它与 IC 工艺技术相兼容,可以实现微机械和微电子系统集成,并适于批量生产,已经形成当前 MEMS 制作技术的主流。

在以 Si 为基础的 MEMS 制作技术中,最关键的加工工艺是高深宽比的各向异性刻蚀技术、键合技术和表面牺牲层技术等。

各向异性刻蚀技术是利用了 Si 的不同晶面方向上,如(100)、(110)、(111)面等的原子数不同,在刻蚀时,在各个晶面方向上的化学反应速率也是不同的,再调整刻蚀液的离子浓度及不同的温度等,就能获得理想的各向不同的刻蚀速率和结果。干法刻蚀优于湿法化学刻蚀,可以获得更理想的高深宽比的硅槽。

键合技术是指不利用任何粘接剂,只是通过化学键合和物理键合作用将 Si 片与 Si 片、Si 片与玻璃或其他材料紧密地结合起来的方法(即达到原子间的键合)。它可起到 MEMS 各构件间的支撑、保护作用,或者使机械结构与 IC 间起电气互连作用。

表面牺牲层技术是:首先在衬底上淀积一层牺牲层(因最后要将其去除而得名)材料,并利用光刻、刻蚀形成一定的图形;然后淀积一层作为机械结构的材料并光刻出所需要的图形;最后再将起支撑作用的牺牲层材料腐蚀掉,这样就把所形成的微机械结构"释放"出来,形成微机械结构部件。常用的牺牲层材料有 SiO_2、多晶硅和光刻胶等;而结构材料有多晶硅、单晶硅、Si_3N_4、SiO_2 和金属等。

8.5.3 MEMS 的封装技术

1. 概述

加工制作完成一个包含微型传感器、执行器和控制器三大部分的 MEMS 后,需要对其进行适宜的封装。控制器往往是一些 ASIC 芯片,而传感器和执行器除了有各种元件及芯片外,还具有某些机械的可动零部件(如陀螺仪、微型马达等)。其中的这些芯片和元件固然可以延用某些微电子封装技术,如 LCCC、BGA、CSP、MCM 和 3D 等,但可动部件和各部分的接口相互连接起来,使用传统的微电子封装就会"力不从心"了。例如,高速运转的可动部件,往往需要在真空状态下长期可靠地工作,这就要对其进行真空封装;在某些有毒/有害气体条件下工作的传感器,还要采取特殊的封装形式,等等。由于 MEMS 涉及的领域十分广阔,所完成的功能又千差万别,MEMS 系统就五花八门,因而要对各类 MEMS 进行标准化封装就十分困难了。

由于 MEMS 封装的复杂性和特殊性,再加上 MEMS 正处于各个领域中应用发展的"初级阶段",其封装技术也正在探索发展中,故这里仅就与 MEMS 封装技术相关及值得关注的一些重要问题简要加以论述。

2. MEMS 封装与微电子封装的异同

(1) 微电子封装通常分为三个层次,即单芯片封装和多芯片组件的一级封装、将一级封装和其他元器件一同组装到单层或多层 PWB(或其他基板)上的二级封装(插板封装)和将二级封装插装到多层母板上的三级封装。

而 MEMS 封装则通常分为芯片级封装、器件级封装和系统级封装这样三个层次。需要特别指出的是,这里的"芯片级"含义更加广泛,不但涵盖控制器微电子封装中的各种芯片,还包括感测的各种力、光、磁、声、温度、化学、生物等感测量的传感器元器件和执行运动、能量、信息等控制量的各种部件。

总的来说,MEMS 封装是建立在微电子封装基础之上的,并延用了许多微电子封装的工艺技术,但通常又比微电子封装更庞大、更复杂、更困难一些。

(2) 微电子封装一直追随 IC 芯片的发展而发展,从而形成了与各个不同时期相互对应的、有代表性的规范标准的封装类型。

而 MEMS 因为应用领域十分宽广,涉及多学科技术领域,往往是根据所需功能制作出各种 MEMS 后,再考虑适宜的封装问题,故 MEMS 封装难以形成规范、标准的封装类型。因此,从某种意义上说,MEMS 封装在很多情况下是专用封装。

(3) MEMS 封装除具有微电子封装的一些共同失效模式外,微型执行器封装后的失效模式,还有其独特性。

MEMS 器件对封装的环境更为敏感,有的要求长期保持高气密性,有的要求光的输入均匀,有的要求封装基板平整度很高,有的要求封装本征频率越高越好,有的要求流体进出连续等,一旦这些关键指标达不到,MEMS 器件就会失效。

(4) MEMS 封装对体积的减小要求比微电子封装更迫切,其 3D 封装的需求强烈。因为 MEMS 的各种元器件及部件,特别是执行部件等,为提高组装密度,不可能只在平面展开,而必然向 3D 方向延伸。而高可靠要求的 MEMS 产品,既要采用气密封装,某些可动部件、机械元件又要采用真空封装,使本来经微型化后只有微米级的零部件经各种封装后可能大到毫米级,甚至厘米级,最终可能使 MEMS 的功能难以发挥,甚至失效。从另一方面来说,很多 MEMS 器件,如光开关等,由于功能的需要,必须是三维结构,所以 MEMS 封装也必然是三维封装,这就是很自然的事了。

(5) 鉴于 MEMS 封装自身的特殊性和复杂性,其封装占整个 MEMS 的成本可从 50% 直至 90%,而微电子封装中的封装成本比重相对要低一些。

(6) 若 MEMS 封装采用的是微电子封装中的标准规范分类类型,把它们在 PWB 上进行组装时,可以使用现行的插孔安装技术和表面安装技术;而对 MEMS 三维封装,使用一般半自动或自动化的表面安装设备难以奏效,用微型机器手(人)操作进行 MEMS 封装将有可能成为发展的一种选择。

3. MEMS 封装的功能

MEMS 封装的功能包括了微电子封装的功能部分,即原先的电源分配、信号分配、散热通道、机械支撑和环境保护等。由于 MEMS 的特殊性和复杂性,还由于 MEMS 种类繁多,封装的功能还应增加如下几点:

(1) 低应力。在 MEMS 器件中,用三维加工技术制造微米或纳米尺度的零件或部件,如悬臂梁、微镜、深槽、扇片等,精度高,但十分脆弱,因此 MEMS 封装应产生对器件最小的应力。

(2) 高真空度。这是 MEMS 器件的要求,以使可动部件具有活动性,并运动自如。因为是在“真空”中,就可以大大减小甚至消除摩擦,既能减小能源消耗,又能达到长期、可靠地工作的目标。

(3) 高气密性。一些 MEMS 器件,如微陀螺仪,必须在稳定的气密性条件下方能可靠、长期地工作。严格地说,封装都是不气密的,所以只有用高气密性的封装来解决稳定的气密性问题。有的 MEMS 封装气密性要达到 1×10^{-12} Pa·m^3/s。

(4) 高隔离度。MEMS 的目标是把集成电路、微细加工元件和 MEMS 器件集成在一起形成微系统,完成信息的获取、传输、处理和执行等功能。MEMS 常需要有高的隔离度,对 MEMS 射频开关更为重要。

为了保证传感器采集的信息正是我们需要测量的信息,使其他干扰信号尽可能小,就要对传感器的某些部位进行封装隔离,否则,由于干扰信号“叠加”在所采集的有用信号上而使 MEMS 的正常功能难以发挥。

(5) 特殊的封装环境与引出。某些 MEMS 器件的工作环境是液体、气体或透光的环境,MEMS 封装必须构成稳定的环境,并能使液体、气体稳定流动,使光纤输入具有低损耗、高精度对位的特性,等等。

4. MEMS 封装的类别

MEMS 封装主要有两种方法:一种是将传感器、执行器和控制器都集成在 Si 圆片上,实现“片上系统”,然后进行封装。另一种是将执行器和控制器做成 ASIC,再与传感器组装在同一基板上,最后封装。因此,其共同之处在于,MEMS 和 IC 一起实现信息获取、传输、处理和执行功能。所以,MEMS 封装类别一般是沿用已经标准化的 IC 封装形式,或者加以改造,来适应 MEMS 的要求。

MEMS 封装的类型目前有如下几种:

(1) 采用成熟的单芯片 IC 封装形式,如 LCCC、QFP、PGA、DIP、FP、BGA 等。

(2) 采用 HIC 的封装形式,如金属封装(TO 型、平板形、蝶形和浅腔形)和多层陶瓷绝缘子—金属框架外壳等。

先将 MEMS 的微型传感器元器件用单芯片 IC 封装形式封装起来,然后再和控制器中的各种 IC 芯片等组装在一个 LTCC 上。这样使局部的微型传感器仍保持气密性真空封装,而 MEMS 整体仍是 HIC 的封装形式。若封装于单一壳体中,有的可完成系统级功能。

(3) 采用 MCM 的封装形式。即将微型传感器元器件(芯片)、各种控制 IC 芯片及执行器中的元件芯片组装在同一基板上。

5. MEMS 封装的工艺方法

由于 MEMS 的应用领域不同,其对封装要求的侧重点也有所不同,所以采用的封装工艺方法也有所差别。如消费类产品追求低成本价格,医用类产品追求微型化,通信类产品追求小体积和低成本价格,而军用的高档产品则主要考虑高性能、高可靠,在此基础上也考虑小体积和适宜的成本价格,等等。综合各类产品的结构和技术,MEMS 封装的工艺方法主要有如下几种:

(1) 高密度封装法

① 元件小型化及微型化,使用微细加工技术

各种元件首先要小型化、微型化,主要加工手段是采用微电子中的微细加工技术,其中的电阻、电感、电容和继电器无源元件可达微米级或纳米级。

② 3D 结构

在同一面积上将元器件叠装,用 WB 或 FCB 法进行内部元器件间互连,FCB 法更为优越。

③ 微型封装法

先对某些芯片或特殊元件进行预封装,以便于组装,有的可动部件要进行真空封装。

(2) 芯片保护与隔离法

对某些在有害、有毒气体环境下工作的芯片表面(功能区)要进行保护与隔离。常用的方法有表面钝化法、低压化学汽相淀积法(LPCVD)、有机材料涂覆法等。

(3) 圆(芯)片阳极健合法和晶片直接键合法

圆(芯)片阳极键合法是于 500 ℃左右的温度下,在硅圆(芯)片和玻璃间施加电场,使二者整面形成牢固的键合。而晶片直接键合法则是对两个高度抛光后的硅圆(芯)片加热加压而达到牢固键合。

(4) 金属壳体气密封装法

这是 HIC 常用的一种封装方法。

(5) 塑封 3D 叠装法

先用典型、成熟的标准封装结构(如 SOP、PLCC、PQFP 等)封装 MEMS 的各元器件,然后再进行叠装封装。

(6) 基板刻槽法

先在玻璃基板(或其他基板)上刻槽,然后再安装芯片或其他元件的一种方法。

8.5.4 MEMS 技术的发展特点

MEMS 技术兴起于 20 世纪 60 年代,90 年代进入商品化时代,近几年更是方兴未艾,正显示出它强大的生命力和强劲的发展势头。据 1999 年预测,2000 年的 MEMS 市场可达 120 ~ 140 亿美元,而与此相关的市场可达 1 000 亿美元。MEMS 技术又是典型的多学科交叉的前沿性研究课题,几乎涉及自然科学与工程学的所有领域,如微电子技术、光电子技术、微机电加工技术、物理学、化学、材料科学、生物医学及能源科学等,是当代各种高科技的结晶。

纵观 MEMS 的发展趋势,MEMS 技术的发展具有如下特点:

(1) MEMS 技术研究方向呈现多样化。

(2) MEMS 加工工艺多种多样,除上述三种主要加工技术外,还有各种加工工艺的结合。

(3) MEMS 器件的制作正走向单片集成化,动(机械)静(控制 IC)结合,可集成在同一个 Si 片上。

(4) MEMS 器件的芯片与封装正统一考虑并大力发展。

(5) 普通商用低性能产品与高性能特殊用途的 MEMS 器件并存,竞相发展。

8.6　我国的 MEMS 封装技术

MEMS 作为一种崭新的技术,其发展势头不亚于当年的微电子,并且集微电子、光电子、真空电子和微机械于一身,广泛用于航天、通信、汽车电子、生物、医学和机械工业,越来越受到人们的极大关注。到目前为止,已召开了 12 届 MEMS 国际研讨会。

我国政府十分重视 MEMS 的发展,国家科技部、国防科工委、总装备部和教育部都有相应的机构和专家组,国家自然基金委员会也专拨经费,积极推动 MEMS 的研究。目前,MEMS 的研究单位主要集中在科研院所和高校。中国电子科技集团公司第 13 研究所专门有微纳米技术研究中心,北京大学有 MEMS 重点实验室,清华大学有 MEMS 研究中心,中国科学院上海冶金研究所、上海交通大学等都有相应的 MEMS 研究机构。

目前研究的重点主要是相关的微电子机械机理和微细加工工艺,同时开发一些新产品。研究开发的 MEMS 器件有微传感器、微测控系统、光 MEMS、射频 MEMS 器件、微流体类芯片、微生物化学芯片、微机器人、微纳卫星等。中国电子科技集团公司第 13 研究所由于有微纳米研究中心和国家高密度封装工业性试验基地相结合,MEMS 器件和封装发展较快,已开发出一些新产品。热对流微加速度计用 TO-10 金属封装,已能批量生产,性能指标为:灵敏度为 0.1 V/g,分辨率为1 mg,量程大于 75 g,工作带宽为 50 Hz;微陀螺仪的漂移精度已达到 100 度/小时,使用多层陶瓷 LC-16 封装;梳齿电容式加速度计用标准的 LCCC-16 封装,已经设计定型,线性度为 1‰,分辨率为 10^{-4} g,量程为 ± 50 g;S、X 波段的微波/射频开关用多层陶瓷 St21 封装,已达设计定型水平,插损小于 0.5 dB,隔离度为 20 ~ 30 dB;1 × 1 和 2 × 2 光开关和使用 CPGA104 封装的自适应反射镜也已开发出来。另外,清华大学的微泵,上海交通大学的微马达都已研究出来,具有良好的性能。还有其他一些研究单位也都研制出一些 MEMS 样品,不再赘述。

目前我国的 MEMS 研究正在进入国际前列,但差距还较大,主要是产业化的步伐较慢。我国应该加大对 MEMS 机理和 MEMS 制造工艺的投资,建立标准的加工中心,同时加强对 MEMS 封装的投资。MEMS 封装技术已经是 MEMS 制造技术中的严重瓶颈,必须抓紧研究开发。

附录1 中英文缩略语

ACA Anisotropic Conductive Adhesive 各向异性导电胶
ACAF Anisotropic Conductive Adhesive Film 各向异性导电胶膜
Al Aluminium 铝
ALIVH All Inner Via Hole 完全内部通孔
AOI Automatic Optical Inspection 自动光学检查
ASIC Application Specific Integrated Circuit 专用集成电路
ATE Automatic Test Equipment 自动检测设备
Au Gold 金

BCB Benzocyclohutene, Benzo Cyclo Butene 苯并环丁烯
BeO Beryllium Oxide 氧化铍
BIST Built-In Self-Test (Function) 内建自测试(功能)
BIT Bipolar Transistor 双极晶体管
BTAB Bumped Tape Automated Bonding 凸点载带自动焊
BGA Ball Grid Array 焊球阵列
BQFP Quad Flat Package With Bumper 带缓冲垫的四边引脚扁平封装

C4 Controlled Collapsed Chip Connection 可控塌陷芯片连接
CAD Computer Aided Design, Computer Assisted Design 计算机辅助设计
CBGA Ceramic Ball Grid Array 陶瓷焊球阵列
CCGA Ceramic Column Grid Array 陶瓷焊柱阵列
CLCC Ceramic Leaded Chip Carrier 带引脚的陶瓷片式载体
CML Current Mode Logic 电流开关逻辑
CMOS Complementary Metal-Oxide-Semiconductor 互补金属氧化物半导体
COB Chip on Board 板上芯片
COC Chip on Chip 芯片上芯片,叠层芯片
COG Chip on Glass 玻璃板上芯片
CSP Chip Size Package, Chip Scale Package 芯片尺寸封装
CTE Coefficient of Thermal Expansion 热膨胀系数
CVD Chemical Vapor Deposition 化学汽相淀积

DCA Direct Chip Attach 芯片直接安装
DFP Dual Flat Package 双侧引脚扁平封装

DIP Double In-line Package, Dual In-line Package 双列直插式封装
DMS Direct Metallization System 直接金属化系统
DRAM Dynamic Random Access Memory 动态随机存取存贮器
DSO Dual Small Outline 双侧引脚小外形封装
DTCP Dual Tape Carrier Package 双载带封装
3D Three-Dimensional (Package) 三维(封装),立体(封装)
2D Two-Dimensional (Package) 二维(封装),平面(封装)

EB Electron Beam 电子束
ECL Emitter-Coupled Logic 射极耦合逻辑

FC Flip Chip 倒装片法,倒装芯片
FCB Flip Chip Bonding 倒装焊
FCOB Flip Chip on Board 板上倒装片
FEM Finite Element Method 有限元法
FP Flat Package 扁平封装
FPBGA Fine Pitch Ball Grid Array 窄节距 BGA
FPD Fine Pitch Device 窄节距器件
FPPQFP Fine Pitch Plastic Quad Flad Package 窄节距塑料四边引脚扁平封装

GaAs Gallium Arsenide 砷化镓
GQFP Guard-Ring Quad Flat Package 带保护环的四边引脚扁平封装

HDI High Density Interconnect 高密度互连
HDMI High Density Multilayer Interconnect 高密度多层互连
HIC Hybrid Integrated Circuit 混合集成电路
HTCC High Temperature Co-Fired (Alumina) Ceramic 高温共烧(氧化铝)陶瓷
HTS High Temperature Storage (Test) 高温贮存(试验)

IC Integrated Circuit 集成电路
IGBT Insulated Gate Bipolar Transistor 绝缘栅双极晶体管
ILB Inner-Lead Bond(ing) 内引脚焊接(键合)
I/O Input/Output 输入/输出
IVH Inner Via Hole 内部通孔

JLCC J-Leaded Chip Carrier J形引脚片式载体

KGD Known Good Die 优质芯片

LCC Leadless Chip Carrier 无引脚片式载体
LCCC Leadless Ceramic Chip Carrier 无引脚陶瓷片式载体
LCCP Lead Chip Carrier Package 有引脚片式载体封装
LCD Liquid Caystal Display 液晶显示器
LCVD Laser Chemical Vapor Deposition 激光化学汽相淀积
LDI Laser Direct Imaging 激光直接成像
LGA Land Grid Array 焊区阵列
LSI Large Scale Integrated Circuit 大规模集成电路
LOC Lead Over Chip 芯片上引线键合
LQFP Low Profile Quad Flat Package 薄型四边引脚扁平封装
LTCC Low Temperature Co-fired Ceramic 低温共烧陶瓷

MBGA Metal Ball Grid Array 金属基板焊球阵列
MCA Multiple Channel Access 多通道存取
MCM Multichip Module 多芯片组件
MCM-C Multichip Module with Ceramic Substrate 陶瓷基板多芯片组件
MCM-D Multichip Module with Deposited Thin Film Inteconnect Substrate 淀积薄膜互连基板多芯片组件
MCM-C/D Multichip Module with Thin Film Deposited on Ceramic Substrate 厚、薄膜混合集成多芯片组件
MCM-L Multichip Module with Laminated Substrate 叠层(有机)基板多芯片组件
MCP Multichip Package 多芯片封装
MELF Metal Electrode Face Bonding 金属电极表面键合
MELF Metal Electrodes Leadless Face Components 金属电极无引脚表面(贴装)元件
MEMS Microelectro mechanical System 微电子机械系统
MFP Mini Flat Package 微型扁平封装
MLC Multi-Layer Ceramic Package 多层陶瓷封装
MMIC Monolithic Microwave Integrated Circuit 微波单片集成电路
MOSFET Metal-Oxide-Silicon Field-Effect Transistor 金属氧化物半导体场效应晶体管
MPU Microprocessor Unit 微处理器
MQUAD Metal Quad 金属四列引脚(封装)
MSI Medium Scale Integration 中规模集成电路

OLB Outer Lead Bonding 外引脚焊接

PBGA Plastic Ball Grid Array 塑封焊球阵列
PC Personal Computer 个人计算机,个人电脑
PFP Plastic Flat Package 塑料扁平封装
PGA Pin Grid Array 针栅阵列

PI　Polymide　聚酰亚胺
PIH　Plug-In Hole　通孔插装
PLCC　Plastic Leaded Chip Carrier　塑料有引脚片式载体
PTF　Polymer Thick Film　聚合物厚膜
PWB　Printed Wiring Board　印刷电路板
PQFP　Plastic Quad Flat Package　塑料四边引脚扁平封装

QFJ　Quad Flat J-leaded Package　四边J形引脚扁平封装
QFP　Quad Flat Package　四边引脚扁平封装
QIP　Quad In-line Package　四列直插式封装

RAM　Random Access Memory　随机存取存贮器

SBB　Stud-Bump Bonding　钉头凸点焊接
SBC　Solder-Ball Connection　焊球连接
SCIM　Single Chip Integrated Module　单芯片集成模块
SCM　Single Chip Module　单芯片组件
SLIM　Single Level Integrated Module　单级集成模块
SDIP　Shrinkage Dual Inline Package　窄节距双列直插式封装
SEM　Sweep Electron Microscope　电子扫描显微镜
SIP　Single In-line Package　单列直插式封装
SIP　System In a Package　系统级封装
SMC　Surface Mount Component　表面安装元件
SMD　Surface Mount Device　表面安装器件
SMP　Surface Mount Package　表面安装封装
SMT　Surface Mount Technology　表面安装技术
SOC　System On Chip　系统级芯片
SOIC　Small Outline Integrated Circuit　小外形封装集成电路
SOJ　Small Outline J-lead(ed) Package　小外形J形引脚封装
SOP　Small Outline Package　小外形封装
SOP　System On a Package　系统级封装
SOT　Small Outline Transistor　小外形晶体管
SSI　Small Scale Integration　小规模集成电路
SSIP　Small Outline Single-line Plug Package　小外形单列直插式封装
SSOP　Shrink Small Outline Package　窄节距小外形封装
SPLCC　Shrinkage Plastic Leadless Chip Carrier　窄节距塑料无引脚片式载体
STRAM　Selftimed Random Access Memory　自定时随机存取存贮器
SVP　Surface Vertical Package　立式表面安装型封装

TAB Tape Automated Bonding 载带自动焊
TBGA Tape Ball Grid Array 载带焊球阵列
TCM Thermal Conduction Module 热导组件
TCP Tape Carrier Package 带式载体封装,载带封装
THT Through-Hole Technology 通孔插装技术
TO Transistor Outline 晶体管外壳
TPQFP Thin Plastic Quad Flat Package 薄型塑料四边引脚扁平封装
TQFP Tape Quad Flat Package 载带四边引脚扁平封装
TSOP Thin Small Outline Package 薄型小外形封装
TTL Transistor-Transistor Logic 晶体管-晶体管逻辑

UBM Metalization Under Bump 凸点下金属化
UFPD Ultra Small Pitch Device 超窄节距器件
USOP Ultra Small Outline Pckage 超小外形封装
USONF Ultra Small Outline Package Non Fin 无散热片的超小外形封装
UV Ultraviolet 紫外(线,光)

VHSIC Very High Speed Integrated Circuit 超高速集成电路
VLSI Very Large Scale Integrated Circuit 超大规模集成电路

WB Wire Bonding 引线键合
WLP Wafer Level Packaging 圆片级封装
WSI Wafer Scale Integration 圆片规模集成

附录 2　常用度量衡

Ⅰ　国际单位制(SI)基本单位

国际单位制(SI)基本单位

量的名称	单位名称	代号	
		中文	国际
长度	米	米	m
质量	千克(公斤)	千克(公斤)	kg
时间	秒	秒	s
电流	安[培]	安	A
热力学温度	开[尔文]	开	K
物质的量	摩[尔]	摩	mol
发光强度	坎[德拉]	坎	cd

Ⅱ　国际单位制(SI)词冠

国际单位制(SI)词冠

数值	词　冠	代号	
		中文	国际
10^{18}	艾可萨(exa)	艾(兆兆兆)	E
10^{15}	拍它(peta)	拍(千兆兆)	P
10^{12}	太拉(téra)	太(兆兆)	T
10^{9}	吉咖(giga)	吉(千兆)	G
10^{6}	兆(méga)	兆	M
10^{3}	千(kilo)	千	k
10^{2}	百(hecto)	百	h
10^{1}	十(déca)	十	da
10^{-1}	分(déci)	分	d
10^{-2}	厘(centi)	厘	c
10^{-3}	毫(milli)	毫	m
10^{-6}	微(micro)	微	μ
10^{-9}	纳诺(nano)	纳(毫微)	n
10^{-12}	皮可(pico)	皮(微微)	p
10^{-15}	飞母托(femto)	飞(毫微微)	f
10^{-18}	阿托(atto)	阿(微微微)	a

Ⅲ 常用物理量及单位

常用物理量及单位

物理量		单位		
名称	符号	名称	中文符号	符号
长度	l	米	米	m
面积	S	平方米	米^2	m^2
体积	V	立方米	米^3	m^3
位移	s	米	米	m
速度	v	米每秒	米/秒	m/s
加速度	a	米每秒平方	米/秒^2	m/s^2
角位移	θ	弧度	弧度	rad
角速度	ω	弧度每秒	弧度/秒	rad/s
转速	n	(转)每秒	秒$^{-1}$	s^{-1}
圆频率	ω	每秒	秒$^{-1}$	s^{-1}
频率	f,υ	赫[兹]	赫	Hz
密度	ρ,D	千克每立方米	千克/米^3	kg/m^3
力	F	牛[顿]	牛	N
力矩	M	牛[顿]米	牛·米	N·m
动量	P	千克米每秒	千克·米/秒	kg·m/s
压强	P	帕[斯卡]	帕	Pa
功	W	焦[耳]	焦	J
能	E	焦[耳]	焦	J
功率	P,N	瓦[特]	瓦	W
波长	λ	米	米	m
热力学温度	T	开[尔文]	开	K
热量	Q	焦[耳]	焦	J
比热[容]	c	焦[耳]每千克开[尔文]	焦/(千克·开)	J/(kg·K)
熔解热	L_f	焦[耳]每千克	焦/千克	J/kg
汽化热	L_v	焦[耳]每千克	焦/千克	J/kg
热容量	C	焦[耳]每开[尔文]	焦/开	J/K
电流强度	I	安[培]	安	A
电量	Q	库[仑]	库	C
电场强度	E	伏[特]每米	伏/米	V/m
电势差,电压	$U(V)$	伏[特]	伏	V
电容	C	法[拉]	法	F
电阻	R	欧[姆]	欧	Ω
电阻率	ρ	欧姆米	欧·米	Ω·m
电感	L	亨[利]	亨	H
磁感应[强度]	B	特[斯拉]	特	T
磁通[量]	Φ_m	韦[伯]	韦	Wb
容抗	X_C	欧[姆]	欧	Ω
感抗	X_L	欧[姆]	欧	Ω
阻抗	Z	欧[姆]	欧	Ω

Ⅳ　常用公制度量衡

常用公制度量衡

类别	英语名称	缩写或符号	汉语名称	对主单位的比	折合市制
长度 Length	millimicron	mμ	毫微米	1/1 000 000 000	
	micron	μ	微米	1/1 000 000	
	centimilimetre	cmm	忽米	1/100 000	
	decimillimetre	dmm	丝米	1/10 000	
	millimetre	mm	毫米	1/1 000	
	centimetre	cm	厘米	1/100	
	decimetre	dm	分米	1/10	
	metre	m	米	1　主单位	= 3 市尺
	decametre	dam	十米	10	
	heetometre	hm	百米	100	
	kilometre	km	公里	1 000	= 2 市里
面积和地积 Area	square metre	sq. m	平方米	1　主单位	= 9 平方市尺
	are	a	公亩	100	= 0.15 市亩
	hectare	ha	公顷	10 000	= 15 市亩
	square kilometre	sq. km	平方公里	1 000 000	= 4 平方市里
重量和质量 Weight and Mass	milligram(me)	mg	毫克	1/1 000 000	
	centigram(me)	cg	厘克	1/100 000	
	decigram(me)	dg	分克	1/10 000	
	gram(me)	g	克	1/1 000	
	decagram(me)	dag	十克	1/100	
	hectogram(me)	hg	百克	1/10	
	kilogram(me)	kg	公斤	1　主单位	= 2 市斤
	quintal	q	公担	100	= 200 市斤
	metric ton	MT(或 t)	公吨	1 000	= 2 000 市斤
容量 Capacity	microlitre	μl	微升	1/1 000 000	
	millilitre	ml	毫升	1/1 000	
	centilitre	cl	厘升	1/100	
	decilitre	dl	分升	1/10	
	litre	l	升	1　主单位	= 1 市升
	decalitre	dal	十升	10	
	hectolitre	hl	百升	100	
	kilolitre	kl	千升	1 000	

V 英美制及与公制换算

英美制及与公制换算

类别		名称	缩写	汉译	等值	折合公制
长度 Length		mile	mi.	英里	880 fm.	= 1.609 公里
		fathom	fm.	英寻	2 yd.	= 1.829 米
		yard	yd.	码	3 ft.	= 0.914 米
		foot	ft.	英尺	12 in.	= 30.48 厘米
		inch	in.	英寸		= 2.54 厘米
海程长度 Nautical Measure		nautical mile		海里	10 cables' length	英 = 1.853 公里 国际海程制 = 1.852 公里
		cable's length		链		英 = 185.3 米 国际海程制 = 185.2 米
面积和地积 Area		square mile	sq.mi.	平方英里	640 a.	= 2.59 平方公里
		acre	a.	英亩	4 840 sq.yd	= 4.047 平方米
		square yard	sq.yd.	平方码	9 sq.ft	= 0.836 平方米
		square foot	sq.ft.	平方英尺	144 sq.in	= 929 平方厘米
		square inch	sq.in.	平方英寸		= 6.451 平方厘米
重量 Weight	常衡 Avoirdupois	ton	tn.(或 t.)	吨	20 cwt.	
		英 long ton		长吨	2 240 lb.	= 1.016 公吨
		美 short ton		短吨	2 000 lb.	= 0.907 公吨
		hundred weight	cwt.	英担	英 112 lb. 美 100 lb.	= 50.802 公斤 = 45.359 公斤
		pound	lb.	磅	16 oz.	= 0.454 公斤
		ounce	oz.	盎司	16 dr.	= 28.35 克
		dram	dr.	打兰,英钱		= 1.771 克
	金衡 Troy	pound	lb.t	磅	12 oz.t.	= 0.373 公斤
		ounce	oz.t	盎司	20 dwt.	= 31.103 克
		pennyweight	dwt.	英钱	24 gr.	= 1.555 克
		grain	gr.	格令		= 64.8 毫克
容量 Capacity	药衡 Apothecaries	pound	lb.ap.	磅	12 oz.ap	= 0.373 公斤
		ounce	oz.ap.	盎司	8 dr.ap.	= 31.103 克
		dram	dr.ap.	打兰,英钱	3 scr.ap.	= 3.887 克
		scruple	scr.ap.	吩	20 gr.	= 1.295 克
		grain	gr.	格令		= 64.8 毫克

续表

类别		名称	缩写	汉译	等值	折合公制
容量 Capacity	干量 Dry Measure	bushel	bu.	蒲式耳	4 pks.	英 = 36.368 升 美 = 35.238 升
		peck	pk.	配克	8 qts.	英 = 9.902 美 = 8.809 升
		gallon(英)*	gal.	加仑	4 qts.	= 4.546 升
		quart	qt.	夸脱	2 pts.	英 = 1.136 升 美 = 1.101 升
		pint	pt.	品脱		英 = 0.568 升 美 = 0.55 升
	液量 Liquid Measure	gallon	gal.	加仑	4 qts.	英 = 4.546 升 美 = 3.785 升
		quart	qt.	夸脱	2 pts.	英 = 1.136 升 美 = 0.946 升
		pint	pt.	品脱	4 gi.	英 = 0.568 升 美 = 0.473 升
		gill	gi.	及耳		英 = 0.142 升 美 = 0.118 升

* gallon 作干量单位时仅用于英制。

Ⅵ 常用部分计量单位及其换算

常用部分计量单位及其换算

物理量名称	国际计量单位		非国际计量单位		与国际单位换算
	名称	符号	名称	符号	
长度	米	m	英尺 英寸 密耳	ft in mil	= 0.304 8 m = 0.025 4 m $= 25.4\times10^{-6}$ m
面积	平方米	m^2	平方英尺 平方英寸 平方密耳	ft^2 in^2 mil^2	= 0.092 903 m^2 $= 6.451\,6\times10^{-4}$ m^2 $= 645.16\times10^{-12}$ m^2
质量	千克	kg	磅	lb	= 0.453 592 kg
力 重力	牛(顿)	N	达因 千克力 磅力	dyn kgf lbf	$= 10^{-5}$ N = 9.806 65 N = 4.448 22 N

续表

物理量名称	国际计量单位		非国际计量单位		与国际单位换算
	名称	符号	名称	符号	
压力 压强	帕(斯卡)	Pa	巴 托 毫米汞柱 千克力每平方厘米 工程大气压 标准大气压	bar Torr mmHg kgf/cm^2 at atm	$=10^5$ Pa = 133.322 Pa = 133.322 Pa = 98.066 5 kPa = 98.066 65 kPa = 101.325 kPa
能量 功,热	焦(耳)	J	尔格 电子伏 千瓦小时 千克力米 卡	erg eV kW·h kgf·m cal	$=10^{-7}$ J $=1.602\ 189\times10^{-19}$ J = 3.6 MJ = 9.806 65 J = 4.186 8 J
功率	瓦(特)	W	千克力米每秒 卡每秒	kfg·m/s cal/s	= 9.806 65 W = 4.186 8 W
电导	西(门子)	S	姆欧	Ω^{-1}	= 1 S
磁通量	韦(伯)	Wb	麦克斯韦	Mx	$=10^{-8}$ Wb
磁通量密度	特(斯拉)	T	高斯	G	$=10^{-4}$ Wb
吸收剂量	戈(瑞)	Gy	拉德	rad	$=10^{-2}$ Gy

主要参考文献

第1章

[1] 毕克允,高尚通.现代电子封装技术.见:'97电子封装会议论文集.1997.1~5

[2] Rao R Tummala. Importance, Status and Challenges in Microelectronics System-level Packaging. In: Proceedings of the ISEPT'98.1998.6~11

[3] Rao R Tummala, *et al*. What Is the Future of Electronics? Is It SOC or SOP? In: Proceedings of the ISEPT'2001.2001.8~11

[4] [美]Rao R Tummala等编,中国电子封装丛书编委会译校.微电子封装手册.第二版.北京:电子工业出版社,2001.第1章

[5] Keyun Bi. China's Electronic Components Packaging Industry. In: Proceedings of the ISEPT'2001.2001.1~4

[6] 贾松良.集成电路的现状和发展趋势.见:'97电子封装会议论文集.1997.12~16

[7] 岑玉华.微电子封装.混合微电子技术,1997(2,3):38~44

[8] 柳井久义,后川昭雄.集成电路工程.北京:机械工业出版社,1984.第1章

[9] 王宝善.SMT在挑战中前进.见:四川第二届SMT学术研讨会论文集.1998.1~9

[10] 苏世民.SMD的现状和未来发展趋势.见:四川第二届SMT学术研讨会论文集.1998.10~15

[11] 王德贵.跨世纪的电路组装技术.见:全国第四届SMT学术研讨会论文集.1997.9~29

[12] 半导体情报编辑部,MCM——多芯片组件专辑.半导体情报,1994(1)

[13] 况延香,朱颂春.BGA专辑.工业器材,1996(3):19~46

[14] 朱颂春,况延香.新一代微电子封装技术——BGA.见:全国第四届SMT学术研讨会论文集.1997.47~54

[15] Takaaki Ohsaki. Electronic Packaging in the 90s: A Perspective from Asia. In: Proceedings of the 40th ECTC.1990.1~8

[16] S Greathouse. Minimal Size Packaging Solutions: A Comparison. Microelectronics International, 1996(40)

[17] R Aschenbrenner. Flip-Chip Assembly for Consumer Electronics. In: Proceedings of '99 International Symposium on Electronic Packaging

[18] 况延香,刘玲.微组装与芯片互连技术.见:全国第二届SMT学术研讨会论文集.1993.126~133

[19] Keith De Haven, Joel Dietz. Controlled Collapse Chip Connection(C4): An Enabling Technology. In: Proceedings of the 44th ECTC.1994.1~6

[20] 川上隆司.焊膏印刷法的新进展.见:全国第四届SMT学术研讨会论文集.1997.603~612

[21] 骆丹.多芯片组件组装技术.混合微电子技术,1996(3):42~47

第2章

[1] 电子工业半导体专业工人技术教材编写组.半导体器件工艺.上海:上海科学技术文献出版社,1984.384~397

[2] Pitkanen T, *et al*. Improved IC Riliability with TAB Packaging. In: Proceedings of the 39th ECTC. 1989. 190~193

[3] Thomas A, *et al*. Outer Lead and Die Bond Reliability in High Density TAB. In: Proceedings of the 39th ECTC. 1989. 177~183

[4] Koichico Atsumi, *et al*. Inner Lead Bonding Techniques for 500 Lead Dies Having a 90 μm Lead Pitch. In: Proceedings of the 39th ECTC. 1989. 171~176

[5] Praveen Jain. 296 Lead Fine Pitch (0.4 mm) Thin Plastic QFP Package with TAB Interconnect. In: Proceedings of the 44th ECTC. 1994. 50~55

[6] Y X Kuang, L Liu. Tape Bump Forming and Bonding in BTAB. In: Proceedings of the 40th ECTC. 1990. 943~948

[7] A F J Baggerman, *et al*. TAB Inner Lead Gang Bonding on Ni—Au Bumps. In: Proceedings of the 44th ECTC. 1994. 938~944

[8] 高级电镀工工艺学编写组.高级电镀工工艺学.北京:机械工业出版社,1984

[9] 川上隆司.焊膏印刷法的新进展.见:全国第四届 SMT 学术研讨会论文集.1997.603~612

[10] Dieter Metzger, *et al*. Laser Bumping for Flip Chip and TAB Applications. In: Proceedings of the 44th ETEC. 1994. 910~915

[11] Motoo Suwa, *et al*. Development of a New Flip-Chip Bonding Process Using Multi-Stacked μ-Au Bumps. In: Proceedings of the 44th ECTC. 1994. 906~909

[12] Chang Hoon Lee. Fine Pitch COG Interconnections Using Anisotropically Conductive Adhesives. In: Proceedings of the 45th ECTC. 1995. 451~457

[13] K Keswick. Compliant Bumps for Adhesive Flip-Chip Assembly. In: Proceedings of the 44th ECTC. 1994. 7~15

[14] Glenn A, Rinne. Solder Bumping Methods for Flip-Chip Packaging. In: Proceedings of the 47th ECTC. 1997. 240~247

[15] D Suryanarayana, *et al*. Flip-Chip Solder Bump Fatigue Life Enhanced by Polymer Encapsulation. In: Proceedings of the 40th ECTC. 1990. 338~344

[16] 柳井久义,后川昭雄.集成电路工程.北京:机械工业出版社,1984.第9章

第3章

[1] 王德贵.迈向21世纪的板级电路组装技术.见:全国第五届 SMT 学术研讨会论文集.1999.13~24

[2] Lawrence G, *et al*. Current Trends in Military Microelectronic Component Packaging. IEEE Transactions on Components and Packaging Technology, 1999, 20(2)

[3] 柳井久义,后川昭雄.集成电路工程.北京:机械工业出版社,1984.第9章
[4] [美] Rao R Tummala 等编,中国电子封装丛书编委会译校.微电子封装手册.第二版.北京:电子工业出版社,2001.第8章
[5] 孟庆林.PGA257金属化研究.见:'94秋季中国材料研讨会(IV):材料加工和研究新技术.北京:化学工业出版社,1994.508~512
[6] 张霓.微电子组件封装和封装技术的分析和最新进展.混合微电子技术,1999(4):17~23

第4章

[1] 《电子天府》表面组装技术编写组.实用表面组装技术与元器件.北京:电子工业出版社,1993
[2] 刁永言等.表面安装技术与片式元器件.北京:天津科学技术出版社,1990
[3] 宣大荣,韦文兰,王德贵.表面组装技术.北京:电子工业出版社,1994
[4] [美] R P 普拉萨德著,丁明清,张伦译.表面安装技术——原理和实践.北京:科学出版社,1994
[5] 北京电子学会表面安装技术专业委员会,苏州胜利无线电厂.SMT生产现场使用手册.1998

第5章

[1] John H Lau.BGA、CSP、DCA and Flip-Chip Technology.In: Proceedings of the ISEP'96.1996.20~27
[2] Masatoshi Yasunaga, *et al*.Chip Scale Package: A Lightly Dressed LSI Chip.IEEE Transactions on Components,Packaging,and Manufacturing Technology,Part A,1995
[3] A Bjorkl, *et al*.Electroless Bumped Bare Dice on Flexible Substrates.International Microelectronics,1996(40)
[4] Dwight Daniels, Jeff Miks. Reducing Substrate Size Using Lower I/O BGAs. Electronic Packaging & Production,1997(2):65~71
[5] Jean-Paul Clecb, *et al*. Reliability Production Modeling If Area Array CSPs. Electronic Packaging & Production,1997(3):91~96
[6] Atila Mertol. Thermal Performance Comparison of High Pin Count Cavity-up Enhanced Plastic Ball Grid Array(EPBGA) Packages.IEEE Transactions on Components,Packaging and Manufacturing Technology,Part B,1996,19(2):427~443
[7] Hiroyuki Nakanishi, *et al*.Development of High Density Memory IC Package by Stacking IC Chips.In: Proceedings of the 45th ECTC.1995.634~640
[8] N Kelkar,R Mathew, *et al*.MicroSMD:A Wafer Level Chip Scale Package.IEEE Transactions on Advanced Packaging,2000,23(2)
[9] Donald C, *et al*.Solder Paste Printing Guidelines for BGA and CSP Assemblies.SMT,1999(1)

[10] Akihiko Happoya, *et al*. Advanced Packaging Technology for the Mini-Notebook Computer. In: Proceedings of the International Symposium on Microelectronics. 1999. 232 ~ 237
[11] Johan Liu, *et al*. Future Packaging Trends for Cellular Phones. In: Proceedings of '99 International Symposium on Electronic Packaging
[12] Y C Teo, *et al*. Low Cost Chip-Scale Package. In: Proceedings of the 47th ECTC. 1997. 358 ~ 362
[13] 江苏省电子学会 SMT 专业委员会,苏州胜利无线电厂. BGA、CSP 组装技术专刊. 江苏表面组装技术,1999(2)
[14] X Saint-Martin, *et al*. Are BGAs in SMT? A User's of View. Microelectronics, 1996(1): 22 ~ 25
[15] S Greathouse. Minimal Size Packaging Solutions: A Comparison. Microelectronics, 1996 (2): 27 ~ 32
[16] Reg Simpson. Semiconductor Packaging for the Telecommunications Industry. In: Proceedings of the 47th ECTC. 1997. 995 ~ 1 000

第 6 章

[1] James J, Licari. Multichip Module Design, Fabrication, & Testing. New York: McGraw-Hill Inc., 1995
[2] Howard W, Markstein. A Wide Choice of Materials for MCMs. Electronic Packaging & Production, 1997(1): 34 ~ 36
[3] Vivek Garg. Earhy Analysis of Cost/Performance Trade-Offs in MCM Systems. IEEE Transactions on Components, Packaging and Manufacturing Technology, Part B, 1997, 20 (3): 308 ~ 319
[4] Bruce Kim. A Novel Test Technique for MCM Substrates. IEEE Transactions on Components, Packaging and Manufacturing Technology, Part B, 1997. 20(1): 2 ~ 12
[5] Yoshikazu Hirano, Akira Fujii. MCM-L/D for Mobile Computer. In: Proceedings of the '97 International Symposium on Microelectronics. 1997. 250 ~ 255
[6] 王宏天. 多芯片组件设计技术. 混合微电子技术, 1996(3): 7 ~ 19
[7] 朱颂春. 多芯片组件热设计技术综述. 混合微电子技术, 1996(3): 20 ~ 30
[8] 王传声. 多芯片组件的检测和故障诊断. 混合微电子技术, 1996(3): 48 ~ 55
[9] 朱颂春. 多芯片组件的返工和返修. 混合微电子技术, 1996(3): 56 ~ 60
[10] Shatil Haque, *et al*. Packaging of Power Electronics. In: Proceedings of the ISEP'98. 1998. 529 ~ 534

第 7 章

[1] [美] Rao R Tummala 等编,中国电子封装丛书编委会译校. 微电子封装手册. 第二版. 北京:电子工业出版社,2001. 第 1、8、10、11 章

[2] Toru Ishida. Advanced Package and Substrate Technology. In: Proceedings of The ISEPT '98. 1998. 43 ~ 50

[3] William D, Brown. Advanced Electronic Packaging. New York: IEEE Press Editorial Board, 1999

[4] 黄岸兵,崔嵩.功率电路基片材料首选——氮化铝陶瓷.混合微电子技术,1997(1):47 ~ 50

[5] 王桦.氮化铝薄膜金属化技术.混合微电子技术,1992(1):50 ~ 55

[6] 骆丹.多芯片组件基板制作技术.混合微电子技术,1996(3):31 ~ 41

[7] 葛瑞.表面安装和高密度印刷电路板.见:全国第四届 SMT 学术研讨会论文集.1997.512 ~ 522

[8] 白松.表面精密元件再流焊接工艺.见:全国第四届 SMT 学术研讨会论文集.1997.350 ~ 356

[9] 林金绪.薄型多层板的发展趋势和生产技术.见:'96 国际电子生产设备及半导体专业技术发展高级研讨会论文集.1996.106 ~ 114

[10] 闾祁刚.刚—挠结合多层印制板的制造技术.见:'96 国际电子生产设备及半导体专业技术发展高级研讨会论文集.1996.1 ~ 9

[11] 武文摘译.多层印刷电路板新技术.世界电子元器件(ECN).1997(9):48 ~ 50

[12] 张崎.功率微电子封装用铝基复合材料.混合微电子技术,1997(4):37 ~ 41

第8章

[1] Joseph Fjelstad. The Advantages of Packaging Integrated Circuits in μBGA CSP Format. In: Proceedings of the ISEPT'98. 1998. 440 ~ 446

[2] Toru Ishida. Advanced Package and Substrate Technology. In: Proceedings of the ISEPT '98. 1998. 43 ~ 50

[3] Rao R Tummala, *et al*. SOP: Microelectronic Systems Packaging Technology for the 21st Century. Advancing Microelectronics, 1999(5,6): 31 ~ 39

[4] Keyun Bi. The Modern Electronic Package Technology. In: Proceedings of the ISEP'98. 1998. 2 ~ 5

[5] Hugh L, Garvin. Three-Dimensional Packing, Multi-Chip Module Design, Fabrication, and Testing. 1995. 297 ~ 309

[6] Claude G, Massit, *et al*. High Performance 3D MCM Using Silicon Microtechnologies. In: Proceedings of the 45th ECTC. 1996. 641 ~ 644

[7] Hiroyuki Nakanishi, *et al*. Development of High Density Memory IC Package by Stacking IC Chips. In: Proceedings of the 45th ECTC. 1995. 634 ~ 640

[8] Wayne J, Howell, *et al*. Area Array Solder Interconnection Technology for the Three-Dimensional Silicon Cube. In: Proceedings of the 45th ECTC. 1995. 1 174 ~ 1 178

[9] Saidf Al-Sarawi, *et al*. A Review of 3D Packaging Technology. IEEE Transactions on Components, Packging, and Manufacturing Technology, Part B, 1998, 21(1): 1 ~ 14

[10] Nobuaki Takahashi, *et al*. Three-Dimensional Memory Module. IEEE Transactions on Components, Packaging, and Manufacturing Technology, Part B, 1998, 21(1): 15 ~ 19

[11] 孙再吉.多层三维 MMIC 技术研究动向.世界电子元器件(ECN),1998(2):37~38

[12] 赵正平,苏世民.微组装技术的发展.见:'96 国际电子生产设备及半导体专业技术发展高级研讨会论文集.1996.39~46

[13] 王德贵.21 世纪的先进电路组装技术.见:全国第六届 SMT/SMD 学术研讨会论文集.2001.6~12

[14] 许宝兴,张宏.高密度表面组装技术最新动向.见:全国第六届 SMT/SMD 学术研讨会论文集.2001.32~36

[15] Susan Crum, *et al*. Lead-Free Search Intensities as Time Runs Short. EP&P,2000(1)

[16] Y Homma. Recent Trends of Underfill Materrials. In: Proceedings of '99 International Symposium on Electronic Packaging. 1999

[17] L Hoang. Flip-Chip Underfill Material Screening and Process Development. In: Proceedings of the ISEPT'98. 1998. 464~471

[18] 朱颂春,况延香.塑封 SMD 及 DCA 气密封装.电子元件与材料,2000(19):15~17

[19] Dr. Marcos Kamezos, *et al*. Advantages of System on a Package and System on a Chip. EP&P,2001(7):32~36

[20] Lee Smith.晶圆级封装:多芯片封装技术的发展趋势分析.电子工程专辑,2000(7):104~112

[21] 王水弟,郭江华.高速发展的图片级封装技术.21 世纪元器件,2001(10):39~41

[22] 王阳元,张兴.21 世纪及 1999 年微电子技术展望.电子科技导报,1999(1):2~6

[23] 张兴等.跨世纪的新技术——微机电系统(MEMS).电子科技导报,1999(4):2~6

[24] 况延香,汪刚强.微电子封装技术的发展与未来.光电产品世界,2000(6):12~16

[25] Rao R Tummala, *et al*. What Is the Future of Electronics? Is It SOC or SOP? In: Proceedings of the ISEPT'2001. 2001. 8~11

[26] 高尚通.跨世纪的微电子封装.半导体情报,2002(6)